普通高等学校核技术及应用专业教材

辐射剂量学

主　编　陈国云

副主编　魏志勇

科学出版社

北　京

内 容 简 介

本书共三篇：第一篇(第 1～5 章)是辐射剂量学基础知识，第二篇(第 6～10 章)介绍核辐射剂量计，第三篇(第 11～15 章)阐述辐射剂量学的分支学科及应用。全书内容包括辐射剂量学基础知识、电离辐射场、基本剂量学、微剂量学、电离辐射的探测与辐射剂量测量方法、外照射剂量学、内照射剂量学、空间辐射剂量学、环境辐射剂量学和非电离辐射剂量学，涵盖了辐射剂量学全部内容。

本书针对本科生设置难度，注重基本概念、原理、方法的应用，并适当增加近年成果和学科前沿，以便学生系统全面地掌握知识，为将来深造和发展奠定基础。本书内容全面充实、知识体系完整、条理清晰、层次分明，章节和习题安排兼顾理论知识掌握与能力培养需求，可作为核技术及应用、核工程、辐射防护与安全、环境保护和空间环境等专业或专业方向的本科生教学用书。此外，本书还可作为核技术应用领域、航天领域、环境保护、辐射防护、放射治疗、辐射诊断等领域从业的医务人员、科研人员及辐射相关领域专业人员的参考书。

图书在版编目（CIP）数据

辐射剂量学/陈国云主编. —北京：科学出版社，2017.12

普通高等学校核技术及应用专业教材

ISBN 978-7-03-056102-2

Ⅰ. ①辐… Ⅱ. ①陈… Ⅲ. ①辐射剂量学-高等学校-教材

Ⅳ. ①R144.1

中国版本图书馆 CIP 数据核字(2017)第 319488 号

责任编辑：吕 盛 王 刚 / 责任校对：张凤琴

责任印制：赵 博 / 封面设计：迷底书装

科学出版社出版

北京东黄城根北街 16 号

邮政编码：100717

http://www.sciencep.com

北京捷迅佳彩印刷有限公司印刷

科学出版社发行 各地新华书店经销

*

2017 年 12 月第 一 版 开本：787×1092 1/16

2024 年 3 月第四次印刷 印张：17 1/4

字数：409 000

定价：69.00 元

前言

广义的辐射分为**电离辐射(ionizing radiation)**和**非电离辐射(non-ionizing radiation)**两大类，**辐射剂量学(radiation dosimetry)**主要关注电离辐射领域，基于电离辐射与物质相互作用及其输运过程，研究射线在介质中的能量转移和沉积、辐射剂量与辐射场的关系、辐射剂量与辐射效应之间的关系、辐射效应及其观测方法与辐射条件及介质之间的关系，通过测量辐射效应实现辐射剂量测量，从而控制辐射场中剂量分布、发展辐射剂量计算方法和辐射危害评价方法、建立辐射剂量的量度规则和测量基准。**辐射计量学(radiometry)**是研究空间和介质中辐射场分布特性的学科，其研究内容包括辐射粒子的输运、演化行为和特点、辐射计量学量的定义及定量描述方法、辐射场的控制技术、辐射测量技术及标准等，另外还有辐射计量学基本量值的测定方法研究、量值传递方法研究以及常规量值传递、模拟、测量和分析现场粒子谱等。辐射计量学和辐射剂量学有许多共同领域，也有各自的侧重点和主要内容：前者研究内容更广，更关注辐射场；而后者更关注能量沉积，与医学和生物材料的关系更加密切。**辐射量(radiation quantities)**分三类：①**辐射计量学量(radiometric quantities)**，定量描述辐射在空间与介质中的分布特性；②**辐射剂量学量(dosimetric quantities)**，描述辐射能在介质中转移和沉积的物理量；③**辐射防护量(radiation protection quantities)**，关于辐射防护技术、标准和评价的物理量，用于评价辐射带来的危害。

辐射技术(radiotechnology)包括基础研究、应用研究及面向生产的实际应用等方面。基础研究的对象是辐射产生机理、射线与物质的相互作用、辐射效应、射线探测方法、辐射探测新技术及辐射信息处理方法等。应用研究以辐射技术为基础，主要关注工程及产业领域的技术问题，通常跨越多个学科领域，如能源、医学和生命科学、环境科学、工业、农业、国防和社会公共安全等。辐射技术实际应用则完全进入工业、农业、国防及其他产业领域。可见辐射剂量学涉及范围很广，与多个学科交叉,可用在多个领域。**核技术(nuclear technology)**尤其是同位素与辐射技术的应用与我们密切相关，已经渗透到国防、工业、农业、医学、环保等诸多领域并得到广泛应用。核技术在美国、日本等发达国家已成为极具生命力的巨大产业，目前非动力的核技术应用经济规模与就业人数超过了核电，对国家 GDP 增长产生了重要影响。

核辐射、放射性同位素的应用在给人类带来巨大利益的同时，也影响和危害人类健康、污染生活环境，对核辐射的安全与防护应给予特别重视。随着人们对核辐射危害性认识的深化和核辐射技术的迅速发展，核辐射安全与防护也得到了很大的发展与加强。近年来，核辐射技术的应用已蔓延到生产和生活的各个领域。核能利用及辐射技术应用的核心内容和终极目标，就是要有目的地控制辐射剂量，使其给人们带来的利益最大化，并将可能的危害降到最低。为此首先根据辐射效应和辐射危害确立目标辐射剂量场；其次是控制辐射粒子输运，以形成与目标辐射剂量场分布一致的剂量场。比如人们在开展医学放射治疗、放射诊断及其他辐射实践时，就需要先确定辐射剂量计划、辐射剂量的控制及放射治疗的质量保证、核辐射设施及核环境剂量评估、辐射的防护措施，从而使目标、控制、测量和验证等环节均有技术支撑和保证。此外，国家及各级政府部门也设有相应监管机构，参考国际标准并结合国情制定了国家层面的法规和标准，还要求涉及辐射的各个行业都应制定相应的专业技术标准，如医疗行业、核设施、航空领域及环境领域，其中环境领域的辐射防护涉及范围最广，直接关系到人类生存环境，必须确保公众及其后代的健康与安全。辐射剂量学为辐射防护和辐射监管提供了坚实基础。

国际上辐射剂量学领域学术交流一直很活跃。1925 年，在英国首都伦敦(London)召开的第一届国际放射学大会(First International Congress of Radiology)上就设立了**国际辐射单位和测量委员会(International Commission on Radiation Units and Measurement，ICRU)**。1928 年，在瑞典首都斯德哥尔摩(Stockholm)召开的第二届国际放射学大会(Second International Congress of Radiology)上决定设立**国际辐射防护委员会(The International Commission on Radiological Protection，ICRP)**，ICRU 与 ICRP 两个组织在本书中将经常提到。国际辐射防护组织与**国际放射学学会(International Society of Radiology)**关系密切，设立了常设委员会专门负责医学辐射防护，开展多次学术活动并出版了一系列辐射防护报告。我国是拥有核武器的国家，核科学技术的发展几经周折后迎来了新的发展机遇，核技术已在人们生产生活中占有更重要的地位。如今核技术已被应用于多个领域，其中在医学、生物领域的应用尤为突出，放射医学、核医学及医学物理学等相关学科将会有很广阔的发展空间。21 世纪，核能与核科学技术的开发和利用影响了社会多个方面，也给人类带来了许多实在利益和就业机会。从事核科学技术工作的人员增多，接触辐射的人数增多、接触机会增大，此外受慢性低剂量照射的人群也会越来越多，因此要求对辐射危害作出定量评估。

随着卫星的成功发射和宇航的发展，人类活动范围进一步扩大：由地面、大气层逐步向太空发展。太空存在各种高能粒子，不仅使空间飞行器受到辐射损伤，也对航天员的健康造成很大的威胁。空间环境中的高能辐射粒子，使辐射剂量学得以拓展到航天与空间科学等领域，形成了空间辐射剂量学。空间环境辐射场中不仅粒子种类很多，而且粒子能量分布极宽，这就对辐射防护提出了新的挑战。总而言之，随着核科学技术发展、辐射技术的广泛应用及人类太空活动的加剧，辐射剂量学的研究领域也逐渐扩大，不仅包含核设施和人类生存环境，还扩展到太空领域。辐射剂量学的需求逐步扩大，必将获得更多关注。

本书由陈国云(南昌大学)、魏志勇(南京航空航天大学)、徐雪春(南昌大学)、方美华(南京航空航天大学)、张晓红(南京航空航天大学)、付宏斌(吉林大学)共同编写，其中张晓红编写第 9 章、徐雪春编写第 10 章、付宏斌编写第 12 章、方美华编写第 13 章，其余章节由陈国云编写并统稿，魏志勇负责全书内容的审定。参加本书编写工作的还有南昌大学的王立、廖清华、刘笑兰、赵勇、辛勇、刘崧。本书获得南昌大学教材出版资助。

本书中绝大部分内容均已在教学活动中多次使用，有些内容是根据教材立项时评审专家的建议添加进来的，还有部分内容是编者的科研成果。因编者自身水平有限，书中不妥之处在所难免，敬请读者批评指正！

陈国云

2017 年 1 月

目 录

第二篇　核辐射剂量计

第三篇　学科分支及应用

第一篇　辐射剂量学基础

辐射剂量学基础部分是理解并掌握电离辐射剂量计原理及应用的先修内容，包括辐射与物质相互作用、电离辐射场、基本剂量学、微剂量学及等效剂量以及腔室理论共五章。本篇在辐射与物质相互作用规律的基础上引入电离辐射场概念，来描述和表征电离辐射分布空间。为在宏观层面定量描述电离辐射，需要定义一系列剂量学量来表征辐射能量沉积及其空间分布特征；而电离辐射在微观层面上的能量沉积行为已形成一个新的学科分支——微剂量学。各种辐射产生的效应千差万别，人体各器官对辐射的耐受性质也有很大不同。为了统一评估人体所受照射，需要定义一系列等效剂量学量。将剂量计置于待测辐射场中可形成腔室，射线在腔室内的能量沉积及转移特性，以及腔室对原辐射场的干扰和影响常用腔室理论解释。

第 1 章 辐射与物质相互作用

广义的辐射分为电离辐射与非电离辐射，狭义的辐射仅指电离辐射。辐射又分为四大类：①轻带电粒子，如$\beta^{\pm}$射线(即正负电子)和$\mu^{\pm}$介子；②重带电粒子，如 α 粒子、质子及重离子(见 1.1 节)；③具有一定质量的中性粒子，如π^0、中子等；④光子，如γ 射线、X 射线等电磁波。带电粒子与物质相互作用的方式类似，其中电子因质量轻、速度高稍有些不同。中子、光子与物质相互作用又分为两步：中子和光子首先将自身能量传递给带电粒子或产生一定能量的带电粒子，然后带电粒子再与物质发生相互作用。

辐射剂量学基本问题就是射线在介质中能量的沉积和转移，而它和辐射与物质相互作用直接相关。研究辐射与物质相互作用可以深化对物质结构的认识，也是设计、研制核辐射探测器和剂量计的基础，因为任何核辐射探测器的性能最终都取决于带电粒子与探测器灵敏介质之间的相互作用。此外，研究辐射与物质相互作用还可以为研究辐射损伤机制、辐射防护措施及技术提供理论基础和方法指引。

1.1 重带电粒子

重离子(heavy ion)是比 α 粒子更重(质量数大于 4)的离子，如锂离子、碳离子等；**重带电粒子(heavy charge particle)**常指比电子重得多的带电粒子，如 α 粒子、质子等。重带电粒子通过物质时，主要与靶物质原子中的壳层电子发生非弹性碰撞使物质原子电离和激发。重带电粒子质量大，散射不明显，碰撞后运动方向几乎保持不变，因此重带电粒子在物质中的运动径迹近似直线。除能量很高外，重带电粒子引起的韧致辐射可忽略不计。

1.1.1 电离和激发

带正电的重带电粒子从靶物质原子近旁掠过时主要与其外壳层电子发生库仑(Coulomb)相互作用，壳层电子受库仑引力作用获得能量。若该能量足以使它挣脱原子核束缚成为自由电子，则失去电子后带正电的原子或原子团就是**正离子(positive ion)**，靶物质原子形成电子-离子对的过程就称为**电离(ionization)**。若壳层电子所获得能量虽不足以使它挣脱原子核，但能发生能级跃迁，就称靶原子被**激发(excitation)**。处于激发态的原子不稳定，在激发态作短时间停留后又会跃迁回到基态，称为**退激(deexcitation)**。在原子退激过程中，多余的能量将以可见光或紫外线的形式释放出来，这就是原子的发光现象。

入射重带电粒子直接与原子相互作用产生的电离称为**直接电离**或**初级电离(primary ionization)**，初级电离中发射的电子称为**次级电子(secondary electron)**，又称δ电子或δ射线。如果δ电子动能达 10eV 量级，则还能继续使其他原子发生**次级电离(secondary ionization)**，重带电粒子总电离就是初级电离与次级电离之和，两类电离的份额与重带电粒子入射能量有关，一般次级电离贡献占 60%～80%。

1.1.2　电离损失

1. 阻止本领的导出

设重带电粒子质量为 m、电荷为 $+ze$、能量为 E，并以速度 v 入射，靶物质中自由电子质量为 m_0，重带电粒子与电子之间的距离为 r，则库仑引力就为

$$f=-\frac{ze^2}{r^2} \tag{1.1}$$

由碰撞理论可知，高速重带电粒子入射时，速度 v 改变甚微可近似看成常量，即 $\Delta v/v\sim m_0/m\ll 1$，碰撞中的冲量可写为

$$P_y=\int_{-\infty}^{\infty} f_y\mathrm{d}t=\frac{2ze^2}{bv} \tag{1.2}$$

式中 b 为**碰撞参数**，即电子到重带电粒子路径的垂直距离。入射重带电粒子损失的能量也就是电子获得的动能，大小为

$$\Delta E_b=\frac{P_y^2}{2m_0}=\frac{2z^2e^4}{m_0v^2b^2} \tag{1.3}$$

设吸收物质原子序数为 Z，靶物质原子**数密度(number density**，单位体积内靶物质原子个数)为 N_{A}，有

$$N_{\mathrm{A}}=\frac{\rho N_{\mathrm{Av}}}{M} \tag{1.4}$$

式中 ρ、M 分别为吸收物质密度和原子量，$N_{\mathrm{Av}}=6.0221367\times10^{23}\mathrm{mol}^{-1}$ 是**阿伏伽德罗(Avogadro)常量**。将式(1.3)对 b 积分，即得单位路径上的能量损失

$$-\frac{\mathrm{d}E}{\mathrm{d}x}=N_{\mathrm{A}}Z\int_{b_{\min}}^{b_{\max}}\Delta E_b 2\pi b\mathrm{d}b=\frac{4\pi z^2e^4}{m_0v^2}N_{\mathrm{A}}Z\ln\frac{b_{\max}}{b_{\min}} \tag{1.5}$$

碰撞参数 b 越大，碰撞中传递的能量就越小；而 b 最大值取决于电离和激发的能量，最小值取决于碰撞过程中的能量转移。设 I 为吸收物质原子的**平均电离电位(average ionization potential)**，即吸收物质单个原子中所有电子的电离能和激发能的平均值，则

$$b_{\max}=\frac{ze^2}{v}\sqrt{\frac{2}{m_0I}},\quad b_{\min}=\frac{ze^2}{m_0v^2} \tag{1.6}$$

用量子理论可导出非相对论的能量损失率为

$$-\frac{\mathrm{d}E}{\mathrm{d}x}=\frac{4\pi z^2e^4N_{\mathrm{A}}Z}{m_0v^2}\ln\frac{2m_0v^2}{I} \tag{1.7}$$

重带电粒子通过物质时速度将逐渐降低而损失能量，在单位长度路径上损失的能量称为**阻止本领(stopping power)**，又因所损失能量主要消耗在使物质原子电离和激发上，也称为**电离损失**，在单位长度路径上的电离损失就称为**电离损失率**。若限定每次传递的动能低于某一阈值，则阻止本领就称为**定限阻止本领**或**传能线密度**(见本书 3.4.1 节)，相应地，式(1.5)和式(1.6)所示的阻止本领称为**非定限阻止本领**，并用 $-\mathrm{d}E/\mathrm{d}x$ 来表示(负号表示阻止过程中能量在减少)。经相对论效应等修正后的阻止本领表达式为

$$-\frac{\mathrm{d}E}{\mathrm{d}x}=\frac{4\pi z^2e^4N_AZ}{m_0v^2}\ln\left(\frac{2m_0v^2}{I(1-\beta^2)}-\beta^2-\frac{C}{Z}-\frac{\delta}{2}\right) \tag{1.8}$$

阻止本领常用单位 MeV/cm，keV/cm 或 keV/μm。式(1.7)和式(1.8)中 z、v 分别为入射重带电粒子核电荷数及运动速度；Z、N_A 分别为吸收物质原子序数及原子数密度；m_0 为电子静止质量；$\beta=v/c$(c 是光速)是相对论因子，C/Z 是壳修正因子，它与入射粒子、介质性质均有关，如图 1-1 所示。

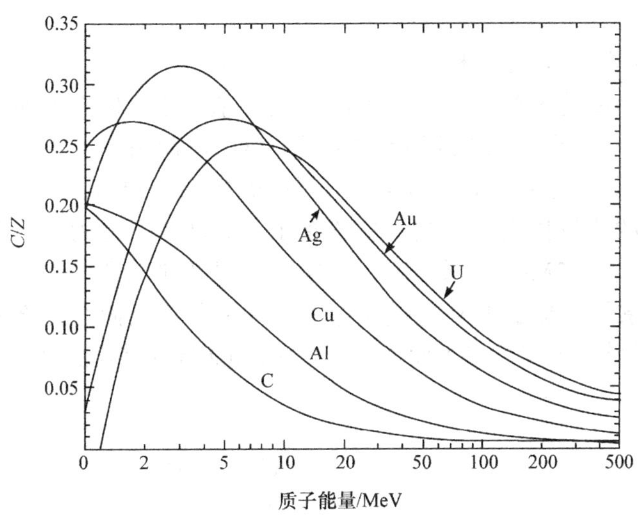

图 1-1 典型材料的壳修正因子

式(1.8)中δ为密度效应(也称极化效应)修正因子；I 是平均电离电势。理论计算得到 I 近似地正比于 Z(即 $I=kZ$)：在 $Z<20$ 时，$I\approx11.5Z$ eV；在 $Z>20$ 时，$I\approx8.8Z$ eV。表 1-1 给出了常见几种物质的平均电离电势值，可见平均电离电势要比第一电离电势高。

表 1-1 常见几种物质的平均电离电势

材料	原子序数	第一电离电势/eV	平均电离电势/eV
H	1	13.6	18
C	6	11.2	77
N	7	14.5	88
O	8	13.6	100
Al	13	6.0	164
Ar	18	15.7	184
Fe	26	7.9	300
Pb	82	7.4	820
空气			81
水			75

2. 阻止本领的特点

重带电粒子阻止本领与粒子本身、介质性质均有关。①与重带电粒子电荷数平方成正比：$-\mathrm{d}E/\mathrm{d}x\propto z^2$。相同速度下重带电粒子电荷越多，能量损失越大，穿透本领也就越弱。例如，α 粒子(z=2)与质子(z=1)以相同速度穿过同种物质时，前者电离损失率是后者的 4 倍，因此质子穿透本领强于 α 粒子。②与重带电粒子自身质量无关。③与重带电粒子入射速度有关：当速度不很高时有$-dE/dx \propto 1/v^2$，速度越小，电离损失率越大。这是因为碰撞过程中的动量转移与相互作用时间长短有关。带电粒子速度越慢，掠过电子的时间就越长，静电库仑力作用时间就越长，电子获得动量也就越大，因而入射带电粒子的能量损失也就越大；反之能量损失率就越小。④与吸收物质原子序数成正比：$-dE/dx \propto Z$。相同能量的同种粒子入射，吸收物质原子序数越大，电子密度也越大，电离损失率也越大，故重元素物质阻止能力比轻元素物质强。⑤与吸收物质原子数密度成正比：$-dE/dx \propto N_A$。吸收物质的原子数密度 N_A 越大，电离损失率也越大。

图 1-2 给出了电子、几种介子和重带电粒子在空气(标准状况下)中的电离损失率与能量之间的关系。可见$(-dE/dx)$随入射粒子能量增加而减小，在高能区略有增加。这是式(1.8)中大括号内的相对论项作用的结果。如果两种带电粒子速度、电荷相等，则它们在同种介质中的能量损失率也相同。例如，能量为 10MeV 的质子和 20MeV 的氘核速度相同，且电荷数均为 1，两者在同一物质中的能量损失率相同。应该指出：式(1.8)不适用于入射粒子速度很低(如 $E<1$MeV 的 α 粒子、$E<1.3$MeV 的质子)时的情况。因为低能 α 粒子可以俘获 1～2 个电子成为氦离子(He^+)或氦原子，也可以再失去它们。重带电粒子的电荷态会随速度变化而变化，具有涨落特性，且其平均值随速度增大而增大，可见低能时作用情况十分复杂。

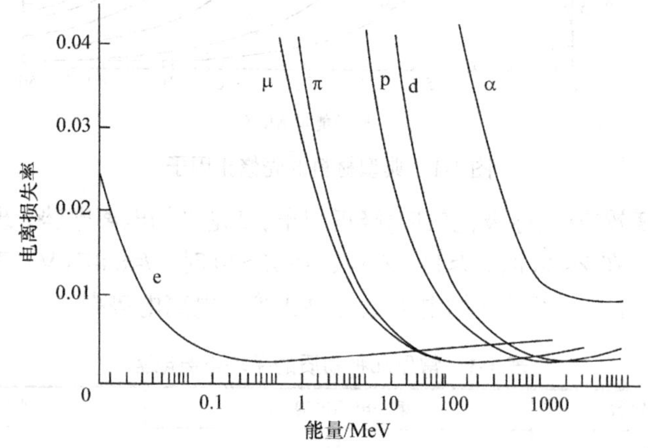

图 1-2　带电粒子在空气介质中的电离损失率与能量之间的关系

3. 原子阻止截面

从吸收物质角度来看，重带电粒子在穿过吸收物质时，吸收物质原子中电子的阻止作用引起了入射带电粒子在单位路径上的能量损失，因此单位路径上的电离损失率$(-dE/dx)$又称为吸收物质对入射带电粒子的**线性阻止本领(linear stopping power)**。厚度和密度的乘积定义为**质量厚度(mass thickness)**，单位 g/cm^2。入射带电粒子通过单位质量厚度的吸收物质时，因吸收物质的阻止作用所损失的能量称为**质量阻止本领(mass stopping power)**，用$-(1/\rho)\cdot dE/dx$ 表示，其中ρ是吸收物质密度，单位 g/cm^3。式(1.8)反映的是入射粒子与吸收物质电子传递能量时导致的能量损失，吸收物质电子密度越大，它对入射带电粒子的阻止本领也越强，因此入射带电粒子阻止本领$(-dE/dx)$有时也称为**电子阻止本领(electron stopping power)**，原子核对入射带电粒子的阻止本领称为**核阻止本领(nuclear stopping power)**，它是原子核对入射带电粒子能量损失的贡献。原子**阻止截面(stopping cross section)**定义为阻止本领与靶物质原子数密度 N_A 的商，即$(1/N_A)\cdot(-dE/dx)$，单位为 $eV\cdot cm^2$/原子。

4. 平均电离能

入射带电粒子穿过靶物质时，因电离作用会在其路径周围留下大量离子对，单位路径上产生的离子对数称为**比电离**或称**电离密度**，用$(-\mathrm{d}N_\mathrm{i}/\mathrm{d}x)$表示，单位是 pairs/cm。带电粒子在物质中每形成一对离子平均消耗的能量称为**平均电离能**，用 W 表示。对能量比较高的粒子，W 大小只与吸收物质性质有关，而与入射粒子种类和能量几乎无关。气体的 W 值为 30～40eV，半导体的 W 约 3eV，而密介质的 W 为 3～30eV。物质的平均电离能一般比电离电势约大 1 倍，如氩的电离电势是 15.7eV，但它的平均电离能 W 大约是 26.4eV。这是因为在能量损失中大约有一半消耗在使原子和分子激发上，而这部分能量不产生离子对，最后导致分子热运动。1MeV 的 α 粒子若将其能量全部消耗于氩气中，大约产生 37880 个离子对；而在半导体中可产生 378800 个离子对。由平均电离能 W 和电离损失率$(-\mathrm{d}E/\mathrm{d}x)_\mathrm{i}$可得单位路径上产生的离子对数(即比电离)为

$$-\frac{\mathrm{d}N_\mathrm{i}}{\mathrm{d}x}=\left(-\frac{\mathrm{d}E}{\mathrm{d}x}\right)_\mathrm{i}\bigg/W \tag{1.9}$$

式(1.9)中左边的负号仅为了抵消右边电离损失率中的负号。特定介质的 W 值接近常数，因此比电离大小与电离能量损失成正比。因$(-\mathrm{d}E/\mathrm{d}x)_\mathrm{i}$与入射粒子速度和电荷有关，故比电离也与入射带电粒子速度和电荷有关。对相同速度的入射粒子，电荷数越多比电离越大；对同种粒子，速度越慢的入射粒子比电离越大。正因为如此，带电粒子在穿过物质时整个路径上产生的离子对数目分布是不均匀的。

图 1-3 给出了 α 粒子射入标准状态空气后在其路径上各点的比电离值变化情况，其中横坐标所标识距离通常也称为 α 粒子的**剩余射程(remaining range)**。图 1-3 又称**布拉格(Bragg)曲线**，曲线中的峰称为 **Bragg 峰**。在曲线起始段比电离值上升得很慢，到快接近路径末端时

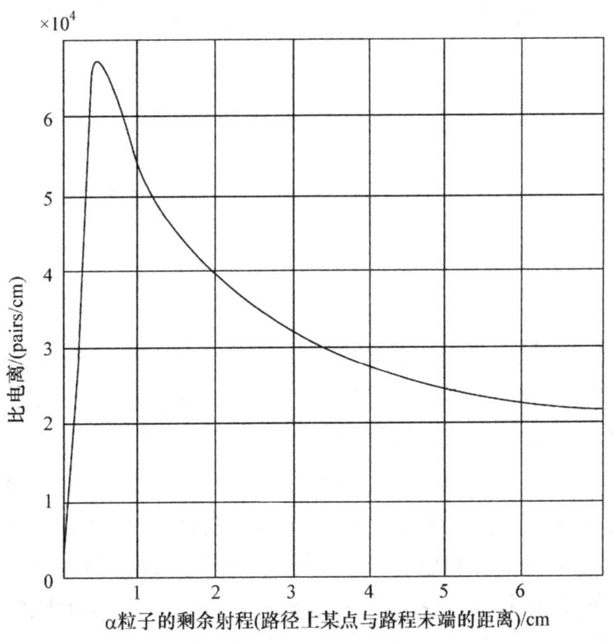

图 1-3　α粒子在空气中的比电离

比电离值增加得很快，峰值过后曲线急剧下降而趋于零，此时已到路径末端。入射带电粒子

开始时速度最快，因而电离损失率较小；入射粒子越接近路径末端速度越慢，电离损失率也越大，比电离值也最大。因粒子在越过峰值后能量几乎耗尽，比电离值骤然下降并很快到达零。α 粒子在空气中的最大比电离约为 6600pairs/mm，对应 α 粒子能量约为 700eV。因此比电离越大，该入射粒子的电离本领越强，但其穿透本领却越弱。重带电粒子在能量很低时能量损失率很大。这一特点被广泛用于肿瘤治疗。仔细选取射线的能量并使其大部分的能量损失发生在恰当的深度，就能达到让一束重带电粒子消灭机体中一定深度的癌细胞而基本上不损坏其他的健康细胞的目的。

1.1.3　α 粒子的吸收与射程

1. 射程的定义

重带电粒子在物质中因电离和激发不断损失自身能量，若吸收物质足够厚，最终它将耗尽自身能量而停留在吸收物质中，此时粒子被物质**吸收(absorption)**。带电粒子从进入物质到完全被吸收的过程中沿原入射方向穿行的最大直线距离，称为它在吸收物质中的**射程(range)**，亦即入射粒子沿入射方向穿透的最大距离。需要注意：射程和路径的概念不同，路径是指入射粒子在物质中所经过的实际路径的长度，而射程是路径沿入射方向的投影，路径大于射程。重带电粒子质量大，在与核外电子非弹性碰撞、与原子核弹性碰撞中，入射粒子运动方向改变很小。因此重带电粒子的路径接近直线(仅在末端略有弯曲)，其射程近似等于路径长度。单能重带电粒子在物质中射程几乎相同；当入射粒子能量较低时，路径和射程之间存在差异：能量越低，差异越大，且对不同吸收物质的差异大小也不相同。

图 1-4(a)是测量 α 粒子在空气中射程的实验装置：左端放置 α 源，α 射线经准直器准直后进入探测器被计数。探测器可沿 α 粒子的出射方向移动。保持探测器对 α 源所张立体角不变，改变探测器与 α 源之间的距离分别测量 α 粒子的计数率，所得结果如图 1-4(b)所示。

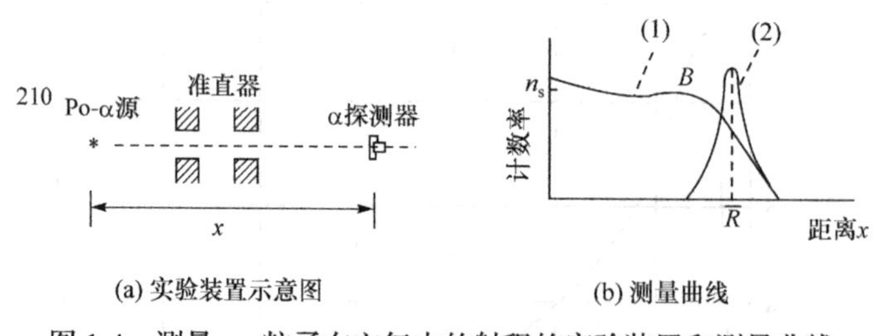

(a) 实验装置示意图　　(b) 测量曲线

图 1-4　测量 α 粒子在空气中的射程的实验装置和测量曲线

图 1-4(b)中横坐标 x 为 α 源与探测器之间的距离，纵坐标为探测器所测计数率。开始一段距离计数率保持不变，表明 α 粒子没有被空气吸收；当增加到一定距离时计数率很快下降，并一直降为零。这表示 α 粒子在这个距离时已全被空气吸收，全部停留在射程附近区域内。对于 ^{210}Po 源释放的 5.3MeV 的 α 粒子，在标准状态下空气中射程是 3.84cm。由图 1-4(b)可知，能量相同的 α 粒子的路径长度差别不大。图 1-4(b)的曲线(1)中 B 点左方计数率基本为常数，越过 B 点后曲线(1)开始下降，表明已有 α 粒子不能到达计数器而被记录。曲线(2)表示单位路径上 α 粒子变化量随距离的分布，它常称为微分分布曲线，曲线(1)则常称为积分曲线。由微分曲线(2)可知，大多数 α 粒子停留在射程对应的位置，而此处曲线(1)表示 α 粒子数恰好减为原来的一半。这说明能量相同的 α 粒子的射程基本上相等但略有涨落，平时测量或计算的 α 粒子射程都是指平均射程。

2. 射程经验公式

入射粒子要经历大量电离碰撞而损失自己的能量，如 1 个 5MeV 的 α 粒子在其能量全部耗尽前平均要经历 1.4×10^6 次电离碰撞，且每两次碰撞之间 α 粒子所走过的距离、损失的能量都不同，有一定统计涨落，导致相同能量 α 粒子的射程有涨落，称为**射程歧离**。不过重带电粒子射程歧离很小，例如，对 5MeV 的 α 粒子，射程歧离仅为平均射程的 1%左右。α 粒子射程与其能量有关，能量越大，射程也越大。图 1-5 给出了 α 粒子在标准状态空气中的平均射程随能量变化的情况。

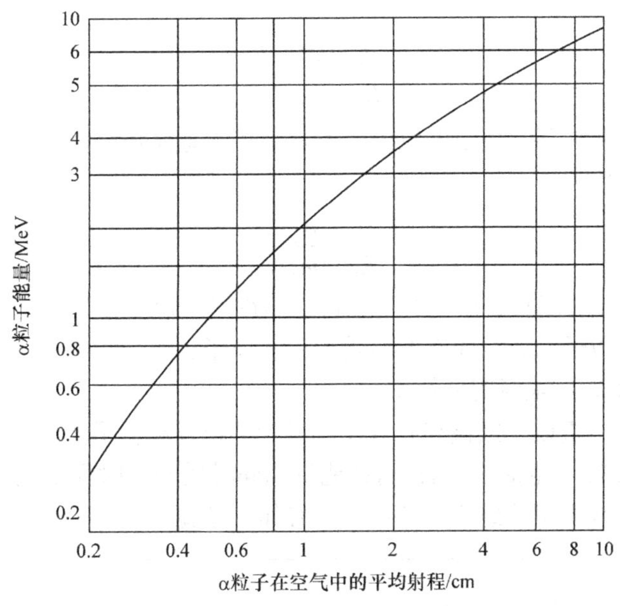

图 1-5　α 粒子在空气中的平均射程与能量的关系

α 粒子在标准状态空气中的射程与能量之间的关系有如下经验公式：

$$\overline{R}=0.325\cdot E_{\alpha}^{\frac{3}{2}}，\quad E_{\alpha}=2.12\cdot \overline{R}^{\frac{2}{3}}\quad (4\text{MeV}<E_{\alpha}<8\text{MeV}) \tag{1.10}$$

其中射程单位 cm，能量单位 MeV。当 4MeV $<E_\alpha<$8MeV 时射程为 2.5～7.5cm；当 E_α较大时 $\overline{R}\propto E_\alpha$；当 E_α较小时 $\overline{R}\propto E_\alpha^{3/2}$。若 α 粒子能量已知，由式(1.10)即可估算出它在空气中的平均射程；反过来根据测得的 α 粒子在空气中的射程也可以求出它的能量，以便对 α 放射性核素作出鉴别。α 粒子在其他物质中的射程可用如下经验公式换算：

$$R=3.2\times10^{-4}\cdot\sqrt{A}\cdot R_0/\rho \tag{1.11}$$

式中 R 为 α 粒子在吸收物质中的射程(cm)，R_0 为 α 粒子在空气中的射程(cm)，A 是吸收物质原子的质量数，ρ 是吸收物质密度(g/cm^3)。例如，能量为 5.3MeV 的 α 粒子在空气中的射程 R_0 是 3.8cm，据此可求得它在铝(A=27，ρ=2.7g/cm^3)中的射程为 0.023mm。

3. CSDA 射程

粒子在介质中走过的实际路径定义为**连续慢化近似(continuous slowing down approximation，CSDA)射程**，CSDA 射程的投影就是上述射程。重带电粒子在介质中能量损失过程中运动方向变化、角度偏离均较小，径迹基本是直线，CSDA 射程与粒子射程偏离不大。CSDA 射程尽管存在明显的系统偏差，但能为分析问题提供方便，另外 CSDA 射程在计算能量沉积和剂量场分布时有作用。

4. 混合物质中的 α 射程

如果吸收物质由多种核素组成，则经验公式(1.11)中的 A 由下式求得：

$$\sqrt{A}=n_1\sqrt{A_1}+n_2\sqrt{A_2}+\cdots+n_m\sqrt{A_m} \tag{1.12}$$

式中 n_i 为各元素相对含量，A_i 是各元素原子质量数。根据式(1.11)还可求得 α 粒子在两种不同物质中的射程比

$$\frac{R_1}{R_2}=\frac{\rho_2\sqrt{A_1}}{\rho_1\sqrt{A_2}} \tag{1.13}$$

对相同初速度的两种不同重带电粒子，若质量和电荷数分别为 m_1、m_2 和 z_1、z_2，则它们在同一物质中的射程比为

$$\frac{R_1}{R_2}=\frac{m_1/z_1^2}{m_2/z_2^2} \tag{1.14}$$

对相同速度的质子和氘核，由上式可求得它们在同一物质中的射程关系为 $R_D=2R_p$。对电荷不同的两种重带电粒子，如相同速度的质子和 α 粒子，由于它们在低能时俘获和失去电子的情况不同，在使用式(1.14)时需要修正。

图 1-6 给出质子、氘核、氚核和 α 粒子在硅中的射程和粒子能量的关系。可见在射程相同时质子能量仅为 α 粒子能量的 1/4；而在能量相同时质子的射程要比 α 粒子长得多。生物学、医学常关注 α 射线在机体组织中的射程，有如下经验公式：

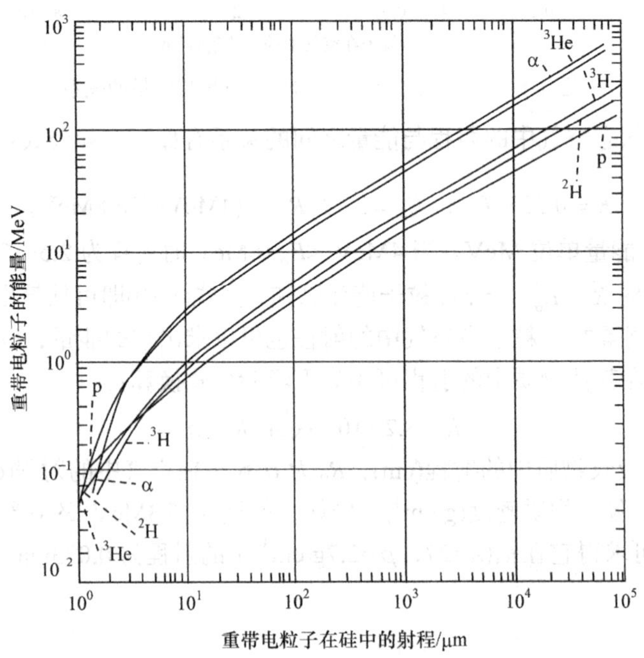

图 1-6　重带电粒子在硅中的射程-能量关系

$$\rho_t R_t=\rho_0 R_0 \tag{1.15}$$

式中 R_0 是 α 粒子在空气中的射程(cm)，R_t 为 α 粒子在机体组织中的射程(cm)，ρ_0 是标准状况

下的空气密度(g/cm^3)；ρ_t为机体组织的密度(g/cm^3)。由于ρ_t≈1g/cm^3，ρ_0=0.00122g/cm^3，式(1.15)可简化为

$$R_t = 0.00122R_0 \tag{1.16}$$

已知 α 粒子在空气中的射程，即可方便地求出它在机体组织中的射程。例如，4MeV 的 α 粒子在空气中的射程为 2.5cm，则它在机体组织中的射程就为 30.54μm。不同能量的 α 粒子在空气、生物组织和铝中的射程已由实验测出，其结果列于表 1-2 中。

表 1-2 能量 4～10MeV 的 α 粒子在空气、生物组织、铝中的射程

E_α/MeV	4.0	4.5	5.0	5.5	6.0	6.5	7.0	7.5	8.0	8.5	9.0	10.0
空气/cm	2.5	3.0	3.5	4.0	4.6	5.2	5.9	6.6	7.4	8.1	8.9	10.6
生物组织/μm	31	37	43	49	56	64	72	81	91	100	110	130
铝/μm	16	20	23	26	30	34	38	43	48	53	58	69

可见空气中的 α 粒子射程在 cm 量级，在铝中为 10μm 量级。α 粒子穿透本领很弱，很容易被物质吸收，一张纸或生物组织表皮就足以阻挡 α 粒子。所以 α 粒子外照射防护问题很容易，但电离本领特别大：α 粒子一旦进入人体内，因内照射所引起的大量电离将对人体造成特别大的危害。

1.2 电　　子

电子(包括正电子和负电子)质量比重带电粒子小得多，高速电子与物质发生相互作用时，除引起电离损失能量外，还会产生轫致辐射和多次散射。对低能电子而言，电离损失是主要的；但电子能量增高时，轫致辐射损失份额逐渐显著。电子在物质中的运动径迹因存在多次散射而十分曲折，正电子还会发生湮没现象放出 γ 光子。

1.2.1 电离损失

电离损失是电子与介质原子发生相互作用而损失能量的主要方式，此外电子也会通过与介质原子核外壳层电子发生碰撞使物质原子电离和激发而损失自身能量，统称电子**电离损失(ionization loss)**。电子通过电离和激发损失能量与重带电粒子类似，但因电子质量很小，发生非弹性碰撞后运动方向改变很大。在电子能量不很高时，电离和激发是电子能量损失的主要方式，电离损失率(–dE/dx)写为

$$-\frac{\mathrm{d}E}{\mathrm{d}x}=\frac{2\pi e^4 N_{\mathrm{A}}Z}{m_0 v^2}\left[\ln\frac{m_0 v^2 E_{\mathrm{e}}}{2I^2(1-\beta^2)}-\ln 2(2\sqrt{1-\beta^2}+\beta^2-1)\right.$$
$$\left.+1-\beta^2+\frac{(1-\sqrt{1-\beta^2})^2}{8}\right] \tag{1.17}$$

式中 N_{A} 是吸收物质原子数密度(cm^{-3})，Z 为吸收物质原子序数，I 是吸收物质平均电离电势(eV)，m_0、e、v、E_{e} 分别对应电子的静止质量、电荷、速度、能量；β 是电子速度与光速的比值，即$\beta=v/c$。相同能量下电子的速度要比重带电粒子高得多，因而相对论效应不仅不可忽视，而且在电子电离激发所致的能量损失过程中的影响非常明显。对比式(1.8)与式(1.17)可知，电子的电离损失率与重带电粒子有些相似，也有$-\mathrm{d}E/\mathrm{d}x\propto N_{\mathrm{A}}Z$ 和$-\mathrm{d}E/\mathrm{d}x\propto 1/v^2$。相同能量

的电子速度比 α 粒子大得多，其电离损失率比 α 粒子小得多，穿透本领也比同能量 α 粒子大得多。电子在铅中的质量阻止本领$-(1/\rho)\cdot \mathrm{d}E/\mathrm{d}x$与电子能量的关系如图 1-7 中曲线(1)所示。

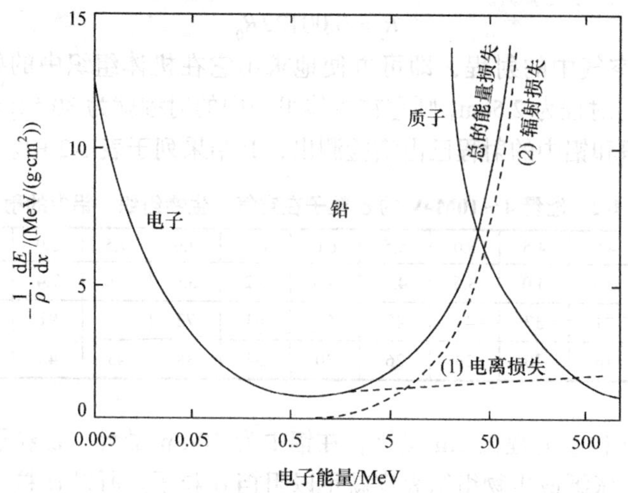

图 1-7　电子的能量损失率与自身能量的关系

当能量较低时，电子质量阻止本领随电子动能增加而减小；在 E_e≈1MeV 时达最小值；当 E_e>3MeV 时，由于相对论效应，电子质量阻止本领又随电子能量增加而略有增加，对应于图 1-7 中曲线(1)逐渐缓慢上升。电子的比电离值与它的能量有关：能量大时比电离值小，能量小时比电离值大。图 1-8 是在标准状况(15℃，1atm①)下电子射入空气中的比电离值随能量的变化情况。

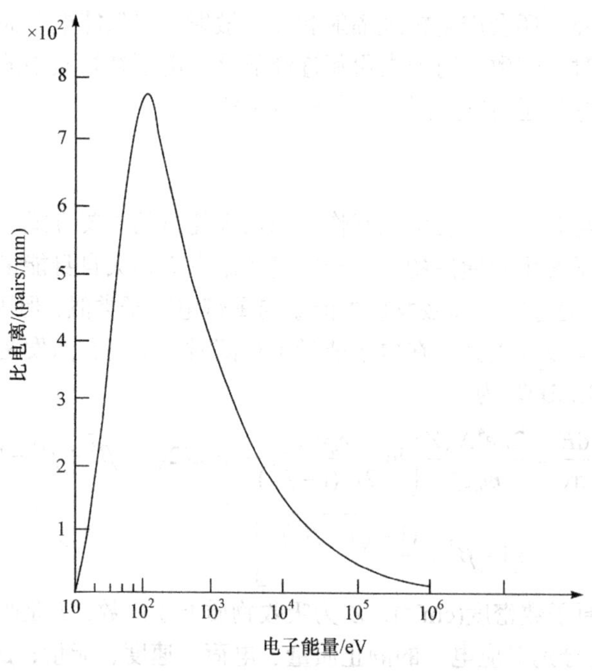

图 1-8　电子在空气中的比电离

① 1atm=1.01325×10^5Pa。

当 E_e=150eV 时比电离达最大值 770pairs/mm，E_e=1.5MeV 时达最小值 5pairs/mm。β 粒子的比电离值比同能量 α 粒子小得多，最大值仅为 α 粒子的 1/9～1/10，因此电离本领要比 α 粒子弱得多。

1.2.2　辐射损失

除电离、激发外，电子穿过物质时还会与物质原子的原子核发生非弹性碰撞而损失能量。因受原子核库仑场作用，高速电子掠过原子核附近时速度(包括大小和方向)会突变，电子同时将自身能量的一部分或全部转化为连续能量(E 可在 0～E_m 连续取值)的电磁辐射而发射，这就是**轫致辐射(bremsstrahlung)**。电子通过物质时因轫致辐射而损失的能量称为**辐射损失**。图 1-9 给出了电子产生轫致辐射的作用过程。

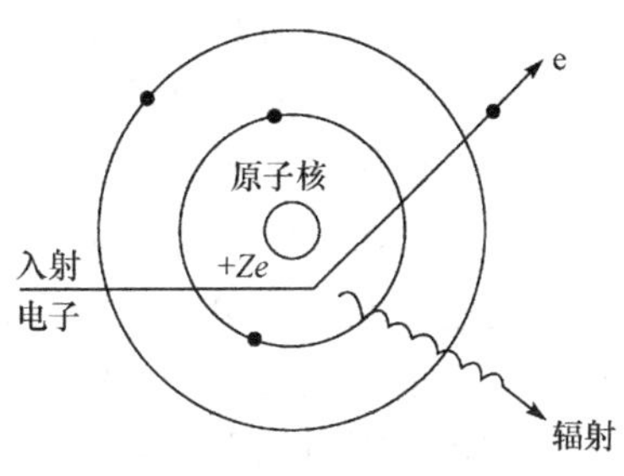

图 1-9　电子产生轫致辐射的作用过程

电子在单位路径上的辐射损失称为**辐射损失率**，用 $(-\mathrm{d}E/\mathrm{d}x)_r$ 表示。忽略轨道电子屏蔽，相对论范围内的 $(-\mathrm{d}E/\mathrm{d}x)_r$ 可近似地表为

$$-\left(\frac{\mathrm{d}E}{\mathrm{d}x}\right)_r=\frac{N_A E_e Z(Z+1)e^4}{137m_0^2c^4}\left(4\ln\frac{2E_e}{m_0c^2}-\frac{4}{3}\right) \tag{1.18}$$

式中 N_A 是吸收物质的原子数密度(cm^{-3})；Z 是吸收物质的原子序数；m_0 为电子的静止质量；E_e 为电子的总能量；c 是光速。当考虑轨道电子对原子核的屏蔽时，$(-\mathrm{d}E/\mathrm{d}x)_r$ 可近似地表为

$$-\left(\frac{\mathrm{d}E}{\mathrm{d}x}\right)_r=\frac{nE_e Z(Z+1)e^4}{137m_0^2c^4}\left(\ln\frac{183}{z^{1/3}}+\frac{1}{18}\right) \tag{1.19}$$

由式(1.18)和式(1.19)可知：①辐射损失率大致与吸收物质原子序数 Z 的平方成正比，与入射粒子动能成正比，故高能电子射到重元素物质上更容易产生轫致辐射。②辐射损失率还与入射粒子质量的平方成反比，因此只有电子等轻带电粒子的轫致辐射损失最显著。对重带电粒子，其质量比电子大得多、入射动能比电子小得多(在原子核库仑场中获得的加速度要比电子小得多)，轫致辐射损失完全可以忽略不计。例如，质子的辐射损失仅为同能量电子的 $1/3.5\times10^6$， α 粒子的辐射损失则更小。只有重带电粒子(能量高达 10^{12}eV 以上)的轫致辐射损失才会显得重要。轫致辐射过程中光子发射角分布正比于 $\sin^2\theta/(1-\beta\cos\theta)^5$($\theta$ 为带电粒子的加速度的方向和发射光子的方向之间的夹角)。对低速带电粒子，$\beta=v/c$ 较小，光子发射按 $\sin^2\theta$ 变化，90°方向上取最大值；当带电粒子速度比较高时，光子发射趋向于 0°方向上。图 1-7 中曲线(2)给出了电子在铅中的辐射损失率与能量的关系。在电子能量很高时能量损失以轫致辐射为主，并随电子能量升高而增大；在电子能量较低时能量损失以电离损失为主，并随电子能量升高而减小。电子通过物质时，由电离、激发和轫致辐射而引起的总能量损失率应为

$$-\left(\frac{\mathrm{d}E}{\mathrm{d}x}\right)_t=\left[-\left(\frac{\mathrm{d}E}{\mathrm{d}x}\right)_i\right]+\left[-\left(\frac{\mathrm{d}E}{\mathrm{d}x}\right)_r\right] \tag{1.20}$$

重带电粒子轫致辐射损失可忽略，物质的线性阻止本领就等于电离损失率 $(-\mathrm{d}E/\mathrm{d}x)_i$；但对于轻带电粒子(如电子)，物质的线性阻止本领是式(1.20)右边两项的和，即总能量损失率

$(-\mathrm{d}E/\mathrm{d}x)_t$。理论推得动能为 E_e 的电子通过原子序数为 Z 的物质时，在其能量损失中辐射损失和电离损失之比可写为

$$\frac{-\left(\frac{\mathrm{d}E}{\mathrm{d}x}\right)_r}{-\left(\frac{\mathrm{d}E}{\mathrm{d}x}\right)_i} \approx \frac{E_e Z}{800} \tag{1.21}$$

一般地说，辐射损失要比电离损失小得多，但辐射损失率$(-\mathrm{d}E/\mathrm{d}x)_r$近似正比于 Z 的平方，而电离损失$(-\mathrm{d}E/\mathrm{d}x)_i$仅正比于 Z。对于特定物质而言，电离损失和辐射损失相当时所对应的快速电子能量称为**临界能量**。通过精确计算可得在铅、铝、空气中的临界能量依次为 6.9MeV、47MeV、250MeV。能量为 10MeV 的电子在铝中的辐射损失仅占 16%；对于电子在空气和水中，能量在几十兆电子伏特时仍以电离损失为主；而对于由电子加速器引出的电子束，因能量较高、束流较大，产生的轫致辐射就很强。表 1-3 对几种不同吸收物质给出了 β 射线转换成轫致辐射能量的百分数，其能量范围从 0.5MeV 到 3.5MeV。

表 1-3　β射线通过 Be、C、Al、Cu 时轫致辐射所占百分数　（单位：%）

E_β/MeV	吸收体			
	Be，Z=4	C，Z=6	Al，Z=13	Cu，Z=29
3.5	0.47	0.70	1.5	3.3
3.0	0.40	0.60	1.3	2.8
2.5	0.33	0.50	1.1	2.4
2.0	0.27	0.40	0.85	1.9
1.5	0.20	0.30	0.64	1.4
1.0	0.13	0.20	0.43	0.95
0.5	0.06	0.10	0.21	0.48

必须指出，上述能量损失率是指相同能量粒子的平均能量损失率。事实上，即使同样能量的带电粒子穿过完全相同的物质，其能量损失率仍然会有差别。这种现象主要是由于带电粒子的库仑碰撞次数以及每次碰撞时能量损失的统计涨落。在对 β 射线的安全防护中，轫致辐射的影响是很重要的。为了阻挡高能电子，最初认为用铅之类的重物质较好，但事实上由于重物质易于产生轫致辐射，这就使得重物质不能起到真正的防护作用。对于 β 射线的防护，比较好的方案是采用复合屏蔽方法，即内层用轻物质，外层则用铅材料。

1.2.3　弹性散射

电子通过物质时与物质原子发生相互作用，不仅因电离、激发和轫致辐射而损失能量，而且运动方向也会发生很大改变，这种现象称为**散射(scattering)**。散射有两类：①**非弹性散射/碰撞(nonelastic scattering/collision)**，如电离、激发、轫致辐射；②**弹性散射/碰撞(elastic scattering/collision)**。电子掠过原子核时，因受库仑力作用，其运动方向发生改变的过程称为弹性散射，在此过程中入射电子和原子核的总动能保持不变。但因原子核比电子重得多，在弹性散射时原子核基本不动，结果仅使入射电子运动方向偏转，而电子能量变化甚微。电子因质量很小散射现象特别严重，它不仅被原子核散射，而且也被核外电子散射。当吸收物质

较厚时，入射电子将被多次散射，之后电子将取不同的方向运动，其中有些电子的偏转角度将大于 90°，甚至或被折返回去，称为**反散射(backscattering)**。

在测量 β 射线强度时，如果把 β 源置于一块厚铅片上，则计数率将因铅造成的反散射影响而明显增加。设没有反散射体时测得 β 计数率为 n_0，在有一定厚度散射体作衬底时测得 β 射线净计数率 n_b、β 射线本底计数率 n_B，则**反散射系数(backscattering coefficient)**f 为

$$f = \frac{n_b - n_B}{n_0 - n_B} \tag{1.22}$$

反散射系数直接反映了反散射程度。在确定实验条件下，反散射系数 f 随散射体厚度增加而增加，当散射体厚度增加到一定数值时 f 达到饱和。这时若进一步增加散射体厚度，f 将不再发生变化。反散射系数 f 达到最大值时的散射体厚度称为**反散射饱和厚度**或**反散射临界厚度**。临界厚度的数值约为 β 粒子在该散射体中射程的 1/5。反散射程度的大小还与 β 粒子能量有关：50keV$<E_\beta<$3MeV 时，f 随 E_β 增大而有所减小。不同闪烁体对电子的饱和反散射系数列于表 1-4，饱和反散射系数 f 随散射体原子序数 Z 递增的关系如图 1-10 所示。

表 1-4　不同闪烁体对电子的饱和反散射系数和能量的关系

闪烁体	f				
	电子能量=0.25MeV	电子能量=0.5MeV	电子能量=0.75MeV	电子能量=1.0MeV	电子能量=1.25MeV
塑料	0.08±0.02	0.053±0.010	0.040±0.007	0.032±0.003	0.030±0.005
蒽	0.09±0.02	0.051±0.010	0.038±0.04	0.029±0.003	0.026±0.004
NaI(Tl)	0.450±0.045	0.410±0.010	0.391±0.014	0.375±0.008	0.364±0.007
CsI(Tl)	0.49±0.06	0.455±0.023	0.430±0.013	0.419±0.018	0.404±0.016

可见在给定实验条件下，Z 越大反散射情况越严重。图中实线是在 β 源直接置于散射体上的情况下测得的；如果在散射体与源之间隔上一层薄膜，测量结果如虚线所示。在定量测量(尤其是测量 β 放射性)时，为减小反散射和轫致辐射的影响，源的支架、衬托物以及铅室内衬都必须用原子序数较低的材料(如铝片或有机玻璃等)。有时候反散射作用也可用来增高计数，以利于弱 β 放射性测量。此外，利用反散射强度与散射体厚度的关系，还可以做成散射厚度计来测量各种金属镀层、胶片、塑料布等材料。反散射系数 f 与电子出射角 θ 之间存在如下关系，对 keV 能区的电子有

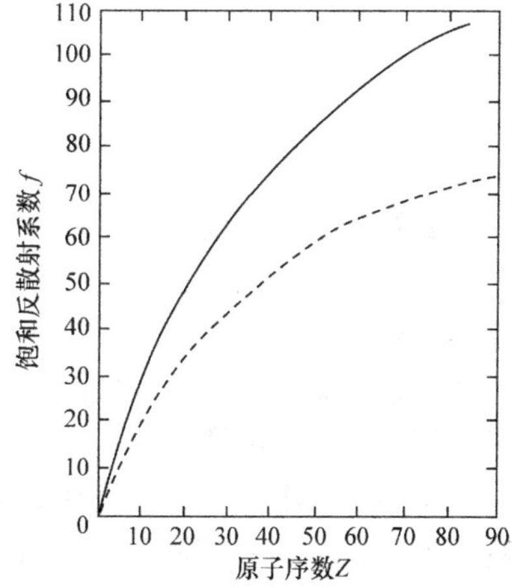

图 1-10　饱和反散射系数 f 与散射体原子序数 Z 的关系

$$\frac{df}{d\theta} = f\sin(2\theta) \tag{1.23}$$

由于多次散射的缘故，电子穿过介质后的散射角度形成高斯分布，散射角的均方值反映了散射角的离散程度，ICRU 定义了**质量散射本领(mass scattering power)**T 来描述穿过一定厚度介质后电子散射角的离散程度。

$$\frac{T}{\rho}=\frac{1}{\rho}\frac{\mathrm{d}\langle\theta^2\rangle}{\mathrm{d}x} \tag{1.24}$$

式中ρ、x分别是介质密度和厚度；θ为电子散射后的出射角。

1.2.4 β粒子的吸收与射程

相比α粒子来说，β粒子吸收和射程有如下特点：①β粒子能量损失率比同能量α粒子小，具有更大穿透本领和射程。例如，5MeV的β粒子在空气中射程可达19m，而同能量α粒子在空气中射程仅 3.5cm。②β粒子因多次散射方向不断改变，路径曲折，因此射程总是远小于它在吸收物质中的路径长度，而α粒子射程与路径(接近直线)基本相同。③电子在电离碰撞中能量损失的涨落更大且存在轫致辐射，因此β粒子(无论能量是否连续)即使在同一物质中经过的直线距离也有很大差别，其射程一般通过实验测定。

铝是测定电子或β粒子的标准吸收体。让一束单能电子或能量连续分布的β粒子垂直入射到铝片上，用探测器测量强度随吸收片厚度的变化。开始时随吸收片厚度增加计数率逐渐减少；当增加到一定厚度后计数率不再减少，保持在本底计数水平。这里本底计数是β源伴随的γ射线在探测器中的计数。实验装置如图 1-11(a)所示，实验结果如图 1-11(b)所示，称为β**吸收曲线(absorbtion curve)**。

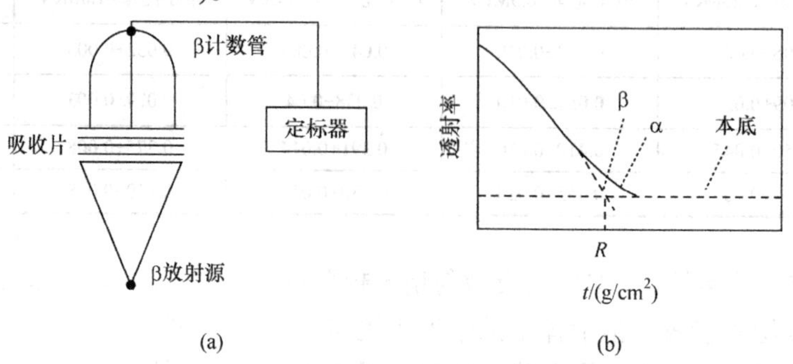

图 1-11 观察β射线吸收现象的实验装置和β吸收曲线

β粒子吸收曲线与单能α粒子不同：α粒子吸收曲线在平均射程处突变，平均射程反映了α粒子能量；而β粒子的吸收曲线是连续变化的。这是因为：①β粒子能量在0～E_m之间连续分布，较低能β粒子很快就失去全部能量停留在吸收片中，且吸收片再薄也会有β粒子不能穿过；②β粒子因多次散射使得运动方向偏转很大，偏转角大于 90°的β粒子就不可能进入探测器而被记录。

将图 1-11(b)中曲线按变化趋势外推至计数率为零而与横轴交于R点，就定义为β粒子**射程**，显然该射程是β粒子的最大射程。由于电子在电离碰撞中的统计性质，射程涨落达10%～15%。单能电子吸收曲线与β粒子虽有不同之处，但动能为E_e的单能电子和最大能量等于E_e的β粒子射程几乎完全相同。β射线穿透能力较强，一般能量的β粒子即可穿过几米甚至十几米厚的空气层。图 1-12 和图 1-13 给出不同能区β粒子在铝中的射程与能量的关系。可见当能量大于 1.0MeV 时，β粒子射程与能量基本呈线性关系。

需要说明，图 1-12 和图 1-13 中的射程是用质量厚度表示的，单位为 g/cm^{2}或 mg/cm^2、符号R_m，称为**质量射程(mass range)**。电子在水中的射程如图 1-14 所示。

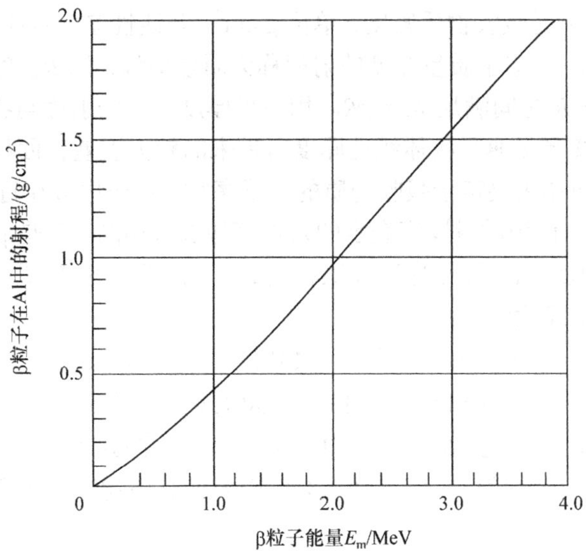

图 1-12　β粒子在 Al 中的射程与能量(0～4.0MeV)的关系

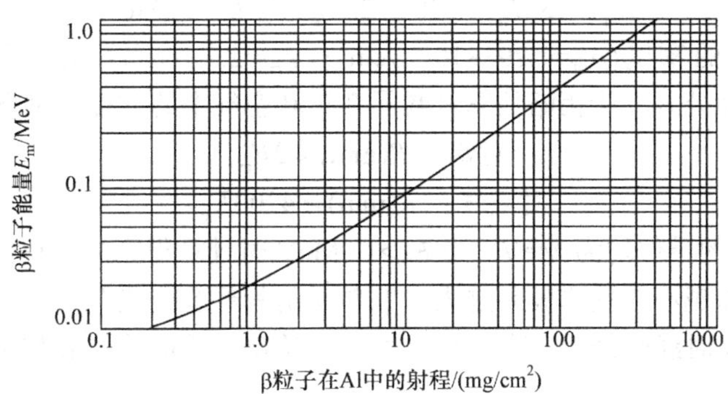

图 1-13　β粒子在 Al 中的射程与能量(0.01～1.0MeV)的关系

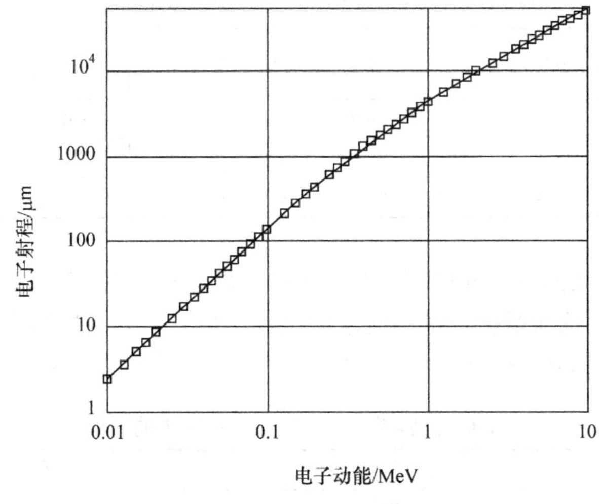

图 1-14　电子在水中的射程

厚度分两类：以长度(如 cm)为单位的称为**线性厚度(linear thickness)**，用 x 表示；以物质单位面积的质量定义的厚度称为**质量厚度(mass thickness)**，用 t 表示。质量厚度与线性厚度

的关系为 $t=\rho\cdot x$，其中 ρ 是吸收物质密度，单位 g/cm³。与线性厚度对应的射程称为线性射程，用 R 表示，单位是 cm；对应于质量厚度的射程称为质量射程，用 R_{m} 表示，单位为 g/cm²。质量射程 R_{m} 与线性射程 R 之间满足 $R_{\mathrm{m}}=\rho R$。用质量厚度表示的射程与物质密度、物理状态几乎无关，还可避免直接测量薄吸收体线性厚度所带来的较大误差，面积和重量的测量误差较小。由于 β 粒子与物质作用决定于吸收物质的原子序数，原子序数相近的物质(如空气、铝和塑料等)密度差异很大，但用质量厚度表示的射程值却近似相同。于是 β 粒子在铝中射程与能量的关系，也可以近似地用于原子序数和铝相近的其他物质。β 粒子在铝中的射程与 β 粒子最大能量的关系有如下经验公式：

$$R_{\mathrm{m}}=0.407E_{\mathrm{m}}^{1.38}\text{，}0.15\mathrm{MeV}<E_{\mathrm{m}}<0.8\mathrm{MeV} \tag{1.25}$$

$$R_{\mathrm{m}}=0.542E_{\mathrm{m}}-0.133\text{，}0.8\mathrm{MeV}<E_{\mathrm{m}}<3.0\mathrm{MeV} \tag{1.26}$$

式(1.25)和式(1.26)中 R_{m} 单位是 g/cm²，E_{m} 单位是 MeV，这两式也适用于单能电子。如果 β 射线能量不太高、辐射损失比较小，以上两式对铝以外的其他物质也是适用的。当然，不同能区的经验公式也有些区别。

$$R_{\mathrm{m}}=E_{\mathrm{m}}^{n}\quad(n=1.265\sim0.0954)\text{，}0.01\mathrm{MeV}<E_{\mathrm{m}}<3.0\mathrm{MeV} \tag{1.27}$$

$$R_{\mathrm{m}}=530E_{\mathrm{m}}-106\text{，}2.5\mathrm{MeV}<E_{\mathrm{m}}<20\mathrm{MeV} \tag{1.28}$$

利用铝和空气的密度($\rho_{\mathrm{air}}=1.293\times10^{-3}\mathrm{g/cm^3}$；$\rho_{\mathrm{Al}}=2.7\mathrm{g/cm^3}$)可导出两个以线性厚度表示 β 粒子射程的近似公式，给粗略估算 β 粒子在铝和空气中的射程提供方便。

$$\text{对铝：}R(\mathrm{mm})\approx2E_{\mathrm{m}} \tag{1.29}$$

$$\text{对空气：}R(\mathrm{mm})\approx4200E_{\mathrm{m}} \tag{1.30}$$

上述两式中 E_{m} 的单位均为 MeV。当 $E_{\mathrm{m}}>1.0\mathrm{MeV}$ 时计算得到的射程比较准确；能量越高计算结果与实际偏差越小，反之偏差越大。β 粒子射程经验公式及其中的参数与适用的能区有关，能量区间变化时经验公式会有变化。表 1-5 给出了不同能量 β 粒子在空气、生物组织和铝中的最大射程值。

表 1-5　β粒子在空气、生物组织和铝中的射程　(单位：mm)

介质 \ β能量/MeV	0.1	0.2	0.3	0.4	0.5	1.0	3.0	5.0	10.0
空气	101	313	567	857	1190	3060	11000	19000	39000
生物组织	0.158	0.491	0.889	1.87	1.87	4.80	17.4	29.8	60.8
铝	0.050	0.155	0.281	0.593	0.593	1.52	5.50	9.42	19.2

表 1-5 中射程均在 mm 和 cm 量级，因此 β 粒子很容易被铝、有机玻璃等材料吸收，β 防护问题容易解决。然而任何情况下都不应忽视这种防护，因为 β 射线易被人体浅表组织吸收而对人体造成危害。表 1-6 是一些常用 β 放射源的 β 粒子在铝中的射程。

表 1-6　几种常用 β 源的粒子在铝中的射程

β放射性核素	最大能量 E_{m}/MeV	质量射程 R_{m}/(mg/cm²)
$^{3}\mathrm{H}$	0.018	0.23
$^{14}\mathrm{C}$	0.155	20
$^{32}\mathrm{P}$	1.701	810
$^{99}\mathrm{Y}$	2.18	1065
$^{210}\mathrm{Bi(RaE)}$	1.77	508

对 β 射线也有**连续慢化近似**(CSDA)射程的概念，只是电子在吸收物质中的径迹会偏离直线而成为曲折线，电子的 CSDA 射程和射程偏离比较大。由图 1-14 可知 β 吸收曲线的开始部分在半对数坐标上是一条直线，这表明在吸收物质厚度远小于 β 粒子射程时，β 射线在物质中的吸收近似地服从指数衰减规律，即

$$I = I_0 e^{-\mu x} \tag{1.31}$$

式中，I_0 是进入吸收物质前(即没有吸收片时)的 β 粒子束强度，I 是穿过 x 厘米厚度吸收物质后的强度，μ 为吸收物质对 β 粒子的**线性衰减系数(linear attenuation coefficient)**，单位 cm^{-1}。若电子能量为 0.5MeV<E_m<6MeV，则式(1.31)更为适用。线性衰减系数物理意义：β 粒子在通过单位厚度的物质后强度 I 的相对损失。相应地有**质量衰减系数(mass attenuation coefficient)**μ_m：吸收片厚度单位用 g/cm^2，μ_m 单位就是 cm^2/g。质量衰减系数物理意义：粒子在通过单位质量厚度物质后强度的相对损失。质量衰减系数和线性衰减系数的关系：$\mu_m = \mu/\rho$，其中 ρ 是吸收物质密度(g/cm^3)。使用质量厚度为单位时，式(1.31)可以改写成

$$I = I_0 e^{-\mu_m x_m} \tag{1.32}$$

式中 x_m 表示 β 粒子穿过吸收物质的质量厚度(g/cm^2)，它与线厚度 x 的关系是 $x_m = x\rho$。实验表明：对于不同 β 吸收物质，μ_m 随原子序数 Z 的增加而缓慢递增；对于同一吸收物质，μ_m 与 E_m 有关。例如，对铝，经验给出 μ_m(cm^2/g)与 β 粒子最大能量 E_m(MeV)的关系为

$$\mu_m = \frac{22}{E_m^{1.33}} \tag{1.33}$$

对 0.15MeV<E_m<3.5MeV 的 β 粒子

$$\mu_m = \frac{17}{E_m^{1.48}} \tag{1.34}$$

实际工作中常需要测出 β 强度衰减一半时对应的吸收厚度(如无吸收片时 β 强度为 I_0，逐步加吸收片至强度降为 $I_0/2$)，称为**半厚度**，用符号 $(d)_{1/2}$ 表示。利用式(1.32)不难求得

$$(d)_{1/2} = \frac{\ln 2}{\mu} = \frac{0.693}{\mu} \tag{1.35}$$

利用质量厚度和线性厚度的关系可求得

$$(d_m)_{1/2} = \frac{\ln 2}{\mu_m} = \frac{0.693}{\mu_m} \tag{1.36}$$

式中 $(d_m)_{1/2}$ 以 g/cm^2 为单位。若实验测得铝对 β 粒子的半吸收厚度，利用式(1.33)～式(1.36)即可确定 β 粒子最大能量，以便迅速鉴别 β 放射性核素。根据截面的定义和 β 射线在物质中的吸收衰减规律，可以得到衰减系数和相互作用截面之间的关系

$$\mu = \frac{\rho}{A} N_A \sigma \tag{1.37}$$

由于相互作用总截面可以分解为各种碰撞分截面，线性衰减系数相应地分解为各种作用过程的贡献之和

$$\mu = \mu_a + \mu_s + \cdots \tag{1.38}$$

式中第一项 μ_a 是吸收过程的贡献，第二项 μ_s 是散射过程的贡献。线性衰减系数包含了介质密

度的信息，由 β 射线在物质中的吸收和衰减规律，通过测量线性衰减系数即可测量密度；另外若线性衰减系数已知，也可以实现厚度测量。

1.3 γ 射 线

γ 射线是高能光子流，是波长极短、频率极高的电磁波。γ 光子与物质发生相互作用时，不是通过连续碰撞逐渐损失能量，而是在一次碰撞中失去其大部分或全部能量。另外γ 射线不能直接使物质原子电离或激发，而是通过产生的次级电子引起物质原子的电离和激发。放射性核素释放的γ 射线能量很高(keV～MeV 量级)，与物质相互作用主要有三种类型：光电效应、康普顿(Compton)效应和电子对效应。三种效应都会产生一定能量的次级电子，这些次级电子在介质中的行为如前所述：不断地使物质原子电离和激发产生大量离子对，称为次级电离。γ 射线与物质发生上述三种相互作用均有一定概率，其大小以原子截面表征：一个入射光子与单位面积上一个靶原子发生相互作用的概率就称为**原子截面(atomic cross section)**，用符号σ表示，它具有面积量纲，单位是 barn(巴恩)，简写为 “b”，$1b=10^{-28}m^2$。光电效应、康普顿效应和电子对效应互相独立，设三种效应截面分别为σ_{ph}、σ_c、σ_p，则γ 射线与物质相互作用总截面$\sigma_t=\sigma_{ph}+\sigma_c+\sigma_p$。上述三种截面大小与γ 射线能量及靶物质性质均有关：在光子能量较低时，光电效应起主导作用；当光子能量达到 1.0MeV 附近时，康普顿效应占优势；光子能量超过 1.02MeV 时电子对效应开始产生，且能量越大电子对效应越显著。

1.3.1 光电效应

当光子和原子发生碰撞时，如果光子将自身全部能量交给某个束缚电子，并使之脱离原子而发射出去，而整个光子被原子吸收，这称为**光电效应(photoelectric effect)**。光电效应中发射出来的电子叫做**光电子**，其作用过程如图 1-15 所示。

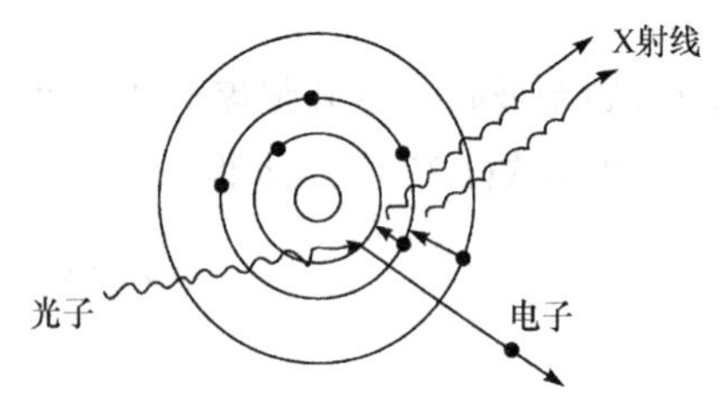

图 1-15 光电效应的作用过程

原子吸收了入射光子全部能量，一部分消耗于光电子脱离原子束缚所需的电离能(即电子在原子中的结合能)，另一部分就作为光电子自己的动能，释放的光电子能量就是入射光子能量与该束缚电子所处壳层的结合能之差。尽管原子的反冲核也需吸收一部分能量，但反冲能量与γ 射线和光电子能量相比可以忽略不计。因此要发生光电效应的前提就是：**γ 光子能量必须大于壳层电子的结合能**。光电子可以从原子的各束缚电子壳层中发射出来，但是自由电子(非束缚电子)不能吸收入射光子能量成为光电子，即光子打在自由电子上不能产生光电效应。光电效应过程遵循动量守恒定律，除入射光子和光电子外，还需要第三者原子核(严格地讲是发射光电子之后剩余下来的整个原子，它会带走极少部分反冲能量)参加。电子在原子中被束缚得越紧，就越容易使原子核参加上述过程，光电效应概率也就越大。因此在 K 壳层上打出光电子的概率最大，L 层次之，M、N 层依次减小。如果入射光子的能量超过 K 层电子结合能，该层电子光电效应概率可达 80%。

当光子能量远大于电子静止质量时，K 壳层的光电截面满足

$$\sigma_{\mathrm{K}} = 1.5\alpha^4 \frac{m_0c^2}{h\nu} Z^5 \sigma_{\mathrm{ph}} \propto \frac{Z^5}{h\nu} \tag{1.39}$$

式中σ_{ph}=6.65×10^{-25}cm^2=0.665b，α=1/137(精细结构常数)。当光子能量远小于电子静止质量时，K 壳层的光电截面为

$$\sigma_{\mathrm{K}} = \sqrt{32}\alpha^4 \left(\frac{m_0c^2}{h\nu}\right)^{\frac{7}{2}} Z^5 \sigma_{\mathrm{th}} \propto \frac{Z^5}{(h\nu)^{7/2}} \tag{1.40}$$

在光电效应中，由能量守恒定律有

$$E_{\mathrm{ph,e}} = h\nu - \varepsilon_i \tag{1.41}$$

式中ε_i 是由 i(i=K,L,M)壳层移去一个电子所需能量，即第 i 壳层电子的**结合能**或称**束缚能**(**binding energy**)；$h\nu$为入射光子的能量，其中 h=6.63×10^{-34}J · s 是普朗克(Planck)常量，ν为光子频率；$E_{\mathrm{ph,e}}$是出射光电子动能。原子中各壳层电子的结合能ε_i是确定的，如果入射光子是单能的(单色光)，则产生的光电子能量也是单能的。K 层电子离核最近，结合能ε_{K}最大，可按下式估计：

$$\varepsilon_{\mathrm{K}} = C(Z-1)^2 \tag{1.42}$$

式中 C≈13.6eV，Z 为原子的核电荷数。ε_{K}的值一般在 keV 量级，远小于光子能量。如常用于探测γ射线的碘化钠晶体中碘的ε_{K}=33keV，而一般放射性核素释放的γ射线能量在数百千电子伏特到几兆电子伏特量级。因此光电子的动能接近于γ光子的能量。实验表明，光电子产额与光电子相对于入射光子方向转过角度有关，而光电子的发射方向与光子能量有关。图 1-16 是光电效应中光电子产额与其出射方向相对于入射光子方向转过的角度之间的关系——光电子的角分布。

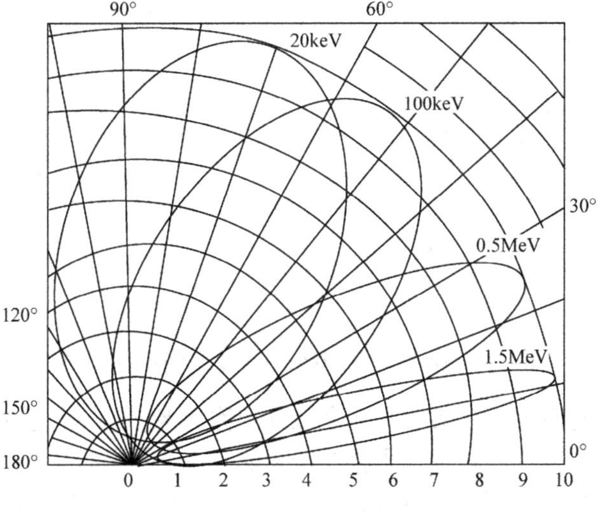

图 1-16　光电子的角分布

可见在入射γ光子能量很低时，光电子发射方向几乎与入射光子方向垂直；随着光子能量增加，光电子出射方向逐渐移向入射光子方向；当能量进一步增大时，光电子出射方向逐渐趋向于入射光子方向。和普通电子一样，光电子在物质中也会使原子壳层电子电离和激发而逐渐损失自身能量，在光电子能量耗尽后即被物质吸收。光电效应发生时，原子在相应的电

子壳层上留下空位后处于激发态(亚稳态)，常通过发射特征 X 射线或俄歇电子退激恢复至稳态。一般原子序数小的原子退激发过程中发射俄歇电子的概率大，随原子序数的增加，特征 X 射线发射概率增加。例如，$Z<10$ 时几乎不发射荧光而全部发射俄歇电子；但 $Z\approx30$ 时发射荧光和俄歇电子的概率相当。

光电效应截面σ_{ph}大小与γ射线能量 $h\nu$ 和靶物质原子序数 Z 有关，但与靶物质化学或物理状态无关。在非相对论情况($h\nu$比较小)下，由式(1.39)和式(1.40)可知σ_{ph}与物质原子序数 Z 关系十分密切。对于高原子序数物质，$h\nu$可以很大；而对低原子序数物质不易发生光电效应。这是因为光电效应是γ光子和束缚电子的作用，Z 越大电子在原子中束缚得越紧，越容易使原子核参与光电过程来满足能量和动量守恒要求，因而产生光电效应的概率就越大。因此在γ射线防护中经常用铅作为屏蔽材料；而在γ射线探测中则常用高原子序数物质作为灵敏介质。由式(1.39)和式(1.40)还可以看到，光电效应截面σ_{ph}随入射光子能量增加而逐渐下降。例如，0.5MeV 的γ射线通过铅片时，因光电效应而被吸收十分显著；但当γ射线能量达 2MeV 以上时，光电效应就不十分显著了。由于σ_{ph}随入射光子能量减少而迅速增加，光电效应不限于 X 射线和γ射线，低能紫外线和可见光也可以发生，且作用概率还很大。光电池和光电倍增管的工作原理也正是基于这一点。

当 $h\nu<\varepsilon_i$ 时光电效应不能在该壳层发生；当 $h\nu=\varepsilon_i$ 时光电效应在该壳层发生概率最大。而 $h\nu>\varepsilon_i$ 时光电效应在该壳层发生概率则开始下降。这就直接导致了**光电效应截面突变**：光电效应概率在光子能量等于 K，L 或 M 壳层电子结合能的地方发生突变。光电效应截面突变使得σ_{ph}随 E_γ的关系图呈现特征性的锯齿状结构。图 1-17(a)给出了铅等不同吸收物质的光电效应截面与入射光子能量的关系；图 1-17(b)是铅的吸收曲线。

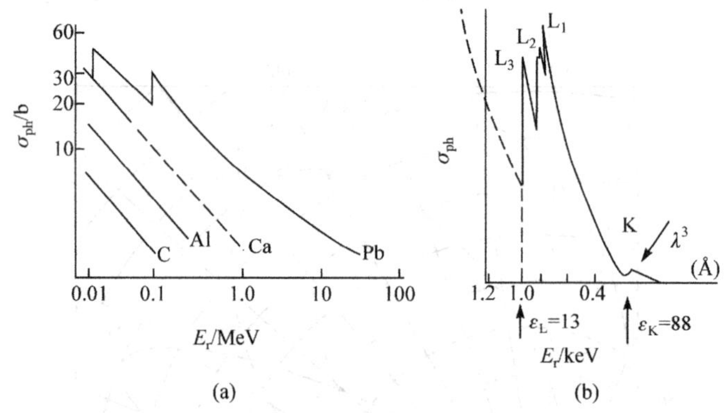

图 1-17 原子的光电效应与入射光子能量的关系

图 1-17 中光电效应截面发生尖锐突变之处分别称为 K、L、M 等壳层的**吸收限**，如铅的 K 吸收限是 88.3keV。由于 L、M 层电子存在子壳层，各子壳层的结合能稍有差异，因而吸收曲线中对应于 L 吸收限和 M 吸收限存在精细结构。L 壳层有 3 个吸收限，M 壳层有 5 个吸收限，如铅的 L_3 吸收限为 13.06keV，L_2 吸收限为 15.26keV，L_1 吸收限为 15.91keV。

1.3.2 Compton 效应

当光子和原子发生碰撞时，如果入射光子只将自身部分能量传递给电子，且同时光子自身频率改变并朝着与入射方向成θ角的方向发射出去，电子获得能量后以与光子入射方向成

φ 角的方向从原子中飞出，称为 **Compton 效应/散射**，是**非相干散射(incoherent scattering)**；与之对应的**相干散射(coherent scattering)**也叫**瑞利(Rayleigh)散射**。在光的相干散射中，光子和束缚电子发生弹性碰撞，入射光子和散射光子具有相同的能量，但散射光的方向发生了变化；束缚电子吸收光子跃迁到高能级，然后处于高能级激发态的电子退激发光，称为**共振吸收(resonance absorption)**。Rayleigh 散射也叫**共振散射(resonance scattering)**，散射截面正比于$(Z/h\nu)^2$，低能光子有较大 Rayleigh 散射截面。Compton 效应中最典型的是入射光子和原子最外壳层电子的非弹性碰撞，其作用过程如图 1-18 所示。

图 1-18 中 $h\nu$是入射光子能量；$h\nu'$是散射光子能量；θ 为散射光子与入射光子方向之间的夹角，称为**散射角(scattering angle)**；φ 为反冲电子与入射光子方向间的夹角，称为**反冲角(recoil angle)**。Compton 效应与光电效应区别在于：光电效应中入射光子本身消失，能量完全转移给电子，且光电效应发生在被束缚得最紧的内层电子上；Compton 效应中入射光子只损失掉自身的部分能量而发射一个较低能量的光子，且 Compton 效应总是发生在束缚得最松的外层电子上。由于外壳层电子束缚能较小(eV 量级)，和入射光子的能量相比完全可以忽略不计，所以外层电子常被看成是自由电子。Compton 效应可看成是入射光子和自由电子之间的弹性碰撞过程。设碰撞前的电子动能为零，只有静止质量能 mc^2。碰撞后电子因获得能量而具有速度 v，相应的动能则为

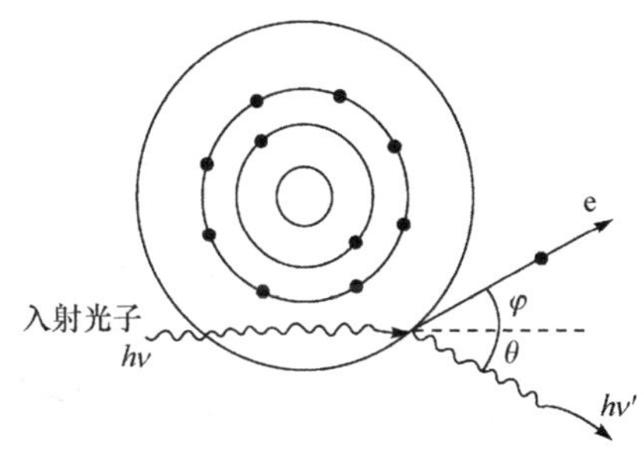

图 1-18　Compton 效应的作用过程

$$E_e=\left(\frac{1}{\sqrt{1-\beta^2}}-1\right)mc^2 \tag{1.43}$$

式中相对论因子$\beta=v/c$，c 为光速。根据能量守恒定律有

$$h\nu=h\nu'+\left(\frac{1}{\sqrt{1-\beta^2}}-1\right)mc^2 \tag{1.44}$$

入射光子能量为 $h\nu$，动量为 $h\nu/c$；散射光子能量为 $h\nu'$，动量为 $h\nu'/c$；反冲电子动量为 $\dfrac{mv}{\sqrt{1-\beta^2}}$。在光子入射方向上运用动量守恒定律得

$$\frac{h\nu}{c}=\frac{h\nu'}{c}\cos\theta+\frac{mv}{\sqrt{1-\beta^2}}\cos\varphi \tag{1.45}$$

在垂直于光子入射方向上运用动量守恒定律得

$$0=\frac{h\nu'}{c}\sin\theta+\frac{mv}{\sqrt{1-\beta^2}}\sin\varphi \tag{1.46}$$

联立式(1.44)～式(1.46)解得散射光子能量为

$$h\nu'=\frac{h\nu}{1+(h\nu/mc^2)(1-\cos\theta)} \tag{1.47}$$

于是反冲电子动能为

$$E_e = h\nu - h\nu' = \frac{(h\nu)^2(1-\cos\theta)}{mc^2 + h\nu(1-\cos\theta)} \tag{1.48}$$

散射角θ和反冲角φ之间满足

$$\cot\varphi = \left(1+\frac{h\nu}{mc^2}\right)\tan\frac{\theta}{2} \tag{1.49}$$

由式(1.47)和式(1.48)可知，散射光子和反冲电子的能量均随散射角θ连续变化，如图 1-19 所示。

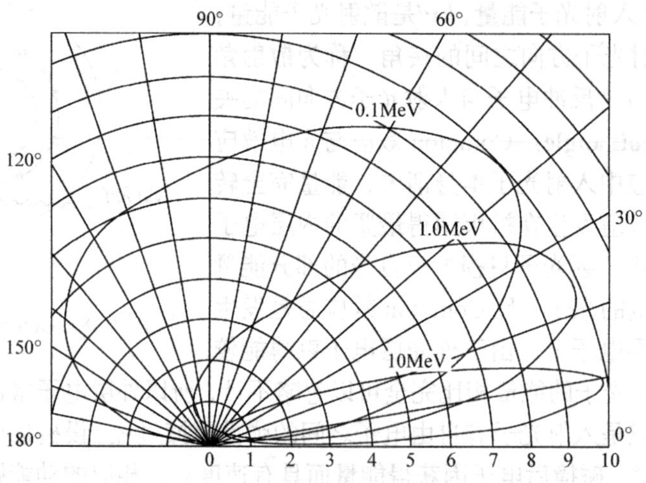

图 1-19　Compton 散射光子的角分布

当散射角θ=0°时散射光子能量达最大值($h\nu$=$h\nu'$)，而反冲电子动能 E_e=0，此时入射光子从电子近旁掠过而未受到散射，光子能量没有损失。当θ=180°时入射光子与电子发生对心碰撞，此时散射光子的方向与原入射方向相反(被弹回)，而反冲电子则沿入射光子方向飞出，称为**反散射(backscattering)**。反散射时散射光子能量为最小值，即

$$h\nu' = \frac{(h\nu)mc^2}{mc^2 + 2h\nu} \tag{1.50}$$

反冲电子的动能为最大值，即

$$E_e = \frac{2(h\nu)^2}{mc^2 + 2h\nu} \tag{1.51}$$

该最大值称为 **Compton 边缘**。若能量单位为 MeV，mc^2=0.511MeV，式(1.50)可简化为

$$h\nu' \approx \frac{h\nu}{1+4h\nu} \tag{1.52}$$

由式(1.50)可知，反散射光子的能量随入射光子能量变化而变化。在 $h\nu$>1MeV 时反散射光子能量一般为 200～250keV，这一点在γ射线探测中特别重要。高能γ射线能谱常由于γ射线在周围材料中(空气、屏蔽物、样品或支撑物等)的 Compton 散射而出现 250keV 左右的反散射峰。图 1-20 表示 Compton 边缘处反散射光子能量与入射光子能量之间的关系。

光子与电子发生 Compton 散射时，散射角θ可以在 0°～180°连续变化，而反冲角φ则只能在 90°～0°连续变化。图 1-21 是 Compton 反冲电子的角分布。

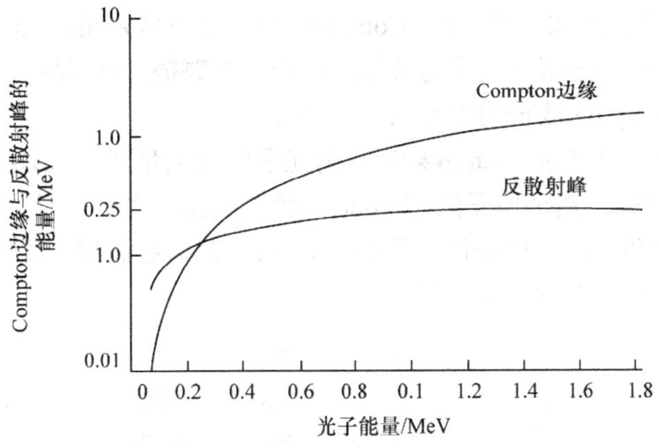

图 1-20　Compton 边缘处反散射光子能量与入射光子能量之间的关系

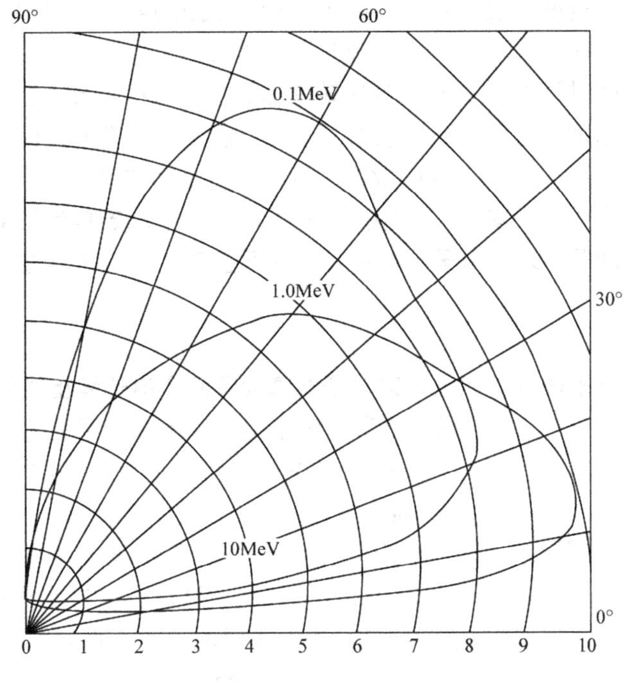

图 1-21　Compton 反冲电子的角分布

可见任何能量的γ光子入射后反冲电子出射角总是小于 90°，沿与γ光子入射方向垂直方向出射反冲电子的概率为零。随着入射光子能量提高，出射反冲电子概率最大的方向逐渐转向光子入射方向，但与入射光子同向出射反冲电子的概率也很小。当入射γ光子的能量为 1～3MeV 时，在 10°左右反冲角范围内出射反冲电子的概率最大。由式(1.49)可知，对于确定能量的入射光子，每个确定的θ角均有与之对应的φ角，且φ随θ的增加而减小。入射光子经 Compton 散射后波长会发生改变，设入射光子波长为λ，散射光子波长为λ'，则散射前后光子波长的改变为

$$\Delta\lambda = \lambda' - \lambda = \frac{h}{mc}(1-\cos\theta) = \lambda_c(1-\cos\theta) \tag{1.53}$$

式中因子$\lambda_c=h/mc$ 称为电子的 **Compton 波长**，且$\lambda_c=2.4263089\times10^{-3}$nm≈0.024Å。可见 Compton

散射中光子波长的改变只取决于电子的 Compton 波长以及散射角θ，而与入射光子的波长和吸收物质无关。式(1.53)也适用于光子与其他带电粒子的碰撞，只需将 m 用该带电粒子质量代替即可，如质子的 Compton 波长为 1.32141×10^{-6}nm。

能量为 $h\nu$ 的光子发生 Compton 散射后散射光子能量满足式(1.50)。因 Compton 效应发生于γ 光子与自由电子之间，整个原子的 Compton 散射截面σ_c可看成是光子在原子中每个电子上的 Compton 截面之和。理论可推得原子的 Compton 散射截面与物质的原子序数 Z、γ 光子能量之间存在一定关系，当 $h\nu \gg mc^2$ 时有

$$\sigma_c \propto Z / h\nu \tag{1.54}$$

可见σ_c与 Z 成正比，与光子能量成反比。与光电效应截面相比，Compton 散射截面随光子能量增加而下降的速率要慢得多。由 Compton 效应作用机制可知，单次 Compton 效应中物质只吸收入射光子的部分能量，这就是入射光子转移给反冲电子的能量。单次 Compton 效应中所损失的入射光子能量平均值，在 $E_\gamma=h\nu=$100keV 时约占 14%，500keV 时约占 34%，1MeV 时占 44%，10MeV 时占 68%，在 $E_\gamma\approx$1.6MeV 时散射光子和反冲电子能量几乎相等。从上述所给数据可以看出，低能时每次 Compton 效应转移的能量较低；随着入射光子能量增加，转移给反冲电子的能量也增加。必须指出，散射光子有可能偏离前进方向而离开物质，也可能继续与物质原子发生光电效应或 Compton 效应，直至能量全部被物质吸收。最后还应该指出，光电效应几乎完全与物质原子 K 或 L 壳层电子发生作用，是较强特征 X 射线的重要来源；Compton 效应一般只涉及最外层电子，除轻元素外不会产生 K 或 L 壳层特征 X 射线。

1.3.3　电子对效应

当入射光子掠过原子核时，如果**入射光子能量大于两个电子静止能量**(即 E_γ **>1.02MeV**)，在原子核库仑场作用下，入射光子能量全部被吸收而转化为一对电子(一个正电子和一个负电子)的过程称为**电子对效应(electron pair effect)**，如图 1-22 所示。

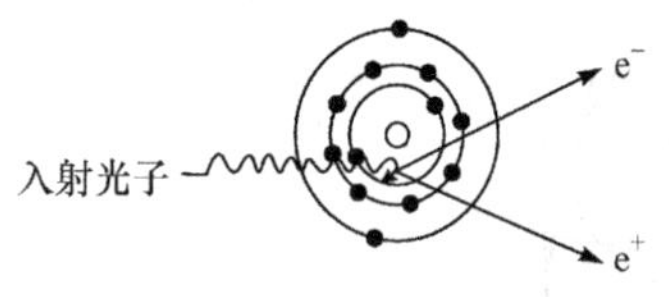

图 1-22　电子对效应的作用过程

电子对效应是正电子湮没的逆过程，其能量阈值为 $2mc^2$=1.02MeV。如果入射光子的能量超过该阈值时，则多余的能量将转化为电子对的动能，其关系是

$$E_{e^+} + E_{e^-} = h\nu - 1.02 \tag{1.55}$$

式中 E_{e^+} 表示正电子动能，E_{e^-} 表示负电子动能。对于特定能量γ 光子，电子对效应中生成的正、负电子的动能之和是一个常数。但就正电子和负电子分别来说，能量从零到(E_γ−1.02)MeV 可连续取值，即能量分配任意。由于动量守恒，电子和正电子的合动量方向与入射光子方向应基本一致。入射光子能量越大，正、负电子发射方向越趋向于前方。

电子对效应除在原子核库仑场中发生之外，在电子库仑场中也可能产生。不过由于电子质量小、反冲能量较大，所以入射光子在电子库仑场中产生电子对的能量阈值是 $4mc^2$。事实上，入射光子在电子库仑场中发生电子对效应的概率比在原子核库仑场中要小得多。当光子在轨道电子库仑场中发生电子对效应时，将发射三个粒子：一个正电子和两个电子，此时也称为**三粒子产生(triplet production)**。

因电子对效应生成的一对正、负电子，它们在吸收物质中将通过电离损失和辐射损失而逐渐消耗能量。负电子待能量耗尽后最终停留在物质中而成为自由电子。正电子耗尽自身能

量后，会与吸收物质中的一个负电子相互作用而转化为两个γ光子

$$E_{e^+}+E_{e^-}=2\gamma \tag{1.56}$$

这就是**正电子湮没(positron annihilation)**，其中放出的两个光子能量均为 0.511MeV，而运动方向相反，其湮没过程如图 1-23 所示。

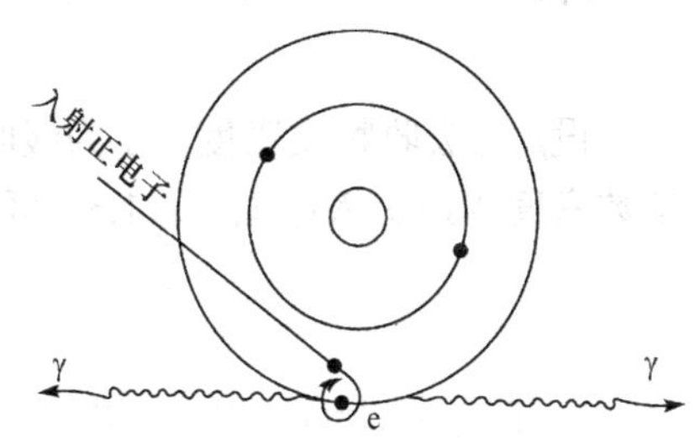

图 1-23　正电子湮没过程示意图

正电子湮没放出的光子通常又称为**湮没辐射(annihilation radiation)**，湮没辐射可以逃离物质，也可以继续与物质原子发生光电效应或 Compton 效应。原子的电子对效应截面σ_p随光子能量和物质原子序数而变化，它们之间的关系为

$$\text{当 } h\nu \text{ 略大于 } 2mc^2 \text{ 时：} \sigma_p \propto Z^2 h\nu \tag{1.57}$$

$$\text{当 } h\nu \gg 2mc^2 \text{ 时：} \sigma_p \propto Z^2 \ln(h\nu) \tag{1.58}$$

由上两式可知：①对相同能量光子，σ_p与吸收物质原子序数的平方成正比；②对相同物质，σ_p随光子能量增加而递增；③在光子能量较低时，σ_p随光子能量线性地递增，随着光子能量增高，σ_p增加逐渐缓慢并趋向于一个常数。综上所述，γ射线与物质三种相互作用形式都与γ射线能量及物质原子序数有关。不同能量的γ光子通过原子序数不同的吸收物质时，γ光子与物质发生三种效应的概率相差很大，如图 1-24 所示。

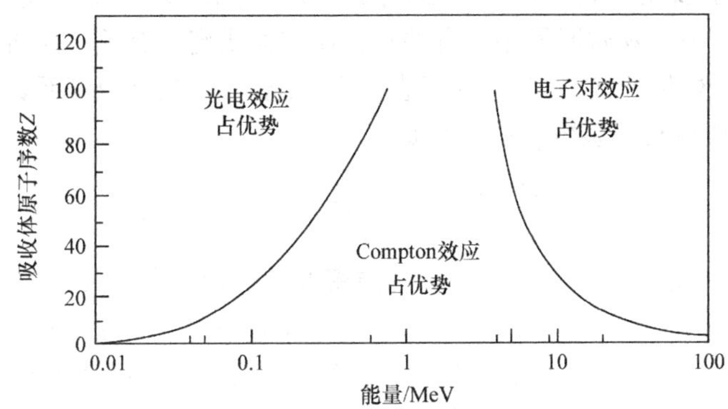

图 1-24　γ 射线三种效应作用概率大小与光子能量、物质原子序数之间的关系

由此可知，对于低能光子和高原子序数的吸收物质，光电效应占优势；电子对效应主要发生在高能光子、高原子序数物质中；对于中能γ射线和原子序数较低的吸收物质，Compton 效应占优势。

1.3.4　γ射线的吸收

γ射线穿过物质时可与物质原子发生光电效应、Compton 效应和电子对效应。无论γ射线与吸收物质原子发生何种效应，原能量光子就消失，或散射后能量改变并偏离入射方向。总之，γ射线与物质发生相互作用后便会衰减。γ射线束强度越大、与物质作用次数越多，衰减得也越多。对于一定强度的γ射线，吸收物质厚度越大、原子数密度越大、吸收物质原子吸收截面越大，被吸收(衰减)的份额也就越大。

γ射线通过单位厚度的吸收物质时，因为光电效应而引起的强度衰减用光电效应线性衰减

系数μ_{ph}表示。μ_{ph}的大小只与物质原子的光电效应截面σ_{ph}大小、原子数密度N_A有关。

$$\mu_{ph} = N_A \sigma_{ph} \tag{1.59}$$

设ρ为吸收物质密度，A为吸收物质原子质量数，N_{Av}为阿伏伽德罗常量，则吸收物质原子数密度$N_A=\rho \cdot N_{Av}/A$，式(1.59)可改写为

$$\mu_{ph} = \frac{N_{Av}\rho}{A}\sigma_{ph} \tag{1.60}$$

同理，γ射线通过单位厚度吸收物质时，因发生Compton效应和电子对效应而导致的γ射线强度衰减，也可以分别用Compton效应线性衰减系数μ_c和电子对效应线性衰减系数μ_p表示。它们与原子的Compton截面σ_c和电子对截面σ_p的关系分别为

$$\mu_c = \frac{N_{Av}\rho}{A}\sigma_c,\quad \mu_p = \frac{N_{Av}\rho}{A}\sigma_p \tag{1.61}$$

由于γ射线与物质的三种作用过程彼此独立，γ射线通过单位厚度吸收物质时引起的γ强度总衰减可用总线性衰减系数μ来表示。μ的物理意义：在单位路程上γ射线与吸收物质发生三种效应的总概率，μ应该满足

$$\begin{aligned}\mu &= \mu_{ph} + \mu_c + \mu_p \\ &= \frac{N_{Av}\rho}{A}(\sigma_{ph} + \sigma_c + \sigma_p) = \frac{N_{Av}\rho}{A}\sigma_t\end{aligned} \tag{1.62}$$

式(1.62)中总截面$\sigma_t=\sigma_{ph}+\sigma_c+\sigma_p$。各分线性衰减系数$\mu_{ph}$、$\mu_c$、$\mu_p$以及总线性衰减系数$\mu$除了与入射光子能量、吸收物质原子序数有关外，还与物质密度有关。众所周知，物质的质量厚度与其密度以及所处物理状态有关。因而在许多情况下，用质量衰减系数μ_m表示更为方便。质量衰减系数μ_m和线性衰减系数μ的关系是

$$\mu_m = \frac{\mu}{\rho} = \frac{N_{Av}}{A}(\sigma_{ph} + \sigma_c + \sigma_p) = \frac{N_{Av}}{A}\sigma_t \tag{1.63}$$

由式(1.63)可知，质量衰减系数μ_m已与物质密度和物理状态无关。

图1-25表示铅的各分线性衰减系数以及总线性衰减系数与入射γ光子能量之间的关系。可见在低能区，光电效应是主要贡献；Compton效应随能量增加仅缓慢下降；在1～4MeV的中能区，Compton效应是主要贡献；电子对效应有阈能1.02MeV，只在γ射线能量增高时变得重要起来。由于在1～4MeV的中能范围以Compton效应为主，式(1.63)可近似地简化为

$$\mu_m \approx \frac{N_{Av}}{A}\sigma_c = \frac{ZN_{Av}}{A}\sigma_{c,e} \tag{1.64}$$

式中σ_c和$\sigma_{c,e}$分别为原子Compton截面和电子Compton截面，N_{Av}是阿伏伽德罗常量。电子Compton截面仅与光子能量有关，而Z/A对于除氢以外的所有稳定核素都近似不变(对不同的元素，$Z/A\approx0.45\pm0.05$)。因此在1～4MeV的中能区，总质量衰减系数μ_m几乎与物质原子序数Z无关，即对各种物质μ_m都近似地相同。

设有一束被准直的单能窄束γ射线，沿水平方向垂直地通过吸收物质时，由于与物质发生光电效应、Compton效应和电子对效应等各种相互作用，它的强度将随所穿过吸收物质厚度增加而减弱。若入射光子束强度为I，通过吸收物质厚度为dx的薄层时强度减弱为$-\mathrm{d}I$，$-\mathrm{d}I/I$表示入射γ光子束相对减弱。显然$-\mathrm{d}I/I$与物质总线性衰减系数μ和通过物质厚度dt成正比。

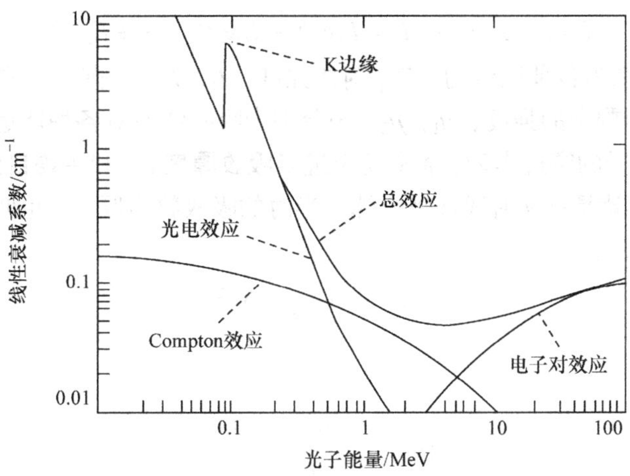

图 1-25　铅的线性衰减系数与γ 光子能量之间的关系

$$-\frac{\mathrm{d}I}{I}=\mu\mathrm{d}x \tag{1.65}$$

对式(1.65)积分求解可得

$$I=I_0\mathrm{e}^{-\mu x} \tag{1.66}$$

其中 I_0 是 x=0 时入射γ 光子束的强度，x 是γ 光子束所穿过物质的实际厚度(cm)；I 为入射光子束穿过 x(cm)厚度吸收物质后的剩余强度。由式(1.66)可以看出，γ 射线束通过吸收物质时，其强度呈指数规律衰减。若改用质量衰减系数 μ_{m} 代入，则式(1.66)改写为

$$I=I_0\mathrm{e}^{-\mu_{\mathrm{m}}x_{\mathrm{m}}} \tag{1.67}$$

式中 x_{m} 表示射线穿过物质的质量厚度(g/cm^2)。表 1-7 给出了几种常见材料对不同能量γ 光子的总线性吸收系数。

表 1-7　几种常见材料对窄束γ 射线的线性吸收系数 μ　　(单位：cm^{-1})

γ 能量/MeV \ 介质	空气	水	铝	铅
0.01	0.00645	0.531	72.4	954
0.05	0.000273	0.222	0.973	64.8
0.1	0.00020	0.171	0.456	61.8
0.3	0.000159	0.137	0.330	10.6
0.5	0.000112	0.0966	0.225	1.72
1.0	0.000082	0.0706	0.165	0.796
2.0	0.000574	0.0493	0.117	0.524
3.0	0.0000461	0.0396	0.0954	0.478

根据γ 射线能量，从表 1-7 中找出相应物质的线性衰减系数，将其代入式(1.67)中即可求出强度为 I_0 的 γ 射线在穿过一定厚度物质后的强度 I，同时也不难求出强度减弱量。式(1.66)或式(1.67)只适用于平行单色光。如果射线中含有几种不同能量的γ 射线，则射线强度减弱用下式表示：

$$I = I_1 + I_2 + \cdots + I_n = I_{10}e^{-\mu_1 x} + I_{12}e^{-\mu_2 x} + \cdots + I_{1n}e^{-\mu_n x} \tag{1.68}$$

式中 I_{10}，I_{12}，…分别为各种能量的入射γ射线强度；I_1，I_2，…则为不同能量γ射线束通过 x 厘米厚度吸收物质后剩余的强度；μ_1，μ_2，…分别为吸收物质对各种能量γ射线的总线性衰减系数。为了表示γ光子的穿透本领，通常还引进**半吸收厚度** $d_{1/2}$ **和平均自由程**(mean free path)λ 的概念。半吸收厚度就是指γ射线被吸收掉一半时的吸收物质厚度，也叫**半吸收层(half-value layer，HVL)**。不难求得

$$d_{1/2} = \frac{\ln 2}{\mu} \approx \frac{0.693}{\mu} \tag{1.69}$$

以质量厚度来表示

$$(d_{1/2})_m = \frac{\ln 2}{\mu_m} \approx \frac{0.693}{\mu_m} \tag{1.70}$$

还有**十分之一厚度**：γ射线被吸收 90%(射线强度衰减为原来的 1/10)时的物质厚度，也叫**十分之一吸收层(tenth-value layer，TVL)**

$$d_{1/10} = \frac{\ln 10}{\mu} \approx \frac{2.303}{\mu} \tag{1.71}$$

带电粒子将在物质中逐渐损失能量直至最后停下来，因此有确定射程。γ射线束穿过物质时强度逐渐减弱但能量不变，没有确定射程，但γ射线有平均自由程：一个γ光子在物质中被吸收前能够通过的平均路程，平均自由程 λ 与线性衰减系数 μ 的关系为

$$\lambda = 1/\mu = 1.44 d_{1/2} \tag{1.72}$$

由式(1.69)和式(1.72)不难求得

$$d_{1/2} \approx 0.693\lambda \tag{1.73}$$

对于带电粒子，平均自由程 λ 则是它与其他粒子在两次碰撞之间走过的平均距离。

1.4 中 子

中子不带电，通过物质时几乎不与壳层电子相互作用，主要是与原子核相互作用。中子与γ射线均不能直接使物质电离，而要通过它与原子核相互作用产生的次级粒子来使物质电离。中子按能量的分类如表 1-8 所示。

表 1-8 中子按能量的分类

名称		能量区间	名称		能量区间
超冷中子	ultracold neutron	$E<3\times10^{-7}$eV	慢中子	slow neutron	0.5eV<E<10keV
冷中子	cold neutron	3×10^{-7}eV<E<0.01eV 波长 0.6～1nm	中能中子	medium neutron	10keV<E<0.5MeV
热中子	thermal neutron	0.01eV<E<0.5eV 波长 0.1～0.5nm	快中子	fast neutron	0.5MeV<E<20MeV
超热中子	epithermal neutron	0.025eV<E<1eV	超快中子	ultrafast neutron	E>20.0MeV

表 1-8 中 0.025eV 对应于室温 300K 时的热运动能量，因此一般热中子能量都默认为

0.025eV。中子能区划分不很严格，根据定义的不同存在一些差别：有些资料中将快中子能区划为 10keV～2.0MeV，而将能量 E>2.0MeV 的中子定义为相对论中子(relativistic neutron)。也有人将快中子定义为 E>0.5MeV，还有人定义为 E>1MeV。

中子与原子核的作用大致可分为四类：弹性散射、形成复合核、直接反应和散裂反应。①**中子弹性散射**，是指入射中子在掠过原子核时因受核力场作用而发生的散射，此过程不改变原子核内部状态。该过程中入射中子将一部分或全部动能传递给靶核，散射后中子改变运动方向和能量，散射过程中中子和靶核组成的系统动能和动量均守恒。由于散射后中子出射角可任意取值，中子传递给靶核的动能也连续。弹性散射又分三类：**势散射**或**形状弹性散射**、**复合核弹性散射**。②**形成复合核**：中子因不受库仑场阻碍，很容易被核吸收形成激发态的复合核。若激发态复合核放出中子后回到基态，则称为**共振弹性散射**，即**复合核弹性散射**。如果复合核放出中子后仍处于激发态，需再通过发射 γ 射线跃迁回到基态，则称为**非弹性散射**。如果复合核放出的是 α 粒子、质子等带电粒子，此时核的组成发生变化而发生核反应。另外，复合核也可通过发射γ 射线而回到基态。当复合核激发能足够高时，复合核还会发生裂变。③**直接反应过程**：不经过任何中间核反应，入射中子仅和靶核内的少数核子相互作用并将中子自身大部分能量传送给一个或几个核子而激发核的集体运动，这些核子在将能量进一步分配给其他核子之前就从核内释放出来。常见的直接反应有拾取反应、敲出反应、电荷交换反应、直接俘获和非弹性散射等。④**散裂反应**：当中子能量很高时引起原子核的散裂反应，将导致原子核放出大量的中子及一些核碎片。散裂过程不再是简单的两体核反应，放出的中子就可达几十个。散裂反应由高能中子引起，高能中子轰击比较重原子核时散裂现象尤为明显，散裂过程占重要的地位。

辐射剂量学重点关注中子对机体的辐射损伤。中子与原子核作用时产生的次级带电粒子通过电离和激发把其能量传给人体组织、器官而引起机体损伤，损伤程度与中子能量、通量密度、机体物质结构等均有关系。机体组织主要成分是氢(76.2%)、氧(10.1%)、碳(11.1%)、氮(2.6%)，快中子与机体作用主要表现为与氢、氧、碳和氮原子核的弹性散射以及与氮核的(n,α)核反应。但由于机体中氢核最多，中子与其碰撞时交出能量也最大，加上快中子与氢核作用的弹性散射截面也最大,因此快中子与机体组织的作用主要是和氢作用,快中子能量的 80%～95%都交给了反冲氢核。经过一系列弹性散射后中子动能被降低而变为慢中子，慢中子与机体组织的作用主要表现为氢核的中子俘获和氮核的(n,p)反应。中子与机体组织的各种相互作用中，弹性散射产生的反冲质子，碳、氮反冲核，(n,α)和(n,p)反应产生的质子和 α 粒子都能使机体组织强烈地电离而危害健康。此外所有这些反应中放出的 γ 射线，也将在机体组织中通过间接电离而损耗能量。因此中子对机体组织的危害相当大。中子的各种作用截面随能量而异，从应用角度出发，本节主要讨论慢中子和快中子与物质相互作用以及中子通过物质时的强度衰减规律。

1.4.1　中子的散射

1. 中子弹性散射

弹性散射是中子与原子核相互作用中最普遍的形式，也是中子通过物质时损失能量的重要方式，其截面在总反应截面中占主导地位。弹性散射过程不仅出现概率大，而且其他过程总是伴随弹性散射。无论是轻核、中量核还是重核，也无论中子能量多大，弹性散射均可以发生。在中子弹性散射过程中，靶核获得动能后被反冲，中子则失去部分能量并偏离原入射方向而出射。但散射前后中子和靶核组成的系统总动量及总动能保持不变，反冲核获得的动能取决于入射中子动能 E_n 和反冲角θ(反冲核出射方向与中子入射方向间的夹角)的大小。根据动量和能量守恒定律，可以计算出反冲核动能 E_N

$$E_N = \frac{4m_n m_N}{(m_n + m_N)^2} E_n \cos^2\theta \tag{1.74}$$

式中 m_n、m_N 分别为中子和反冲核质量。可见反冲核越轻、反冲角越小，反冲核得到的能量越多。例如，对于中子与氢核的弹性散射，中子与靶核对心碰撞时(θ=0°)中子损失的能量最大，反冲氢核获得的最大能量等于入射中子能量。图 1-26 给出了中子在 ^{12}C 上弹性散射截面与总截面随中子能量的变化关系。

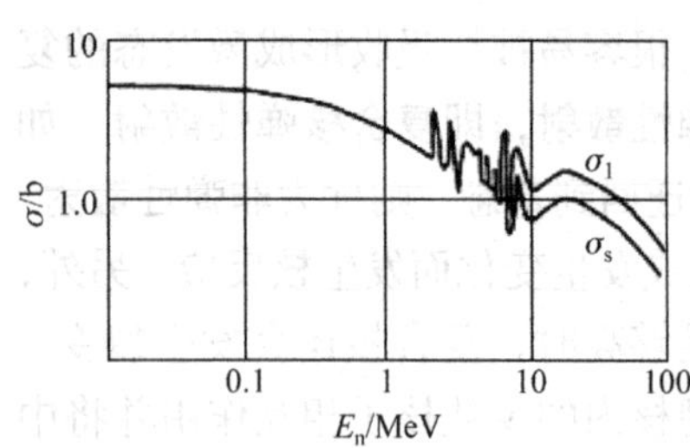

图 1-26　中子在 ^{12}C 上弹性散射截面与总截面

可见当中子能量不高时，弹性散射截面σ_s接近常数，与入射中子能量无关。这对于能量低于 0.1MeV 的中子、质量数很低的核散射特别适用。在快中子能区，σ_s 随中子能量升高而减小，不过在快中子能区低能端，有些核的弹性散射会出现共振。例如，^9Be 在中子能量分别为 0.62MeV、0.81MeV 和 2.73MeV 时的弹性散射就会出现共振。

2. 中子非弹性散射

中子的非弹性散射，是指在散射前后中子和原子核的总动能不守恒的散射过程，该过程中靶核处于激发态。非弹性散射存在阈能，设靶核的第一激发态能量为 E_1^*，则发生非弹性散射的阈能可写为

$$E_{th} = \frac{A+1}{A} E_1^* \tag{1.75}$$

式中 A 为靶核的质量数。一般靶核越重 E_1^*越小，重核的 E_1^*在 keV 量级，而轻核的 E_1^*却高达 MeV 量级。因此非弹性散射通常发生在快中子与中重核相互作用时，能量低于 1MeV 的中子作用于轻核或能量低于 0.1MeV 的中子作用于重核，通常只发生弹性散射。非弹性散射是快中子与中重核相互作用时最主要的、概率最大的作用过程之一。当中子能量高于上述阈能后，其非弹性散射截面随中子能量和靶核质量数递增。

1.4.2　慢中子核反应

慢中子与原子核除弹性散射作用外，还会发生(n,γ)、(n,α)、(n,p)反应和(n,f)裂变反应，以(n,γ)反应为主，称为**辐射俘获反应(radiation capture reaction)**。在此反应中靶核俘获一个慢中子后形成激发态复合核，然后复合核放出 γ 光子跃迁回到基态。由于中子被靶核俘获后，大约要带入 8MeV 结合能，因此放出的γ 射线能量在 MeV 量级。最简单的(n,γ)反应是由氢作靶核，反应方程为

$$^1H + n \longrightarrow {}^2H + \gamma(2.21\text{MeV}) \tag{1.76}$$

几乎所有原子核都能在慢中子作用下发生辐射俘获反应。慢中子与轻核作用时主要是弹

性散射，辐射俘获截面甚小可以略去不计。不过在考虑防护问题时，氢核的(n,γ)反应却不能忽视：虽反应截面不大但发射的γ射线能量较高。慢中子与重核相互作用时主要是辐射俘获过程。实验表明辐射俘获截面δ_γ近似与入射中子速度成反比。有些原子核在特定能量范围内(例如，^{115}In 在 1.46eV、^{113}Cd 在 0.716eV、^{157}Gd 在 0.04eV 能量时)辐射俘获截面特别大，这称为**共振俘获(resonance capture)**。辐射俘获反应生成核可以是稳定的，也可以是不稳定的，但不管在哪种情况下，反应生成物都是靶元素的同位素。由于靶核俘获中子并放出γ射线后，核内中子-质子比增大了，因而(n,γ)反应的产物大多具有 β 放射性。辐射俘获反应被广泛应用于制造人工放射性核素。

慢中子带入原子核内的能量不多，由于库仑势垒阻碍，慢中子反应很少产生带电粒子。核越重库仑势垒越大，放出带电粒子的可能性也就更小。慢中子与核作用发生(n,α)和(n,p)反应必须是放能反应，且必须释放足够大能量才能使 p 和 α 等带电粒子获得足够能量，从而克服核的库仑势垒从核内穿透出来。慢中子能量较低，只能引起几种轻元素的(n,p)或(n,α)反应(轻核库仑势垒较低)。某些轻核反应能很大，这种核反应截面相当可观，其截面随中子能量的变化也遵守 $1/v$ 定律，在中子能量较高时也有共振出现。原子核裂变也要克服库仑势垒(又称裂变势垒)，故慢中子引起核裂变的概率很小，裂变反应仅局限于几种较重且易裂变的原子核(如 ^{235}U、^{239}Pu 等重核在热中子作用下能够发生裂变反应)。某些元素对热中子有很强的吸收截面，如图 1-27 所示。

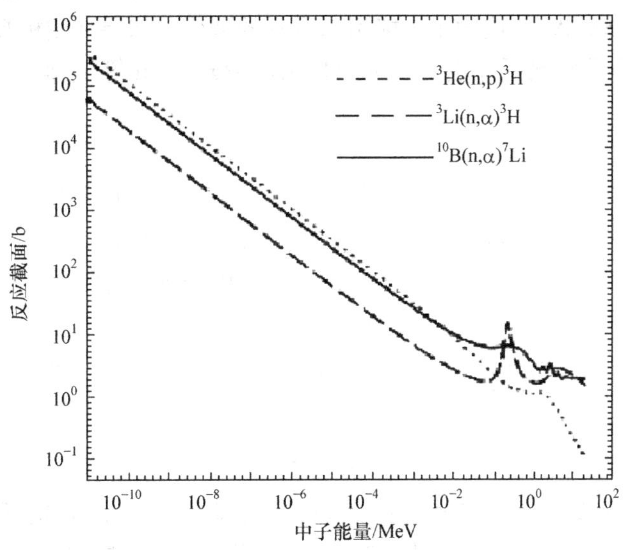

图 1-27　热中子吸收截面的 $1/v$ 规律

利用这些核反应过程能很好地实现中子测量，如 ^{10}B 引起的核反应。

$$
n + {}^{10}B \longrightarrow \begin{cases} {}^7Li + \alpha + 2.792\text{MeV}(6.1\%) \\ {}^7Li^* + \alpha + 2.310\text{MeV}(93.9\%) \\ {}^7Li^* \longrightarrow {}^7Li + \gamma + 0.478\text{MeV} \end{cases} \tag{1.77}
$$

其热中子吸收截面达(3837±9)b。^{6}Li(n,α)^{3}H 反应特点是放能较大，约 4.78MeV。^{3}H 和 α 的动能分别为 2.73MeV 和 2.05MeV，它们在空气中的射程分别为 5.7cm 和 7.1cm，这有助于区分反应产物和γ本底。但 ^{6}Li 没有合适的气态化合物，使用时只能用固体。天然锂中 ^{6}Li 的含量低(仅 7.5%)，用天然锂制成的探测器效率低，可以用高浓缩的 ^{6}LiF(^{6}Li 的含量占 90%～95%)但价格昂贵。在(n,p)反应中慢中子截面最大的是 ^{3}He，但是反应放能最小、探测结果不易除去 γ 本底，且在天然氦气中 ^{3}He 含量十分低(仅 1.4×10^{-4}%)。

1.4.3 快中子核反应

快中子与原子核相互作用主要有弹性散射、非弹性散射、辐射俘获、直接反应，能量很高的中子甚至能引起散裂过程。随中子能量增加，核反应道数目增加，对能量不很高的中子，大多数核都能与之发生(n,α)和(n,p)等多种核反应。中子引起的核反应会使核内核子获得较多的能量而发射出来，快中子核反应中能够提供足够的能量，使得核内带电粒子更容易穿过核的库仑势垒而从核内发射出来。一般(n,p)反应要求入射中子提供 1～3MeV 的能量(如在 $^{27}Al(n,p)^{27}Mg$ 反应中要求入射中子至少提供约 2.1MeV 的能量)，而(n,α)反应要求入射中子提供的能量更多。当入射中子能量大于 9～10MeV(即超过靶核的中子结合能)时，就可能出现(n,2n)反应。实验表明：当中子能量超过(n,2n)反应阈能后，反应截面随中子能量增大而迅速增大。中子能量继续增大时，反应道开道又增多，还将会发生(n,3n)和(n,np)等反应。例如，在能量高达 20MeV 的高能中子轰击下，^{12}C 核能发生如下反应：

$$^{12}C + n \longrightarrow {}^{11}C + 2n \tag{1.78}$$

有些重核在慢中子作用下不发生裂变，但在俘获快中子后却容易发生裂变。^{238}U 和 ^{232}Th 需要俘获能量大于 1.5MeV 的快中子才能引起可观的裂变。如果利用极高能中子(如 100MeV 或更高)，甚至可使通常情况下稳定的核(如 Tl、Bi、Hg 和 Au 等)也能发生裂变。

1.4.4 中子的吸收

中子与介质原子的电子发生相互作用可以忽略不计，不同能量中子与原子核作用可以产生各种过程，包括弹性散射、非弹性散射和辐射俘获等。用 σ_s，σ_s'，σ_γ 和 σ_f 分别表示弹性散射、非弹性散射、辐射俘获和裂变截面。总截面 σ_t 应该是所有各种可能的反应截面之和

$$\sigma_t = \sigma_s + \sigma_s' + \sigma_\gamma + \sigma_f + \cdots \tag{1.79}$$

辐射俘获和裂变等反应使中子被吸收，反应截面之和 σ_a 定义为**中子吸收截面(neutron absorption cross section)**

$$\sigma_a = \sigma_\gamma + \sigma_f + \cdots \tag{1.80}$$

实验指出：能量不高的中子在轻核上的弹性散射起主要作用，低能部分截面近似为常量。例如，^{12}C 的 σ_s、σ_t 与能量的关系如图 1-26 所示，只有中子能量超过一定阈值时才能在核上产生非弹性散射。中子吸收截面中最重要的是辐射俘获截面，所有能区中子均可发生，辐射俘获大多发生在重核上。中子引起带电粒子出射的反应截面比较小，除 ^{10}B、^{3}He 和 ^{6}Li 等少数核外，在吸收截面中常忽略不计。

在中子物理学中中子和原子核的反应截面 σ 称为**微观截面**(cm^2)，微观截面 σ 和靶物质原子数密度 N_A 的乘积称为**宏观截面**(cm^{-1})，用符号 Σ 表示

$$\Sigma = N_A\sigma \tag{1.81}$$

类似地有宏观吸收截面 $\Sigma_a = N_A\sigma_a$，宏观散射截面 $\Sigma_s = N_A s_s$，**宏观总截面** Σ_t 应为两者之和。

$$\Sigma_t = \Sigma_a + \Sigma_s = N_A(\sigma_a + \sigma_s) = N_A\sigma_t \tag{1.82}$$

为了明确宏观截面的意义，考虑有一厚度为 x 的靶，初始入射中子束强度为 I_0，穿过 x 距离后强度变成 $I(x)$

$$I(x) = I_0 e^{-\sigma_t N_A x} = I_0 e^{-\Sigma_t x} \tag{1.83}$$

需要指出：微观截面和宏观截面的量纲是完全不同的，微观截面具有面积量纲，宏观截面量纲为长度的倒数，其常用单位是 cm^{-1}。由式(1.83)可知中子的衰减与吸收也满足指数递减规律。

和 γ 射线一样，中子因不带电，在介质中传输时不存在确定射程。中子在介质中连续两次碰撞之间穿行的距离称为**自由程**。由于原子核的空间分布和中子运动无规性，自由程有长有短。但一定能量中子在同一介质中自由程的平均值是一定的，称为**平均自由程**，通常用 λ_t 表示，平均自由程 λ_t 与宏观总截面 Σ_t 之间有简单的关系：$\lambda_t=1/\Sigma_t$。

复习思考题(一)

【1】 写出粒子速度与能量的关系式，并计算能量为 0.1MeV、1MeV、10MeV、100MeV 的电子和 α 粒子的速度。

【2】 已知 1.4MeV 的 α 粒子在空气中的射程为 2.5cm($\rho_{air}=1.29\times10^{-3}g/cm^3$)，分别求出 4MeV 的 α 粒子在水中和铅($\rho_{Pb}=11.3g/cm^3$)中的射程。

【3】 求出 5MeV 的 α 粒子在空气和铅中的射程；若其全部能量损耗在空气中，将产生的离子对数目是多少？

【4】 对 ^{32}P 和 ^{131}I 源放出的 β 射线，完全吸收各需要用多大厚度的铝板?两种元素释放 β 粒子的最大能量分别为 1.711MeV 和 0.605MeV。

【5】 放射源 ^{204}Tl 源释放 β 射线的最大能量为 0.77MeV，设密度为 $1.4g/cm^3$ 的塑料薄膜对该 β 射线的质量衰减系数为 $\mu_m=0.030cm^2/mg$。试求能使该 β 射线强度减少 1/3 的塑料膜厚度。

【6】 已知铅的 K、L、M 层电子的结合能分别为 87.6keV、15.8keV 和 0.89keV，试求 0.23MeV 的γ射线能在各壳层打出的光电子能量。

【7】 在 Compton 效应中，入射 γ 光子波长为 0.02nm，当散射光子相对于入射光子前进方向夹角为 30°、90°时，散射光相对于入射光波长的改变量各是多少?散射光子和反冲电子的能量各是多少?

【8】 用 1MeV 的γ光子做 Compton 散射实验，若 Compton 散射波长增加了 25%，试求反冲电子能量。

【9】 若 15MeV 的γ射线在铅中的总吸收截面为 $20\times10^{-20}m^2$，欲将该γ射线强度分别降低到 1/e 和 1/100 倍，则所需铅片的厚度是多少？

【10】 设中子在铁中的吸收截面为 $2.5\times10^{-24}cm^2$，试求经多厚的铁可使中子束强度在整个吸收过程中减少 1/4?

【11】 能量为 10MeV、强度为 10^{10} 中子/($cm^2\cdot s$)的平行中子束垂直照射到厚度为 100cm 的水层上，若该中子与氢、氧的作用总截面分别为 $4.2\times10^{-24}cm^2$ 和 $8.0\times10^{-24}cm^2$，试计算中子束在穿过水层后的强度。

【12】 证明一个初始能量为 E_0 的中子与一个静止碳原子核经 N 次对心碰撞后，中子能

量近似为$(0.72)^N E_0$。假定碳核是静止的，现要使中子能量从 2MeV 降低到 0.02eV，问需要经过多少次对心碰撞？

【13】 现用强度为 6.5×10^{12} 中子/(cm^2·s)的中子流辐照 300mg 的 ^{31}P 样品，实现(n,γ)反应生产放射性核 ^{32}P。若要使中子辐照停止 12 天后，^{32}P 仍有 2.22×10^8Bq 的活度，试求辐照时间。

【14】 现用中子活化分析法来分析某样品中的 ^{55}Mn 含量，设中子束流为 10^{11} 中子/(cm^2 · s)，实验装置对 ^{56}Mn 发出射线的探测效率是 20%，它的最低灵敏度为 80 个/min，试求在该实验条件下可以分析的 ^{55}Mn 的最低含量。

【15】 铟箔面积为 4cm^2，厚度为 100mg/cm^2，辐照 100min 后即取出，10min 后再测量其放射性活度，计数率为 16400 计数/min，若探测器的探测效率为 80%，求热中子的通量密度。

【16】 波长为 488nm 的光子与能量为 100MeV 的电子碰撞，求 Compton 反散射光子的能量；如果电子能量降低为 10MeV 或增加为 1GeV，求 Compton 反散射光子的能量又为多少。

第 2 章　电离辐射场

辐射与物质相互作用只关注单个电离辐射粒子或射束的行为，大量辐射粒子整体宏观性质的描述则需要用电离辐射场，如辐射粒子空间分布、随时间变化的特点和能谱。辐射剂量学就是借助数学物理工具方便、可靠、定量地来表征辐射场的宏观性质。电离辐射的能量沉积和转移是辐射剂量学研究的核心问题，包括辐射粒子与物质相互作用和辐射粒子输运两部分内容，本章介绍第二部分。

辐射场(radiation field)与**辐射剂量场(radiation dose field)**是两种基本的场描述方法，前者用来描述射线种类、能量分布、空间分布；后者则提供了辐射场的剂量分布和特征，与辐射粒子存在区域内的物质分布密切相关。**电离辐射场(ionization radiation field)**就是充斥着电离辐射的特定空间区域，其内部射线与物质相互作用形成了内部辐射剂量的大小和分布。辐射场性质主要取决于辐射的起源，也与其中介质的性质(化学成分、密度、空间分布、介质边界条件等)有关。电离辐射场中的物质分布及射线与物质相互作用导致了介质中、介质边界和介质周围剂量大小及空间分布等，决定了辐射剂量场性质。

核技术应用中辐射防护的具体技术措施，就是通过改变辐射场的物质分布来控制辐射剂量。电离辐射场揭示了辐射场固有特性，为辐射计量提供基础，利用辐射场来定量描述辐射分布的物理量，称为**辐射计量学量(radiometric quantities)**。本章介绍的各种辐射场特征量都属于辐射计量学量。

2.1　电离辐射术语及概念

2.1.1　常用术语

辐射(radiation)就是能在空间传播能量的微观粒子，如带电粒子、中子、电磁波等。根据在介质中能否引起电离激发行为，辐射可以分为**电离辐射(ionizing radiation)**和**非电离辐射(nonionizing radiation)**，本书主要研究电离辐射。1895 年伦琴(W. Röntgen, 德国物理学家，1901 年获诺贝尔奖)发现了 X 射线，1896 年法国物理学家贝可勒尔(H. Becquerel)在研究铀矿荧光现象时发现铀矿物能发出穿透能力很强的射线，能使照相底片感光，后被证实有三种射线：第一种在电场中偏向负极、带正电，即 α 射线；第二种偏向正极、带负电，即 β 射线；第三种不偏转、不带电，即γ 射线。随着物理学的进步，除 X 射线、α 射线、β 射线和 γ 射线外，许多其他射线(如各种介子、中子、重离子和多种反粒子等)相继被发现。高速运动的微粒子流称为**射线(ray)**，物体向外发射射线的过程称为**辐射(radiation)**，发射射线的物体称**辐射源(radiation source)**。能通过放射性衰变而发射射线的发射体称为**放射源(radioactive source)**。放射源是一种辐射源，辐射源并不一定都是放射源。发射 X 射线的发射体就是 X 辐射源，释放 β 射线的发射体就是 β 辐射源，简称 β 源。大量射线入射到物体上的过程称为**照射(irradiation)**，因此辐射和照射分别对应于高速粒子流的发射和接收过程。

有关射线和粒子：辐射剂量学中常用射线来表示辐射粒子，如α射线(α粒子)、β射线(β粒子)。“射线”和“粒子”在许多情况下等价，可以混合使用，无本质区别，在辐射技术相关研究工作中习惯用术语“射线”。核技术发展史中最早发现并应用的是X射线，后来才研究放射性物质放出的α射线、β射线和γ射线。目前已有射线种类很多，如中子、光子、重离子、介子、甚至反物质粒子等。

2.1.2　基本概念

辐射与介质中原子、分子发生的相互作用分两类：①**弹性碰撞(elastic collision)**，参与碰撞的粒子内部能量不变，体系总动量和总动能都守恒；②**非弹性碰撞(nonelastic collision)**，参与碰撞的粒子内部能量改变，体系总动量守恒但总动能不守恒。非弹性碰撞常导致两种结果：①使原子或分子**激发(excitation)**，即处于基态或低激发态原子获得能量到达高激发态的过程；②使原子**电离(ionization)**，即原子中的束缚电子脱离原子核成为自由电子释放出来成为带负电的自由电子，以及失去了一个电子之后带正电的原子或分子的过程，后者就称为正离子。电离和激发都是非弹性碰撞的结果，但电离需要更多的能量，有更多的动能被转化为内部能量。根据量子理论，原子能级是量子化的，电子只能处于特定能量状态，每个能态有相应的轨道，因而核外电子也只能处于特定轨道。辐射使物质原子电离时，入射粒子将一部分能量转化为各个参与作用粒子的动能，还有一部分能量用于将轨道束缚电子剥离，使其成为自由状态，这部分用于使物质电离而消耗的能量称为**电离能(ionization energy)**。将不同轨道电子电离需要的能量不同，将内壳层电子电离所需能量较高，而将外壳层电子电离只需较少能量。但要引起最外层电子电离就存在最低能量，这个最低能量就称为**电离阈能(ionization threshold)**。当射线能量低于电离阈能时就不会引起电离，这种能量很低的辐射通常称为**非电离辐射**；只有当射线能量高于电离阈能时才会引起电离现象，这种辐射粒子称为**电离辐射**。辐射的分类及主要类型如图 2-1 所示。

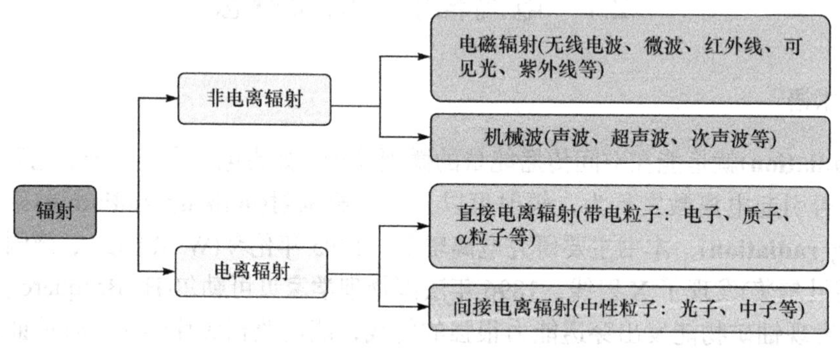

图 2-1　辐射的分类及主要类型

微观粒子运动的能量常以**电子伏特**(eV)为单位：电子在 1V 电压下被加速所获得的能量就是 1eV，此外还有 keV(10^3eV)、MeV(10^6eV)。电子伏(eV)与焦耳(J)都是能量单位，其关系为 $1\text{eV}=1.602\times10^{-19}\text{J}$。物质结构及其组分会影响其电离能，因而不同物质电离能也不同，一般在 10eV 量级。物质电离阈能一般在 5～10eV，但最近的研究工作表明，有些生物材料在 3eV 的能量下就有电离发生。电子、质子和其他重带电离子的能量大于电离阈能时才属于电离辐射，光子、X 射线、γ射线是波长极短的电磁波，也属于电离辐射；而波长较长的电磁波(如紫外线、可见光、红外线和射频辐射)不能使物质电离，只能引起物质分子振动、转动和电子能级状态的改变，都属于非电离辐射。通常将能量大于 10eV 的辐射粒子归属于电离辐射。对不带电粒子而言，如果它通过与物质相互作用产生的带电粒子能使物质电离，则该不带电的辐射也属于电离辐射。例如，热中子和冷中子尽管能量很低，但它们通过放能核反应产生的带电粒子能量可以较高，也能引起电离。

电离辐射按其来源又分为**天然电离辐射(natural ionizing radiation)**和**人工电离辐射(artificial ionizing radiation)**两大类，前者主要有宇宙射线、人类生存环境中天然存在的辐射(如氡气、^{40}K 等)，后者主要有核爆炸、核反应堆、加速器、放射源、医疗照射装置、核技术工农业生产等带来的电离辐射。带电粒子通过相互作用使物质电离激发而损失自身能量，这种初级粒子就能引起电离激发的辐射称**直接电离辐射(direct ionizing radiation)**。某些不带电粒子(如 n,γ)是先通过相互作用将自身能量传递给产生的次级带电粒子(二次粒子)，然后二次粒子再使物质电离激发。这种由二次粒子引起电离激发的辐射叫**间接电离辐射(indirect ionizing radiation)**。

2.2 电离辐射的描述

2.2.1 辐射场基本量

1. 粒子数密度 N

粒子数目和辐射能是电离辐射场的两个基本参数。粒子数目就是电离辐射场所存在的空间区域内的粒子数，因空间区域体积变化时粒子数相应变化(即使研究区域确定，辐射与物质相互作用也会使区域内的粒子数变化)，常采用**粒子数密度(particle number density)**，即单位体积内的粒子数来描述电离辐射场。粒子数密度反映空间粒子的疏密程度和分布，N 的单位为 $1/\text{m}^3$ 或 m^{-3}，是空间、时间的函数，可定义平均值。

2. 辐射能密度 R

电离辐射场中所有粒子总动能之和定义为**辐射能(radiation energy)**，单位为**焦耳(J)**。对于静止质量不为零的粒子(如 α 粒子、β 粒子等)，辐射能就是粒子动能之和；而对光子静止质量为零，辐射能就是粒子总能量之和。辐射源发射粒子所携带的能量，相互作用中转移和沉积的能量都属于辐射能的范畴。单位体积内的辐射能称为**辐射能密度(radiation energy density)**，单位是 J/m^3，反映辐射能空间分布。

3. 粒子数密度变化率 F_P

辐射场随时间变化，特征量 N 和 R 也相应地随时间变化。粒子数密度变化率定义为

$$F_\text{P} = \frac{\text{d}N}{\text{d}t} \tag{2.1}$$

F_P 单位为 $1/(\text{m}^3 \cdot \text{s})$，对辐射场中每种粒子均有对应的 F_P 值。

4. 辐射能密度变化率 F_R

类似地，电离辐射场的辐射能密度变化率定义为

$$F_R = \frac{dR}{dt} \tag{2.2}$$

辐射能密度变化率也称为**能量通量**，F_R 单位为 J/(m^3 · s)。粒子数密度和辐射能密度及其变化率反映了辐射场基本特征量在空间某处的分布及其随时间的变化规律，这些量仅仅是对辐射场的初步描述，进一步描述还需要与辐射场微观参量联系起来。

2.2.2 辐射场微观参量(一)

1. 单向辐射场粒子注量 $\Phi_u(r)$

单向辐射场是最简单的辐射场，所有粒子均沿同一方向运动，**粒子注量(particle fluence)**定义为入射到辐射场内某点 r 处、在垂直于粒子运动方向(唯一)的平面内，单位面积 da 上的粒子数，用 Φ_u 表示，显然 Φ_u 是位置的函数

$$\Phi_u(r) = \frac{dN}{da} \tag{2.3}$$

$\Phi_u(r)$反映了单向辐射场内粒子输运的空间分布状态，是标量，单位为 1/m^2。

2. 粒子注量矢量 $\Phi_u(r,n)$

普通辐射场大多是多向辐射场或具有更复杂的形式，需引入**粒子注量矢量(particle fluence vector)**，它定义为入射到辐射场内某点 r 处垂直于粒子运动方向 $\boldsymbol{n}$(不唯一)的平面内，单位面积 da 上的粒子数

$$\boldsymbol{\Phi}(r,\boldsymbol{n}) = \frac{dN}{da}(\boldsymbol{n}) \tag{2.4}$$

$\boldsymbol{\Phi}_u(r,\boldsymbol{n})$的方向沿着粒子运动方向 $\boldsymbol{n}$，单位也是 1/m^2。

3. 标量粒子注量 $\Phi(r)$

普通辐射场中有沿各种方向运动的粒子，可以看成是一系列单向辐射场的叠加，辐射场中某处的注量就是该点各个方向粒子注量的矢量和

$$\Phi(r) = \oint \boldsymbol{\Phi}(r,\boldsymbol{n}) \cdot d\boldsymbol{n} \tag{2.5}$$

式中 $\Phi_u(r, \boldsymbol{n})$为粒子注量矢量，表示空间某处沿方向 $\boldsymbol{n}$ 的粒子注量，单位为 1/m^2；d$\boldsymbol{n}$ 为沿粒子运动方向的方向元矢量；$\Phi(r)$表示入射到辐射场内某点 $\boldsymbol{r}$ 处，单位面积 da 上来自各个方向的粒子总数，称为辐射场的**标量粒子注量(scalar particle fluence)**。标量粒子注量还可以定义为

$$\Phi(r) = \frac{dN_s}{d\sigma} \tag{2.6}$$

以辐射场内某点 r 为球心作一小球面，在球面上取面积微元 dσ，其法线方向 $\boldsymbol{n}_i$。垂直入射到 dσ上的粒子数为 N_i，改变 dσ法线方向即得到一系列垂直入射 dσ的粒子数 dN_i，对所有法线方向的入射粒子数求和就得到 dN_s=ΣdN_i。辐射场标量粒子注量反映了入射到辐射场内某点 r 处小球面内的总粒子数目，可简单定义为进入横截面为 dσ 的球内的粒子总数。标量粒子

注量俗称粒子注量，简称注量，单位 $1/m^2$。

4. 粒子注量谱和粒子通量

各个能量区间的粒子注量定义为**粒子注量谱(particle fluence spectrum)**，也称**微分粒子注量**。辐射场内有多种射线时，每种射线都有特定粒子注量，总粒子注量应该对粒子注量谱积分。例如，n、γ、电子混合场的注量就需要分别计算 n、γ 和电子三个粒子注量并求和。

标量粒子注量通常随时间而改变，单位时间内的粒子注量称为**粒子注量率(particle fluence rate)**，简称**注量率**，单位为 $1/(m^2 \cdot s)$

$$\varphi(t)=\frac{\mathrm{d}\Phi(t)}{\mathrm{d}t} \tag{2.7}$$

辐射场粒子注量率俗称**粒子通量(particle flux)**，核反应堆中子通量就表示单位时间内反应堆发射到单位面积上的中子数，由式(2.7)可知对粒子通量积分就得到注量。粒子注量率表示单位时间内入射到辐射场内的某点 r 处单位面积 $\mathrm{d}a$ 上各个方向的粒子数，从空间和时间两个方面给出了辐射场中粒子数目的变化。

5. 粒子辐射度和粒子辐射度谱

粒子注量率的角分布称为**粒子辐射度(particle radiance)**，用 P 表示，单位为 $1/(m^2 \cdot s \cdot sr)$。粒子辐射度随能量的变化关系称为**粒子辐射度谱(particle radiance spectrum)**，用 S 表示。将 S 对能量区间积分即得粒子辐射度 P，粒子辐射度谱分布也称为粒子辐射度的微分分布。

2.2.3 辐射场微观参量(二)

1. 单向辐射场能量注量 $\Psi_u(r)$

与单向辐射场粒子注量的定义类似，单向辐射场**能量注量(energy fluence)**定义为

$$\Psi_u(r)=\frac{\mathrm{d}R}{\mathrm{d}a} \tag{2.8}$$

能量注量 Ψ_u 表示入射到辐射场内某点 r 处、垂直于粒子运动方向的平面内，单位面积 $\mathrm{d}a$ 上粒子所引入的辐射能，单位是 J/m^2，它反映了单向辐射场内粒子输运的空间分布状态。对单色单向辐射场(由单能粒子构成的单向辐射场)，粒子注量和能量注量有如下简单关系：

$$\Psi_u(r)=\Phi_u(r)E \tag{2.9}$$

式中 E 为单向辐射场中粒子的能量。

2. 能量注量矢量 $\boldsymbol{\Psi}_u(r,\boldsymbol{n})$

与粒子注量矢量类似，**能量注量矢量(energy fluence vector)**定义为

$$\boldsymbol{\Psi}_u(r,\boldsymbol{n})=\frac{\mathrm{d}R}{\mathrm{d}a}(\boldsymbol{n}) \tag{2.10}$$

能量注量矢量表示入射到辐射场内某点 r 处、垂直于粒子运动方向 $\boldsymbol{n}$ 的平面内，单位面积 $\mathrm{d}a$ 上的粒子辐射能，其方向沿着粒子的运动方向 $\boldsymbol{n}$，单位也是 J/m^2。

3. 标量能量注量$\Psi(r)$

与粒子注量类似，辐射场中某点的能量注量为该点各个方向上的能量注量矢量之和

$$\Psi(r)=\oint \boldsymbol{\Psi}_{\mathrm{u}}(r,\boldsymbol{n})\cdot \mathrm{d}\boldsymbol{n} \tag{2.11}$$

式中$\boldsymbol{\Psi}_{\mathrm{u}}(r,\boldsymbol{n})$是能量注量矢量，d$\boldsymbol{n}$ 为沿粒子运动方向的方向元矢量。$\Psi(r)$表示入射到辐射场内某点 r 处单位面积 da 上来自各个方向的粒子辐射能，称为辐射场**标量能量注量(scalar energy fluence)**。辐射场标量能量注量还可以定义为

$$\Psi(r)=\frac{\mathrm{d}R_s}{\mathrm{d}\sigma} \tag{2.12}$$

以辐射场内某点 $\boldsymbol{r}$ 为球心作一小球面，在球面上取面积微元 dσ，其法线方向为 $\boldsymbol{n}_i$。垂直入射到 dσ上的辐射能为 N_i，改变 dσ法线方向即得到一系列垂直入射 dσ的粒子数 dR_i，对所有法线方向的入射粒子数求和就得到 dR_s=ΣdR_i。辐射场标量能量注量反映了入射到辐射场内某点 r 处小球面内的总辐射能。和前面讨论粒子注量的情况类似，标量能量注量可以简单地定义为进入横截面为 dσ的球内的粒子能量之和。对单色辐射场(由单能粒子构成的辐射场)，粒子注量和能量注量的关系满足

$$\Psi(r)=\Phi(r)E \tag{2.13}$$

式中 E 为单色辐射场中粒子的能量。

4. 能量注量谱和能量通量

各个能量区间的粒子能量注量定义为**能量注量谱(energy fluence spectrum)**，也称**微分能量注量**。辐射场内有多种射线时，每种射线都有特定粒子注量，总能量注量应该对能量注量谱积分。粒子能量注量通常随时间而改变，单位时间内的能量注量定义为**能量注量率(energy fluence rate)**，用 χ 表示，单位为 J/(m^2 · s)

$$\chi(t)=\frac{\mathrm{d}\Psi(t)}{\mathrm{d}t} \tag{2.14}$$

辐射场能量注量率俗称**能量通量(energy flux)**，能量通量对时间积分就得到能量注量。辐射场能量注量率表示单位时间内入射到辐射场内的某点 r 处，单位面积 da 上各个方向的粒子辐射能，从空间和时间两个方面给出了辐射场中辐射能的变化。

5. 能量辐射度和能量辐射度谱

能量注量率的角分布称为**能量辐射度(energy radiance)**，用 Q 表示，单位为 J/(m^2 · s · sr)。能量辐射度随能量的变化关系称为**能量辐射度谱(energy radiance spectrum)**，用 D 表示。将 D 对能量区间积分即得能量辐射度，因而能量辐射度谱分布也称为能量辐射度微分分布。

2.2.4 粒子注量与径迹长度的关系

重带电粒子在介质中的路径近似为直线，而轻带电粒子则有复杂的路径。射线进入介质后穿行的路程称为**径迹(track)**，用 L 表示。粒子注量增大，进入介质单位体积内的射线很多，在介质中留下径迹的总长度就会增大。粒子注量与单位体积内的径迹总长度关系如下：

$$\frac{\mathrm{d}L}{\mathrm{d}V}=\Phi(r) \tag{2.15}$$

粒子注量与单位体积内的径迹总长度一致，称为按照径迹长度定义的注量，也就是注量表示径迹长度的物理意义。

2.3　辐射场输运方程

辐射场与其内部粒子的来源、介质及其分布都有关。粒子来源决定粒子最初空间分布，而粒子与介质相互作用又会影响粒子的空间分布(粒子数目减少、产生新粒子，改变粒子谱分布)，最终在辐射场中建立新的平衡粒子分布状态，称为**平衡态(equilibrium state)**。平衡态下辐射场粒子分布由辐射场粒子输运方程决定。辐射场粒子输运方程以最初粒子分布为初始条件，在辐射与物质相互作用基础上建立动力学过程，利用物质的空间分布作为边界条件，最终给出辐射场性质。辐射场输运方程是研究辐射问题最有效的分析手段。

2.3.1　辐射场参量之间的联系

描述电离辐射场参量是互相关联的，如能量辐射度与粒子辐射度之间满足 $Q = P \cdot E$，其中 E 为粒子能量；能量注量与粒子注量之间满足 $\Psi_{\mathrm{u}}(r)=\Phi_{\mathrm{u}}(r) \cdot E$；能量注量率和粒子注量率之间满足$\chi(t)=\varphi(t) \cdot E$。从粒子辐射度谱分布 $S(r,t,E,\Omega)$可以按图 2-2 中的关系导出一系列辐射场参量，其中 $D(r,t,E,\Omega)$为能量辐射度谱分布，$Q(r,t,\Omega)$为能量辐射度，$\psi(r,t)$为能量注量，$P(r,t,\Omega)$为粒子辐射度，$\varphi(\boldsymbol{r},t)$为粒子注量率，$\Phi(r,t)$为粒子注量。

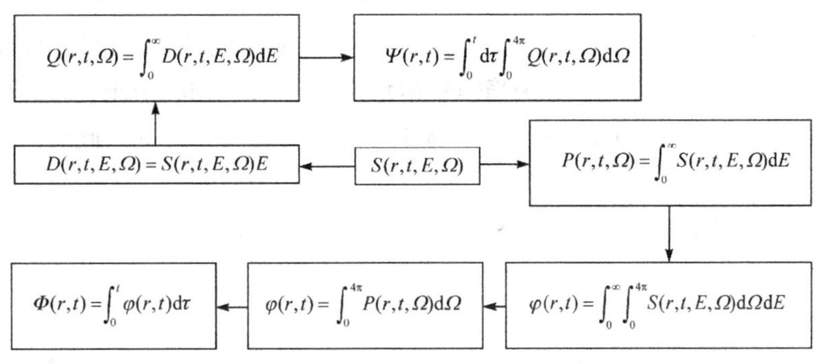

图 2-2　辐射场参量之间的关系

2.3.2　非稳恒辐射场输运方程

随时间变化的辐射场称为**非稳恒辐射场(unstable radiation field)**。辐射源发射粒子的种类、数目、能量及空间分布的变化是导致辐射场变化的直接原因；此外辐射场内部环境的变化(如内部介质的化学组成、空间分布、密度、相对位置等)也会导致辐射场变化。辐射场平衡态与辐射源性质、空间物质的性质和分布均有关。辐射场随时间变化，它的各参量相互关联，满足如下关系：

$$\begin{aligned}\frac{1}{V}\frac{\partial P(r,t,E,\Omega)}{\partial t}+\Omega\cdot\nabla P(r,t,E,\Omega)&=-\Sigma(E,\Omega)P(r,t,E,\Omega)+S(r,t,E,\Omega)\\&\quad+\int_{4\pi}\mathrm{d}\Omega'\int_{E_{\mathrm{cut}}}^{\infty}\Sigma(E',\Omega',E,\Omega)P(r,t,E',\Omega')\mathrm{d}E'\end{aligned}\tag{2.16}$$

这就是非稳恒辐射场的场参量满足的辐射场**输运方程(transport equation)**，式(2.16)中$P(r,t,E,\Omega)$是t时刻、空间r处、动能为E、在Ω方向上的粒子辐射度谱，V是能量为E的辐射粒子速率。$\Sigma(E,\Omega,E',\Omega')$为**微分转移截面**，即单位路径上动能为$E'$、在$\Omega'$方向上的粒子与介质作用后变为动能为$E$、在$\Omega$方向上的概率，也称**微分相互作用概率**。$\Sigma(E,\Omega)$为**总转移截面**，即单位路径上动能为$E$、在$\Omega$方向上的粒子作用概率，也称**积分相互作用概率**；方程(2.16)右边第一项$-\Sigma(E,\Omega)P(r,t,E,\Omega)$表示由于相互作用对辐射场中能量为$E$、在$\Omega$方向上粒子减少的贡献；第二项$S(E,\Omega,r,t)$为源的贡献，表示在时刻$t$、空间某点$r$处、单位体积内、单位时间产生能量为$E$、沿方向$\Omega$出射的粒子数，这项贡献是正的；第三项表示由于相互作用对辐射场中原来能量为E'、在Ω'方向上的粒子在经过相互作用后能量变为E、方向变为Ω的贡献，这项是附加贡献。

辐射场输运方程是玻尔兹曼(Boltzmann)型方程，是一个含时间的积分-微分方程，方程的解与初始条件、边界条件均有关。空间辐射场的平衡态与辐射源性质、辐射场内物质化学成分、分布、密度以及边界条件都密切相关，因此辐射场输运方程很难直接求解。从辐射场输运方程出发理论上可以求解辐射场的场参量，但这是一个非常复杂的积分微分方程，求解十分困难。除特别简化的情况外，目前还没有获得普遍形式的解析解，常用**蒙特卡罗模拟方法**(Monte Carlo simulation method)求解。

2.3.3 稳恒辐射场输运方程

随着时间的推移，处于非平衡态的辐射场会经历许多输运过程逐渐弛豫，最终趋向于平衡，此时辐射场不再随时间变化，称为**稳恒辐射场(steady radiation field)**。稳恒辐射场是一种特殊辐射场，各个场参量均不随时间变化，辐射场输运方程不含时间，此时式(2.16)简化为如下稳恒辐射场输运方程：

$$
\begin{aligned}
\Omega\cdot\nabla\Phi(r,E,\Omega)=&-\Sigma(E,\Omega)\Phi(r,E,\Omega)+S(r,E,\Omega)\\
&+\int_{4\pi}\mathrm{d}\Omega'\int_{E_{\mathrm{cut}}}^{\infty}\Sigma(E',\Omega',E,\Omega)\Phi(r,E',\Omega')\mathrm{d}E'
\end{aligned}
\tag{2.17}
$$

非稳恒辐射场的输运方程也是复杂的 Boltzmann 型积分-微分方程，对此方程普遍求解仍然是不可能的。必须指出，辐射场输运方程也可以用其他辐射场特征量(如能量注量矢量)表示，经历不同的变换，输运方程表达方式会有不同。

辐射与物质相互作用和辐射场中粒子的输运方程是核辐射技术及其应用的两个核心内容。辐射与物质相互作用是基础，而粒子输运方程是基本工具，两者的有机结合为核技术应用、辐射防护及辐射剂量学等一系列问题提供了解决方案。

复习思考题(二)

【1】 什么是电离辐射?必须是带电粒子才能引发电离过程吗?

【2】 什么是直接/间接电离辐射过程？正电子的慢化过程是直接电离过程吗?请说明理由。

【3】　辐射场中的粒子注量、能量注量表示什么意义?

【4】　试说明稳恒辐射场的输运方程中各项代表的意义。

【5】　辐射场中的粒子注量与辐射粒子通量有什么关系？各表示什么意义?

【6】　试述能量辐射度的意义。

【7】　辐射粒子的注量和径迹长度的关系如何?

第 3 章　基本剂量学

电离辐射剂量学是研究电离辐射能量在物质中转移与沉积规律的科学，通过建立能量转移和能量沉积度量准则实现对电离辐射进行定量描述。电离辐射通过与物质原子、分子相互作用，将其能量转移和沉积在介质中并引起一系列效应(物理效应、化学效应和生物学效应)；通过观测这些效应并利用其与辐射粒子能量之间的对应关系即可实现电离辐射剂量的定量描述和度量。电离辐射能量在物质中的转移和沉积与辐射场性质、被照物性质及其分布、射线与物质相互作用规律等均有关，描述该过程的量称为**剂量学量(dosimetric quantities)**，主要包括转移能、比释动能、授予能、照射量、吸收剂量和剂量当量等。

3.1　转移能与比释动能

3.1.1　转移能

射线在介质中的能量转移与沉积一般都取决于射线与物质相互作用，其中不带电粒子与物质相互作用分为两步：①能量转移过程，即不带电粒子与物质相互作用(核反应或核散射)产生带电粒子的过程；②能量沉积过程，即产生的带电粒子在介质中逐渐耗尽自身能量的过程，与辐射粒子的能量沉积密切相关。**转移能(transfer energy)**是指在特定体积内由不带电粒子释放出来的所有带电粒子的初始动能之和，用ε_{tr}表示。转移能有两要素：①由不带电粒子产生的带电粒子；②产生的带电粒子的动能必须超过特定阈值。释放带电粒子有如下方式：产生新带电粒子；或在原来限定区域内发射一定状态的粒子(如 Compton 效应和光电效应)；还可以产生和发射一个或多个粒子(如电子对效应)。介质中分子、原子和电子均有动能，其大小与体系温度、介质材料性质有关。特别说明：当不带电粒子通过相互作用产生的带电粒子能量低于阈值、仅相当于体系热能时，因过程未产生新带电粒子不属于转移能，应归为授予能，将在本书 3.3 节专门讲述。授予能与转移能是极易混淆的两个概念。

因微观粒子的热运动动能连续分布，高能粒子所占的份额随能量增大逐步减少。因而需要设定一个限值：如果所释放带电粒子的初始动能超过此限值，则视为转移能；低于此限值则归为授予能。该限值就称为**转移能量阈(transfer energy threshold)**，即粒子能量被纳入转移能必须满足两个条件：产生的是带电粒子，且产生的带电粒子动能超过转移能量阈，两者缺一不可。转移能量阈比热运动能量更高，由于温度变化很大时热运动能量变化不明显，热运动能量一般在 10^{-2}eV 量级，而电离阈能在 eV 量级。在碰撞中产生的电子能量超过电离阈能即视为一个次级粒子，因此转移能量阈也可设在电离阈能处。但目前对能量低于 100eV 射线与物质相互作用认识还不够，为分析问题方便，转移能量阈一般应该高于电离阈能，通常设定在 100eV 或更大。

①对光电效应而言，若发出的特征 X 射线逸出研究体积，转移能就等于光电子能量与俄歇电子(如果也发出俄歇电子)能量之和；如果特征 X 射线在研究体积内被吸收，则转移能应

为光电子能量与 X 射线产生电子的能量之和；此外，如果光电效应中形成的带正电离子的动能超过转移能量阈值也需要计算在内。②对电子对效应而言，转移能就是入射光子能量与电子对能量之差；若产生的正电子发生湮没，且产生的两个 0.511MeV 的光子都逃逸出去，结果不变；若未逃逸则就是入射光子能量。③对中子核反应而言，弹性散射的转移能就是原子核在碰撞中获得的动能，与氢原子碰撞就是反冲质子动能；对中子引起的直接核反应过程，转移能就是反应后生成带电粒子的能量。④对不带电粒子与物质相互作用的一般过程，转移能可写为

$$\varepsilon_{\mathrm{tr}}=\sum_i E_i^{\mathrm{in}}-\sum_i E_i^{\mathrm{out}}+\sum_i Q_i \tag{3.1}$$

式中第一项为进入指定体积的所有不带电粒子动能之和；第二项为逸出指定体积的所有不带电粒子动能之和；第三项为进入指定体积的所有不带电粒子引起核的反应过程中的 Q 能之和，对放能过程 Q 为正，吸能过程 Q 为负。转移能最终会以辐射和碰撞两种方式损失，转移能也分辐射转移能 $\varepsilon_{\mathrm{tr}}^{\mathrm{r}}$ 和碰撞转移能 $\varepsilon_{\mathrm{tr}}^{\mathrm{c}}$ 两部分，其中碰撞转移能也称净转移能。

3.1.2 比释动能

转移能是指选定区域内由不带电粒子释放出来的带电粒子初始动能之和，并未考虑能量转移的目标区域大小，而相同转移能转移至不同质量的区域内辐射效果有很大区别。为此定义**比释动能(kinetic energy released per unit mass，KERMA)**，表示为

$$K=\frac{\mathrm{d}\varepsilon_{\mathrm{tr}}}{\mathrm{d}m} \tag{3.2}$$

式中 $\mathrm{d}\varepsilon_{\mathrm{tr}}$ 为在质量为 $\mathrm{d}m$ 的体积元内所有不带电粒子释放出来的全部带电粒子初始动能之和，即质量为 $\mathrm{d}m$ 体积元内的转移能。若 $\mathrm{d}\varepsilon_{\mathrm{tr}}$ 单位用 J(焦耳)，$\mathrm{d}m$ 单位用 kg(千克)，则比释动能单位就为 Gy(Gray，戈瑞)，1Gy=1J/kg。

广义比释动能定义为质量为 $\mathrm{d}m$ 的体积元内所有粒子(包括带电粒子和不带电粒子)产生和释放出来的带电粒子初始动能之和，既包括不带电粒子通过相互作用释放出来的带电粒子动能，也包括自发核衰变等过程产生的带电粒子动能。比释动能有时也定义为研究区域内单位质量的介质中转移给带电粒子的动能平均值。比释动能反映单位质量的介质内转移能的平均值，由于能量转移涉及具有概率特性的微观物理过程，能量转移的多少也具有随机性。比释动能也可以这样理解：质量为 $\mathrm{d}m$ 的有限体积内，由不带电粒子与物质相互作用产生的转移能是随机量、具有涨落性，这些转移能平均值为 $\mathrm{d}\varepsilon_{\mathrm{tr}}$，当 $\mathrm{d}m\to 0$ 时 $\mathrm{d}\varepsilon_{\mathrm{tr}}\to 0$，两极限的比值(有限值)就称为比释动能。比释动能反映能量转移平均值大小，是不涉及物质微观结构、射线和物质相互作用中径迹结构的宏观量，是非随机量。有关宏观量和微观量、随机量与非随机量请参阅数理统计相关书籍。

3.1.3 能量转移系数

不带电粒子在介质中穿过单位长度路径上的转移能占其自身能量的份额定义为**能量转移系数(energy transfer coefficient)**

$$\mu_{\mathrm{tr}}=\frac{1}{E}\frac{\mathrm{d}E_{\mathrm{t}}}{\mathrm{d}x} \tag{3.3}$$

下面以中子与物质相互作用为例研究中子能量转移系数。物质中中子强度呈指数衰减

$$I = I_0 e^{-\mu x} \tag{3.4}$$

式中 μ 为吸收系数，且有

$$\mu = -\frac{1}{I}\frac{\mathrm{d}I}{\mathrm{d}x} = \frac{\rho}{A} N_{\mathrm{Av}} \sigma_{\mathrm{t}} \tag{3.5}$$

吸收系数表示中子经过单位厚度的介质后中子强度的相对衰减程度，σ_{t} 为中子与物质相互作用的总截面。当不存在核反应过程、仅有散射过程时，按照能量转移系数定义，不带电粒子在介质中经过单位厚度介质后能量的相对衰减程度为

$$\mu_{\mathrm{tr}} = \frac{1}{E}\frac{\mathrm{d}E_t}{\mathrm{d}x} = \frac{\rho}{EA} N_{\mathrm{Av}} \varepsilon_{\mathrm{s}} \sigma_{\mathrm{s}} \tag{3.6}$$

式中σ_{s} 是中子弹性散射截面，ε_{s} 为反冲核动能。因散射过程具有随机性，散射截面和散射过程中的能量转移都应为平均值。μ_{tr} 表示不带电粒子穿过单位厚度介质层后，转移给带电粒子的动能占自身能量的份额，其单位为 1/cm。

当中子与介质中的相互作用中有核反应过程时

$$\mu_{\mathrm{tr}} = \frac{1}{E}\frac{\mathrm{d}E_{\mathrm{t}}}{\mathrm{d}x} = \frac{N_{\mathrm{Av}}}{E}\frac{\rho}{A}\sum_i \varepsilon_i \sigma_i(E) \tag{3.7}$$

式中ε_i 为反应道 i 所产生带电粒子获得的动能，$\sigma_i(E)$为反应道 i 对应的截面，A 为介质原子质量数，ρ 为介质密度。必须说明，产生带电粒子过程中中子损失的能量与ε_i是不同的，两者的差异主要由反应能来决定：对放能反应，ε_i 大于中子损失的能量；而对吸能反应，中子损失的能量会更大。若介质中存在多种原子，能量转移系数为

$$\mu_{\mathrm{tr}} = \frac{1}{E}\frac{\mathrm{d}E_{\mathrm{t}}}{\mathrm{d}x} = \frac{N_{\mathrm{Av}}}{E}\sum_j \frac{\rho_j}{A_j}\sum_i \varepsilon_i \sigma_i(E) \tag{3.8}$$

式中 ρ_j 和 A_j 分别表示 j 种原子的密度和原子量，且有

$$\rho_j = \frac{n_j A_j}{\sum_i n_j A_i}\rho \tag{3.9}$$

式中 ρ 为介质中各种原子密度之和，n_j 分别表示分子中第 j 种原子的数目。光子能量转移过程中能量转移系数需要考虑光电效应、Compton 效应与电子对效应各过程截面，具有复杂的形式。

3.1.4　比释动能与注量

设物质中不带电粒子辐射场的能量注量为Ψ，则释放出来的能量为 $\mathrm{d}\varepsilon_{\mathrm{tr}}=\Psi\mu_{\mathrm{tr}}\mathrm{d}a\mathrm{d}l$。在体积元 $\mathrm{d}a\mathrm{d}l$ 内物质质量为 $\mathrm{d}m=\rho\mathrm{d}a\mathrm{d}l$，由式(3.2)不难得到比释动能和能量注量的关系为

$$K = \frac{\mathrm{d}\varepsilon_{\mathrm{tr}}}{\mathrm{d}m} = \Psi \cdot \frac{\mu_{\mathrm{tr}}}{\rho} \tag{3.10}$$

对单能粒子辐射，比释动能为

$$K = \frac{\mathrm{d}\varepsilon_{\mathrm{tr}}}{\mathrm{d}m} = \Phi E \cdot \frac{\mu_{\mathrm{tr}}}{\rho} \tag{3.11}$$

其中 Φ 为粒子注量，单位注量的比释动能定义为**比释动能因子(KERMA factor)**或**比释动能系数(KERMA coefficient)**，单位为 $\mathrm{Gy \cdot cm^2}$。

$$\frac{K}{\Phi}=E\cdot\frac{\mu_{tr}}{\rho} \tag{3.12}$$

对混合场，比释动能应写为

$$K=\sum_j\int_{E_{cut}}^{\infty}\Psi_j(E)\frac{\mu_{tr\,j}(E)}{\rho}\mathrm{d}E=\sum_j\int_{E_{cut}}^{\infty}\Phi_j(E)E\frac{\mu_{tr\,j}(E)}{\rho}\mathrm{d}E \tag{3.13}$$

式中 E_{cut} 为**能量截止阈**，当不带电粒子能量低于该阈值时不产生新粒子，也不会引起能量转移。比释动能系数和辐射种类、能量以及介质性质均有关，如图 3-1 所示。

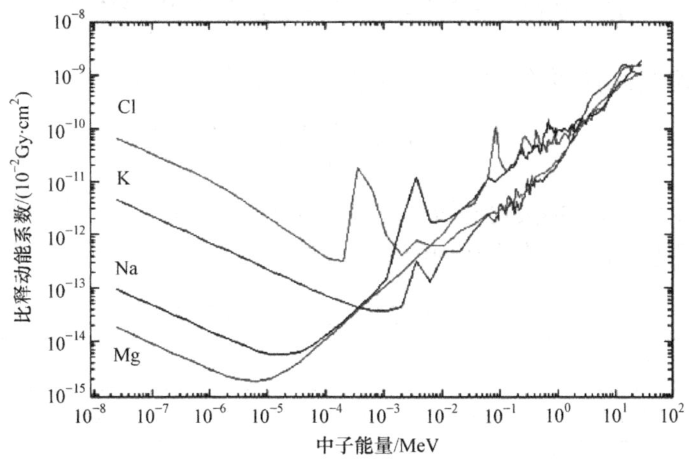

图 3-1　中子在不同介质中的比释动能系数

此外，在辐射剂量计校正、辐射场能量沉积分析时还要用到两种材料介质中的比释动能的比值，在此不再详述。

3.1.5　碰撞比释动能

如 3.1.1 节所述，转移能分为碰撞损失和辐射损失两部分，即

$$\varepsilon_{tr}=\varepsilon_{tr}^{c}+\varepsilon_{tr}^{r} \tag{3.14}$$

转移能中的碰撞损失部分，在相互作用过程中最终因电离和产生带电粒子而被消耗；而辐射损失部分则通过韧致辐射、发射光子而损失。比释动能也相应地分为两部分，对应于碰撞损失的碰撞比释动能 K^c 和对应于辐射损失的辐射比释动能 K^r，总比释动能为两者之和

$$K=K^c+K^r \tag{3.15}$$

定义两种能量转移系数的比值为 ***g* 因子(*g* factor)**

$$\mu_{ab}/\mu_{tr}=1-g \tag{3.16}$$

式中 μ_{tr} 是总能量转移系数，μ_{ab} 为碰撞损失能量转移系数，反映了最终被吸收的能量。可见 g 值就是由不带电粒子产生的带电粒子在慢化过程中通过辐射损失能量的份额，与介质性质、不带电粒子能量均有关：随不带电粒子能量增大而递增，如图 3-2 所示。

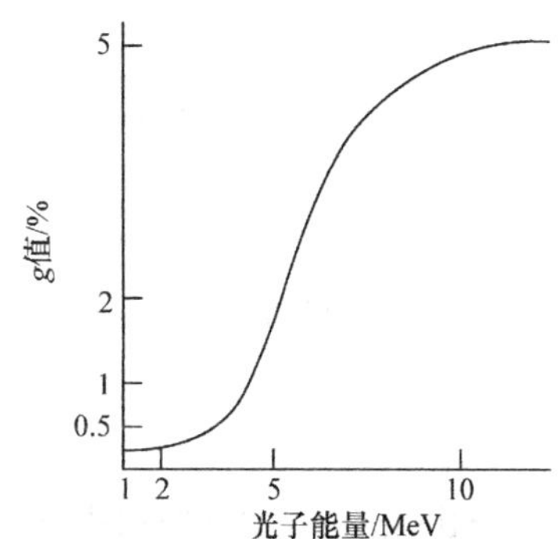

图 3-2　水和软组织中的 g 因子值与光子能量的关系

由式(3.10)和式(3.13)不难得出

$$
\begin{aligned}
K^{c} &= \sum_{j} \int_{E_{cut}}^{\infty} \Psi_{j}(E) \frac{\mu_{tr\,j}(E)(1-g_{j}(E))}{\rho} dE \\
&= \sum_{j} \int_{E_{cut}}^{\infty} \Phi_{j}(E) E \frac{\mu_{tr\,j}(E)(1-g_{j}(E))}{\rho} dE
\end{aligned} \tag{3.17}
$$

式(3.16)中 μ_{ab} 也叫**线性能量吸收系数**，是射线穿过介质单位厚度时所产生的带电粒子碰撞损失能量份额；$\sum$对种类粒子 j 求和；E_{cut} 为能量截止阈。对单能不带电粒子，K^c 可写为

$$
K^{c} = \Psi(E) \frac{\mu_{tr}(E)(1-g(E))}{\rho} = \Phi_{j} E \frac{\mu_{tr}(E)(1-g(E))}{\rho} \tag{3.18}
$$

中子能量不高时辐射损失的贡献可以忽略，碰撞比释动能为

$$
K^{c} = K = \Psi(E) \frac{\mu_{tr}(E)}{\rho} = \Phi_{j} E \frac{\mu_{tr}(E)}{\rho} \tag{3.19}
$$

随中子能量增大，辐射损失份额增大，即 g 因子增大；另外，随介质的原子序数增大，g 因子也增大，不同能量的中子在介质中的 g 因子值如表 3-1 所示。

表 3-1　中子在介质中的 g 因子值

能量/MeV	0.01	0.1	1	10	100
水	1.24×10^{-4}	6.93×10^{-4}	4.86×10^{-3}	4.16×10^{-2}	3.17×10^{-1}
空气	1.46×10^{-4}	7.94×10^{-4}	5.49×10^{-3}	4.28×10^{-2}	2.99×10^{-1}
Mg	2.74×10^{-4}	1.45×10^{-4}	9.71×10^{-3}	7.13×10^{-2}	4.62×10^{-1}
Fe	6.84×10^{-4}	3.75×10^{-3}	2.31×10^{-3}	1.44×10^{-1}	5.83×10^{-1}
W	2.87×10^{-3}	1.42×10^{-2}	7.63×10^{-2}	3.18×10^{-1}	7.54×10^{-1}
Pb	3.37×10^{-3}	1.67×10^{-2}	8.67×10^{-2}	3.36×10^{-1}	7.64×10^{-1}

3.1.6　比释动能率

比释动能随时间的变化率定义为**比释动能率**，单位为 Gy/s

$$
\dot{K} = \frac{dK}{dt} \tag{3.20}
$$

结合式(3.10)和式(2.14)，可得比释动能率和能量注量率的关系为

$$
\dot{K} = \chi(t) \frac{\mu_{tr}}{\rho} \tag{3.21}
$$

结合式(3.13)和式(3.14)，可得碰撞比释动能率与能量注量率的关系为

$$
\dot{K}^{c} = \frac{dK^{c}}{dt} = \chi(t) \frac{\mu_{tr}}{\rho} \cdot (1-g) \tag{3.22}
$$

结合式(3.21)、式(2.7)和式(2.13)，可得单能不带电粒子的比释动能率

$$
\dot{K} = E \cdot \varphi(t) \cdot \frac{\mu_{tr}}{\rho} \tag{3.23}
$$

结合式(3.22)和式(3.14)，可得单能粒子碰撞比释动能率

$$\dot{K}^{c}=\frac{dK^{c}}{dt}=E\frac{d\varphi}{dt}\frac{\mu_{en}}{\rho}=E\varphi(t)\cdot\frac{\mu_{en}}{\rho} \tag{3.24}$$

设活度为 A 的 γ 点源形成的辐射场，源每次衰变放出 n_i 个能量为 $h\nu_i$ 的光子，则与辐射源相距为 r 处、能量大于 δ 的光子产生的比释动能率为

$$\dot{K}=\frac{A}{4\pi r^{2}}\sum_{h\nu_i>\delta}n_i h\nu_i\frac{\mu_{tr}}{\rho}=\frac{A}{r^{2}}\Gamma_{\delta} \tag{3.25}$$

对于确定的放射性核素

$$\Gamma_{\delta}=\frac{1}{4\pi}\sum_{h\nu_i>\delta}n_i h\nu_i\frac{\mu_{tr}}{\rho} \tag{3.26}$$

是一个常数，称为**空气比释动能率常数(air KERMA rate constant)**。

3.1.7 不同介质中的比释动能

比释动能表征研究区域内单位质量介质中转移给带电粒子的动能平均值，这是该区域内转移能的期望值，是非随机量。比释动能是空间位置坐标的连续函数，空间某点的比释动能与该点不带电粒子注量、周围介质的能量转移系数均有关，周围介质通过改变辐射场而影响比释动能。辐射场中射线的种类确定后，对应于不同介质的比释动能大小也会不同。在辐射场中引入不同介质时，比释动能就会引起变化。指定介质引入前后的比释动能比值仅与 μ_{tr}/ρ 的值成正比，因其应用不多，在此不再详述。

3.2 照射量与照射量率

3.2.1 照射量

照射量是针对 X 射线和 γ 射线在空气中产生电离效应建立起来的，是最早被使用的剂量学量。X 射线或 γ 射线与质量为 dm 的空气相互作用产生光电子、Compton 电子和电子对；如果这些带电粒子在空气中被完全阻止并产生了同种电荷 dQ，则在单位质量的空气中产生电荷量定义为**照射量(exposure)**，用 X 表示。

$$X=dQ/dm \tag{3.27}$$

国际单位制中 X 的单位为 C/kg，曾用单位为**伦琴(R)**(W. Röentgen，德国物理学家，1901 年获诺贝尔奖)，换算关系为 1R=2.58×10^{-4}C/kg 或 1C/kg=3.877×10^{-3}R。必须指出：式(3.27)中电荷 dQ 仅包括在质量为 dm 的空气微元中产生的次级电子且在此空气微元中产生的电荷，不包括空气微元之外产生的次级电子在空气微元中产生的电荷(因空气微元之外产生的次级电子反映的是空气微元之外的辐射场，而不是研究区域内的辐射场)。γ 射线产生的电子和电子对均可能韧致辐射，在此期间所发射的光子被吸收后再产生的电荷也不计入 dQ 中。γ 射线产生的电子、电子对穿过空气介质进入非空气介质后并在其中产生的电荷也不计入 dQ 中。照射量针对被空气微元所阻止的射线所产生的电荷，它和碰撞转移能的平均值有关

$$X = \frac{\mathrm{d}\varepsilon_{\mathrm{tr}}^{\mathrm{c}}}{\mathrm{d}m}\frac{e}{W_{\mathrm{air}}} = \frac{\mathrm{d}\varepsilon_{\mathrm{tr}}^{\mathrm{c}}}{\mathrm{d}m}\bigg/\frac{W_{\mathrm{air}}}{e} \tag{3.28}$$

式中 W_{air} 为电子在空气中的平均电离能，目前最佳估值 W_{air}/e=33.97J/C，过去的估值为 33.83J/C

$$X = \frac{\mathrm{d}\varepsilon_{\mathrm{tr}}^{\mathrm{c}}}{\mathrm{d}m} / 33.97 = 0.02944K^{\mathrm{c}} \tag{3.29}$$

由式(3.29)中 X 与 K^{c} 的关系，可得 X 和粒子注量 Φ、能量注量 Ψ 的关系

$$\begin{aligned} X &= \frac{e}{W_{\mathrm{air}}}\cdot K^{\mathrm{c}} = \frac{e}{W_{\mathrm{air}}}\cdot\int_{E_{\mathrm{cut}}}^{\infty}\Psi(E)\frac{\mu_{\mathrm{tr}}(E)(1-g(E))}{\rho}\mathrm{d}E \\ &= \frac{e}{W_{\mathrm{air}}}\int_{E_{\mathrm{cut}}}^{\infty}\Phi(E)E\frac{\mu_{\mathrm{tr}}(E)(1-g(E))}{\rho}\mathrm{d}E \end{aligned} \tag{3.30}$$

对单能光子辐射场

$$\begin{aligned} X &= \frac{e}{W_{\mathrm{air}}}\cdot K^{\mathrm{c}} = \frac{e}{W_{\mathrm{air}}}\cdot\Psi(E)\frac{\mu_{\mathrm{tr}}(E)(1-g(E))}{\rho} \\ &= \frac{e}{W_{\mathrm{air}}}\cdot\Phi(E)E\frac{\mu_{\mathrm{tr}}(E)(1-g(E))}{\rho} \end{aligned} \tag{3.31}$$

总比释动能和照射量之间的关系为

$$K_{\mathrm{air}} = X\frac{W_{\mathrm{air}}}{e}\frac{1}{1-\langle g\rangle} \tag{3.32}$$

3.2.2 照射量率

照射量随时间的变化率称为**照射量率**。

$$\dot{X} = \frac{\mathrm{d}X}{\mathrm{d}t} = \frac{\mathrm{d}^2Q}{\mathrm{d}t\mathrm{d}m} \tag{3.33}$$

照射量率和粒子注量率、能量注量率的关系为

$$\begin{aligned} \dot{X} &= \frac{e}{W_{\mathrm{air}}}\cdot\dot{K}^{\mathrm{c}} = \frac{e}{W_{\mathrm{air}}}\int_{E_{\mathrm{cut}}}^{\infty}\chi(t,E)\frac{\mu_{\mathrm{tr}}(E)(1-g(E))}{\rho}\mathrm{d}E \\ &= \frac{e}{W_{\mathrm{air}}}\int_{E_{\mathrm{cut}}}^{\infty}\varphi(t,E)E\frac{\mu_{\mathrm{tr}}(E)(1-g(E))}{\rho}\mathrm{d}E \end{aligned} \tag{3.34}$$

对放射性核素的点源构成的辐射场

$$\dot{X} = \frac{e}{W_{\mathrm{air}}}\cdot\dot{K}^{\mathrm{c}} = \frac{A}{4\pi r^2}\frac{e}{W_{\mathrm{air}}}\sum_{h\nu_i>\delta}n_i h\nu_i\frac{\mu_{\mathrm{tr}}}{\rho} = \frac{A}{4\pi r^2}\frac{e}{W_{\mathrm{air}}}\cdot G_\delta \tag{3.35}$$

对于确定的放射性核素

$$G_\delta = \sum_{h\nu_i>\delta}n_i h\nu_i\frac{\mu_{\mathrm{tr}}}{\rho} \tag{3.36}$$

式中 G_δ 是与式(3.26)中 Γ_δ 相联系的常数，称为**照射量率常数(exposure rate constant)**，两式仅相差 1/(4π)因子，但反映的内涵不同，γ 源照射量率与能量的关系如图 3-3 所示。G_δ 为距活度为 1Ci(1Ci=3.7×10^{10}Bq)的放射源 1m 处所释放出能量大于 δ 的光子照射量率(R/(m$^2\cdot$h$\cdot$Ci))。

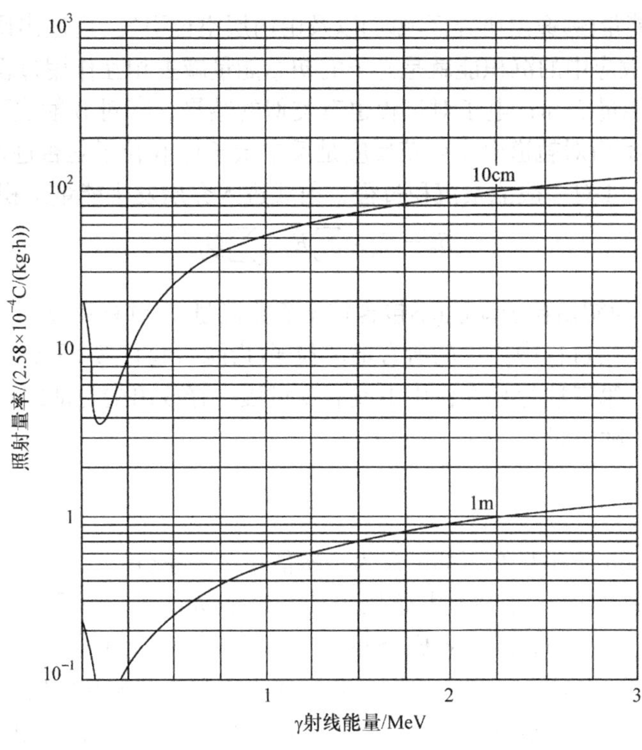

图 3-3　γ 射线源(活度为 1Ci)的照射量率与能量的关系

有关照射量和照射量率需注意：①照射量仅适应于量度 10keV～3MeV 的 X 射线和γ射线，在较粗略的辐射防护中 X 射线适用能量上限可提高到 8MeV，其他能区射线、其他种类粒子(如中子或电子束)均不能用照射量或照射量率来量度。②照射量国际单位是 C/kg、曾用单位伦琴(R)，换算关系为 $1R=2.58\times10^{-4}C/kg$。③照射量 “exposure” 有 “照射、暴露” 的意思，在辐射实践过程中，暴露表示接收射线照射；内照射剂量学中，“exposure” 表示空气中放射性浓度对时间的积分。④照射量反映了产生电离的多少，并非 “辐射剂量”。辐射实践过程中，辐射效应的科学度量仍须用辐射剂量。

3.3　授予能与吸收剂量

3.3.1　沉积能

高能粒子与原子碰撞产生的二次粒子还能进一步产生碰撞电离、激发等效应，其中的部分能量转化为二次粒子动能，另一部分能量则转化为热能、化学能和光能，这部分能量就是**沉积能(energy deposit)**。对碰撞过程中所产生的低于电离阈能的电子和光子而言，电子能量转化为热能；而光子永不停歇，其能量最终将转化为热能或化学能。辐射将导致化学结合能发生变化，所消耗的能量也来源于入射粒子能量。高能粒子使物质电离和激发过程中产生大量光子，其中低能光子最终沉积下来，但内壳层电子退激发光而产生的较高能量光子则不一定沉积下来。①对带电粒子而言，沉积能等于初始粒子动能减去相互作用过程中产生的所有电离粒子离开研究区域时具有的动能之和。②对γ射线而言，光电效应中的沉积能等于γ射线能量扣除光电子能量(逃逸出研究区域时)以及由内层空位引发、逃逸出研究区域的光子能量后的值；Compton 效应中的沉积能就是光子的初始能量减去相互作用过程中产生的所有粒子离开研究区域时的能量之和；电子对过程也有类似的结果。③对 β 射线而言，β 衰变中的沉积能与反应产物中微子(对轨道电子俘获反应是反中微子)、β 粒子是否逃逸出研究体积有关，具体在此不再详述。④对一般能量沉积过程，射线进入介质发生能量沉积的普遍形式为

$$\delta_E = E_{\text{in}} - \sum_j E_j + \sum_j Q_j \tag{3.37}$$

式中右边第一项 E_{in} 为初始粒子动能(不包含粒子静止能量)，对衰变过程粒子初始动能为零；右边第二项为相互作用过程中产生的所有电离粒子(指能引起直接/间接电离的粒子)离开研究区域时的动能之和；第三项为相互作用中或衰变过程中释放出的热能之和。沉积能按单次能量沉积事件定义，是随机量。

3.3.2 授予能

电离辐射每次与介质相互作用都可视为一次能量沉积事件，通常仅关注事件中沉积能大小。实际相互作用非常复杂：有辐射与物质中某个单元(如电子、原子核等)相互作用，有辐射与物质中各成分相互作用，还有辐射与物质中多个粒子集体相互作用，一般无法区分相互作用次数。在相互作用中定义初状态 A 和末状态 B(图 3-4)，当 A、B 两态不完全相同时，由 A 态进入 B 态即认为发生了一次辐射与物质相互作用后状态改变，与中间态 C、D 无关；若初态 A 和末态 B 相同，则无论经过怎样的中间态 C 和 D，均认为发生了相同类型的事件。

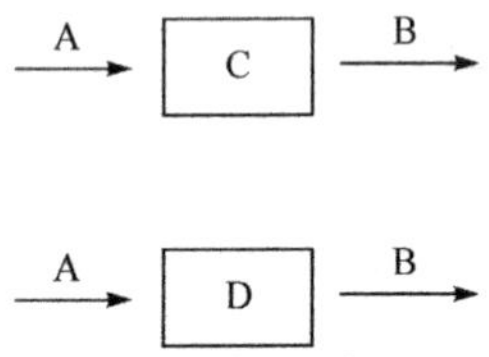

图 3-4　能量沉积的初态和末态示意图

由入射粒子及其产生的所有电子在研究体积内的沉积能称为**授予能(imparted energy)**，或定义为某个/组电离粒子(粒子及其次级粒子)在指定区域内因相互作用而沉积的能量之和。只要在碰撞中产生的电子能量超过电离阈能，就视其为次级粒子。授予能就是对每次能量沉积事件中的沉积能求和。

$$\varepsilon_i = \sum_j \varepsilon_{E\,j} \tag{3.38}$$

授予能与沉积能密切相关：授予能需对事件类型的各种可能状态求和，包含研究体积内的全部能量沉积事件；沉积能针对单个能量沉积事件，而授予能则针对研究体积，包含特定体积内的所有能量沉积事件。授予能的具体值与研究体积大小、高能 γ 射线是否逸出研究区域、反应后 α 和碳核是否在研究体积内沉积全部能量有关；当发生电子对过程时，则与电子对能量、反应后 α 能量、碳原子核能量三者是否完全沉积在研究区域内均有关，具体得分情况讨论。能量沉积、单次事件授予能都是在空间某点的随机量，一般指定区域内授予能

$$\varepsilon_i = \sum_j \delta_{i,j} = \sum_j E_{\text{in},j} - \sum_j E_{\text{out},j} + \sum_j Q_j \tag{3.39}$$

对事件类型 i 的各种可能状态 j 求和即得平均授予能

$$\langle \varepsilon \rangle = \left\langle \sum_j E_{\text{in},j} \right\rangle - \left\langle \sum_j E_{\text{out},j} \right\rangle + \left\langle \sum_j Q_j \right\rangle = R_{\text{in}} - R_{\text{out}} + \bar{Q} \tag{3.40}$$

授予能是随机量，其大小依赖于电离辐射发生的时间、地点、沉积能量的大小等因素，

但平均授予能是非随机量。引入积分授予能与微分授予能的概念后，还可得到平均授予能的矢量表达式。具体方法读者可参考相关书籍。

3.3.3　吸收剂量

1950 年 ICRP 定义单位质量物质中的平均授予能为**吸收剂量(absorbed energy)**，简称剂量。

$$D=\frac{\mathrm{d}\langle\varepsilon\rangle}{\mathrm{d}m}=\frac{1}{\rho}\frac{\mathrm{d}\langle\varepsilon\rangle}{\mathrm{d}V} \tag{3.41}$$

与比释动能单位相同，吸收剂量单位也为 Gy(戈瑞)【Louis Harold Gray(1905～1965)，ICRU 前副主席】。1Gy 吸收剂量就是平均 1kg 靶材料中吸收 1J 辐射能时对应的辐射剂量。吸收剂量最初针对 X 射线和 γ 射线定义，现在已扩展到重带电粒子、中子和其他种类射线等各种辐射。吸收剂量旧单位是**拉德(radiation absorbed dose，rad)**，与国际单位 Gy 的换算关系为 **1Gy=100rad**，1g 靶材料吸收 10^{-5}J 辐射能时的吸收剂量就是 1rad。

当辐射通过物质时，物质就要吸收辐射能。不同区域物质的吸收剂量也不同，在空间形成一个剂量场。因吸收剂量是单位质量被照射物质所吸收辐射能的平均值，平均剂量可写为 $D=E/M$，其中 D 为辐射剂量，E 为被照射物质吸收的辐射能，M 为物质质量。辐射能被吸收是辐射与物质相互作用引起能量沉积所致，辐射能被吸收后产生的效应与被照射物质的结构(如电子在原子中的结合能、原子数密度等)有关，但吸收剂量 D 的大小与吸收过程、吸收辐射能后产生的效应、被照射物质的性质均无关。此外，剂量并不反映放射性强度大小，放射性强度是用放射活度来衡量的。吸收剂量与照射量不同，照射量和被照射物质的性质有关。

3.3.4　比转换能

比释动能反映了辐射与物质相互作用特性，针对不带电粒子定义、对应于间接辐射过程。对带电粒子引起的直接辐射过程，射线在单位质量介质中的能量沉积行为用**比转换能(converted energy per unit mass，CEMA)**来描述，设带电粒子在质量为 dm 的体积内沉积能量为 dε_c，则比转换能 C 为

$$C=\frac{\mathrm{d}\varepsilon_c}{\mathrm{d}m} \tag{3.42}$$

式中 dε_c 不包括带电粒子与物质相互作用中产生的二次电子能量，二次电子需按独立粒子处理。带电粒子与物质相互作用中的能量转移和能量沉积行为，只有在碰撞过程中产生电子的能量超过阈值时才被认为是二次电子。与比释动能 KERMA 类似，比转换能 CEMA 也是非随机量，单位也为 Gy。

3.4　线性能量转移

3.4.1　定限阻止本领

本书 1.1.2 节已经定义单位路程上射线的能量损失为阻止本领，其中包含通过碰撞转移给电子的各种能量，但没有对传递给 δ 电子的能量进行限制，这种阻止本领也称为**非定限阻止**

本领(unrestricted stopping power)。因δ电子具有较高能量、较长射程，且能量沉积点可距离初始作用点很远，高能δ电子行为完全要按照一个独立的电子来处理。辐射与物质相互作用中会产生大量电子，其中只有能量较高的电子才被认为是独立电子。为此设定能量限值Δ：当δ电子能量 $E_\Delta>\Delta$时可作为一个新粒子来处理；而当 $E_\Delta<\Delta$时其能量被认为沉积在原来粒子的径迹处。定义**定限阻止本领(restricted stopping power)**$-\mathrm{d}E_\Delta/\mathrm{d}x$，表示在单位路径上射线的能量损失，且 $\mathrm{d}E_\Delta$仅包含每次碰撞中所转移的能量都小于Δ的部分。定限阻止本领通常小于非定限阻止本领，且与初级射线能量有关。当初级射线能量较低时两者差距不大；而当初级射线能量很高时，定限阻止本领要比非定限阻止本领小得多。此外，定限阻止本领还与能量限值Δ有很大关系：当Δ比较小时，定限阻止本领和非定限阻止本领差别很大；当Δ趋于无穷大时，定限阻止本领就逐渐过渡到非定限阻止本领。定限阻止本领也称为**传能线密度或线性能量转移(linear energy transfer，LET)**。图 3-5 给出了电子在碳中的 LET。

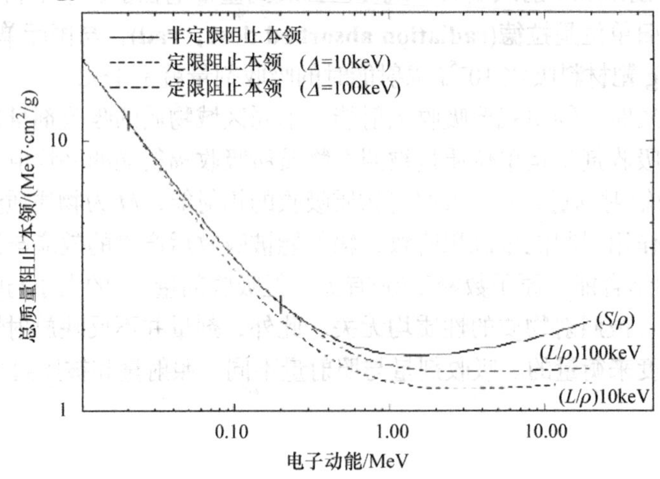

图 3-5　电子在碳中的线性能量转移

由图 3-5 可知：当Δ增大时，定限阻止本领和非定限阻止本领的区别减小；当射线能量增大时两者差别增大。定限阻止本领涉及低能次级电子的阻止过程，因低能电子射程短、能量沉积区域也很小，所以定限阻止本领是小研究区域内的阻止本领，高能δ电子逃离了该研究区域。定限阻止本领反映了射线在介质中单位长度上的能量沉积——射线的品质，而射线的品质取决于射线的种类和能量，如图 3-6 所示。

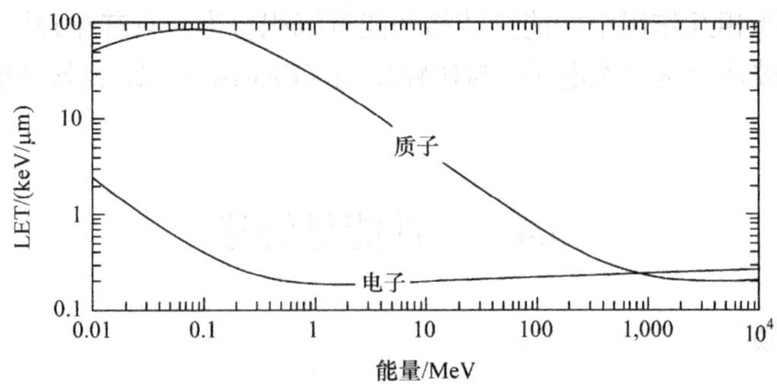

图 3-6　电子和质子在碳中的线性能量转移

3.4.2　线性能量转移及特点

线性能量转移的概念由 Zirkle 在 1952 年首次提出，并在此基础上发展了辐射生物靶理论。LET 是描述能量转移、能量沉积、研究剂量效应关系的主要工具，有如下特点。①LET 和阻止本领密切相关：当射线能量低时，线性能量转移和阻止本领的区别不大；但当射线能量高时两者差别很大。②LET 反映了辐射能量沉积的特点，而阻止本领仅反映了辐射粒子能量损失的特征。辐射粒子损失的能量并不一定沉积在作用位点附近，次级粒子可把能量带至离径迹较远处再沉积下来。③LET 给出了辐射粒子沉积能沿径迹分布的疏密程度，反映了辐射粒子的品质。④LET 仅描述沿带电粒子径迹上能量损失的大小，并未指出微观尺度上的**能量损失歧离(energy loss straggling)**的大小。⑤LET 仅给出了特定类型和能量的带电粒子的能量损失期望值，并未说明带电粒子径迹直径大小。在射线能量沉积过程中会有 nm 量级射程的 δ 射线产生，它会使粒子径迹有效宽度增大并且有很大涨落。当研究尺度小于 10^{-6}m 时，能量沉积统计涨落将使 LET 失去意义。

3.5　辐 射 平 衡

3.5.1　辐射平衡的概念

辐射平衡是研究辐射剂量学基本概念、理论、方法与辐射剂量测量手段的基础，也是讨论剂量学量问题的出发点，辐射剂量计设计、校准和使用中也要遵循辐射平衡的理论和原则。当辐射场各个物理量经过充分弛豫后，达到体系能量均匀分布、各宏观量在时间和空间上均恒定不变的状态称为**辐射平衡(radiation equilibrium)**。辐射平衡的研究内容包括辐射场所在区域内的平衡性质和辐射场中各种粒子的平衡，但通常感兴趣的只是辐射场区域内的平衡。辐射剂量学研究辐射平衡，主要关注辐射场中能量注量的平衡问题，需引入一个很重要的参量——吸收剂量与碰撞比释动能的比值：$\beta=D/K^{c}$。辐射达到平衡的过程就是 β 值趋向于 1 的过程(参见图 3-8)，因而 $\beta=1$ 是达到辐射平衡的标志。

3.5.2　完全辐射平衡

如果辐射场中研究区域内辐射能达到平衡，即进入研究区域的所有辐射粒子的辐射能和流出该区域的各种辐射粒子的辐射能相等，这种状态称为**完全辐射平衡(complete radiation equilibrium)**。当研究区域趋于无限小时，完全辐射平衡就过渡为无源能量注量场

$$\nabla\cdot\boldsymbol{\Psi}=0 \tag{3.43}$$

以上针对空间某点定义辐射平衡，若某区域内各点都处于辐射平衡，则整个区域内也达到辐射平衡。完全辐射平衡时辐射剂量写为

$$D=\frac{1}{\rho}\frac{\mathrm{d}\sum Q}{\mathrm{d}V} \tag{3.44}$$

式中$\sum Q$ 为在研究体积内的核反应过程及衰变过程中的 Q 能之和，如果衰变过程中每次衰变放出能量的平均值为 $\bar{E}$，则吸收剂量就为

$$D=\frac{\bar{E}}{\rho}\frac{\mathrm{d}R}{\mathrm{d}V} \tag{3.45}$$

式中 dR/dV 为单位体积内原子核的衰变数。辐射场能量注量矢量包括各种能量的粒子贡献。

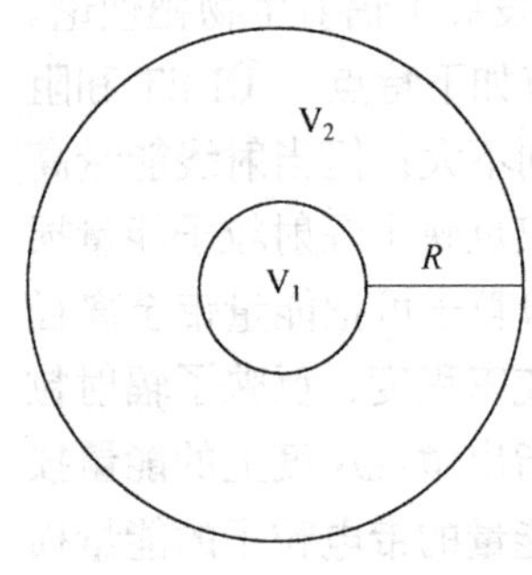

图 3-7 辐射场中的辐射平衡区域

如果每种粒子的能量注量矢量谱 $\boldsymbol{\Psi}_j(E)$ 都在空间分布均匀，即

$$\nabla \cdot \boldsymbol{\Psi}_j(E) = 0 \tag{3.46}$$

则必然满足完全辐射平衡条件，不过完全辐射平衡并不要求式(3.46)一定满足。当电离粒子辐射度谱分布在研究区域内处处相等时，能量注量矢量的谱分布的散度也为零，这时就有可能实现完全平衡。

如果在辐射场中穿透能力最强的粒子最大射程为 R(或平均自由程为 R)，在指定区域 V_1 内，以及在其周围向外延伸到最大射程 R 处后所形成的区域 V_2 内介质是均匀的，并且带电粒子发射体在研究区域 V_1 及延伸区域 V_2 内都均匀分布，则在指定区域 V_1 内就有可能出现完全辐射平衡，如图 3-7 所示。

3.5.3 带电粒子平衡

带电粒子平衡(charged particle equilibrium，CPE)，也称**带电粒子辐射平衡**，定义为辐射场中研究区域内带电粒子的辐射能达到平衡，即进入研究区域的带电粒子辐射能和流出该区域的带电粒子辐射能相等。当研究区域趋于无限小时，CPE 就过渡为带电粒子的无源能量注量场

$$\nabla \cdot \boldsymbol{\Psi}_c = 0 \tag{3.47}$$

不带电粒子与物质相互作用比较弱，平均自由程比较长，达到平衡相对较难。而带电粒子射程比较短，更容易实现平衡。如果在指定区域内以及该区域的周围向外延伸最大射程的距离后形成的区域(延伸区域)内介质是均匀的，并且带电粒子的发射体在研究区域及延伸区域内也均匀分布，这时候有可能出现 CPE。当带电粒子照射源在研究体积和延伸体积之外，对介质进行照射时，就不会在介质中出现 CPE。原因是带电粒子的能量随穿入深度增加而减小，其能量注量矢量在空间不均匀，式(3.47)不成立。

当介质受不带电粒子照射时，因不带电粒子平均自由程 $1/\mu$ 比它所释放带电粒子的射程 R 大得多($\mu R \ll 1$)，在介质中超过最大射程的深度处会出现 CPE。这时单位质量的介质中授予能等于单位质量中所有不带电粒子转移给带电粒子的动能中的碰撞损失部分，而辐射损失部分则被纳入不带电粒子的能量注量中，β=1，介质吸收剂量等于碰撞比释动能

$$D = K^{\mathrm{c}} = \sum_j \int_{E_{\mathrm{cut}}}^{\infty} \Psi_j(E) \cdot \frac{\mu_{\mathrm{ab},j}(E,r)}{\rho} \mathrm{d}E \tag{3.48}$$

根据比释动能在两种介质中的比值可知 D=K^{c}。如果在介质中不带电粒子注量衰减可以忽略，则碰撞比释动能为常数。不带电粒子入射到介质中后，随介质厚度的增加，所释放的带电粒子注量增加，介质吸收剂量也增加，β 值由小到大，在平衡厚度处 β=1，如图 3-8 所示。

不带电粒子释放的次级带电粒子的射程，决定了建立 CPE 的深度 Z_{equ}，而 Z_{equ} 一般大于次级带电粒子的射程。

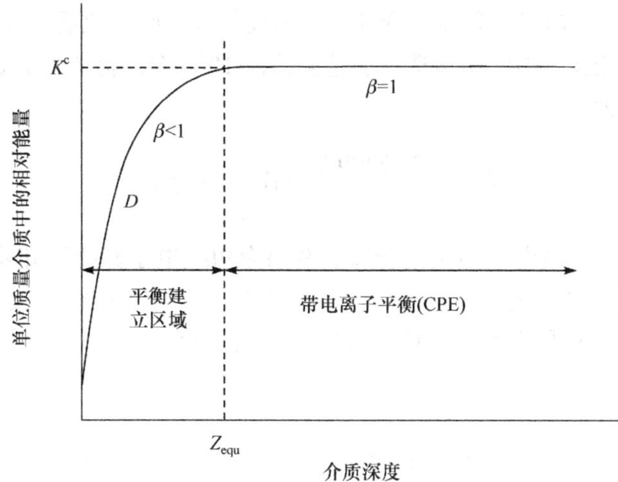

图 3-8 带电粒子辐射平衡建立过程

3.5.4 次级电子平衡

次级电子又称二次电子，高能重带电粒子均匀入射至介质中会产生大量短射程的二次电子，而高能重带电粒子自身射程很长，因此在超过二次电子最大射程后的深度会形成平衡辐射场。当重带电粒子在介质中均匀分布时，在超过二次电子最大射程区域之外的空间会形成二次电子平衡辐射场，称为**次级电子(辐射)平衡(delta particle equilibrium，DPE)**

$$\nabla \cdot \boldsymbol{\Psi}_{\delta} = 0 \tag{3.49}$$

在 DPE 条件下，带电粒子授予体积元中介质的能量就是辐射沉积能的贡献。故吸收剂量

$$D = \sum_{j} \int_{E_{\text{cut}}}^{\infty} \frac{S_j(E) \cdot \Phi_j(E,r)}{\rho} [1 - P_j(E)] \mathrm{d}E \tag{3.50}$$

式中$\Phi_j(E,r)$为 j 种粒子在空间某点初级粒子的注量谱分布，由于高能重带电粒子在介质中存在能量损失，该注量谱分布是一个慢化谱。$S_j(E)$为初级粒子的碰撞阻止本领，$P_j(E)$是高能重带电粒子在能量损失过程中发射并逸出的光子份额。发射的光子来源于高能重带电粒子的辐射损失、激发过程中发光及其产生二次电子的辐射损失。因低原子序数物质中轫致辐射产额会大大减小，另外高能重带电粒子引起的特征 X 射线能量也比较低易于被吸收，吸收剂量可简化为

$$D = \sum_{j} \int_{E_{\text{cut}}}^{\infty} \frac{S_j(E) \cdot \Phi_j(E,r)}{\rho} \mathrm{d}E \tag{3.51}$$

3.5.5 部分次级电子平衡

电子作为初级射线入射均匀介质后仍然会产生大量的二次电子，其能量可达初级电子能量的一半。由于二次电子与初级电子的射程在同一量级，在介质内不会出现 DPE。但如果设定一个阈值 $\varDelta$，能量低于 $\varDelta$ 的电子射程 $R_{\varDelta}$ 远小于初级电子射程，在大于 $R_{\varDelta}$ 的深度就会形成平衡辐射场，这就是**部分次级电子(辐射)平衡(partial delta particle equilibrium，PDPE)**

$$\nabla \cdot \boldsymbol{\Psi}_{\varDelta} = 0 \tag{3.52}$$

模拟计算表明：高能电子照射水体介质时，用吸收剂量归一化后，能量低于 100keV 的电子注量基本不随深度变化。因此通常选择能量限值$\varDelta$=100keV，能量低于 $\varDelta$ 的电子就形成平衡辐射场，吸收剂量就为

$$D=\int_{E_{cut}}^{\varDelta}\frac{S(E)\varPhi(E,r)}{\rho}[1-p(E)]\mathrm{d}E \tag{3.53}$$

式中$\varPhi(E,r)$是空间某处初级电子注量谱分布，$S(E)$为初级电子碰撞阻止本领，$P(E)$是电子在能量损失过程中发射并逸出的光子的份额，发射的光子和前面的讨论类似。PDPE 实际上是(3.5.4 节)DPE 的特例，只是入射高能重带电粒子被电子所替代。

3.5.6　过渡平衡

CPE 是在初级粒子的衰减可忽略的情况下实现的，然而初级粒子的注量一般会随入射至介质中的深度增加而明显衰减。不带电粒子主要是光子和中子，在低能区光子平均自由程随能量增大而增大；而在高能区随能量变化平缓，甚至随其能量的增加而减少。中子平均自由程也有类似性质，主要是高能区中子引起的核反应截面增加。因而不带电粒子的平均自由程随粒子能量的增加而增加，随后随粒子能量的增加而减小。由不带电粒子所释放带电粒子的平均射程随不带电粒子能量增加而增大，因此高能不带电粒子辐射场很难实现 CPE。介质浅表面不存在 CPE，不带电粒子在此区间内释放出的转移能并未全部沉积，因此该区域内的吸收剂量小于比释动能。随着射线进入介质中深度的增加，沉积的能量也增加，到某一深度 z_{max} 时达到辐射平衡，吸收剂量等于比释动能，β=1。不带电粒子注量随穿入深度增加呈现指数衰减的规律

$$\varPhi(z)=\varPhi_0\mathrm{e}^{-\mu z} \tag{3.54}$$

不带电粒子引起的吸收剂量从表面开始上升，在辐射平衡时达最大值，然后随穿入深度的增加呈指数衰减，如图 3-9 所示。

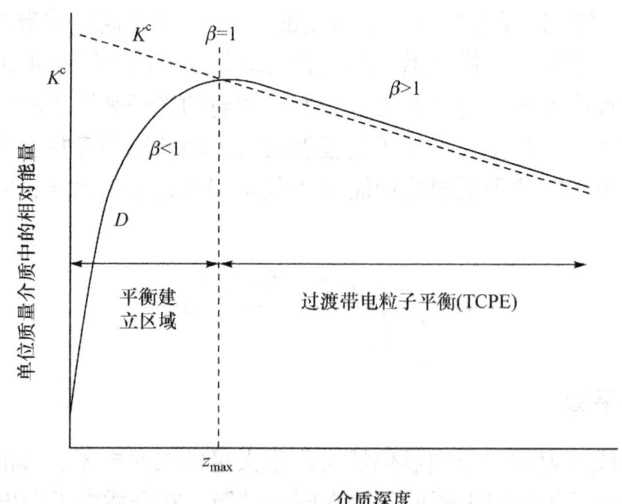

图 3-9　过渡平衡建立过程

图 3-9 中β>1 的状态称为**过渡带电粒子平衡(transient charged particle equilibrium, TCPE)**。

3.6 比释动能、照射量与吸收剂量的关系

3.6.1 吸收剂量和碰撞比释动能

不带电粒子辐射场中某点的吸收剂量与辐射场、介质性质均有关，而辐射场中某点的性质取决于辐射场及其平衡状态的性质。介质中某点不带电粒子注量谱分布确定，则比释动能和照射量也随之确定。由 3.5 节可知，存在 CPE 时空间某点的吸收剂量 D 等于碰撞比释动能 K^c。设空气中碰撞比释动能为 $K_{c,a}$，光子在空气中的吸收剂量为 D_m，若介质中某点 m 处存在 CPE，则

$$D_m = K_{c,a} \tag{3.55}$$

即介质中某点 m 处碰撞比释动能等于该点吸收剂量 D_m。如果在介质中某点 m 处引入小空腔(充有空气的小区域)，则 m 点的吸收剂量和碰撞比释动能的关系为

$$D_m = f_k K_{c,a} \tag{3.56}$$

式中

$$f_k = \langle \mu_{ab} / \rho \rangle_m / \langle \mu_{ab} / \rho \rangle_a \tag{3.57}$$

式中$\langle \mu_{ab}/ \rho \rangle$为光子在介质中平均质量能量吸收系数，$f_k$是无量纲量，反映介质中和空气中质量能量吸收系数平均值的相对值。表 3-2 给出了一些介质的 f_k 值。

表 3-2 在生物介质中光子的 f_k 因子

E_γ /keV	水	肌肉	骨骼	E_γ /keV	水	肌肉	骨骼
10	1.03	1.05	4.15	600	1.11	1.09	1.05
20	1.01	1.04	4.80	800	1.11	1.10	1.05
40	1.01	1.04	5.07	1000	1.11	1.10	1.06
60	1.04	1.07	2.26	2000	1.11	1.09	1.08
80	1.07	1.08	2.20	4000	1.10	1.09	1.07
100	1.09	1.09	1.65	6000	1.10	1.08	1.08
200	1.10	1.09	1.07	8000	1.10	1.07	1.09
400	1.11	1.10	1.06	10000	1.08	1.06	1.09

可见 f_k 和射线的能量有关；射线能量相同时，不同的介质 f_k 也可以相差很大。在水和肌肉中的转换因子 f_k 接近于 1。对骨介质，在低能光子照射时 f_k 很大，小腔室中的剂量和骨介质中的剂量可以相差很大。

3.6.2 吸收剂量和照射量

在介质中某点 m 处引入小空腔，设该点照射量为 X，则吸收剂量和照射量的关系为

$$D_m = f_X X = \frac{W}{e} f_k \cdot X \tag{3.58}$$

式中 f_X 为从照射量到吸收剂量的转换因子。国际单位制中吸收剂量单位为 Gy，照射量单位为 C/kg，则 f_X=33.85f_k(Gy · kg/C)；旧单位制中剂量单位为 rad，而照射量单位为 R，则 f_X=100×2.58×10^{-4}×33.85f_k=0.873f_k(rad/R)。表 3-3 列出了部分能量光子在几种介质中的 f_X 因子值。

表 3-3　部分能量光子在水、骨骼和肌肉组织中的 f_X 因子值

光子能量/MeV	水		骨骼		肌肉组织	
	Gy · kg/C	Gy/R	Gy · kg/C	Gy/R	Gy · kg/C	Gy/R
0.010	35.35	0.00912	137.21	0.0354	35.85	0.00925
0.015	34.46	0.00889	153.86	0.0397	35.50	0.00916
0.020	34.15	0.00881	163.95	0.0423	35.50	0.00916
0.030	33.68	0.00869	170.15	0.0439	35.27	0.00910
0.040	34.03	0.00878	160.46	0.0414	35.62	0.00919
0.050	34.57	0.00892	138.76	0.0358	35.89	0.00926
0.060	35.08	0.00905	112.79	0.0291	36.01	0.00929
0.080	36.12	0.00932	74.03	0.0191	36.39	0.00939
0.10	36.74	0.00948	56.20	0.0145	36.74	0.00948
0.15	37.29	0.00962	40.70	0.0105	37.05	0.00956
0.20	37.71	0.00973	37.95	0.00979	37.33	0.00963
0.30	37.44	0.00966	36.36	0.00938	37.09	0.00957
0.40	37.44	0.00966	35.97	0.00928	36.98	0.00954
0.50	37.44	0.00966	35.85	0.00925	37.09	0.00957
1.0	37.40	0.00965	35.74	0.00922	37.05	0.00956

目前 X 射线和 γ 射线的照射量最易测量，查表 3-3 得出对应能量的 f_k 值，由式(3.58)便可得出水、骨骼和肌肉组织的吸收剂量 D。比释动能和照射量的关系为

$$(1-\langle g\rangle)K=\frac{W}{e}\cdot X \tag{3.59}$$

已知照射量 X 即可求出比释动能 K，由 3.1.4 节比释动能因子，可以将比释动能 K 转换为注量 Φ。当辐射场是连续谱分布时，照射量应写为

$$X=\frac{e}{w}\int\frac{\mu(E)}{\rho}\Phi(E)E(1-g)\mathrm{d}E \tag{3.60}$$

单能光子的注量与比释动能、照射量的转换因子，以及照射量与比释动能的转换因子见表 3-4。

表 3-4　单能光子的注量对比释动能、照射量的转换因子，以及照射量与比释动能的转换因子

光子能量/MeV	K_a/Φ /(pGy · cm²)	X/Φ /(nR · cm²)	K_a/X /(mGy/R)	$1-g$	光子能量/MeV	K_a/Φ /(pGy · cm²)	X/Φ /(nR · cm²)	K_a/X /(mGy/R)	$1-g$
0.010	7.43	0.848	8.76	1.00	0.500	2.38	0.271	8.76	1.00
0.015	3.12	0.357	8.76	1.00	0.600	2.84	0.324	8.76	1.00
0.020	1.68	0.192	8.76	1.00	0.800	3.69	0.422	8.76	1.00
0.030	0.721	0.0823	8.76	1.00	1	4.47	0.509	8.76	1.00
0.040	0.429	0.0489	8.76	1.00	1.5	6.14	0.699	8.76	0.996
0.050	0.323	0.0369	8.76	1.00	2	7.54	0.857	8.83	0.995
0.060	0.289	0.0330	8.76	1.00	3	9.96	1.127	8.85	0.991
0.080	0.307	0.0350	8.76	1.00	4	12.1			0.988
0.100	0.371	0.0424	8.76	1.00	5	14.1			0.984
0.150	0.599	0.069	8.76	1.00	6	16.1			0.980
0.200	0.856	0.098	8.76	1.00	8	20.1			0.972
0.300	1.38	0.157	8.76	1.00	10	24.0			0.964
0.400	1.89	0.216	8.76	1.00					

注：①此表数据引自 ICRU47 号报告；②$1\mathrm{R}=258\times10^{-4}\mathrm{C/kg}$；③由于 3MeV 以上空气中电子平衡不再成立，所以不再使用照射量。

复习思考题(三)

【1】 能量为 $h\nu$ 的光子在铅原子的内壳层发生光电效应，反冲铅离子的动能为多少？如果光子的能量为 1MeV，反冲铅离子动能又为多少？

【2】 分析中子引起的裂变过程中各种可能的能量转移过程。

【3】 分析 Compton 过程中各种可能的能量转移。

【4】 能量为 $h\nu$ 光子与介质原子发生 Compton 效应，设散射光子能量为 $h\nu'$，Compton 电子的能量为 E_c，Compton 效应后壳层的(如 N 壳层)空位会导致一个能量为 $h\nu_N$ 的光子发射，且发射出来的光子没有逃逸出考察区域，求沉积能是多少。

【5】 在电子对产生过程中可能出现哪些能量沉积过程？对应的沉积能分别是多少？

【6】 传能线密度 LET 与阻止本领有什么区别？传能线密度 LET 与能量限值 Δ、初级射线的能量关系如何？试解释原因。

【7】 试解释过渡平衡状态。

第 4 章　微剂量学及等效剂量

剂量学在宏观范围内描述辐射在物质中的平均能量沉积及转移，但剂量学量是非随机量，并不能详细描述电离辐射在物质中的能量沉积特征。当带电粒子能量损失的空间分布不连续，且射线入射空间位置随机时，微观区间的能量转移、沉积与宏观尺度下就有很大差别。**微剂量学(microdosimetry)**是研究微观尺度(细胞、分子尺度)下电离辐射能量沉积的规律的学科分支。电离辐射与物质相互作用过程中包含的**分立物理/离散事件(discrete event)**，常用**随机量(stochastic quantity)**描述。通常单个离散事件很难看出规律，但大量事件会遵从某种统计规律，其平均值就是**非随机量(non stochastic quantity)**。非随机量是时间与空间的连续可微函数，其值在给定条件下可用有关随机量的平均值估计。随机量是微观物理量，其值无法预知，但某一特定值的出现概率可用概率分布来描述。对辐射与物质在微观层面的相互作用过程不能用**期望值(expectation value)**来描述，因为当平均值(非随机量)相同时随机量的分布可能不同、甚至差别很大，导致其结果不准确。

剂量学用非随机量，从宏观的角度阐述电离辐射能量沉积的空间分布特征；而微剂量学则是用随机量，从微观的角度描述电离辐射能量沉积的空间分布及其变化特征。简单地说，剂量学量是微剂量学量的统计平均。

4.1　粒 子 径 迹

带电粒子与物质发生相互作用的过程中，在自身轨迹附近将产生大量的电离激发。由初级带电粒子及其次级电子所产生的能量转移点随机结构定义为**粒子径迹(particle track)**。在初级电子径迹上约 75%次级电子仅获得较小能量，然后又通过与分子不断碰撞损失其能量，直到与周围分子平均能量相近而“热化”；而 15%其他次级电子可以获得足够高的能量(约 40eV)并使其他分子电离，随后初始电子与次级电子随机地散射，最终在正离子附近被“热化”；还有 10%次级电子会获得更高能量，可致两个或更多(有时可达 10^5 个以上)其他分子电离。次级电子出射到被“热化”一般历时 10^{-11}～10^{-13}s。光子在介质中的径迹结构如图 4-1 所示。

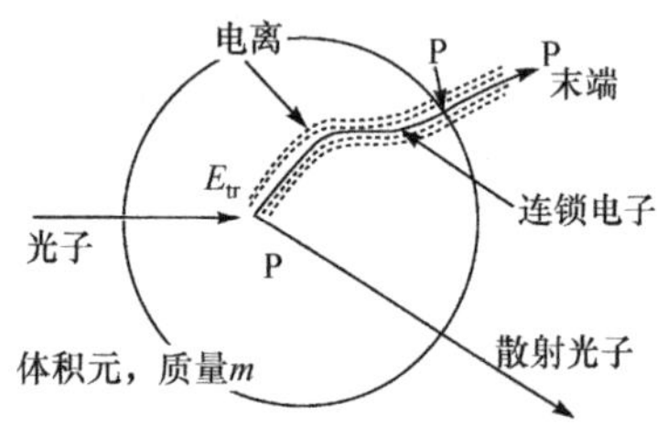

图 4-1　光子在介质中的径迹结构

4.1.1　径迹的 LET 分布

粒子径迹是一系列随机事件的平均效果。带电粒子与物质相互作用会引起大量电离激发而形成大量的电子-离子对和激发原子，它们的空间坐标平均值就是带电粒子径迹的坐标。对生物介质而言，即使在极低剂量下，辐射在组织中各个细胞核穿过的径迹并不相同：有些细胞核中可能无径迹，有些细胞核中可能有多条径迹。无径迹细胞核所受剂量为 0，而有多条径迹的细胞核吸收剂量很高。因此，需要在微观尺度上研究吸收剂量、径迹结构的类型及分布、细胞核内平均径迹数目及其分布等内容。

传能线密度又称为**线性能量转移(LET)**，给出了一定能量带电粒子在穿过介质中单位长度路径上介质的局部授予能量。局部授予能和 δ 电子能量限值Δ有关。对确定径迹，沿径迹不同部位 LET 也不同。因径迹总长度很大，且径迹总长及其 LET 还会涨落，完全掌握所有径迹 LET 既不可能也没必要，关注径迹长度的分布更有实际意义。设 LET 值在 L～L+dL 范围内的径迹长度占总长度的分数为$f(L)\mathrm{d}L$，则

$$f(L)=\frac{\mathrm{d}F}{\mathrm{d}L}，\quad F(L)=\int_0^L f(L)\mathrm{d}L \tag{4.1}$$

式中$f(L)$称为 LET 的微分分布，$F(L)$称为 LET 的积分分布。经过一系列变换、推导后可得出按径迹上能量沉积为权重的 LET 分布 $d(L)$

$$d(L)=Lf(L)\Big/\int_0^\infty Lf(L)\mathrm{d}L_f \tag{4.2}$$

且满足归一化条件

$$\int_0^\infty d(L)\mathrm{d}L=1 \tag{4.3}$$

另外 $d(L)$也是以相对 LET 为权重函数的分布函数。由于 LET 代表单位长度上能量沉积，故权重函数实际上代表了微区间的剂量，这样 $d(L)$实际是剂量加权分布函数。径迹剂量为权重的 LET 分布还可以写为

$$d(L)=\frac{L\varPhi_L(r)}{\rho(r)D(r)} \tag{4.4}$$

式中$\varPhi_L(r)$表示微区内特定 LET 的能量沉积贡献，$\rho(r)D(r)$为射线在空间某点单位体积内的沉积能，$d(L)$就表示某个 LET 沉积能占总沉积能的份额。

4.1.2　沉积能沿径迹的径向分布

带电粒子与介质中原子发生相互作用损失能量，引起电离激发并产生电子-离子对和激发态的原子。高能重离子在介质中电离后，产生的电子成为自由电子离开了原子，而正离子和离子团则沿着入射粒子径迹周围并分布在以径迹为轴心的圆柱内，其半径反映了电离所产生正离子的分布范围，该圆柱就称为**径迹核(track core)**。带电粒子在其径迹周围形成一个带正电的圆柱形径迹核，其半径在 10^{-9}m 量级，如表 4-1 所示。

表 4-1　质子和α粒子的径迹结构参数对比

结构参数	1.2MeV(质子)	30.5MeV(α粒子)
LET	23keV/μm	23keV/μm
速度	1.5×10^7m/s	3.8×10^7m/s
水中射程	30μm	730μm
转移给电子的最大能量	2.6keV	16.6keV
径迹核半径(core)	0.6nm	1.5nm
外圆柱半径(penumbra)	70nm	1.76μm

电离产生的 δ 电子射程决定了其分布范围：δ 电子最大射程定义了一个以径迹为轴心的大圆柱，电离产生的电子分布在此圆柱中，其半径叫**径迹外圆柱半径**。径迹核半径在 10^{-9}m 量级，而外圆柱半径在 10^{-6}m 量级，两者相差 3 个数量级，如表 4-2 所示。

表 4-2　质子在组织中的径迹核和外圆柱半径

粒子速度$\beta = v/c$	动能/(MeV/A)	径迹核半径/nm	外圆柱半径/μm
0.2	19.3	2.3	7.65
0.3	45.3	3.5	23.1
0.4	85.4	4.6	49.1
0.5	145.0	5.8	89.5
0.6	234.0	7.0	152.0
0.7	375.5	8.1	252.0
0.8	625.0	9.3	433.0
0.9	1214.0	10.4	867.0
0.95	2066.0	11.0	1500.0

可见当质子能量增大时沿径向的能量沉积变宽，外圆柱半径增大。在径迹核内部辐射剂量很大，且基本与半径无关；在径迹核外，随半径以平方反比规律衰减。重离子在介质中的阻止本领可以很大，产生的径迹核半径也随之增大，如图 4-2 所示。

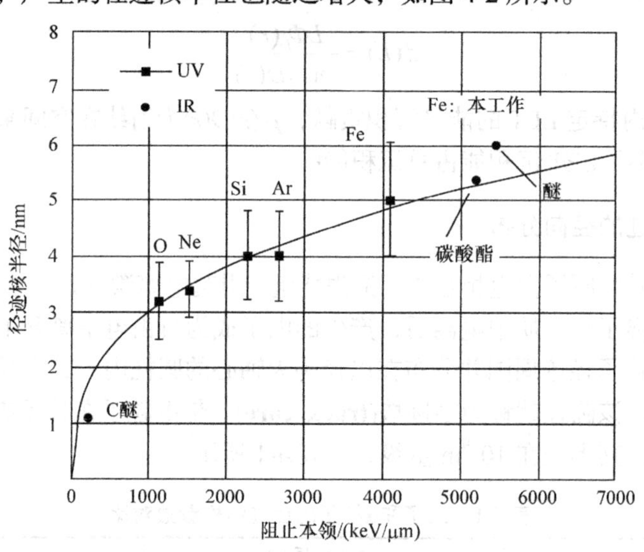

图 4-2　重离子的径迹核半径随阻止本领的变化关系

4.1.3　密集函数

研究沉积能在空间分布的状态，需要引入**密集函数(proximity function)**。带电粒子与物质相互作用而沉积能量的地点称为**能量转移点(energy transfer point)**。由量子力学可知，核外电子以一定概率分布在核外，不能确定其空间位置。辐射主要与物质中的电子相互作用，能量转移点就位于发生相互作用的原子位置。在带电粒子径迹 j 上任取能量转移点 i，则落在以 i 点为中心、x 为半径球内的能量转移点上所转移的能量之和为

$$T_i(x)=\sum_k \delta_k \tag{4.5}$$

若空间沉积的能量多，则产生的自由电子和正离子也多，电子弥散的空间范围就大，能量转移点被随机选取的概率也较大。故假定转移点 i 被随机选取的概率正比于沉积能的大小

$$p_i=\delta_i\Big/\sum_l \delta_l \tag{4.6}$$

式中 l 为对径迹 j 上所有能量转移点求和，径迹 j 上沉积能的加权平均为

$$\left\langle T_j(x)\right\rangle=\sum_i p_i T_i \tag{4.7}$$

对选定体积内各径迹求平均，得

$$T(x)=\lim_{n\to\infty}\frac{1}{n}\sum_{j=1}^{n}\left\langle T_j(x)\right\rangle \tag{4.8}$$

$T(x)$称为研究体积中的**积分密集函数(integral proximity function)**，它表征以带电粒子径迹上某随机点为中心、以 x 为半径的球内授予能的大小。密集函数反映沉积能在径迹上分布的疏密程度，是对能量进行了两次平均后，再对径迹进行平均的结果。积分密集函数具有能量的单位(J 或 eV、keV、MeV 等)。当研究体积比较大、沉积能随位置变化明显时，应在研究体积内分区域定义积分密集函数。**微分密集函数(differential proximity function)**定义为

$$t(x)=\frac{\mathrm{d}T(x)}{\mathrm{d}x} \tag{4.9}$$

微分密集函数表征在带电粒子径迹上以某随机点为中心、在半径为 x～x+dx 的球壳内授予能期望值的大小。微分密集函数的单位为 J/m 或 keV/μm。密集函数反映能量转移点空间分布，低能粒子密集函数分布比较窄，能量转移点的分布较紧密；随能量增高，密集函数能量转移点分布区域加大，密集函数也相应地扩展到较宽区域。图 4-3 给出了 5～35keV 电子在水中的微分密集函数。

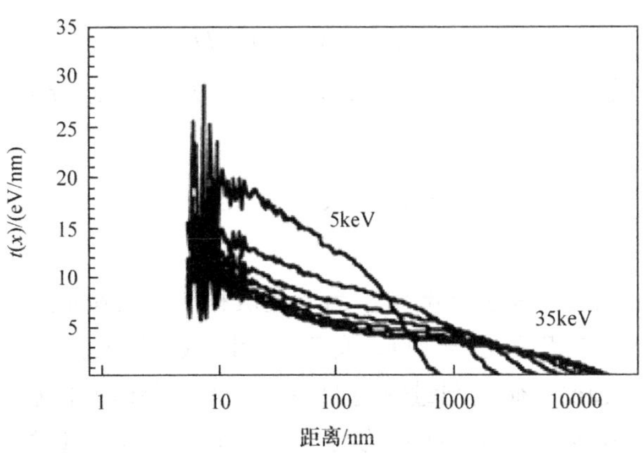

图 4-3　不同能量的电子在水中的微分密集函数

辐射在介质中产生的效应不仅和相互作用中的沉积能有关，还与能量转移点的分布有关。两个作用位点的关联行为将影响辐射效应大小，这在生物介质中尤为明显，如图 4-4 所示，

图中实线表示原初的密集函数，短虚线为存在扩散时的密集函数，长虚线是相互作用函数$\gamma(x)$。

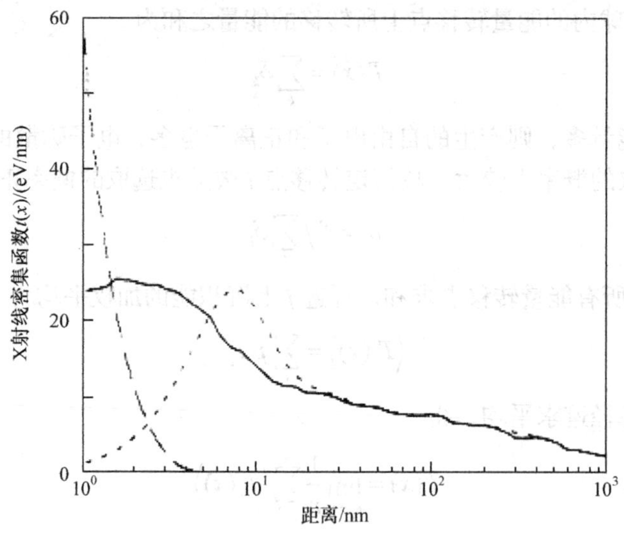

图 4-4 X 射线(250kVp)密集函数

微分密集函数 $t(x)$可写为线性能量转移 L 的函数

$$t(x) = t_\delta(x) + t_a(x)L \tag{4.10}$$

式中$t_\delta(x)$为 δ 粒子的密集函数，它只依赖于能量大于阈值Δ的 δ 粒子谱，与 LET 无关；但 $t_a(x)L$ 项与 LET 相关。根据吸收剂量定义，在密度为 ρ 的介质内授予半径为 x 的球体内的平均能量为

$$E_D(x) = \frac{4\pi}{3} x^3 \rho D \tag{4.11}$$

式中 D 为介质吸收剂量。密集函数表征带电粒子径迹上某点处，半径为 $x \sim x+\mathrm{d}x$ 的球壳内授予能期望值的大小。如果所选径迹上能量转移点处球壳沉积能可以用 $4\pi x^2 \rho D \mathrm{d}x$ 来代替，则包括能量转移点处沉积能在内的密集函数为

$$t_D(x) = t(x) + 4\pi x^2 \rho D \tag{4.12}$$

可见 $t(x)$反映相互关联沉积能，$4\pi x^2 \rho D \mathrm{d}x$ 反映不相关沉积能，$t_D(x)$包含这两部分的贡献。

4.2 线 能

放射生物学认为细胞内存在敏感部位，当能量沉积时将使细胞受到严重辐射损伤，这些敏感部位称为**位点(site)**。位点不是一个点，而是一个区域，是细胞中的辐射敏感部位或结构，也称为**靶器官(target organ)**。研究剂量效应曲线，首先就要研究位点内沉积能。在非生命介质中，辐射效应也与局部区域能量沉积行为有关，这是一个普遍性命题。

4.2.1 线能及其分布

辐射的沉积能与射线本身、介质性质、研究区域大小均有关，在研究区域内的平均弦长

上单次能量沉积的大小定义为**线能(linear energy)**y，单位为 **J/m 或 keV/μm**

$$y = \varepsilon / \langle l \rangle \tag{4.13}$$

式中ε为研究区域内单次能量沉积事件中的授予能，$\langle l \rangle$为该区域的**平均弦长(mean cord length)**，即随机入射时，沿直线穿越该区域的粒子所走过的平均路径，常看作区域尺度。高能粒子在单位路径上的沉积能比较小，线能低且分布很窄；但低能粒子线能高且分布较宽。图 4-5 给出了质子在直径为 1μm 的水球内产生的线能分布。

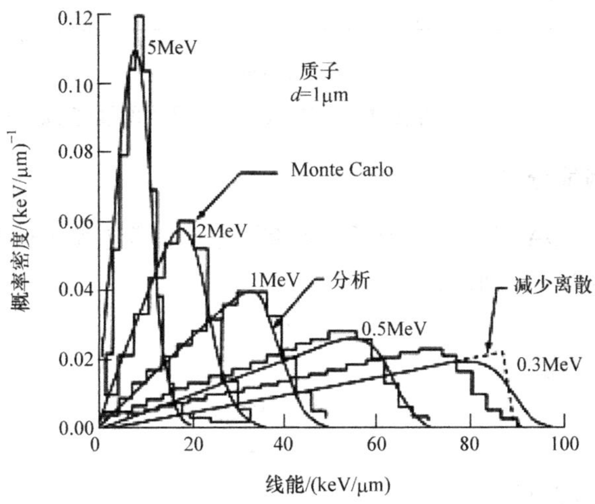

图 4-5　各种能量质子在直径为 1μm 的水球内的线能分布

经简单计算可知，半径为 r 的球内弦长 l 的平均值为$\langle l \rangle=4r/3$；对任意形状的凸区域，平均弦长为$\langle l \rangle=4V/S$，其中 V 和 S 分别为研究区域的体积和表面积。设研究区域内电离辐射按线能的微分分布为$f(y)$，则积分分布就为

$$F(y) = \int_0^y f(y_1) \mathrm{d}y_1 \tag{4.14}$$

式(4.14)满足归一化条件 $F(\infty)=1$。线能的平均值

$$\langle y \rangle_f = \int_0^\infty y f(y) \mathrm{d}y \tag{4.15}$$

类似地，可得到线能剂量分布

$$d(y) = f(y) \frac{y}{\langle y \rangle_f} \tag{4.16}$$

线能的剂量分布平均值

$$\langle y \rangle_d = \int_0^\infty y d(y) \mathrm{d}y = \int_0^\infty y^2 f(y) \mathrm{d}y \Big/ \int_0^\infty y f(y) \mathrm{d}y \tag{4.17}$$

上面 $f(y)$也称为线能的概率分布，表示不同线能出现的概率大小。线能剂量分布 $d(y)$反映线能为 y 的吸收剂量占总吸收剂量的份额，与辐射剂量平均的线能 y_D、线能分布 $f(y)$、研究区域大小有关：研究区域增大时$\langle y \rangle_d$减小，且减小趋势与粒子能量有关，如图 4-6 所示。

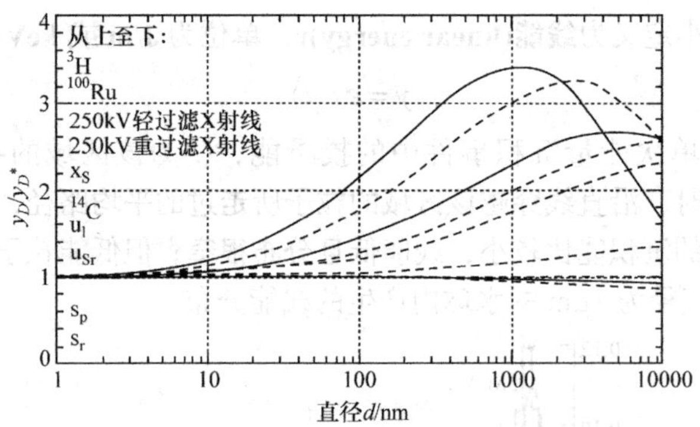

图 4-6　各种辐射剂量平均的线能 y_D 和 ^{60}Co 剂量平均的线能 y_D*的比值 y_D/y_D*

4.2.2　CSDA 条件下线能分布

在连续慢化近似(CSDA)条件下 δ 粒子的影响可忽略，带电粒子授予该球体中物质的能量等于弦长 l 与传能线密度 L_∞的乘积

$$\varepsilon = lL_\infty \tag{4.18}$$

结合式(4.13)可将线能写为

$$y = \frac{\varepsilon}{\langle l \rangle} = \frac{3lL_\infty}{4r} \tag{4.19}$$

线能的剂量分布平均值为

$$\langle y \rangle_d = \frac{9}{8} L_\infty \tag{4.20}$$

线能 y 与穿过球体的弦长 l 有关：对相同的弦，能量沉积过程中的统计涨落会引起线能 y 涨落，且研究球体半径越小，涨落更不可忽视。考虑这种涨落后，线能剂量分布平均值为

$$\langle y \rangle_d = 9L_\infty / 8 + R(d) \tag{4.21}$$

式中 $R(d)$是球体直径影响带来的修正因子。当直径 d 减小时次级电子在碰撞中的贡献增大，CSDA 不成立，$R(d)$随直径 d 减小而增大。线能频率平均$\langle y \rangle_f$和线能剂量平均$\langle y \rangle_d$都与线性能量转移 L_∞成正比。图 4-7 给出了直径 2μm 的球形生物组织内中子和 γ 射线的线能剂量分布。中子分别来源于 14MeV 氘、65MeV 质子轰击铍靶。相同大小区域内 γ 射线线能较低，低能

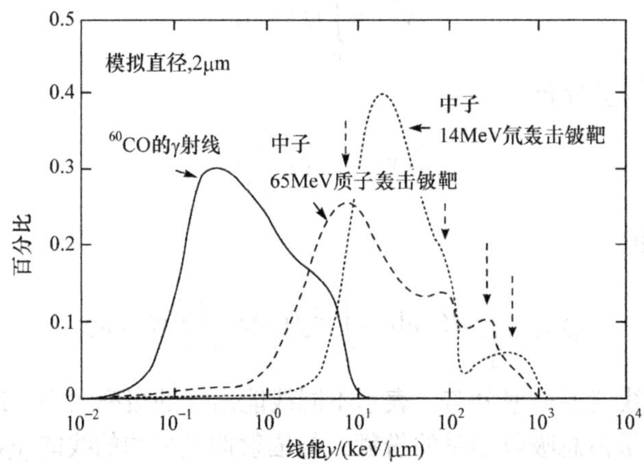

图 4-7　不同能量的中子及γ射线的线能分布

中子线能较高。

4.2.3 线能与密集函数的关系

线能和密集函数都反映了能量沉积过程中微小区域内的能量分布。设均匀介质中一带电粒子进入半径为 r 的球 S，在球内任选一点 T_i，以 T_i 为中心、以 x 为半径再构造一个球 s，可得线能剂量平均值为

$$\langle y\rangle_d=\frac{3}{4r}\int_0^{2r}\left(1-\frac{3x}{4r}+\frac{x^3}{16r^3}\right)t(x)\mathrm{d}x \tag{4.22}$$

密集函数为

$$t(x)=\frac{1}{\langle E\rangle}\int_0^{E_{\max}}t(x,E)Ep(E)\mathrm{d}E \tag{4.23}$$

式中 $p(E)$为质子能谱，$t(x,E)$是初始动能为 E 的质子的微分密集函数，$E_{\max}$ 为给定能量中子所释放质子的最大能量。

4.3 比　　能

4.3.1 比能及其分布特性

电离辐射在研究体积元内的授予能 ε 与该体积元内物质质量 m 之比定义为**比能(specific energy)**，也称为**比授予能**

$$z=\varepsilon/m \tag{4.24}$$

比能的单位与剂量相同，也是 J/kg 或 Gy。比能中的授予能可以是一次或多次能量沉积的授予能，比能与线能一样也是随机量，但比能与吸收剂量有关

$$D=\lim_{m\to 0}\langle z\rangle \tag{4.25}$$

当剂量 D 一定时比能的微分分布函数 $f(D,z)$如图 4-8 所示。

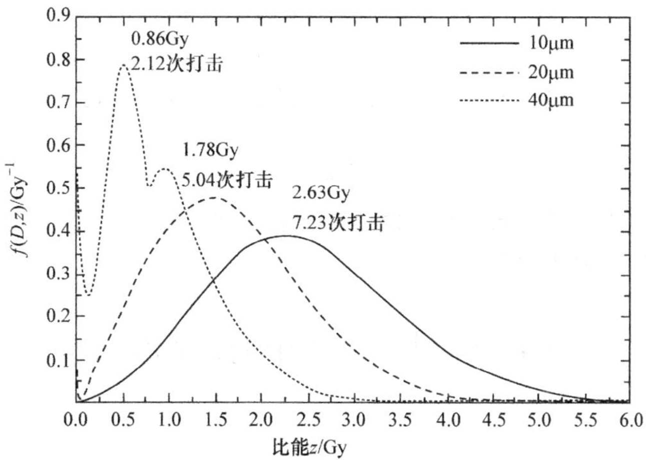

图 4-8 比能的微分分布函数

对一次能量沉积事件，设比能微分分布为 $f_1(z)$，即积分分布 $F_1(z)$的导数，比能平均值为

$$\langle z\rangle_{f_1}=\int_0^\infty f_1(s)s\mathrm{d}s \tag{4.26}$$

对多次能量沉积事件，比能的剂量平均值可写为单个能量沉积事件的剂量平均值之和

$$\langle z\rangle_{dv}=\langle z\rangle_1+\langle z\rangle_2+\mathrm{K}+\langle z\rangle_{dv} \tag{4.27}$$

根据式(4.13)与式(4.24)可将比能用线能表示出来

$$\varepsilon=y\langle l\rangle=zm\rightarrow z=\frac{\langle l\rangle}{m}y=ky \tag{4.28}$$

式中参量 $k=\langle l\rangle/m$ 与考察区域大小、形状、所包含介质的质量均有关，但与线能、比能大小无关。

4.3.2 事件频数

平均比能与单次事件比能平均值的商定义为**平均事件数(average events number)**，用 n 表示

$$n=\langle z\rangle/\langle z\rangle_{f_1} \tag{4.29}$$

单位剂量的平均事件数定义为**事件频数(events frequency number)**，用 $\Phi^*(0)$表示

$$\Phi^*(0)=\frac{n}{D}=\frac{\langle z\rangle}{D\langle z\rangle_{f_1}}\cong 1/\langle z\rangle_{f_1} \tag{4.30}$$

事件频数 $\Phi^*(0)$中的变量 0 代表无阈，即包含了所有比能下的事件数。通常中子的单次事件比能较大，事件频数比较小；而 γ 射线的单次事件比能比较小，事件频数比较大；高能 γ 射线的单次事件比能更小，其事件频数也就更大。对带电粒子，当研究体积尺度比径迹短得多时，CSDA 下单次事件比能平均值为

$$\langle z\rangle_{f_1}=kL_\infty \tag{4.31}$$

4.3.3 复合事件 Poisson 分布

辐射在介质中沉积能量可通过一次或多次事件完成，事件次数服从泊松(Poisson)分布

$$p(\nu)=\mathrm{e}^{-n}\frac{n^\nu}{\nu!} \tag{4.32}$$

考虑到比能的分布中包含各种能量沉积事件的贡献，特定剂量下比能的微分分布为

$$f(D,z)=\sum_{\nu=0}^{\infty}f_\nu(z)p(\nu) \tag{4.33}$$

单次能量沉积事件的谱分布和平均值通常与射线剂量无关，只有多次能量沉积事件的谱分布和平均值才依赖于射线剂量。

4.4 辐射生物学中的微剂量学

4.4.1 靶理论

1. 辐射生物效应

辐射可以在受照生物体内组织、器官、细胞和亚细胞层次引起躯体效应，还会在被照生

物体的子代引起遗传效应。躯体效应是指受照射者身体上的效应，如辐射诱发的肿瘤、白血病、皮肤损伤、生育能力减弱、白内障等；遗传效应是指受照者后代身体上表现出来的效应，如身体、智力障碍等。这两类效应统称为**辐射生物效应(radiation biological effect)**。辐射生物效应与剂量密切相关，大致分为两大类：**随机性效应(random effect)**和**非随机性效应(non-random effect)**。非随机性效应也称**确定性效应(deterministic effect)**，是指因辐照产生、其严重程度随剂量大小而变化的效应。目前非随机性效应已经被 ICRP 替换为**组织反应(tissue reactions)**。随机性效应发生的概率与剂量之间存在线性无阈关系，其严重程度与剂量无关。上述遗传效应、辐射致癌都是随机性效应。胚胎、胎儿和幼儿对辐射很敏感，受照射后的辐射效应更加复杂，如引发胎儿智力低下、先天性发育不良等。辐射带来的危害取决于多种因素：辐射剂量，射线品质，人体及有害效应的类型。为定量分析辐射引起的危害、评价辐射危险，定义**辐射危险度(radiation risk)**：单位剂量引起某种有害效应发生的概率。

2. 靶击中理论

辐射生物效应与射线进入的部位有关。细胞内对辐射敏感的结构称为作用**位点**或**局点(locus)**，这些位点占据的几何空间称为**敏感基质(sensitive matrix)**。细胞内若干敏感基质形成的区域称为**靶(target)**。敏感基质就是靶体积，包含靶体积的最小突面体称为**总灵敏体积(gross sensitive volume，GSV)**。如细胞核内的 DNA 是作用位点，细胞核就是 GSV。当靶内发生能量沉积时就称之为**靶被击中(hit)事件**，一旦发生就会有细胞失活。细胞内任意靶点被击中都会使细胞死亡。假设 N_0 个相同靶点中处于 A 状态(击中)的概率为 p，处于 B 状态(未击中)的概率为 q，则 $p+q=1$，即 A 和 B 两态互斥。在相同条件下对 N_0 个靶点多次观测，则 N 个靶点处于 A 状态、N_0-N 个靶点处于 B 状态的概率为

$$P(N)=\frac{N_0!}{(N_0-N)!N!}p^N q^{N_0-N} \tag{4.34}$$

式中 $P(N)$实际上就是二项式$(p+q)^{N_0}$展开式中含有 p^N 的项，因此称为**二项式分布(binomial distribution)**。可以证明，多次观测中处于 A 态的靶点数 N 的算术平均值可写为

$$\bar{N}=N_0 p\text{，其标准差}\ \sigma=\sqrt{N_0 p(1-p)} \tag{4.35}$$

式中 N_0 为二项式实验的次数。对粒子辐照注量为Φ，细胞中靶点数目为 M，假定每个粒子和每个靶点都是等同的，则有 $N_0=\Phi M$。此方法称为**单次击中模型(single hit model)**。若细胞中含有一个靶，且该靶至少被击中 m 次才能引起细胞死亡，当细胞被击中的次数小于 m 时，细胞能够修复而不会致死。这时细胞的存活分数应该是细胞被击中的次数小于 m 次的各种概率之和，结合下式有

$$S(D)=\exp(-D/\langle z\rangle_{f_1})\sum_{\nu=0}^{m}\frac{(D/\langle z\rangle_{f_1})^\nu}{\nu!} \tag{4.36}$$

这就是**多次击中模型(multi hit model)**。

4.4.2 单靶模型和多靶模型

1. 单靶模型

当辐射中靶点数目 N_0 很大($N_0>100$)、p 很小($p<0.01$)时，式(4.34)中的二项式分布可以简

化为泊松分布(**Poisson distribution**)

$$P(N)=\frac{\bar{N}^N}{N!}\mathrm{e}^{-\bar{N}} \tag{4.37}$$

式中 $\bar{N}$ 是多次观测结果的算术平均值，$P(N)$是观测值 N 出现的理论概率。可以证明 Poisson 分布的标准差为

$$\sigma=\sqrt{\bar{N}} \tag{4.38}$$

Poisson 分布不对称，随 N 的增加 Poisson 分布逐渐趋于**高斯正态分布(Gauss normal distribution)**，关于轴线 $N=\bar{N}$ 对称且连续分布。一般当 $\bar{N}>15$ 时，Poisson 分布已与 Gauss 正态分布相差无几了。辐射过程被击中的平均数目并不高，存活分数为

$$P(0)=\exp\left(-\frac{D}{D_0}\right)=\exp\left(-\frac{D}{\langle z\rangle_{f_1}}\right) \tag{4.39}$$

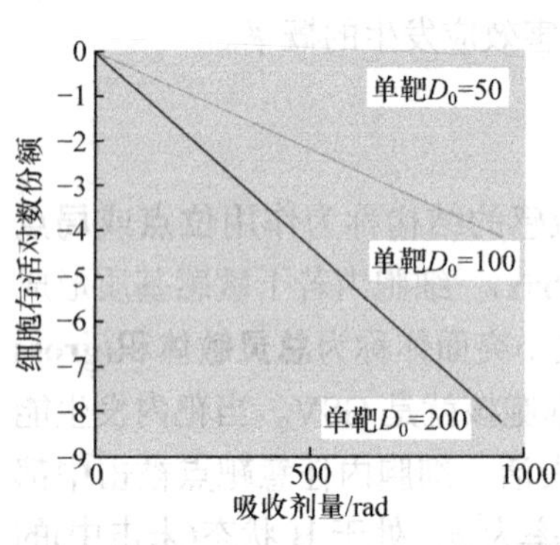

图 4-9　单靶存活分数曲线

式中 D_0 为灭活剂量，它表示使细胞存活分数下降到 37%时所需要的吸收剂量，且大小等于$\langle z\rangle_{f_1}$。图 4-9 给出了单靶存活分数曲线。

通过实验可以测得 D_0 或$\langle z\rangle_{f_1}$，有

$$\langle z\rangle_{f_1}=\varepsilon/\left(\frac{\pi\rho d^3}{6}\right) \tag{4.40}$$

根据这种理论通过测量细胞存活曲线，可以得到靶体积大小。

2. 多靶模型

只有当每个作用位点上至少有一次能量沉积事件时，细胞才会死亡。如果 m 个细胞内的靶点全同，在一定剂量下任意靶区被击中的概率为

$$p_1=1-\exp\left(-\frac{D}{(z)_{f_1}}\right) \tag{4.41}$$

m 个靶点被击中的存活概率为

$$S(D)=1-p_1^m \tag{4.42}$$

高剂量情况下 $S(D)$可近似为

$$S(D)\approx m\exp\left(-\frac{D}{\langle z\rangle_{f_1}}\right) \tag{4.43}$$

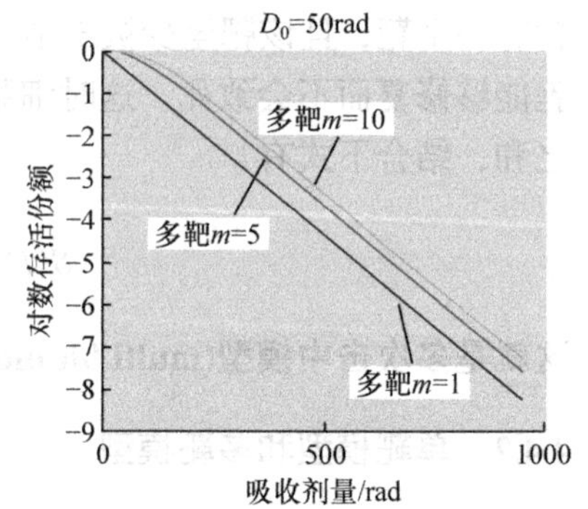

图 4-10　多击存活分数曲线

由图 4-10 可知，存活曲线在高剂量区的外推值 m 就是细胞中的靶数。存活分数反映了细胞被照射后仍然存活的比例，最大值为 1。式(4.43)代表的渐近曲线仅反映大剂量时的存活状况，并不反映小剂量时细胞照射后的存活能力。渐近曲线(4.43)与水平线 S=1 的交点即渐近曲线在 S=1

时的剂量

$$D_{S=1} = \langle z \rangle_{f_1} \ln m = D_0 \ln m \tag{4.44}$$

也就是**准阈值剂量(quasi threshold dose)**。当细胞被重带电离子照射时，重离子引起的稠密电离单击就会使细胞死亡，这种细胞损伤致死机制为离子致死，其存活分数读者可以参考相关书籍。

4.4.3　相对生物效应

相同生物效能下，标准射线剂量 D_{ref} 和所需射线剂量 D_m 的比值定义为**相对生物效应(relative biological effect，RBE)**

$$\text{RBE} = D_{\text{ref}} / D_m \tag{4.45}$$

常用标准射线有 ^{60}Co 的 1.25MeV 的 γ 射线源和 250V 电压下产生的 X 射线两种。

由图 4-11 可知 LET 对 RBE 有很大影响，但 RBE 并非单调地随 LET 增大而升高，当 LET=100～200keV/μm 时 RBE 达最高，当 LET 再增大时 RBE 会因“过杀死”效应而下降。RBE 与辐射效应的种类、辐射类型、射线的能量三个因素均有关，X 射线、γ 射线、电子、质子、中子和重离子的 RBE 可以按表 4-3 取值。

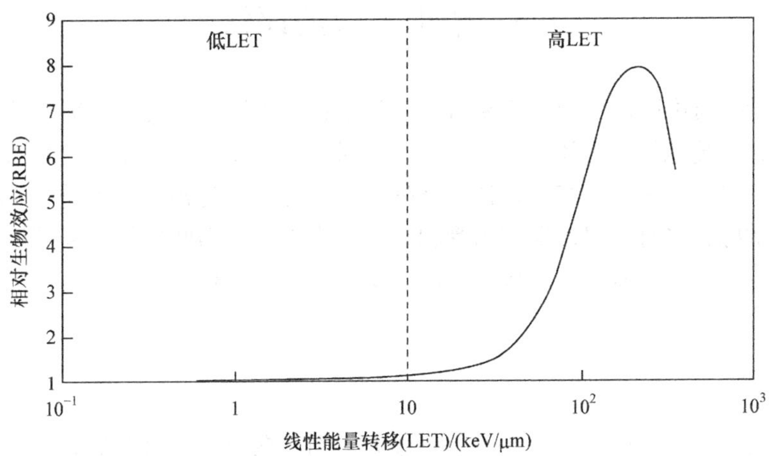

图 4-11　线性能量转移(LET)和相对生物效应(RBE)的关系曲线

表 4-3　几种粒子的 RBE 值

辐射类型	RBE	辐射类型	RBE	辐射类型	RBE
200keV X 射线	1	质子	10	慢中子	2
γ 射线	1	α 粒子	10～20	快中子	10
β 粒子(电子)	1				

4.4.4　辐射双重作用理论

RBE 随剂量的变化可以用**辐射双重作用理论(theory of dual radiation action，TDRA)**来解释：细胞死亡是辐射引起的两个亚损伤相互作用的结果，辐射在灵敏基质中的损伤数与比能平方成正比，而平均亚损伤数与其内部的沉积能成正比。每个细胞的平均损伤数可写为

$$\varepsilon(D)=k(\zeta D+D^2) \tag{4.46}$$

式中 D 为吸收剂量，线性项代表单次事件的贡献，而平方项为两事件相互作用的贡献。

4.4.5 RBE与辐射微观损伤

RBE与辐射在微观层次的损伤关系密切，辐射损伤数和效应水平之间关系复杂，它取决于多种因素，但辐射损伤数相同时会导致相同的效应。根据式(4.46)，若存在两种辐射，吸收剂量分别为 D_1 和 D_2，单次事件的比能分别为 $\langle z\rangle_{D_1}$ 和 $\langle z\rangle_{D_2}$，则有

$$\mathrm{RBE}=\sqrt{1+\frac{\langle z\rangle_{D_2}}{D_2}+\frac{\langle z\rangle_{D_1}^2}{4D_2}}-\frac{\langle z\rangle_{D_1}}{2\langle z\rangle_{D_2}} \tag{4.47}$$

因 $\langle z\rangle_{D_1}$、$\langle z\rangle_{D_2}$ 与剂量 D_2 相比都很小，将式(4.47)取近似后得到

$$\mathrm{RBE}=\sqrt{1+\frac{\langle z\rangle_{D_2}}{D_2}} \tag{4.48}$$

由此可知RBE和辐射微观层次损伤之间的联系。

4.5 辐射效应的评估

辐射在各种介质中引起的效应千差万别，为了在宏观层面定量评价辐射效应并进行有效的防护，必须先系统地评价人体辐射剂量。首先对不同品质的辐射赋予相应的权重，然后将它们的辐射效应加权后叠加、统一评估。此外，人体各器官对辐射的耐受性质不同：有些组织器官对辐射敏感，也有些组织器官耐受辐射的能力很强。因此即使被辐照相同剂量，不同人体器官产生的效果也有差别。应该对不同组织器官也给予相应的权重，再统一评估人体所接受的辐射效应。

4.5.1 剂量当量

单位剂量的不同辐射产生的生物效应有很大差别。在职业放射性暴露和公众放射剂量评价中，为了便于比较常将各种辐射剂量转换，引入**剂量当量(dose equivalent)**H

$$H=NQD \tag{4.49}$$

式中 D 为辐射吸收剂量，Q 为对不同射线引入的权重因子，通常称为**品质因数(quality factor)**，N 为除品质因素之外的其他修正(如剂量率修正，吸收剂量空间分布不均匀修正等)因子，ICRP指定 N=1。于是

$$H=QD \tag{4.50}$$

剂量当量是与危险度相关联的剂量学量，它表征在低水平照射下，特定辐射的吸收剂量 D 与参考辐射的吸收剂量 H 具有相同的危险度(单位剂量引起某种有害效应发生的概率)。剂量当量 H 的单位为J/kg，剂量学中单位为**希沃特(sievert，Sv)**，与法定剂量当量暂时并用的还有**雷姆(Roentgen equivalent man，rem)**，换算关系是1Sv=100rem。对相同的射线、同样的生物体系，不同生物效应的RBE会有所不同，从而 Q 值也会不同。Q 值是由各种生物学终点RBE值经过加权所得，它适用于一切组织器官，但一般不能代表RBE系数。

4.5.2　品质因数

以往品质因数 Q 由带电粒子在水中的无限传能线密度 L_∞确定：若 L_∞已知，根据 L_∞的分布可求出 Q 值的平均值(也称有效值)。国家标准 GB8703—88 公布了对不同 L_∞值下的 Q 有效值，如表 4-4 所示。

表 4-4　水中的 L_∞ 和 Q 有效值

L_∞/(keV/μm)	<3.5	7	23	53	>175
Q	1	2	5	10	20

若 L_∞未知，也可由射线种类求出 Q 值平均值的近似值，如表 4-5 所示。

表 4-5　不同射线 Q 有效值的近似值

射线种类	X 射线、γ 射线和电子	质子	重离子、中子
Q	1	10	20

由于 L_∞不能反映研究体积元内部的能量沉积，另外吸收剂量 D 随 L_∞的分布也很难测量，而微剂量学量线能 y 又与生物效应有很强的关联，现在 ICRU 和 ICRP 建议用线能来确定品质因数 Q。利用直径为 1μm 的 ICRU 组织球实验测量中子照射的线能 y，并对其饱和修正后得出线能 y*与 REB 之间存在如下关系：

$$y^* = \frac{y_0^2}{y}\left[1-\exp\left(-\frac{y^2}{y_0^2}\right)\right] \tag{4.51}$$

线能 y 是随机量，品质因数 Q 与线能 y 之间有如下关系：

$$Q(y) = \frac{a_1}{y}[1-\exp(-a_2 y^2 - a_3 y^3)] \tag{4.52}$$

式中 a_1=5510keV/μm，$a_2=5\times10^{-5}\mu m^2/keV^2$，$a_3=2\times10^{-7}\mu m^3/keV^3$。品质因数 Q 与线性能量转移 LET 之间的变化趋势如图 4-12 所示。

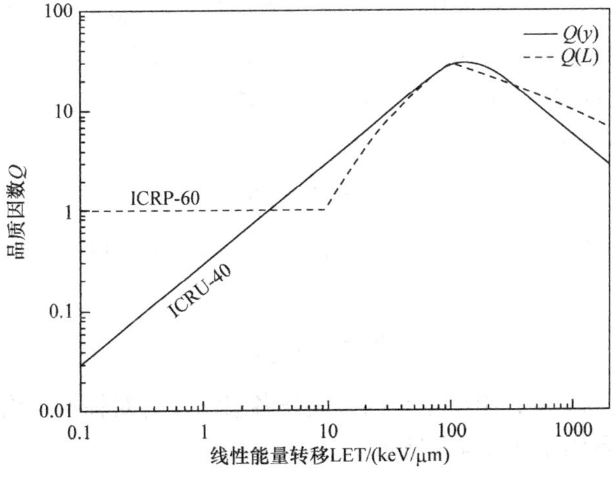

图 4-12　品质因数 Q 与线性能量转移 LET 之间的关系

根据线能分布即可算出品质因数的平均值，即 **Q有效值或有效品质因数(effective quality factor)**。当$\langle Q\rangle$=1 时的辐射称为**参考辐射**。品质因数 Q 随线能 y 的函数 $Q(y)$在 y=140keV/μm 时达到最大值。ICRP【Publication 40(1986)】[①]推荐的品质因数表达式是

$$Q(y)=0.3y\left[1+\left(\frac{y}{137}\right)^5\right]^{-0.4} \tag{4.53}$$

ICRP【Publication 60(1991a)】给出的品质因数表达式是

$$Q(y)=\begin{cases}1, & y<10\\ 0.32y-2.2, & 10\leqslant y\leqslant 100\\ 300/\sqrt{y}, & y>100\end{cases} \tag{4.54}$$

4.5.3 有效剂量当量

相同的辐射剂量在不同器官中导致随机性效应的概率会有很大不同，从而给器官带来的危害也不同。吸收剂量和剂量当量是针对介质中指定点定义的，所以人体不同部位的吸收剂量和剂量当量不能直接相加。只有在引入**危险度(risk)**后，辐射引起的有害效应按照所发生的概率表示时，危险度才能相加。考虑各器官危险度后，将人体组织的剂量当量加权求和就得到有效剂量当量。

1. 随机性危险度

随机性效应一般指辐射致癌和辐射遗传效应，其发生概率与剂量当量有关。人体器官或组织在接受 1Sv 的剂量当量后出现恶性病变，以及在受照者后代身上出现严重遗传缺陷的概率，定义为该器官或组织的**随机性危险度(random risk)**r_T。

2. 有效剂量当量

对外照射而言，ICRP 推荐以**辐射权重因子(radiation weighting factors)**W_R 取代品质因数 Q。在 ICRU 球内 10mm 深度处辐射权重因子 W_R 和品质因子 Q 一致，但其他深度是否一致目前未知。为简化起见，在确定深度用 W_R 替代 Q 有效值是合理的。ICRP【Publication 77】规定：个人最大年吸收剂量应在 0.3mSv 以下，超过这个限度则致癌率为 10^{-5}(1 万例中会有 1 例癌症发生)。各组织器官接受的剂量当量，以其随机性危险度为权重求和，便得到**有效剂量当量(effective dose equivalent)**H_E

$$H_E=\sum_T W_T H_T \tag{4.55}$$

式中 H_T 为某器官或组织 T 接受的剂量当量值，而系数 W_T 称为**组织权重因子(tissue weighting factor)**，且有

$$W_T=r_T/\sum_i r_i \tag{4.56}$$

式中 r_T 为组织随机性危险度，组织权重因子表征各组织器官对辐射损伤的敏感程度。几种常见组织的危险度及权重因子如表 4-6 所示。

① ICRP1986 年出版的第 40 号出版物，其余类似。

表 4-6　几种组织的危险度及权重因子

组织 T	危险度 r_T/Sv^{-1}	权重因子	组织 T	危险度 r_T/Sv^{-1}	权重因子
性腺	4×10^{-3}	0.25	甲状腺	5×10^{-4}	0.03
乳腺	2.5×10^{-3}	0.15	骨表面	5×10^{-4}	0.03
红骨髓	2×10^{-3}	0.12	其余组织	5×10^{-3}	0.30
肺	2×10^{-3}	0.12	全身均匀照射	1.65×10^{-2}	1.0

表 4-7 给出了 ICRP60、ICRP26、ICRP103 公布的一些组织器官的权重因子值。

表 4-7　组织器官权重因子

组织器官	权重因子			组织器官	权重因子		
	(ICRP60)	(ICRP26)	(ICRP103)		(ICRP60)	(ICRP26)	(ICRP103)
性腺	0.20	0.25	0.08	肝	0.05		0.04
红骨髓	0.12	0.12	0.12	甲状腺	0.05	0.03	0.04
肺	0.12	0.12	0.12	皮肤	0.01		0.01
结肠	0.12		0.12	骨表面	0.01	0.03	0.01
胃	0.12		0.12	脑			0.01
乳腺	0.05	0.15	0.12	唾液腺			0.01
膀胱	0.05		0.04	其余组织	0.05	0.30	0.12
食道	0.05		0.04	全身均匀照射	1.0	1.0	1.0

对表 4-7 中“其余组织”的说明：在 ICRP60 报告中，其余组织包括脑、肾上腺、肾脏、胰腺、脾脏、胸腺、子宫、肌肉、小肠和上段大肠等；而在 ICRP26 报告中，其余组织包括胃、唾液腺、肝脏和下段大肠等；在 2007 年的 ICRP103 报告中，其余组织包括淋巴结、肾上腺、肾脏、胰腺、脾脏、胸腺、胸组织、胆囊、心、前列腺(子宫及子宫颈)、口腔黏膜、肌肉、小肠等，性腺为睾丸和卵巢的平均值。

有效剂量当量(effective dose equivalent)是全身剂量当量的加权平均值，其本质是各器官和组织随机性危险的叠加，是对低水平辐射引起的随机性效应的度量。对于职业照射，有效剂量当量的年限值为 50mSv。ICRP 在 1990 年将有效剂量当量改为**效量(effectance)**

$$E=\sum_{T}W_{T}H_{T}=\sum_{T}W_{T}\sum_{R}W_{R}D_{R,T}=\sum_{T}\sum_{R}W_{T}H_{R,T} \tag{4.57}$$

式中 W_R 为辐射权重因子，$D_{R,T}$ 是由辐射 R 在器官或组织 T 内产生的平均吸收剂量，因子 $H_{R,T}=W_RD_{R,T}$ 为由辐射 R 在器官或组织 T 内产生的平均剂量当量。品质因数 Q 和辐射权重因子 W_R 都反映射线品质，但它们有所不同。品质因数 Q 与生物学终点及 RBE 值密切相关，而辐射权重因子 W_R 则与器官性质及损伤性质有关。

3. 辐射权重因子

ICRU94 推荐的各种能量射线的辐射权重因子如表 4-8 所示。

表 4-8　ICRU94 推荐的辐射权重因子

辐射类型	辐射权重因子 W_R	
光子	1	
电子、μ	1	
质子和$\pi^{\pm}$	2	
裂变碎片，重离子，α	20	
中子	能量/MeV	W_R
	$E<0.01$	5
	$0.01\leqslant E<0.1$	10
	$0.1\leqslant E<2$	20
	$2\leqslant E<20$	10
	$E\geqslant 20$	5

2007 年 ICRP【Publication 103】将中子辐射权重因子以如下分段函数表示：

$$W_n=\begin{cases}2.5+18.2\exp\left(-\dfrac{(\ln E_n)^2}{6}\right), & E_n<1\text{MeV}\\ 5.0+17.0\exp\left(-\dfrac{(\ln 2E_n)^2}{6}\right), & 1\text{MeV}\leqslant E_n\leqslant 50\text{MeV}\\ 2.5+3.25\exp\left(-\dfrac{(0.04E_n)^2}{6}\right), & E_n>50\text{MeV}\end{cases} \tag{4.58}$$

式(4.58)的图像如图 4-13 所示，可见该分段函数也是连续函数。

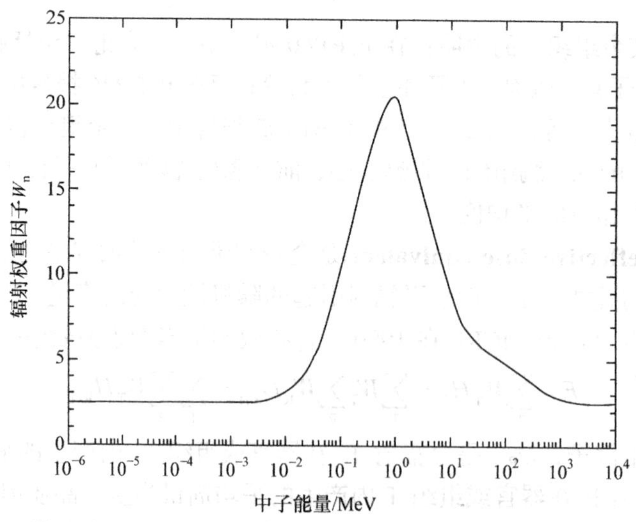

图 4-13　中子的辐射权重因子

4. 不同照射条件下的有效剂量当量

计算所用体模是由医用内照射剂量(MIRD)计算体模派生出来的。有雌雄同体的 MIRD，多数计算是用有性别的成年 ADAM 和 EVA。等效剂量 E 和剂量当量 H_E 的计算结果与辐射场能谱分布、角分布、人体在辐射场中的取向及个体特征差别均有关。比较 E 和 H_E 要注意它们的能量依赖、角分布依赖和年龄依赖。照射是在确定几何条件下对单能辐射进行的。通常工作条件下有前面照射(AP)、背后照射(PA)、侧向照射(LAT)、旋转照射(ROT)和各向同性照射(ISO)，这些照射条件下中子和光子的有效剂量当量分别如图 4-14 和图 4-15 所示。

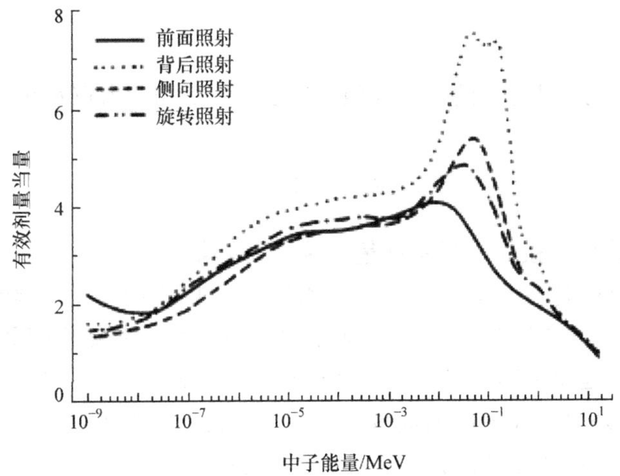

图 4-14　在几种照射条件下入射中子能量与有效剂量当量的关系

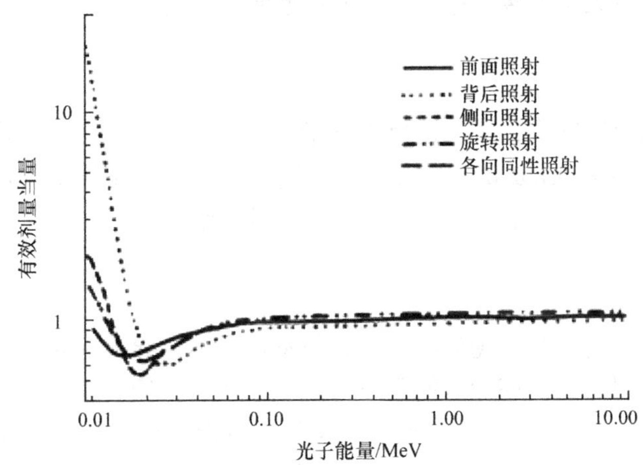

图 4-15　在几种照射条件下入射光子能量与有效剂量当量的关系

4.5.4　当量剂量

1. 当量剂量

剂量当量 H 是 1977 年 ICRP【Publication 26】提出的量，当时的定义是 $H=DQN$，其中 D 是吸收剂量，Q 是根据传能线密度 LET 确定的射线品质因子，N 是其他修正因子。在剂量当量基础上出现了许多相关概念：如**待积剂量当量(committed dose equivalent)**，它反映的是放射性核素进入人体后，在人体内部驻留时间内产生的剂量当量。1990 年，ICRP【Publication 60, 1991b】提出了新概念——**当量剂量(equivalent dose)**H_T：射线 R 对组织 T 的平均吸收剂量为

D_{TR}，将各种射线对组织 T 的剂量进行归一化，引入当量剂量 H_T

$$H_T = \sum_R W_R D_{TR} \tag{4.59}$$

式中$\sum$是对辐射种类 R(R 可为α，β，γ，p，n，…)求和，当量剂量中辐射权重因子 W_R 是无量纲量，应根据生物效应 RBE 确定。

2. 有效剂量

各组织、器官接受的当量剂量，以其随机性危险度 W_T 为权重求和，便得到**有效剂量(effective dose)**H_E

$$H_E = \sum_T W_T H_T \tag{4.60}$$

其中 H_T 为器官或组织 T 接受的当量剂量，接受剂量器官或组织 T 的权重为**组织权重因子(tissue weighting factor)**W_T，它反映了器官或组织的相对危险度。根据当量剂量的定义，按照同样的思路将有效剂量进行修改，原来和剂量当量对应的**有效剂量当量(effective dose equivalent)**修改为**有效当量剂量**或者**有效剂量(effective dose)**，这一改进使人体辐射剂量评价和估算获得提升，使外照射和内照射剂量能在同一框架体系内处理，人体外部照射和内照射及各种粒子的辐射贡献都能相加。针对内照射引起的辐射粒子能量沉积，放射性核素进入人体后，用**待积有效剂量(committed effective dose)**来反映放射性核素在人体内驻留时间内产生的有效剂量。有效剂量无法直接测量，只能通过近似方法获得。

3. 辐射权重剂量

辐射剂量学研究及实践中，都普遍反映剂量当量及当量剂量容易导致混乱，有建议将**辐射权重剂量(radiation weighted dose)**代替当量剂量。这一新的概念的使用，使得所含科学内容更加明晰、准确，辐射权重剂量的计算方法和当量剂量相同。

4. 集体剂量

尽管在低剂量下辐射诱导的癌症数量少，但不存在不会导致癌症的暴露辐射阈值，只是这种暴露于低剂量辐射导致的癌症可能需要许多年才发病。低剂量低线性能量转移电离辐射的贡献为 0～100mSv。在美国，人们每年暴露的本底(指来自宇宙、地面和日常活动)辐射量平均约为 3mSv，1 次胸部 X 射线检查的辐射量约为 0.1mSv，1 次全身 CT 扫描的辐射量约为 10mSv。专家委员会估计，如果一生中 1 次暴露于 100mSv 电离辐射，则有 1%的概率患实体癌或白血病，其中半数病例将死亡。低剂量、低 LET 电离辐射的能量足以破坏生物分子键，损伤 DNA，最终导致癌症。但低剂量辐射是否还可导致其他健康问题(如心脏疾病)，还需做进一步论证。对原子弹爆炸幸存者的子女研究表明：没有发现辐射对遗传造成的不良影响。但动物实验证明：辐射引起的精子和卵子突变可以遗传给后代。

辐射剂量除了从剂量限值、辐射剂量危险度等方面把握外，还需从照射人群整体上进行考察。**集体剂量(collective dose)**定义为受照射人群中各组的平均剂量与各组人数乘积之和，每组的平均剂量与其人数乘积就是这个组的总集体剂量，对各组求和就得到人群的总集体剂量。集体剂量的单位为 man·Sv。**集体当量剂量(collective equivalent dose)**为受照射人群中各组平均当量剂量与各组人数乘积之和，单位也为 man·Sv。**集体有效剂量(collective effective dose)**

定义为受照射人群中各组的平均有效剂量与各组人数乘积之和，其单位也为 man·Sv。集体剂量取决于照射水平、照射时间及照射人数，在评价核设施带来的整体利益和危害方面有意义。减小集体剂量也应从照射水平、照射时间和受照人数三个方面控制。

复习思考题(四)

【1】　阐述躯体效应和遗传效应的区别。

【2】　阐述随机性效应和非随机性效应的差别。

【3】　不同射线的径迹核特点如何？怎样确定径迹核半径的大小？

【4】　谈谈你对传能线密度的理解。

【5】　线能与比能的物理意义如何？两者有什么区别和联系？

【6】　剂量当量的意义是什么?品质因子又代表什么?

【7】　求对任意形状的区域平均弦长。

【8】　阐述当量剂量的意义以及等效剂量的来历。

【9】　某人全身同时受 X 射线和能量为 10～100keV 的中子照射，其中 X 射线吸收剂量为 1.0Gy，中子吸收剂量为 2.0Gy。计算他所吸收的当量剂量。

第5章 腔室理论

电离辐射场千差万别，辐射剂量计自身工作介质的物理参数(如物质成分、密度、阻止本领、能量转移和吸收等)与辐射场参数差别也很大，从而在辐射场中形成密度、成分不连续的区域，称为**腔室(cavity)**。腔室内可以填充气体、液体和固体材料，填充空气的腔室称为空腔或气腔。射线入射至腔室并在其内部转移和沉积能量时，原辐射场就会受到腔室扰动，从而与腔室建立了某种关联。**腔室理论(cavity theory)**就是研究射线在腔室内的能量转移与沉积规律，通过分析得出腔室对原辐射场的干扰和影响，最终将辐射剂量计所测剂量与辐射场中包含剂量计的空间区域内填充为原介质时的剂量关联起来。腔室理论是剂量测量基础理论，测量射线在腔室内的辐射效应后，利用腔室理论即可导出辐射场中射线的吸收剂量、比释动能等特性参数；还能校正辐射探测器的剂量测量。腔室理论为辐射剂量计和辐射剂量测量方法提供支撑。实际腔室一般由多种材料嵌套而成，结构十分复杂，需用分析、归纳和建立模型来处理。根据腔室理论，辐射场中腔室可分为大腔室、中等腔室和小腔室三类。

5.1 Fano 定理

5.1.1 均匀介质中的径迹总长度

在成分和密度处处均匀的无限大介质中，如果初级不带电粒子(初级辐射场)注量均匀，且由此产生的次级带电粒子处于辐射平衡，则次级带电粒子(次级辐射场)注量也是均匀的。维持初级辐射场不变并将介质密度增加一倍，则产生带电粒子的数密度也相应地增加一倍；极化效应可忽略的情况下，介质中带电粒子的射程将减小一半。在满足介质无限大、辐射平衡、不存在极化效应三个条件时，径迹总长度与介质密度无关。实际上当介质密度增加时，运动电荷对介质原子极化所导致的集体效应将使运动电荷对较远电子的作用减弱、单位路程上的能量损失减少，运动电荷的射程就会增大。介质密度减小时极化效应也会减弱，单位体积内次级带电粒子的径迹总长度将保持不变。因注量表征单位体积中径迹总长度，径迹总长度和介质密度无关意味着注量和介质密度也无关。

5.1.2 Fano 定理及适用条件

法诺(Fano)定理是腔室理论的基础，而腔室理论在初级辐射场与探测器测量结果之间搭起了一座桥梁。稳恒辐射场的输运方程可以表示为

$$\begin{aligned}\Omega\cdot\nabla\Phi(E,\Omega,r) &= \rho(r)\left[-\frac{\Sigma(E,\Omega)}{\rho(r)}\Phi(E,\Omega,r)+\frac{S(E,\Omega,r)}{\rho(r)}\right] \\ &\quad +\int_{4\pi}\mathrm{d}\Omega'\int_{E_{\text{cut}}}^{\infty}\mathrm{d}E'\frac{\Sigma(E',\Omega',E,\Omega)}{\rho(r)}\Phi(E',\Omega',r)\end{aligned} \tag{5.1}$$

输运方程决定了辐射粒子的注量分布，如果忽略源的贡献，次级辐射粒子的注量取决于散射截面 Σ 和介质密度 ρ。**Fano 定理：注量均匀的初级辐射场照射给定组分介质，所产生的次级辐射场注量也是均匀的，且与介质密度及其在空间的变化无关。**即在原子成分均匀的介质中，如果初级射线的注量均匀且不随密度而变化，则次级粒子的注量也应该是均匀的。Fano 定理成立的条件是**介质极化效应可以忽略**，极化效应实际上也是密度效应。法诺定理适合宏观无限大介质，当介质尺度大于粒子最大射程时，其内部区域即可当成无限大介质。射线与物质相互作用截面 Σ 与射线、介质性质均有关，Fano 定理成立的条件就是 **Σ/ρ 与介质密度无关**。根据 Fano 定理，密度变化的有限介质中辐射平衡条件为：如果在某点周围粒子最大射程范围内单位质量介质释放的粒子数均匀，则在该点存在粒子平衡，在初级不带电粒子注量均匀和极化效应可以忽略的情况下，吸收剂量与介质的密度无关。

5.2　Bragg-Gray 理论

5.2.1　内容及适用条件

基于腔室的辐射剂量测量理论的建立，为辐射剂量计设计、校准以及辐射剂量测量技术的研发提供了支撑。Fano 定理是研究辐射剂量计的测量结果与未扰动介质中真实剂量之间关系的理论基础，只适用于原子组成均匀的介质。**Bragg-Gray 理论(B-G theory)**认为：**腔室内的剂量完全由穿过腔室的带电粒子产生，在腔室内产生的带电粒子贡献很小可以忽略不计，并且进入腔室的带电粒子全部穿过腔室而不会停在腔室中。**带电粒子在腔室内产生次级粒子的过程称为**气体作用(gas effect)**，而在腔室外产生次级粒子的过程称为**室壁作用(wall effect)**。对小腔室情形，B-G 理论成立必须满足以下条件：**腔室线度比撞击腔室的带电粒子射程小得多，以至于腔室的存在基本上不会干扰带电粒子的辐射场，即 Bragg-Gray 条件(B-G condition)**，小腔室也称为 B-G 腔室。可见 B-G 条件就是要求气体作用可忽略或不存在，只考虑室壁作用。

设辐射场中介质 m 的吸收剂量为 $D_{\rm m}$，将 m 中的部分介质替换为 B-G 腔室后，在 CSDA 条件下介质 m 和腔室吸收剂量 $D_{\rm BG}$ 分别为

$$D_{\rm m}=\int_0^\infty \Phi(E)\frac{S_{\rm C,m}}{\rho_{\rm m}}{\rm d}E \tag{5.2}$$

$$D_{\rm BG}=\int_0^\infty \Phi(E)\frac{S_{\rm C,BG}}{\rho_{\rm BG}}{\rm d}E \tag{5.3}$$

上两式中 $\Phi(E)$为带电粒子注量谱分布。根据 B-G 条件，在介质中引入腔室后不改变带电粒子注量谱分布，即介质 m 和 B-G 腔室的注量谱分布相同，$S_{\rm C,m}/\rho_{\rm m}$ 和 $S_{\rm C,BG}/\rho_{\rm BG}$ 分别为介质 m 和 B-G 腔室的质量碰撞阻止本领，且

$$\left\langle\frac{S_{\rm C,m}}{\rho_{\rm m}}\right\rangle=\int_0^\infty \Phi(E)\frac{S_{\rm C,m}}{\rho_{\rm m}}{\rm d}E\bigg/\int_0^\infty \Phi(E){\rm d}E \tag{5.4}$$

$$\left\langle\frac{S_{\rm C,BG}}{\rho_{\rm BG}}\right\rangle=\int_0^\infty \Phi(E)\frac{S_{\rm C,BG}}{\rho_{\rm BG}}{\rm d}E\bigg/\int_0^\infty \Phi(E){\rm d}E \tag{5.5}$$

于是腔室周围介质中的剂量 D_m 与 B-G 腔室测得的剂量 D_{BG} 之间的关系为

$$D_m = D_{BG}\left\langle\frac{S_{C,m}}{\rho_m}\right\rangle\Big/\left\langle\frac{S_{C,BG}}{\rho_{BG}}\right\rangle = D_{BG}\cdot R_{mBG} \tag{5.6}$$

其中

$$R_{mBG} = \left\langle\frac{S_{C,m}}{\rho_m}\right\rangle\Big/\left\langle\frac{S_{C,BG}}{\rho_{BG}}\right\rangle \tag{5.7}$$

是两剂量之间的转换因子，D_m 也就是在 B-G 腔室未引入之前介质中的剂量。由于 B-G 腔室材料与辐射场所在介质材料不同，B-G 腔室测得的剂量 D_{BG} 与 D_m 也有所不同。对充气空腔，电离辐射使单位质量空腔气体中产生电离电荷 J_g，则空腔内的平均吸收剂量为

$$D_g = J_g(W_g/e) \tag{5.8}$$

结合式(5.6)和式(5.8)可知空腔周围介质中的剂量 D_m 应为

$$D_m = J_g(W_g/e)R_{mBG} \tag{5.9}$$

B-G 关系基于小腔室，B-G 理论是在 CSDA 条件下成立的，对腔室壁厚度没有特别要求，也没有强调带电粒子平衡。当介质中有不同材料腔室时，在交界面附近不存在粒子平衡。只有当介质和室壁由同一种材料组成且壁厚超过次级电子射程时，才会形成带电粒子平衡，此时空腔内剂量和室壁中剂量一致。

理想小腔室是一个无限小的点状腔室，且介质 m 和腔室内工作物质的等效性很好，这样腔室对辐射场干扰就很小。另外 B-G 理论还要求 B-G 腔室内产生的带电粒子很少，且带电粒子在腔室内产生次级粒子的射程很小，以便在作用位点处就被吸收掉，带电粒子在 B-G 腔室内的能量损失都贡献给 B-G 腔室内的吸收剂量。只有周围介质与空腔中空气有效原子序数相近时，因腔室足够小对辐射场的干扰可以忽略，空腔理论才是可靠的。另外 B-G 空腔理论还假设次级电子在空腔中的能量损失是连续的，并完全消耗在空腔气体的电离过程中。实际上部分低能次级电子的射程小于空腔尺寸，能量损失在空腔内；而能量较高、射程大于空腔尺寸的次级电子就可以将能量带出空腔以外，因此 B-G 空腔也不能太小。电离辐射在介质中沉积的能量即介质的吸收剂量，可通过测量介质中小腔室内电离电荷量的转换来实现，但这种转化关系需要腔室理论方法来校正。

5.2.2 单能电子辐射场

分析单能电子辐射场时需要给出电子谱分布，利用谱分布来计算阻止本领比值时要获得电子注量谱，而注量谱得通过输运方程来实现。实践中由于输运方程的复杂性，电子注量谱通常是用 CSDA 方法获得。在 B-G 理论框架下碰撞损失是连续的，CSDA 方法中不考虑初级电子慢化过程中产生的次级电子，这样就会使计算的阻止本领比值与实际相差较大。这种差异与电子能量、辐射场和剂量计工作介质均有关，因此利用输运方程方法有较好的可靠性。以特定能量的单能电子为初级射线进入半导体硅后产生次级电子，单能初级电子在能谱上显示为孤立峰，而次级电子能谱为连续谱，如图 5-1 所示。根据上述类似的分析可得转换因子应写为

$$R_{mBG} = E_0(1-g)\Big/\left\langle S_{C,BG}/\rho_{BG}\right\rangle \tag{5.10}$$

式中 g 表示通过辐射过程损失的能量，E_0 是电子初始能量。能量为 0.02～100MeV 电子的 R_{mBG} 值如表 5-1 所示。

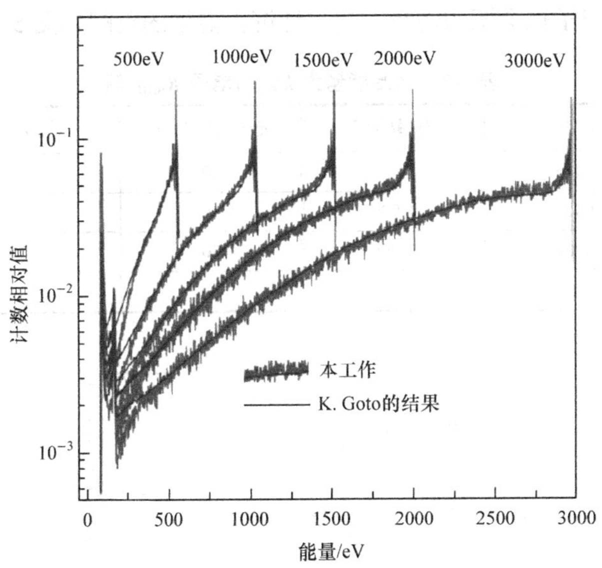

图 5-1 半导体硅介质中特定能量初级粒子和次级电子的发射能谱

表 5-1 初始能量为 E_0 的电子 R_{mBG}

电子能量 E_0/ MeV	水/空气	石墨/空气	电子能量 E_0/ MeV	水/空气	石墨/空气
0.02	1.173	1.021	2	1.131	0.986
0.04	1.168	1.020	4	1.107	0.966
0.06	1.166	1.019	6	1.089	0.952
0.1	1.162	1.018	10	1.064	0.935
0.2	1.159	1.017	20	1.027	0.901
0.4	1.154	1.012	60	0.969	0.853
0.6	1.151	1.008	100	0.965	0.837
1.0	1.145	1.001			

由表 5-1 可以看出：对低能电子 $R_{mBG}>1$，表示空腔室测量剂量偏低，需要乘以大于 1 的校正因子才能得到实际剂量，水介质校正因子比石墨介质的大；对高能电子 $R_{mBG}<1$，表示空腔室的剂量测量值偏高，需要乘以小于 1 的校正因子才能得到实际剂量，对水介质需要校正的量比石墨介质的小。

5.2.3 单能光子辐射场

设均匀单能光子照射介质 m 中的给定区域，转换因子可写为

$$R_{mBG}=E_0(1-G)/\left\langle S_{C,BG}/\rho_{BG}\right\rangle \tag{5.11}$$

由表 5-2 可以看出，对低能光子 $R_{mBG}>1$，表示空腔室测量剂量偏低，需要乘一个大于 1 的校正因子才能得到实际剂量，水介质校正因子比石墨介质的大。对高能光子，水介质中仍有 $R_{mBG}>1$，表示空腔室测量剂量仍偏低，需要乘以大于 1 的校正因子才能得到实际剂量；

高能光子在石墨介质中 $R_{mBG}<1$，表示空腔室测量剂量偏高，需要乘以小于 1 的校正因子才能得到实际剂量。初级光子在腔室内沉积能量，空腔外光子散射后进入空腔沉积能量，此外初级光子产生的次级光子也会沉积能量，这三种沉积能量的贡献如图 5-2 所示。

表 5-2 初始能量为 $h\nu$ 的电子 R_{mBG} 值

光子能量/MeV	水/空气	石墨/空气	光子能量/MeV	水/空气	石墨/空气
0.3	1.163	1.018	10	1.081	0.945
1	1.152	1.009	18	1.053	0.922
2	1.14	0.996	30	1.028	0.900
4	1.12	0.997			

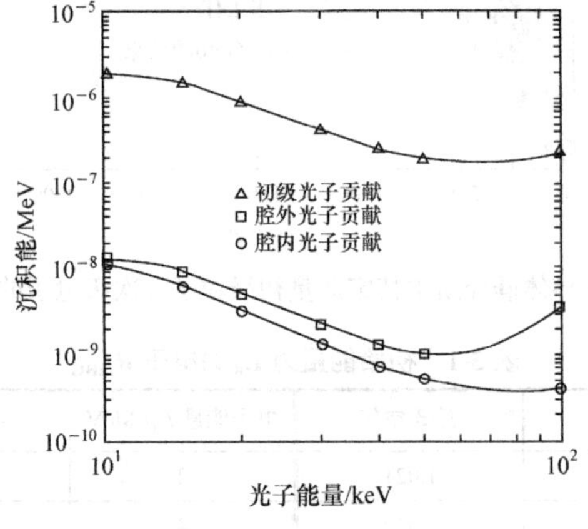

图 5-2 光子在介质中的能量沉积的贡献

5.2.4 连续光子谱辐射场

在带电粒子平衡(CPE)条件下 β=1(见 3.5.1 节)，介质吸收剂量由辐射粒子的碰撞比释动能决定。设介质 m 在给定区域受能量为 E 的均匀光子照射且光子谱连续分布，则转换因子就为

$$
\begin{aligned}
R_{mBG} &= \left\langle \frac{S_{C,m}/\rho_m}{S_{C,BG}/\rho_{BG}} \right\rangle \\
&= \int_0^{E_m} \left(\frac{\mu_{en}}{\rho}\right)_m \Psi(E)\mathrm{d}E \bigg/ \int_0^{E_0} \left(\frac{\mu_{en}}{\rho}\right)_m \Psi(E) \frac{S_{C,BG}}{\rho_{BG}} \bigg/ \frac{S_{BG}}{\rho_{BG}} \mathrm{d}E
\end{aligned} \tag{5.12}
$$

用 B-G 理论测量吸收剂量时不需要电子平衡条件，因为根据空腔电离理论，气腔中产生的电离电荷量只与介质中实际吸收的剂量有关。用空腔理论测量高能电离辐射的吸收剂量时，气腔应足够小，一般要小于次级电子的最大射程；但也不能小到使产生的次级电子大量逃出气腔，而使 B-G 理论关系式失效。

5.3 Spencer-Attix 理论

空腔电离室气压改变时，其大小和线度相应地改变。当腔室线度比撞击腔室的带电粒子的射程小得多时，空腔内单位质量气体中产生电离电荷应与空腔线度无关。实验值与 B-G 理论值存在偏差：当电离室线度比较大时干扰了辐射场，导致B-G理论值大于实验值；当电离室线度减小时B-G理论忽略了δ射线作用，导致单位质量气体中产生电离电荷会增大。B-G理论中认为碰撞损失是连续的，实际上由于δ射线出现，碰撞损失并不连续。实验值与理论值的偏差，要求对已有理论模型进行修正。

5.3.1 Spencer-Attix理论的思想方法

B-G理论中忽略了初级射线在腔室内产生二次电子的影响，这是一种理想化情形。δ射线可以具有很高的能量，腔室中产生的δ射线可以逸出到介质中，介质中产生的δ射线也可以进入腔室中。当介质中产生的δ射线带入的能量和腔室中产生的δ射线带出的能量不能相抵时，就会导致腔室损失的能量和在腔室中沉积的能量不一致。因此需要考虑δ射线能量沉积，对模型方法进行改进。

Spencer-Attix理论(S-A理论)较B-G理论更进一步：它将二次电子分为快电子和慢电子两组。定义能量阈值Δ：当二次电子能量$E<\Delta$时属于低能慢电子组，慢电子主要将其能量沉积在腔室内；而当$E\geqslant\Delta$时二次电子属于快电子组，快电子可以逃逸出腔室灵敏区域而致使沉积的能量减少。低能组δ电子($E<\Delta$)能量在产生的位点处完全沉积下来，而高能组($E\geqslant\Delta$)δ电子可当成一个新粒子，其能量在减速过程中沉积。辐射场吸收剂量为

$$D_{\mathrm{m}}=\int_{\Delta}^{\infty}\Phi_{\delta}(E)\left(\frac{L_{\Delta}}{\rho_{\mathrm{m}}}\right)_{\mathrm{m}}\mathrm{d}E \tag{5.13}$$

式中$\Phi_{\delta}(E)$为腔室引入之前，介质m中的带电粒子(包括δ电子)谱分布，相应的腔室剂量为

$$D_{\mathrm{SA}}=\int_{\Delta}^{\infty}\Phi_{\delta}(E)\left(\frac{L_{\Delta}}{\rho_{\mathrm{SA}}}\right)_{\mathrm{SA}}\mathrm{d}E \tag{5.14}$$

式中Δ为当δ电子射程等于腔室线度时对应的能量，通常取射程为腔室线度的一半时对应δ电子的能量值为Δ。用同样的方法可以定义

$$\left\langle\frac{L_{\Delta}}{\rho_{\mathrm{m}}}\right\rangle=\int_{\Delta}^{\infty}\Phi_{\delta}(E)\frac{L_{\Delta}}{\rho_{\mathrm{m}}}\mathrm{d}E\Big/\int_{\Delta}^{\infty}\Phi_{\delta}(E)\mathrm{d}E \tag{5.15}$$

$$\left\langle\frac{L_{\Delta}}{\rho_{\mathrm{SA}}}\right\rangle=\int_{\Delta}^{\infty}\Phi_{\delta}(E)\frac{L_{\Delta}}{\rho_{\mathrm{SA}}}\mathrm{d}E\Big/\int_{\Delta}^{\infty}\Phi_{\delta}(E)\mathrm{d}E \tag{5.16}$$

得到的辐射场剂量与腔室剂量关系为

$$D_{\mathrm{m}}=D_{\mathrm{SA}}\left\langle\frac{L_{\Delta}}{\rho_{\mathrm{m}}}\right\rangle\Big/\left\langle\frac{L_{\Delta}}{\rho_{\mathrm{SA}}}\right\rangle=D_{\mathrm{SA}}P_{\mathrm{mSA}} \tag{5.17}$$

式中

$$P_{\mathrm{mSA}}=\left\langle\frac{L_{\Delta}}{\rho_{\mathrm{m}}}\right\rangle\Big/\left\langle\frac{L_{\Delta}}{\rho_{\mathrm{SA}}}\right\rangle \tag{5.18}$$

随腔室尺寸增大，实验值和S-A理论计算值之间的偏差增大，尤其是对重元素壁材料腔室。图5-3为^{60}Co照射下腔室内单位质量空气中的电离实验值随腔室尺寸的变化关系，腔室壁间距反映了腔室大小，实线为S-A理论值，不同壁材料(铝、铜、锡和铅)的结果以碳壁材料结果归一。可见单位质量空气中的电离随空腔尺度增大而降低。

一般将射程等于空腔平均弦长的电子能量定义为能量阈值 Δ；但随后的研究表明，将射程等于 1/2 空腔平均弦长的电子的能量定义为能量阈值 Δ，得到的结果更接近实验结果。低能电子的能量并非完全局域化沉积，在壁附近产生的低能电子有可能将能量沉积到壁中，而高能电子也有可能将能量沉积在腔室内。初级电子随机射入球形腔室，腔室内沉积能量的平均值 $\langle\varepsilon\rangle$ 将和腔室的大小有关。图 5-4 中的虚线为 S-A 理论假定的电子沉积能分布，实线是模拟计算结果。相对于初始能量 T，能量阈值 Δ 很小时，在腔室内沉积能的平均值 $\langle\varepsilon\rangle$ 也很小；当能量阈值 Δ 增大时，腔室内沉积能的平均值也逐渐增大。腔室内的平均沉积能量与腔室大小的关系如图 5-4 所示。

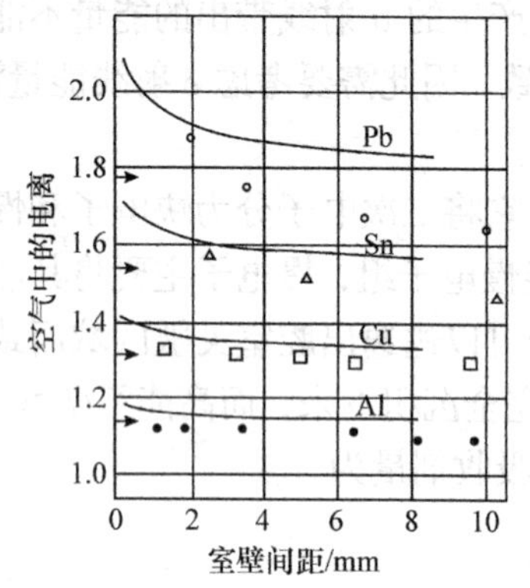

图 5-3 单位质量空气中的电离随空腔尺度的变化

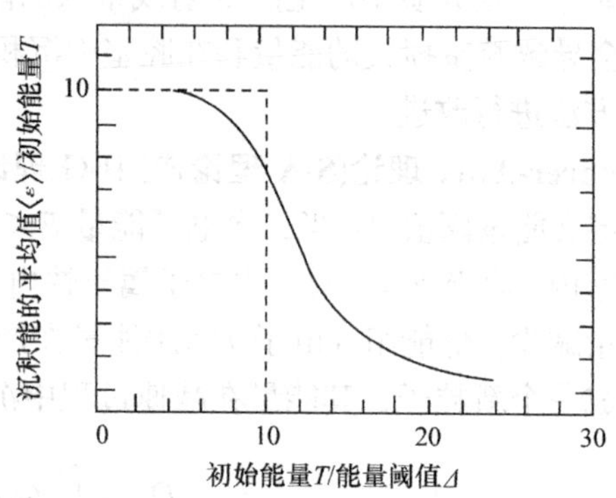

图 5-4 平均沉积能量和腔室大小的关系

电离室壁的材料不仅要空气等效，而且壁厚要满足电子平衡条件。

5.3.2 在单能电子辐射场中的应用

单能电子在腔室内沉积的能量和原初辐射场剂量分布是不完全相同的，对低能谱而言，B-G 模型和 S-A 模型下的处理方法的差距很大。图 5-5 给出了 20MeV 的平行电子宽束在水和空气中阻止本领的比值，表 5-3 列出了不同壁材料(碳、铝、铜、锡、铅)对单能电子的平均定限质量碰撞阻止本领 P_{mSA} 值。

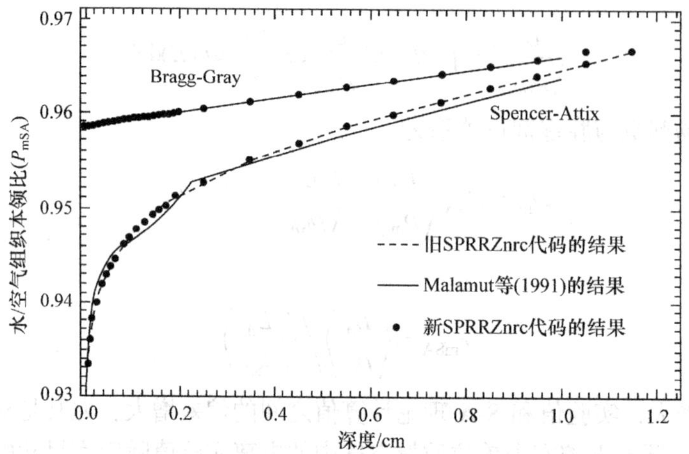

图 5-5 能量为 20MeV 的平行电子宽束在水和空气中阻止本领的比值

表 5-3 单能初始能量电子的平均定限质量碰撞阻止本领 P_{mSA} 值

壁材料	E_0/MeV	Δ/keV					
		2.58	5.11	10.2	20.4	40.9	81.8
碳	1.308	0.994	0.994	0.993	0.993	0.992	0.991
	0.654	1.008	1.007	1.006	1.005	1.004	1.004
	0.327	1.014	1.013	1.012	1.011	1.010	1.010
铝	1.308	0.848	0.856	0.863	0.870	0.873	0.879
	0.654	0.845	0.855	0.864	0.870	0.875	0.880
	0.327	0.842	0.853	0.861	0.868	0.873	0.879
铜	1.308	0.694	0.716	0.731	0.743	0.751	0.760
	0.654	0.690	0.711	0.728	0.740	0.750	0.758
	0.327	0.682	0.705	0.722	0.735	0.745	0.755
锡	1.308	0.559	0.591	0.612	0.629	0.641	0.652
	0.654	0.549	0.581	0.604	0.620	0.634	0.645
	0.327	0.537	0.570	0.593	0.611	0.625	0.637
铅	1.308		0.491	0.519	0.540	0.556	0.569
	0.654		0.479	0.508	0.528	0.546	0.559
	0.327		0.468	0.497	0.518	0.535	0.550

表 5-3 中数值是对单一初始能量 E_0 的电子慢化而产生的平衡谱求得的平均值，根据 S-A 理论所做的计算值。

可见低能光子的 P_{mSA} 大且随能量增加而减小；轻元素(如碳)的 $P_{mSA}>1$，表示空腔室测量剂量偏低，需要乘以大于 1 的校正因子才能得到实际剂量；对大部分元素(尤其是重元素)而言 $P_{mSA}<1$，且元素越重 P_{mSA} 越小，此时空腔室测量剂量偏高，需要乘以小于 1 的校正因子才能得到实际剂量。校正因子和 Δ 也有关系：Δ 大时校正因子比较大。因为 δ 电子带入和带出的能量不平衡，当 Δ 大时对应的腔室线度比较大，会有较小的影响。

5.3.3 在单能光子辐射场中的应用

当光子能量不太高、腔室材料与辐射场内介质材料的等效性很接近时，可以出现 δ 电子准平衡，此时 $P_{mBG}\approx R_{mBG}\approx 1$。表 5-4 是单能光子的 P_{mSA} 值。

表 5-4 单能光子的平均定限质量碰撞阻止本领 P_{mSA} 值

壁材料	E_0/MeV	Δ/keV					
		2.58	5.11	10.2	20.4	40.9	81.8
碳	1.25	1.006	1.005	1.004	1.003	1.002	1.002
	0.66	1.013	1.012	1.011	1.010	1.009	1.009
	0.41	1.017	1.016	1.015	1.014	1.013	1.013
铝	1.25	0.845	0.855	0.864	0.870	0.875	0.880
	0.66	0.843	0.855	0.862	0.870	0.875	0.880
	0.41	0.836	0.850	0.868	0.867	0.873	0.880
铜	1.25	0.693	0.713	0.730	0.742	0.753	0.761
	0.66	0.683	0.707	0.724	0.738	0.748	0.758
	0.41	0.678	0.699	0.713	0.729	0.739	0.751

续表

壁材料	E_0/MeV	Δ/keV					
		2.58	5.11	10.2	20.4	40.9	81.8
锡	1.25	0.552	0.583	0.607	0.623	0.637	0.648
	0.66	0.537	0.571	0.593	0.611	0.626	0.639
	0.41	0.530	0.566	0.590	0.607	0.623	0.638
铅	1.25		0.481	0.510	0.531	0.548	0.561
	0.66		0.470	0.499	0.521	0.537	0.553
	0.41		0.459	0.488	0.510	0.528	0.544

表 5-4 中数值是对 Compton 反冲电子慢化所产生的平衡谱求得的平均值，而 Compton 反冲电子是由单能 γ 射线产生、根据 S-A 理论所做的计算。B-G 理论和 S-A 理论都要求腔室的引入不干扰辐射场，即必须要满足 Fano 定理条件。然而该条件实际上很难满足，腔室的引入一般都会干扰辐射剂量场，**干扰修正因子(perturbation correction factor，PRF)**可表示为

$$\mathrm{PRF}=\int_0^\infty \varPhi_\delta(E)\frac{L_\Delta}{\rho_{\mathrm{BG}}}\mathrm{d}E\bigg/\int_0^\infty \varPhi_\delta(E)\frac{L_\Delta}{\rho_{\mathrm{BG}}}\mathrm{d}E \tag{5.19}$$

Monte Carlo 模拟计算表明：B-G 理论腔室与 S-A 理论腔室尽管有一些差别，但区别并不太大。在不考虑二次电子产生的位置和腔室几何条件的影响时，对特别大腔室和特别小腔室 S-A 理论偏差比较大。

5.4　大腔室和中等腔室

B-G 条件要求腔室的线度远小于带电粒子射程，因此是小腔室。若使用电离室测量剂量，因电离室两极板间存在漏电流，腔室过于小时低能电子在电离室内两极板间移动时产生的位移电流会很大，从而使得测量结果不准确。腔室线度的下限是要求位移电流和电离电流相比可以忽略。此外腔室线度小时，电离辐射在其中沉积的能量就减小，产生的电子-离子对数目就减少，测量中的统计误差就大，测量精度也就差。因此大腔室的实验测量是另外一种选择。

5.4.1　大腔室

均匀光子辐射场中的腔室线度远大于带电粒子射程，因此周围介质中产生的带电粒子(二次电子)在腔室内部的吸收剂量可以忽略，腔室内吸收剂量主要是光子在腔室内产生的电子能量沉积的贡献。如果腔室内材料均匀，则在离腔室边界的距离大于次级电子射程的腔室内部存在电子平衡。设腔室对辐射场的干扰可以忽略，腔室内的吸收剂量为

$$D_{\mathrm{m}}=\int_0^{\max h\nu}\varPsi(E)\left(\frac{\mu_{\mathrm{en}}}{\rho_{\mathrm{m}}}\right)\mathrm{d}E \tag{5.20}$$

在大腔室中的剂量为

$$D_{\mathrm{W}}=\int_0^{\max h\nu}\varPsi(E)\left(\frac{\mu_{\mathrm{en}}}{\rho_{\mathrm{W}}}\right)\mathrm{d}E \tag{5.21}$$

以能量注量为权重，能量吸收系数的平均值为

$$\left\langle \frac{\mu_{en}}{\rho_m} \right\rangle = \int_0^{\max h\nu} \Psi(E) \left(\frac{\mu_{en}}{\rho_m} \right) dE \Big/ \int_0^{\max h\nu} \Psi(E) dE \tag{5.22}$$

$$\left\langle \frac{\mu_{en}}{\rho_W} \right\rangle = \int_0^{\max h\nu} \Psi(E) \left(\frac{\mu_{en}}{\rho_W} \right) dE \Big/ \int_0^{\max h\nu} \Psi(E) dE \tag{5.23}$$

腔室内吸收剂量可写为

$$D_m = D_W \left\langle \frac{\mu_{en}}{\rho_m} \right\rangle \Big/ \left\langle \frac{\mu_{en}}{\rho_W} \right\rangle = D_W R_{mW} \tag{5.24}$$

大腔室的典型结构如图 5-6 所示，B-G 空腔和厚壁 W 构成一个大腔室，壁厚大于次级电子最大射程，大腔室置于介质 M 内。

在光子辐射场均匀且不受腔室干扰的情况下，腔室内部吸收剂量

$$\begin{aligned} D_m &= D_W \left\langle \frac{\mu_{en}}{\rho_m} \right\rangle \Big/ \left\langle \frac{\mu_{en}}{\rho_B} \right\rangle = D_W R_{mB} \\ &= R_{mB} D_{SA} \left\langle \frac{L_\Delta}{\rho_W} \right\rangle \Big/ \left\langle \frac{L_\Delta}{\rho_{SA}} \right\rangle = D_{SA} R_{mB} P_{mSA} \end{aligned} \tag{5.25}$$

大腔室是一个复合体系，需要测量的辐射场和厚壁形成一个大腔室，而 B-G 空腔是镶嵌在厚壁内的小腔室，这时腔室内吸收剂量为

$$D_m = D_{SA} R_{mB} P_{mSA} = R_{mB} P_{mSA} J_g (W_g / e) \tag{5.26}$$

式中 J_g 为 B-G 空腔室单位质量气体的电离电荷。

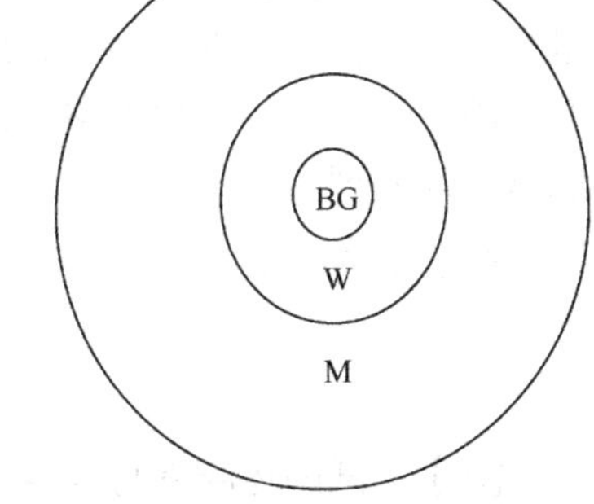

图 5-6　大腔室结构

5.4.2　中等腔室

小腔室是一种线度比撞击腔室的次级带电粒子射程小得多的腔室，而大腔室是线度远大于次级带电粒子射程的腔室，这是两个极端情况，而介于两者之间的就是**中等腔室**。中等腔室线度可与次级电子射程相比拟。在光子辐照下，腔室内带电粒子有两个来源：①产生于周围介质，其注量随腔室线度增加而减小；②产生于腔室内，其注量随腔室线度增加而增加。如果腔室内产生的次级带电粒子对腔室内沉积能的贡献份额为 α，则在介质中产生的次级带电粒子对腔室内沉积能的份额就为 $1-\alpha$。

$$D_m = D_{SA} P_{mSA} \tag{5.27}$$

$$P_{mSA} = (1-\alpha) \left\langle \frac{L_\Delta}{\rho_m} \right\rangle \Big/ \left\langle \frac{L_\Delta}{\rho_{SA}} \right\rangle + \alpha \left\langle \frac{\mu_{en}}{\rho_m} \right\rangle \Big/ \left\langle \frac{\mu_{en}}{\rho_B} \right\rangle \tag{5.28}$$

对嵌套腔室，如果 B-G 空腔外有一厚壁 W，其厚度和次级电子射程相当，则 B-G 空腔和厚壁变为中等室。此时腔室内吸收剂量表达式同式(5.26)，但因子 P_{mSA} 应写为

$$P_{mSA} = (1-\alpha) \left[\left\langle \frac{L_\Delta}{\rho_m} \right\rangle \Big/ \left\langle \frac{L_\Delta}{\rho_W} \right\rangle \right] \left[\left\langle \frac{L_\Delta}{\rho_W} \right\rangle \Big/ \left\langle \frac{L_\Delta}{\rho_{SA}} \right\rangle \right] + \alpha \left[\left\langle \frac{L_\Delta}{\rho_W} \right\rangle \Big/ \left\langle \frac{L_\Delta}{\rho_{SA}} \right\rangle \right] \left[\left\langle \frac{\mu_{en}}{\rho_m} \right\rangle \Big/ \left\langle \frac{\mu_{en}}{\rho_W} \right\rangle \right] \tag{5.29}$$

另外还有一种情况：B-G 腔室仍为小腔室，厚壁 W 和介质 M 构成中等腔室。此时因子 P_{mSA} 应写为

$$P_{\mathrm{mSA}}=(1-\alpha)\left\langle\frac{L_\Delta}{\rho_{\mathrm{m}}}\right\rangle\Big/\left\langle\frac{L_\Delta}{\rho_{\mathrm{SA}}}\right\rangle+\alpha\left[\left\langle\frac{L_\Delta}{\rho_{\mathrm{W}}}\right\rangle\Big/\left\langle\frac{L_\Delta}{\rho_{\mathrm{SA}}}\right\rangle\right]\left[\left\langle\frac{\mu_{\mathrm{en}}}{\rho_{\mathrm{m}}}\right\rangle\Big/\left\langle\frac{\mu_{\mathrm{en}}}{\rho_{\mathrm{W}}}\right\rangle\right] \tag{5.30}$$

式(5.27)～式(5.29)中参数 α 与空腔线度、次级电子射程等都有关系。这种以将中等腔室用大腔室与小腔室结合起来的方法为基本思想的腔室理论称为 **Burlin 腔室理论**。式(5.27)既考虑了电子能量沉积也考虑了光子能量沉积，因子 $1-\alpha=(1-\mathrm{e}^{-\beta d})/\beta d$，其中 β 为射线的有效质量吸收系数，d 为腔室内电子的平均射程。当 $\alpha\to0$ 时对应于小腔室情形，这时没有光子的能量沉积，电子在腔室中衰减很小；当 $\alpha\to1$ 时对应于大腔室情形，光子在腔室内的能量沉积上升。Kearsley 在 Burlin 腔室理论的基础上，考虑电子在边界的散射后给出

$$P_{\mathrm{mSA}}=\alpha_1\left\langle\frac{L_\Delta}{\rho_{\mathrm{m}}}\right\rangle\Big/\left\langle\frac{L_\Delta}{\rho_{\mathrm{SA}}}\right\rangle+\alpha_2\left[\left\langle\frac{L_\Delta}{\rho_{\mathrm{W}}}\right\rangle\Big/\left\langle\frac{L_\Delta}{\rho_{\mathrm{SA}}}\right\rangle\right]\left[\left\langle\frac{\mu_{\mathrm{en}}}{\rho_{\mathrm{m}}}\right\rangle\Big/\left\langle\frac{\mu_{\mathrm{en}}}{\rho_{\mathrm{W}}}\right\rangle\right] \tag{5.31}$$

其中 α_1 和 α_2 分别为介质和空腔内的反散射系数，是与腔室大小有关的参数。剂量计的壁在剂量测量中的作用可以有多种处理：对于厚壁，剂量计先用 B-G 理论分析得出壁介质中的剂量；对于薄壁，剂量计可根据空腔理论由腔室剂量测量值获得待测辐射场介质中的剂量，薄壁按照微扰来处理。

复习思考题(五)

【1】 试阐述腔室与空腔的概念，并说明它们的联系和区别。

【2】 请说明大腔室、小腔室及中等腔室的划分标准。

【3】 Fano 定理的内容和适用条件分别是什么？

【4】 试述 Bragg-Gray 理论的内容与适用条件，并说明它与 Fano 定理的联系和区别如何。

【5】 试述 Spencer-Attix 理论的主要内容与适用条件，与 Bragg-Gray 理论相比有何改进之处。

【6】 B-G 腔室和 S-A 腔室分别有什么特点？

第二篇　核辐射剂量计

放射性工作实践要求测量核设施、核辐射场所周围辐射场和放射性工作人员所接受的辐射剂量，并定量评估核设施对环境和人体的危害。辐射剂量测量是核技术及应用中的首要问题和最基本要求，常用于辐射环境监测、实验室测量和个人剂量测量。辐射剂量测量主要通过核辐射剂量计和核辐射探测器实现，两者区别仅在于剂量计针对辐射场，而探测器针对辐射粒子。

电离辐射与介质相互作用并使之电离和激发产生带电粒子，同时诱发物理、化学、生物效应。核辐射剂量计的基本工作原理，就是通过收集并测量产生的带电粒子来记录介质中保存的辐射效应并加以表征，最终实现辐射剂量的定量描述。核辐射剂量计种类繁多，本篇主要介绍极具代表性的气体剂量计、固体剂量计、量热剂量计、化学剂量计、生物剂量计、胶片剂量计，并延伸几种其他类型剂量计。

第 6 章　气体剂量计

气体剂量计是工作介质为气体的辐射剂量计，通过测量电离辐射与物质相互作用过程中所产生次级粒子的电离电荷量来获得吸收剂量。气体剂量计以电离室为代表，通常有脉冲和累积两种工作模式，其中脉冲电离室用于给出辐射射线的能量和强度等详细特征参数；而累积电离室用于测量辐射场的辐射剂量等参量。电离室历史悠久、种类繁多，几乎适用于各种辐射剂量测量场合，具有举足轻重的地位。

6.1　辐射剂量计概述

6.1.1　概念及工作原理

辐射剂量计(radiation dosimeter)是指能直接或间接提供照射量、比释动能、吸收剂量、剂量当量、等效剂量及其他辐射剂量学量(或这些量的导数)的装置。**辐射探测器(radiation dectector)**是指能获得辐射粒子种类、能谱、角分布、计数率及其关联行为的设备，它也可以作为电离辐射剂量计。辐射剂量计与辐射探测器无本质区别，辐射剂量计瞄准辐射场，而辐射探测器针对辐射粒子。辐射剂量计种类繁多，但其基本原理都是利用核辐射在工作介质中产生的电离、激发的初级/次级效应来获得辐射剂量学量。核辐射在工作介质中产生电离、激发来损失自身能量，电离过程使得介质原子的核外电子从束缚态分立能级跃迁成为能量连续的自由电子，当自由电子能量比较高时还会进一步电离，产生二次电子。激发过程将导致介质原子的核外电子从内壳层束缚态能级跃迁到外壳层较高能量的束缚态能级，从而使原子处于激发态；激发态的原子通过放出光子或俄歇电子来退回到基态。电离激发过程中产生的电子、正离子以及自由基在工作介质中运动，会诱发一系列物理、化学、生物效应。核辐射剂量计工作介质选择一般应满足三个要求：①这些辐射效应可以在工作介质中被保留一段时间或者被长久地保留下来；②这些效应可以作为可观测量被读出；③这些可观测量和辐射剂量之间存在线性关系或者单调的函数关系。

6.1.2　辐射剂量计分类

核辐射剂量计种类繁多，根据其工作方式可以分为**在线剂量计(online dosimeter)**和**离线剂量计(offline dosimeter)**。在线剂量计可在核辐射装置工作时实时在线测量，主要用于测量核辐射装置的瞬时剂量、辐射场内的实时注量及其分布，及时掌握核设施运行状态。离线剂量计用于测量一段时间内的累积剂量。辐射剂量计按用途分为**核辐射装置剂量计(radiation device dosimeter)**、**环境剂量计(environmental dosimeter)**、**个人剂量计(individual dosimeter)**和**放射性事故剂量计(radioactive accident dosimeter)**等。核辐射装置剂量计主要用于监测加速器、X 射线机等辐射装置的工作状态或测量产生的剂量。环境剂量计用于测量核辐射装置场所附近及一定空间范围内以及远离核辐射装置处的剂量。个人剂量计用于测量放射性工作人员所受剂量。放射性事故剂量计是从放射性事故人员和放射性患者的戴带物品、身体上采集血液、毛发样本后所制成的剂量计。根据其所依赖的工作介质和测量原理，核辐射剂量计可分为三类：**物理剂量计(physical dosimeter)**、**化学剂量计(chemical dosimeter)**和**生物剂量计(biological dosimeter)**。物理剂量计根据物理原理给出剂量信息，主要用于检测核辐射设施周围、存在核辐射的环境下、放射性工作人员个人剂量的测定，本书中涉及的有气体剂量计、固体剂量计、量热剂量计、电子自旋共振剂量计等。化学剂量计通过定量量度介质中产生的化学变化，从而实现剂量测量，如 Fricke 剂量计、Fe^{2+}-Cu^{2+}剂量计、FBX/FGX 剂量计等。生物剂量计利用人体生物材料接受电离辐射后发生的改变与辐射剂量之间存在的关系，来刻度辐射剂量的一类生物标记物与分析方法，多用于放射性工作人员、放射性事故人员、放射性患者的个人剂量测定。从发展过程看，先有物理剂量计，随后才出现化学剂量计和生物剂量计。图 6-1 是核辐射剂量计的分类示意图。

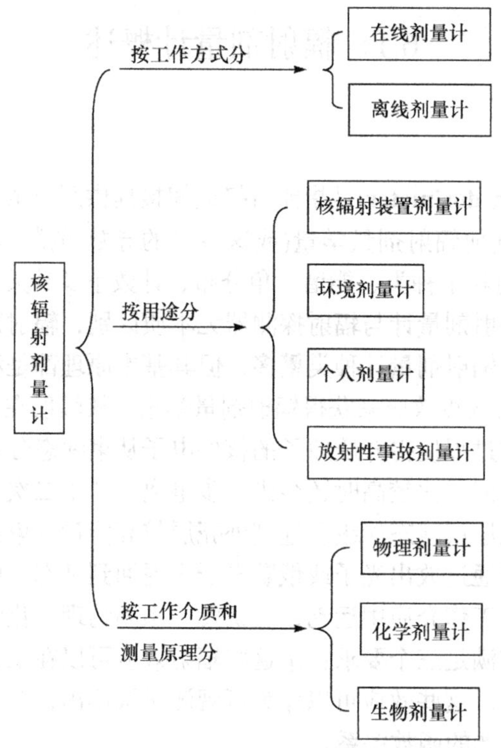

图 6-1　核辐射剂量计的分类示意图

6.2 电　离　室

6.2.1　电离室基本工作原理

电离室(ionization chamber)是用途十分广泛的核辐射探测器，也是国际权威组织、国家技术监督部门、计量部门的常用设备。电离室利用电场收集辐射在工作气体中产生的次级带电粒子，并测量次级带电粒子的电离电荷量或在一段时间形成的累积电流，最后根据所得电荷和电流与吸收剂量之间的关系计算得出入射粒子的辐射剂量。电离室有两种类型：①**脉冲电离室(pulse ionization chamber)**，结构比较复杂但能给出进入电离室工作介质中射线的能量和强度等详细特征；②**剂量测量电离室**(**dose measurement ionization chamber**)，又可分为**电流电离室**(**current ionization chamber**)和**累积电离室**(**cumulative ionization chamber**)，又称**积分电离室**(**integral ionization chamber**)两种工作模式。电离室工作原理如图 6-2 所示。

如图 6-2 所示的平板型电离室，它包括两个平行电极**阴极**(**cathode**)和**阳极**(**anode**)。点状辐射源放射的射线从左边入射至电离室灵敏体积(图中虚线范围)内。电离辐射进入灵敏体积内直接使工作气体电离产生大量电子-离子对，随后自身因能量损失停在介质中；γ 射线穿过电离室壁进入灵敏体积内，通过与电离室壁或工作气体相互作用(对光电效应、Compton 效应和电子对效应)产生电子，同时将自身能量转移给电子。产生的电子因与工作气体原子多次碰撞而逐渐慢化，使得工作气体分子电离产生大量电子-离子对。在电离室两电极间施加一个电场，灵敏体积内的电子-离子对就会在电场作用下分别向两级漂移，使得相应极板上的感应电荷量发生变化，随后在引出电路中形成电流。这就是电离室内电离电流形成的基本原理，在电子平衡条件下所测得的电离电荷或电流，理论上就是次级电子所产生的全部电荷或电流。

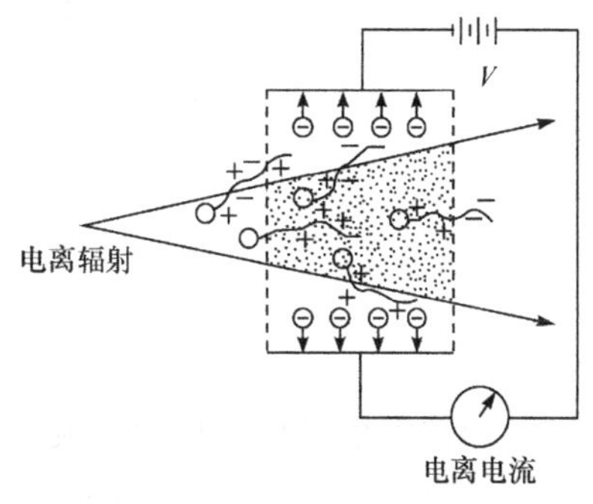

图 6-2　电离室工作原理示意图

6.2.2　平板型电离室结构特征

图 6-3 是典型的平板型电离室结构示意图。平板型电离室主要由两个互相平行的电极板构成，两极间相互绝缘并连接到电源的正负极两端，电极间充满空气。构成电离室的一个极板与电源的高压正端或高压负端相连，另一极板(收集极)与静电计输入端相连。电离室灵敏体积是指通过收集极边缘的电场线所包围的两个电极间区域。灵敏体积以外的电极称为**保护环**(**guard ring**)，其作用是使灵敏体积边缘外电场保持均匀，并同时使绝缘子的漏电流不经过测量回路，减少对信号准确性的影响。

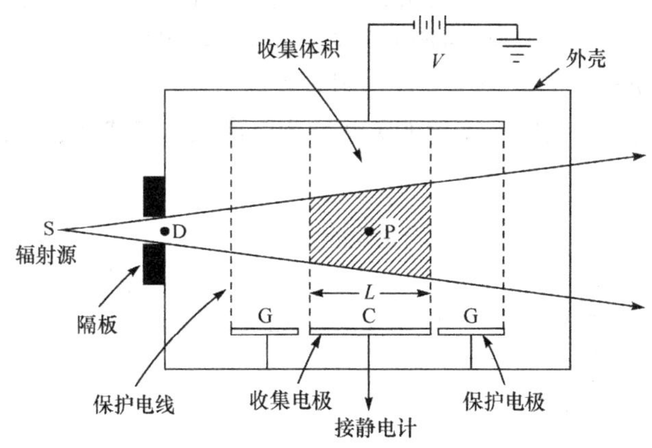

图 6-3　平板型电离室结构示意图

由于电离室收集电子-离子对形成的输出电流极其微弱(10^{-12}～10^{-9} A 量级)，测量本底时电流低至 10^{-14} A 量级。如此微弱的电流若采用普通电流计，必然会因为器件绝缘阻抗等因素导致致命的泄漏而无法完成测量。实际测量时常使用弱电流放大器先将电流放大，典型的有负反馈运算放大器(图 6-3 中以静电计充当)、超低输入偏流的场效应放大器(图 6-4)。电离室输出信号以三种方式测量：测量输出电荷量、测量输出电流信号、测量输出回路中的电压信号。电离室输出信号是由电离辐射在灵敏体积内产生的正负离子对漂移所致，应当根据测量需求采取相应的方式，实现对输出信号的放大和测量。

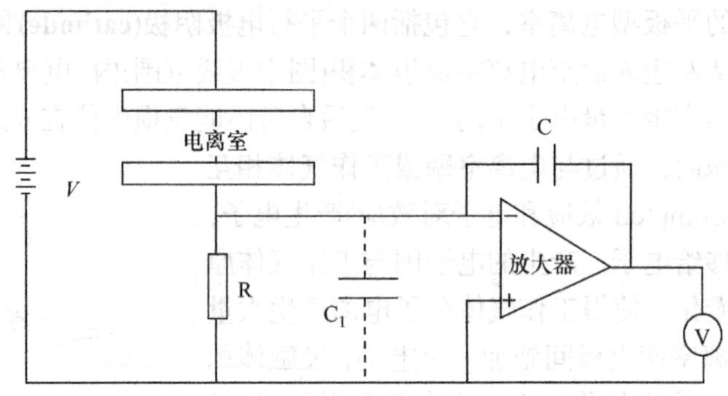

图 6-4　电离室与弱电流放大器连接回路

电离室信号可以从阳极板引出，也可从阴极提取。前放的输入端信号的连接线应尽可能短，且输入端必须有漏电保护环绕着输入端进行漏电保护，并要求保护环电位与输入端一致，以便有效地防止这种泄漏。常用的有效方法是将漏电保护极通过负反馈连接至放大器输出端，动态地调节保护电势差。经过**前放(preamplifier)**和**主放(main amplifier)**放大后的信号是模拟信号，为分析和存储方便需要经**模数转换器(analog-digital convertor，ADC)**转换为数字信号。

6.2.3　电离室工作特性

1. 饱和特性

在无外加电场作用或电场强度不够大时，灵敏体积内的正负离子会因热运动由密度大处向密度小处扩散，从而形成宏观的电子离子扩散电流，称为离子、电子扩散运动。同时正离子与电子、负离子在到达收集极前可能相遇复合成中性原子或分子，这种复合会损失一部分由电离辐射产生的离子对数，从而影响电离效应与电离输出信号之间的对应关系。当电离室工作电压较低时，正负离子的复合与扩散作用显著。当入射电离辐射的强度不变时，电离室的输出信号电流 I 随其工作电压 V 变化的关系称为**电离室饱和特性**曲线，如图 6-5 所示。

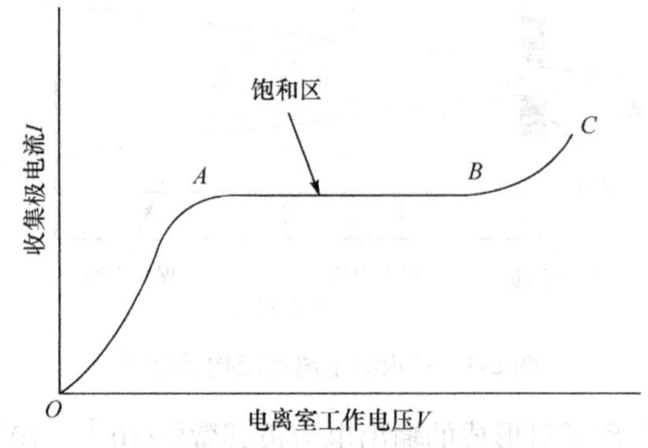

图 6-5　电离室的饱和特性曲线

在图 6-5 中的 OA 段，电离室是输出信号逐渐增强，离子和电子的漂移速度增大，逐渐克服了复合与扩散作用的影响，从而输出电流也逐渐增大。在图中的 AB 段，由于复合与扩散影响已基本清除，信号电流不再随工作电压改变而保持恒定，称为电离室**饱和区(saturation region)**。电离室正常工作时，其工作电压应该处于这一范围内。在饱和区段，电离室收集极电流并非恒值，随工作电压增加而有一定的增加，这主要是由于边缘效应的影响。当工作电压改变时，电离室灵敏体积会有微小改变，正负离子复合并不能完全消除，以及绝缘材料的漏电流等，都会造成饱和区电流变化。饱和区的长度及其电流变化是衡量电离室饱和特性的主要指标，详见 6.2.4 节坪特性。在图 6-5 中的 *BC* 段，电离室工作电压进一步升高，电离室内电场过强导致电子和离子运动速度加大产生碰撞电离，离子数目变大使得信号电流急剧上升，超出了电离室工作状态。

2. 复合效应

电离室即使工作在饱和区，也存在正负离子复合效应的影响。电子-离子对的复合将使得电离室产生的电流减小，称为电离室**复合效应(composite effect)**，复合效应需要校正。电离辐射产生的电子-离子对数目与收集的电子-离子对数目之比定义为复合效应**修正因子(correction factor)**。复合效应的校正通常采用 IAEA 推荐的双电压的实验方法。具体做法是针对相同辐射场，在电离室两极板之间加以不同的电压 V_1 和 V_2，其中 V_1 是常规工作电压，$V_2 \geqslant 3V_1$。得到的不同工作电压下的收集电荷分别为 Q_1 和 Q_2，再用下式计算复合因子：

$$P_s = a_0 + a_1 \frac{Q_1}{Q_2} + a_2 \left(\frac{Q_1}{Q_2} \right)^2 \tag{6.1}$$

式中 a_0、a_1、a_2 为实验拟合系数，与电离辐射的类型相关。复合效应依赖于电离室几何尺寸、工作电压选择以及正负离子对产生的速率。对医用加速器的脉冲式辐射(尤其是脉冲扫描式辐射)，复合效应的校正尤为重要，但对放射性核素(如 ^{60}Co)产生的 γ 射线，复合效应非常小。实验证实电离室的复合效应依赖于电离室的几何尺寸，工作电压的选择和正负离子产生的速率。

3. 方向特性

电离室在性能良好的理想状态下对来自各个方向的辐射都能给出相同的响应，但实际上由于电离室本身固有的角度依赖性，电离室的灵敏度会受电离辐射的入射方向的影响。各种电离室有其正确的使用方法，平行板电离室应使其前表面垂直于射线束的中心轴(如图 6-6 所示)，指形电离室应使其主轴线与射线束中心轴的入射方向垂直。电离室的角度依赖性直接影响电离室的灵敏体积，同时电离室的角度依赖性还与中心电极和室壁制作工艺(如室壁厚度均匀性等)有关。图 6-7 给出了国内常用的英国 NE 公司生产的 Farmer35710.cc 型指形电离室灵敏度与 X 射线束入射角度的曲线关系。

4. 杆效应

电离室的灵敏度也会受到其金属杆和电缆在电离辐射场中被照射范围的影响。电离室金属杆、绝缘体及电缆在电离辐射场中会产生微弱的电离，叠加在电离室输出信号中会形成杆泄露，称为**杆效应(lever effect)**。实验表明对 X 射线或者 γ 射线，杆效应表现出明显的能量依赖性，能量越大杆效应越明显，而对电子束杆效应表现不明显。另外，当电离室受照射范围较小时杆效应变化较大，当受照射强度超过 10cm 时效应基本不再变化。图 6-8 是指形电离室的杆效应示意图。

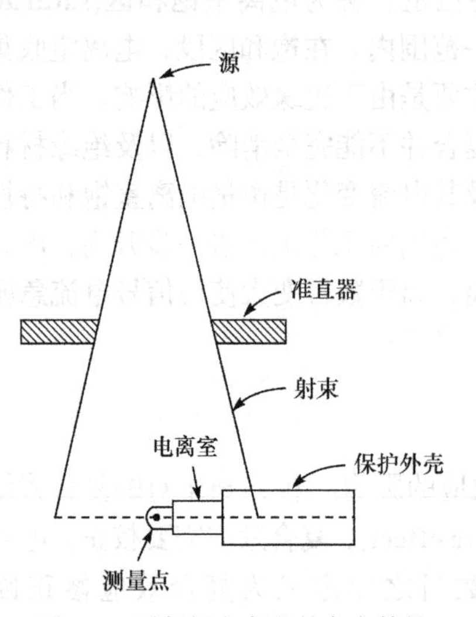

图 6-6　平行板电离室的方向特性

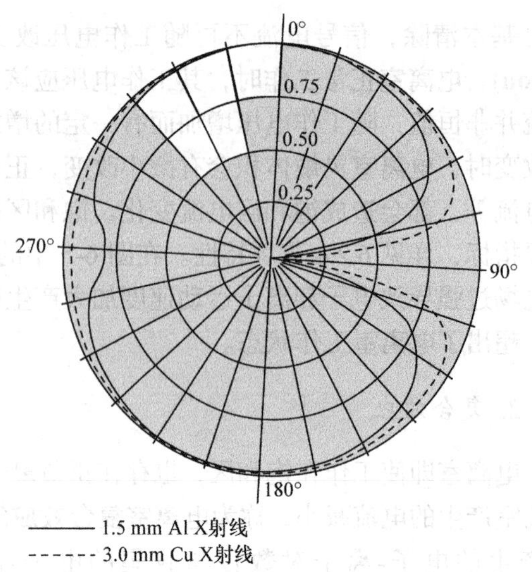

图 6-7　指形电离室灵敏度的方向性

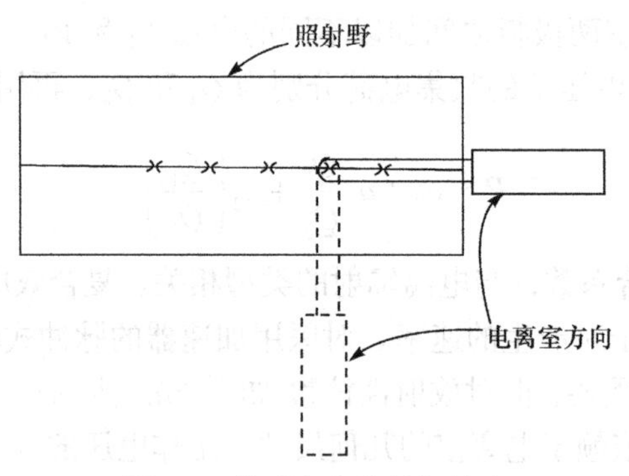

图 6-8　指形电离室的杆效应

5. 极化效应

对给定的电离辐射，电离室收集电荷会因收集极工作电压极性的改变而变化，这种现象称为**极化效应(polarization effect)**。改变电离室工作电压极性会影响它的收集效率。当电离室正常工作在饱和区时，极化效应由多个方面的因素引起：对指形电离室而言，其电极结构造成空间电荷的分布依赖于电离室收集极的极性。正负离子的迁移率不同，造成收集效率的差异，这一差异可通过提高收集极电压而减少，但并不能最终被消除。由高能光子产生的高能次级电子可形成 Compton 电流，这也会因收集极不同的极性增加或减少信号电流。其中的部分电子可能会被收集极所阻止，但一般情况下它不能由收集板产生的反冲电子所补偿。对平行板这种影响较为明显，电离室灵敏体积以外收集到的电流也会引起极化效应。

6. 环境因素

对非密闭性电离室，空腔中空气质量会随环境温度和气压改变而变化，这将直接影响电离室灵敏度。因而现场使用时必须进行校正，校正系数与温度、气压的关系为

$$kpt = \frac{273.2 + t}{273.2 + T} \cdot \frac{1013}{p} \tag{6.2}$$

式中 T 为国家实验室校准时的温度，一般为 20℃或 22℃；t 为现场测量时的温度，单位也为℃；p 为现场测量时的气压。

6.2.4　电离室主要指标参数

1. 坪特性

图 6-5 中的饱和区 AB 段称为“电流坪”，电离室饱和特性曲线又称为电离室坪特性曲线。AB 段对应的工作电压范围称为电离室饱和区，饱和区的长度称为电流**坪长(plateau length)**；工作电压每升高 100V 时输出电流变化的百分比称为电离室的**饱和特性(saturation characteristic)**，图像上以电流曲线的斜率来表征，又称为电流**坪斜(plateau slop)**。电流坪长与坪斜是衡量电离室优劣最重要的性能指标参数，坪斜的存在是测量结果的误差来源之一，必要时需将测量结果进行修正。

2. 灵敏度

电离室**灵敏度(sensitivity)**定义为：当给定能量的射线以单位强度照射时，电离室输出电流大小。灵敏度单位与射线强度单位有关，国际单位为 $A/(cm^{-2} \cdot s^{-1})$，常用的有 μA/(R/h)。灵敏度是评判电离室测量的辐射场(尤其是弱辐射场)阈值的重要标志，也是衡量电离室测量能力的特性参数。

3. 线性范围

电离室**线性范围(linear range)**是指电离室输出电流与辐射强度保持线性关系的范围。在一定工作电压范围内，辐射剂量和输出电流之间有线性关系，强度过大的辐射会破坏这种关系，从而使用电离电流大小来确定射线辐射剂量失去意义。实际应用中常以额定工作电压下，保持线性关系的最大输出电流来标定电离室的线性范围。

4. 工作介质

电离室内部填充的物质称为**工作介质(working medium)**，应根据所测粒子种类和能量选用。用于重带电离子能量和电荷测量的电离室在灵敏体积常充以低气压的 $Ar+CH_4$ 气体，用于重带电离子(如 α 粒子)放射性剂量测量的电离室可以直接充入空气，用于 β 射线剂量测量的电离室可以选用高压空气或有机液体作为工作介质，对 γ 射线测量，电离室的灵敏体积内多充以高压、高原子序数 Z 的惰性气体。

6.2.5　简单电离室实例

1. Faraday 杯

法拉第杯(Faraday cup)是加速器等辐射装置上常用的辐射强度测量设备，加速器正常工作提供束流期间及调试过程中都需要用 Faraday 杯来测量束流的大小，加速器提供的该束流大小反映了辐射场源的在线强度。Faraday 杯结构比较简单，一般都选用金属制作成筒形状，如图 6-9 所示。

由于 Faraday 杯中被加速的都是带电粒子，通过测量流过杯的电流大小即可直接得到束流的大小。为了阻止在杯壁上产生的大量次级电子逃逸出去影响测量准确性，束流射入杯内后需要将杯口减小，并施加抑制电场。束流强度一般以 nA、μA、mA 和 A 等电流单位来表示，根据束流所带电荷量的大小，可以将束流的强度转换为粒子数/s，根据束流粒子所具有的能量大小可以将束流的强度转换为 MeV/s 或者其他单位。Faraday 杯的束流强度是模拟信号，为方便在线测量分析和监控，也可以将 Faraday 杯测量到的电流信号转换为数字信号。需要说明的是，Faraday 杯大多数情况下用于束流实时在线监测，一般不纳入辐射剂量计范畴，它提供的不是剂量值而是加速器的束流强度，但经过刻度和转换后可得到剂量值。Faraday 杯主要是监控加速器运行和调试过程中的工作状态，对把握整体辐射剂量至关重要。

2. 静电计电离室

电离室可以工作在电流模式下(电流电离室)，主要用于实时监测，也可以工作在累积电荷模式下(累积电离室)，用于测量电离辐射场吸收剂量、比释动能等剂量学量大小。累积电离室的几何形状通常选平板型和圆柱形，也可以根据具体要求选择其他形状。剂量测量气体电离室通常对工作气体要求较低，可直接选空气。累积电离室可以用作个人剂量计，以静电计原理工作的剂量计(静电计电离室)其主要部件为石英丝验电器，如图 6-10 所示。

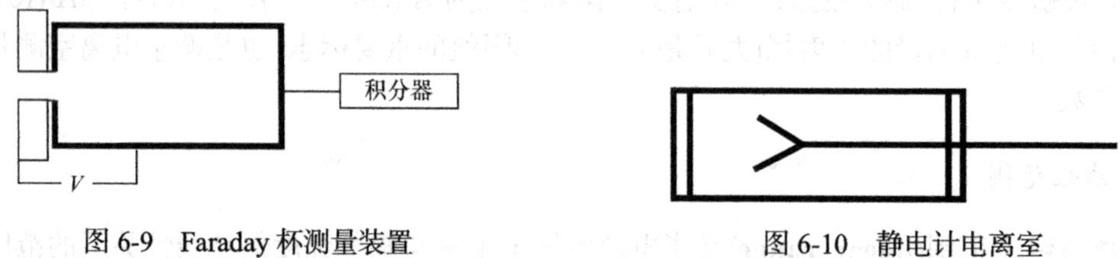

图 6-9　Faraday 杯测量装置　　图 6-10　静电计电离室

使用前将剂量计充电使石英丝和中央电极在静电排斥力作用下张开一定角度。在射线照射下，电离室中产生电子-离子对，电子-离子对的漂移会使验电器上的电荷减少，石英丝张开的角度也就减小，且石英丝张角减小量正比于照射剂量。

6.3　空腔电离室

6.3.1　结构特征

空腔电离室(cavity ionization chamber)是工作介质为空气、基于腔室理论工作的电离室剂量计，它通过测量电离辐射在空气中(或空气等效壁中)产生次级粒子的电离电荷来实现剂量测量。在空气中每产生一对正负离子对所消耗的电离能称为**平均电离能(average ionization energy)**，其值为 W/e=33.97J/C。用电离室测量吸收剂量可分两步：首先测量由电离辐射产生的电离电荷，然后利用空气的平均电离能计算并转换成电离辐射所沉积的能量，即得吸收剂量。空腔电离室应用广、结构简单、空腔形状没有限制，可以制成指形、圆柱形、球形、圆盘形等。空腔电离室壁材料选择与射线有关，且壁的厚度会影响带电粒子达到平衡。电离室壁厚要以保证带电粒子平衡(CPE)为原则，壁太厚时会干扰初级辐射场，壁太薄时带电粒子积累会不充分。一般测量高能粒子时电离室壁较厚，有时还需加平衡帽；而对低能辐射应该用薄壁电离室。测量带电粒子的电离室一般用薄壁电离室，而测量不带电粒子的电离室壁相对较厚。

自由空气电离室主要由两个相互平行的平板型电极构成，极间相互绝缘并分别连接到电源高压的正负端，电极间充有空气。构成电离室的一个极板与电源高压的正端或负端相连，另一极板与静电输入端相连，称为收集极。空腔电离室的灵敏体积是指由通过收集极边缘的电场线所包围的两电极间区域，工作介质是空气或高压空气，中心有一个收集电极，另外还有绝缘材料以便电离室产生的正负离子对被对应的两个电极收集。在灵敏体积外的电极称为**保护环(guard ring)**，其作用是使灵敏体积边缘处的电场保持均匀并同时使绝缘子的漏电流不流经测量回路，减少对被测信号的影响，如图 6-11 所示。

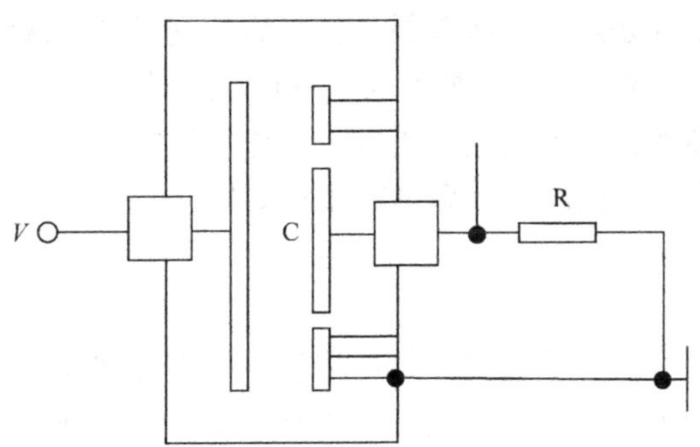

图 6-11　空腔电离室结构示意图

电离辐射(如 X 射线或 γ 射线)入射至电离室灵敏体积内，通过与工作介质(空气)相互作用产生次级电子。这些次级电子在其运动轨迹上使空气原子电离，从而产生大量电子-离子对。在灵敏体积内电场的作用下电子与正离子分别向两极漂移，引起相应极板的感应电荷量发生变化，从而在外接电路中形成电离电流。在电子平衡条件下，测量得到的电离电荷理论上应该等于次级电子所产生的全部电荷电量。空腔电离室的工作介质要根据测量辐射场的性质来确定：对测量体模和组织材料的电离室，工作介质选等效材料；对测量照射量及大部分辐射环境测量工作的电离室，选空气为工作介质即可。空腔电离室的有效体积很小(10^{-2}～$10^{0}cm^{3}$)，电离室附属器件处于辐射场中会带来干扰，因此应尽量减少附属器件。

6.3.2　绝对测量技术

绝对测量(absolute measurement)又称直接测量，是通过直接测量并经过测量校正后给出辐射场剂量性质的测量方法。这种方法需要对许多因素校正后才能得到最后结果，程序复杂，实验要求高，适合标准源生产单位和计量研究部门。**相对测量(relative measurement)**又称**间接测量**，以高精度剂量计为基准，首先在辐射场中用它做绝对剂量测量，在尽可能相同或相近的工作条件和仪器工作状态下，利用待刻度的剂量计做剂量测量。将高精度剂量计的绝对测量结果作为已知标准，得到待刻度剂量计的读数与已知剂量的对应关系，这就是待刻度剂量计的刻度曲线。在以后的测量中，从已刻度剂量计的读数就能得到待测辐射场的剂量值。

空腔电离室绝对测量分两步：首先测量空腔中的平均吸收剂量，然后根据腔室理论将平均吸收剂量转换为介质中指定点的吸收剂量

$$D_{g}=J_{g}(W_{g}/e)=(Q_{g}/m_{g})(W_{g}/e) \tag{6.3}$$

式中 J_g 为单位质量气体中产生的电离电荷，m_g 为空腔电离室内气体的有效质量，Q_g 为电离室的总电离电荷。通常空腔电离室的有效质量 m_g 是通过有效体积 V_g 来确定的，$m_g=\rho V_g$，其中 ρ

为气体密度，寻找获得 m_g 的办法也是电离室刻度的内容。如果空腔电离室不需要在辐射场中刻度就能直接确定有效体积 V_g，此空腔电离室就称为**绝对电离室**。这时候通过直接测定电离室的总电离电荷 Q_g 就能得到辐射场剂量。绝对电离室是具有很高精密度的初级剂量计，保存在级别比较高的国家实验室和计量部门。

按照其精密度可以将剂量计分为两类：**初级标准剂量计(primary standard dosimeter)**和**次级标准剂量计(secondary standard dosimeter)**。初级标准剂量计是具有最高计量学精密度的测量仪器，它通常是经过对标准物理量绝对测量，测量中的校正因素往往是经过国际测量体系评估的。次级标准剂量计是经过初级剂量计校正后的剂量计，次级标准剂量计实施的是相对测量，其精确度不仅和剂量计本身性质有关，还和与之对比的初级剂量计的可靠程度有关。然而空腔电离室的有效体积往往不能精确得知，工作气体的质量也无法准确测量，因此空腔电离室常常需要用初级电离室刻度，然后进行相对测量。

6.3.3 刻度

绝对空腔电离室和相对测量电离室在剂量测量中都需要刻度，前者需要通过刻度和校正得到其读数和剂量之间的关系。有些剂量计由于有效体积难以确定，只能进行相对测量，对这种电离室也必须在使用前刻度，与初级标准剂量计比较，来得到电离室的读数与剂量之间的关系。

1. 绝对空腔电离室的刻度因子

电离室测量的是入射射线在工作介质中引起电离后得到的电信号，剂量计刻度的主要目的是得到其电荷量读数 M 与剂量 D 之间的对应关系

$$D = CMF \tag{6.4}$$

式中 F 为修正因子，C 为绝对空腔电离室的刻度因子，且

$$C = \frac{1}{m}\frac{W}{e} \tag{6.5}$$

式中 m 为电离室有效体积内的质量，W 为平均电离能，e 为基本电荷量。刻度因子的单位应该为 Gy/C。读数 M 应该是射线在电离室中产生的电荷量，但实际上 M 和电离室中产生的电荷量并非严格一致，需要考虑各种影响因素的校正因子，如电子-离子对的复合，电离室极板间的电阻漏电等。

2. 参考束中的刻度因子

空腔电离室用于测量 γ 射线剂量时，利用参考射束刻度。设标准实验室提供的参考射束(^{60}Co)在空气中碰撞比释动能为 $K_{c,a}$，则将空腔电离室置于参考射束中时，介质中待测剂量和空气中碰撞比释动能的关系为

$$D = K_{ca}\frac{\left\langle\dfrac{\mu_{en}}{\rho_m}\right\rangle}{\left\langle\dfrac{\mu_{en}}{\rho_W}\right\rangle}\cdot\frac{\left\langle\dfrac{L}{\rho_W}\right\rangle}{\left\langle\dfrac{L}{\rho_a}\right\rangle}\cdot A_{Kc} \tag{6.6}$$

或者简写为

$$D = K_{ca} R_{w,a} A_{Kc} \tag{6.7}$$

其中

$$R_{w,a} = \frac{\left\langle \dfrac{\mu_{en}}{\rho_m} \right\rangle}{\left\langle \dfrac{\mu_{en}}{\rho_W} \right\rangle} \cdot \frac{\left\langle \dfrac{L}{\rho_W} \right\rangle}{\left\langle \dfrac{L}{\rho_a} \right\rangle} \tag{6.8}$$

式(6.6)和式(6.7)中 K_{ca} 为电离室不存在时参考射束在自由空气中的碰撞比释动能，A_{Kc} 为参考射束在电离室壁等部位的吸收和散射引入的修正。常用材料 $R_{w,a}$ 和 A_{Kc} 值如表 6-1 所示。

表 6-1　圆柱形电离室的参数

室壁材料	$R_{w,a}$	A_{Kc}
空气等效	1.0	0.99
石墨	0.991	0.99
A150 塑料	0.963	0.99

式(6.6)和式(6.8)中因子 $\langle \mu_{en}/\rho_m \rangle / \langle \mu_{en}/\rho_W \rangle$ 为介质和壁室中参考射束的质量吸收系数的平均值的比值，而 $\langle L/\rho_W \rangle / \langle L/\rho_a \rangle$ 为壁室和空气中参考射束的定限质量碰撞阻止本领平均值的比值，如表 6-2 所示。

表 6-2　光子的平均定限质量碰撞阻止本领比

γ 光子辐射能/MeV	水/空气	丙烯酸/空气	聚苯乙烯/空气
^{60}Co 的 γ 射线	1.134	1.103	1.113
2.0	1.135	1.104	1.114
4.0	1.131	1.099	1.108
6.0	1.127	1.093	1.103
8.0	1.121	1.088	1.097
10.0	1.117	1.085	1.094
15.0	1.106	1.074	1.083
20.0	1.096	1.065	1.074
25.0	1.093	1.062	1.071
35.0	1.084	1.053	1.062
45.0	1.071	1.041	1.048

若空腔气体电离室的电荷读数为 Y，则刻度因子为

$$C = D/Y = K_{ca} R_{w,a} A_{Kc} / Y \tag{6.9}$$

若电离室先用参考射束中的照射量 X 刻度，得到刻度因子为

$$C_X = X/Y = (K_{ca}/Y)(e/W)_a \tag{6.10}$$

$$C = R_{w,a} A_{Kc} (K_{ca}/Y) = C_X R_{w,a} A_{Kc} (W/e)_a \tag{6.11}$$

3. 应用射束中的刻度因子

剂量计使用的射束辐射场和参考束辐射场不同，而剂量计是在应用射束辐射场中实际使用的，因此需要获得在应用射束中的剂量计读数值和辐射剂量的对应关系，即在应用射束辐射场中刻度剂量计。空腔电离室置于应用射束中时，刻度因子的表达式与式(6.5)相同，只是对不同的射线、不同的工作气体，W/e 会有一些区别。参考射束中的刻度因子和应用射束中刻度因子的比值就是对应的平均电离能的比值。

6.3.4 校正

由于空腔电离室测量得到的是空腔内剂量，而通常实验测量目的是得到辐射场中介质内的剂量 D_m，它与空腔内剂量 D_g 的关系为

$$D_m = D_g R_{mg} F_u \tag{6.12}$$

式中 R_{mg} 为由空腔内气体吸收剂量得到介质中吸收剂量的转换因子，F_u 为空腔电离室置于介质中时干扰辐射场所带来的修正因子。

1. 转换因子 R_{mg}

转换因子和辐射场的性质有关，也和刻度电离室的结构及所充气体有关。对薄壁空腔电离室，空腔中的次级电子来自于介质材料，此时转换因子为

$$R_{mg} = \left\langle \frac{L}{\rho_m} \right\rangle \Big/ \left\langle \frac{L}{\rho_g} \right\rangle \tag{6.13}$$

对高能光子，平均自由程大，空腔的薄壁条件更容易满足，对高能电子上式也成立。对厚壁电离室

$$R_{w,a} = \frac{\left\langle \dfrac{\mu_{en}}{\rho_m} \right\rangle}{\left\langle \dfrac{\mu_{en}}{\rho_W} \right\rangle} \cdot \frac{\left\langle \dfrac{L}{\rho_W} \right\rangle}{\left\langle \dfrac{L}{\rho_g} \right\rangle} \tag{6.14}$$

式中 $\langle \mu_{en}/\rho_m \rangle / \langle \mu_{en}/\rho_W \rangle$ 为介质与空腔壁质量吸收系数平均值的比，$\langle L/\rho_W \rangle / \langle L/\rho_g \rangle$ 为空腔电离室壁与空腔内气体定限质量碰撞阻止本领的平均值的比值，光子在不同介质中平均定限质量阻止本领如表 6-2 所示。

2. 修正因子 F_u

将空腔电离室剂量计置于辐射场中相当于在辐射场中引入了空腔，因空腔内物质比介质中稀疏，且空腔内充的是气体，原子序数 Z 比较小，因此空腔的引入将使得进入其内部的射束的衰减减弱，如图 6-12(a)所示。以圆柱形电离室为例，原来在介质中深度 P_{eff} 点处的剂量移到电离室中的 P 点处(P 点为电离室中心点)，P_{eff} 为电离室有效测量点。电离室中心点 P 和电离室有效测量点 P_{eff} 之间的距离 d_{eff} 为有效测量点位移距离。如图 6-12(b)所示。

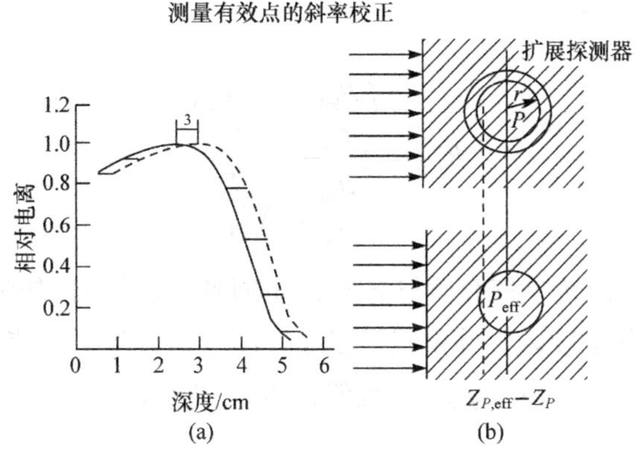

图 6-12　电离室的有效测量点

在壁室组织等效的情况下，电离室中心点 P 处的剂量或电离室平均剂量，与电离室不存在时介质中点 P_{eff} 处的剂量相同。电离室的平均剂量点 P 和电离室的有效测量点 P_{eff} 不一致，需要引入位移修正来解决这种剂量测量偏差。在测量介质中的吸收剂量时，选择有效测量点和待测点的位置重合，这样就消除了位移修正。对平行板电离室，有效测量点位移距离为两极板间距的一半：$d_{\mathrm{eff}}=l/2$；对半径为 r 的圆柱形电离室，有效测量点位移距离 $d_{\mathrm{eff}}=8r/3\pi$；对半径为 r 的球形电离室，有效测量点的位移距离 $d_{\mathrm{eff}}=3r/4$。

将电离室置于介质中后，剂量计测量结果需要两个修正因素。一个是电离室的壁材料与介质的**非等效性修正因子** F_{w}。电离室的引入干扰了粒子注量的空间分布，F_{w} 常通过比较法实验测量，即保持空腔电离室的形状而改变电离室的壁材料。另一个是电离室的**位移修正因子** F_{d}，当有效测量点和待测点的位置重合时 $F_{\mathrm{d}}=1$。F_{d} 可以实验测量，即将平行板电离室和各种形状的电离室对比测量，改变空腔的大小再外推。总的修正因子 F_{u} 为电离室壁材料的非等效性的修正因子 F_{w} 和位移修正因子 F_{d} 两者的乘积

$$F_{\mathrm{u}}=F_{\mathrm{w}}F_{\mathrm{d}} \tag{6.15}$$

在体模中吸收剂量的最大值附近基本上不需要位移修正($F_{\mathrm{d}}=1$)，而在受光子束照射的过渡区域，圆柱形电离室的位移修正因子 F_{d} 有如下经验公式：

$$F_{\mathrm{d}}=1-kd_{\mathrm{eff}} \tag{6.16}$$

其中 k 为和射束品质有关的参数，对 ^{60}Co 的 γ 射线，$k=3.7\times10^{-3}\mathrm{mm}^{-1}$。

3. 工作特性修正

空腔电离室工作特性上的修正包括方向特性、饱和特性、杆效应、复合效应、极化效应以及环境因素的影响，这在 6.2.3 节已经详细讲述。

6.3.5　γ 辐射场中照射量和碰撞比释动能测量

空腔电离室用于测量 γ 辐射场照射量和碰撞比释动能时一般以空气为工作介质，所测照射量 X 为

$$X=R_{\mathrm{am}}F_{\mathrm{u}}Q/m \tag{6.17}$$

式中 Q 为空腔电离室所测空腔内电离电荷量，m 为空腔电离室内气体介质质量，F_{u} 为空腔电离室置于介质中因干扰了辐射场而引入的修正因子。用于测量 γ 辐射场的空腔电离室都是厚

壁结构电离室，系数 $R_{a,m}$ 满足

$$R_{a,m} = \frac{\left\langle \frac{\mu_{en}}{\rho_a} \right\rangle}{\left\langle \frac{\mu_{en}}{\rho_W} \right\rangle} \cdot \frac{\left\langle \frac{L}{\rho_W} \right\rangle}{\left\langle \frac{L}{\rho_a} \right\rangle} \tag{6.18}$$

式中因子 $\langle \mu_{en}/\rho_a \rangle / \langle \mu_{en}/\rho_W \rangle$ 为空气介质与空腔壁的质量吸收系数平均值之比，而因子 $\langle L/\rho_W \rangle / \langle L/\rho_a \rangle$ 为空腔电离室壁与空腔内气体定限质量碰撞阻止本领的平均值之比。几种不同介质的质量能量吸收系数比 $\langle \mu_{en}/\rho_a \rangle / \langle \mu_{en}/\rho_W \rangle$ 的数值如表 6-3 所示。

表 6-3 空气与几种介质的质量能量吸收系数比

E_γ / keV	石墨	水	聚苯乙烯	甲基丙烯酸	聚乙烯	酚醛塑料	琥珀
0.1	1.8565	0.8527	1.9399	1.3248	2.0176	1.538	1.7066
0.2	1.8821	0.7955	1.9963	1.2875	2.1057	1.5282	1.7217
0.4	0.0912	0.9648	0.0988	0.1440	0.1064	1.1151	0.1140
0.6	1.5073	0.9251	1.6331	1.2704	1.7590	1.3918	1.5348
1	1.6279	0.8854	1.7641	1.2903	1.9002	1.4502	1.6168
2	1.8183	0.8574	1.9705	1.3338	2.1227	1.5464	1.7481
4	2.1184	0.9401	2.2957	1.5014	2.4731	1.7639	2.0063
6	2.2088	0.9504	2.3937	1.5378	2.5786	1.8189	2.0755
10	2.3206	0.9606	2.5143	1.5792	2.7078	1.8840	2.1580
20	2.4394	0.9818	2.6302	1.6300	2.8191	1.9564	2.2404
40	2.0547	0.9863	2.1020	1.4909	2.1443	1.7203	1.8658
60	1.4477	0.9545	1.3970	1.2016	1.3563	1.2987	1.3106
100	1.0821	0.9135	1.0120	0.9816	0.9587	1.0138	0.9794
200	1.0064	0.9007	0.9356	0.9304	0.8822	0.9515	0.9111
400	0.9998	0.8994	0.9289	0.9259	0.8759	0.9460	0.9051
661.63	0.9991	0.8991	0.9281	0.9253	0.8748	0.9453	0.9043
1173.2	0.9986	0.8990	0.9274	0.9248	0.8741	0.9448	0.9037
1332.5	0.9985	0.8989	0.9273	0.9248	0.8740	0.9448	0.9038
2000	0.9996	0.8895	0.9288	0.9258	0.8757	0.9459	0.9051
4000	1.0106	0.9048	0.9444	0.9370	0.8941	0.9580	0.9206
6000	1.0243	0.9116	0.9640	0.9511	0.9177	0.9731	0.9402
10000	1.0488	0.9238	1.0000	0.9764	0.9617	1.0003	0.9761
20000	1.0865	0.9437	1.0589	1.0173	1.0364	1.0439	1.0357

对 0.6～50MeV 的 γ 射线，ICRU 推荐空腔电离室为标准测量方法之一；对 0.6～0.2MeV 的 X 射线，用空腔电离室作为次级标准或常规监测仪器。当空腔电离室用于相对剂量测量时，自由空气的照射量为

$$X = QC \tag{6.19}$$

式中 C 为空腔电离室在参考光子束中用照射量刻度后的刻度因子，Q 为空腔电离室中经过修

正的电荷量。空气中碰撞比释动能测量可通过照射量实现

$$K_{c,a} = X\frac{W}{e} \tag{6.20}$$

6.3.6　中子辐射场中照射量和碰撞比释动能测量

中子剂量计种类很多，以空腔电离室应用最广、精度最高，尤其是对 10keV 以上的快中子测量。利用空腔电离室可以测量中子辐射场中的吸收剂量(率)和比释动能(率)等。

1. 中子测量中的等效介质

空腔电离室用于中子剂量测量时，对等效介质的选用有特别要求。中子不带电，测量中子时通过测量中子引起核反应过程中产生的带电粒子来实现探测，中子核反应过程中放出的带电粒子的质量数一般比质子大、射程短，腔室理论的 B-G 条件很难满足，因此中子剂量测量中对使电离室壁材料和空腔电离室工作气体组织等效是一个很重要的问题。

X 射线和 γ 射线都属电磁辐射，它们对介质材料原子序数 Z 有很强的关联。而中子与物质的相互作用比较离散，即使同一种元素，其不同的同位素与中子相互作用的截面差别很大。中子与氢原子碰撞后产生反冲质子，另外氢可以俘获中子而放出 γ 射线。氮核能有较大截面发生(n,p)反应过程，因此中子的组织等效材料对氢和氮原子的含量有严格的要求。中子释放的带电粒子在介质中的韧致辐射很少可以忽略，于是中子的质量能量吸收系数和质量能量转移系数相同

$$\left\langle\frac{\mu_{en}}{\rho_m}\right\rangle\Big/\left\langle\frac{\mu_{en}}{\rho_W}\right\rangle = \left\langle\frac{\mu_{tr}}{\rho_m}\right\rangle\Big/\left\langle\frac{\mu_{tr}}{\rho_W}\right\rangle \tag{6.21}$$

质量能量转移系数平均值的比值可用比释动能因子来表示

$$\langle k_m\rangle/\langle k_W\rangle = \left\langle\frac{\mu_{tr}}{\rho_m}\right\rangle\Big/\left\langle\frac{\mu_{tr}}{\rho_W}\right\rangle \tag{6.22}$$

2. 空腔电离室测量中子吸收剂量

在带电粒子平衡和辐射场均匀的条件下，中子产生的比释动能和吸收剂量相等。通过测量小块介质中的比释动能，可实现测量介质中中子吸收剂量的目的。用于测量中子的电离室除了材料选组织等效外，电离室的壁厚要大于次级带电粒子的射程。利用空腔电离室测量的中子吸收剂量

$$D = \frac{\left\langle\frac{S}{\rho_W}\right\rangle}{\left\langle\frac{S}{\rho_g}\right\rangle}\cdot\frac{\left\langle\frac{\mu_{tr}}{\rho_m}\right\rangle}{\left\langle\frac{\mu_{tr}}{\rho_W}\right\rangle}\cdot\frac{W}{e}\cdot\frac{Q}{m_g}F_u = \frac{\left\langle\frac{S}{\rho_W}\right\rangle}{\left\langle\frac{S}{\rho_g}\right\rangle}\cdot\frac{\langle k_m\rangle}{\langle k_W\rangle}\cdot\frac{W}{e}\cdot\frac{Q}{m_g}F_u \tag{6.23}$$

式中 S 为中子产生的次级粒子在电离室壁和电离室气体中的阻止本领，F_u 为空腔电离室置于介质中时的干扰修正因子。如果空腔电离室已在参考束中刻度且刻度因子为 C，则空腔电离室的中子吸收剂量

$$D=\frac{\left\langle\dfrac{S}{\rho_W}\right\rangle}{\left\langle\dfrac{S}{\rho_g}\right\rangle}\frac{\langle k_m\rangle}{\langle k_W\rangle}\cdot CQ_n\cdot\frac{w_{gn}}{w_{gg}}\cdot F_u \tag{6.24}$$

式中 w_{gn} 和 w_{gg} 分别为在空腔电离室中中子和参考束 γ 射线平均产生一对电子-离子对所消耗的能量，Q_n 是在电离室中产生并经过修正后的电离电荷。

6.3.7 中子和 γ 混合场中剂量测量

中子辐射场常伴随着 γ 光子场，由此形成的 n/γ 混合场剂量测量更具实际意义。电离室响应 R(电离电荷)与吸收剂量 D 关系为

$$D=R/S \tag{6.25}$$

式中 S 为剂量计的灵敏度，设剂量计在参考射束中的灵敏度为 S_0，则定义剂量计的**相对灵敏度(relative sensitivity)**k 为

$$k=S/S_0 \tag{6.26}$$

剂量计的相对响应就为

$$r=R/S_0=(S/S_0)D=kD \tag{6.27}$$

用两个电离室形成组合剂量计，由含氢组织等效剂量计 T(对中子灵敏)和无氢剂量计 U(对中子不灵敏)组成。该组合剂量计在 n/γ 混合场剂量测量中的相对响应分别为

$$r_T=k_T D_n+h_T D_\gamma, \qquad r_U=k_U D_n+h_U D_\gamma \tag{6.28}$$

式(6.28)和式(6.29)中 k_T 和 h_T 分别为含氢组织等效剂量计 T 对中子和 γ 辐射场的相对灵敏度，k_U 和 h_U 分别为不含氢剂量计 U 对中子和 γ 辐射场的相对灵敏度。联立以上两式解得

$$D_n=\frac{h_U r_T-h_T r_U}{h_U k_T-h_T k_U}, \qquad D_\gamma=\frac{h_T r_U-h_U r_T}{h_U k_T-h_T k_U} \tag{6.29}$$

这样就实现了 n/γ 混合场剂量测量。不同介质中子灵敏度有很大差别，如图 6-13 所示。

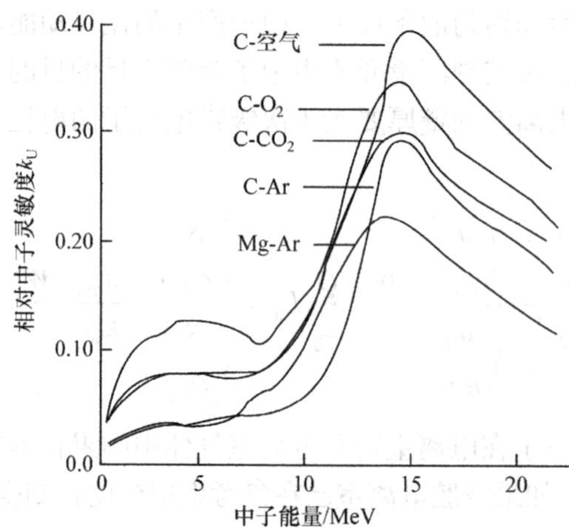

图 6-13　电离室相对中子灵敏度

根据上面介绍的原理可实现混合场中 γ 射线和中子的区分，获得它们各自的剂量贡献。除用含氢和不含氢材料外，还可以利用 ^{6}Li 和 ^{7}Li 构成组合探测器来实现混合场中 n 和 γ 的区分，也可以利用浓缩 ^{10}B 探测器组来测量 n/γ 混合场。

6.4　电离室剂量计实例

6.4.1　自由空气电离室

自由空气电离室(free-air ionization chamber)是工作介质为 1atm 的空气电离室。由于气体阻止本领比较小，能量较高的射线很难被阻止在气体中并将能量沉积到电离室内，因此，自由空气电离室一般只适合测量 1～250keV 的 X 射线。

自由空气电离室常用结构是平行板立方结构，如图 6-14 所示，在电离室两平行电极之间加以高压，在电离室中建立均匀电场来收集产生的电荷。通常电离室两端的电场会有畸变，为了使灵敏区电场均匀，在入射和出射端设置保护电极再加上梯度变化的电压，可以使在整个灵敏区间内电场更均匀。将收集体积限定在电离室中电场均匀性好、离子电子复合小的区域，将电极设计成收集电极和保护电极两个区域，收集电极对应的区域内射线能量沉积后获得信号，保护电极和收集电极处于同一电势，但保护电极对应的区域内能量沉积并没有被收集，不产生信号，电离室内收集区域内气体体积构成了收集体积。收集体积内气体的质量为电离室气体的有效质量，平行板结构不仅电场均匀，电荷收集方便，而且电离室有效体积计算可靠。入射射线从光阑准直器出来称为平行 X 射线束进入电离室，并且在入射光阑的对应方向有出射窗，其尺寸比入射窗大一些，满足入射束流的锥状束斑。

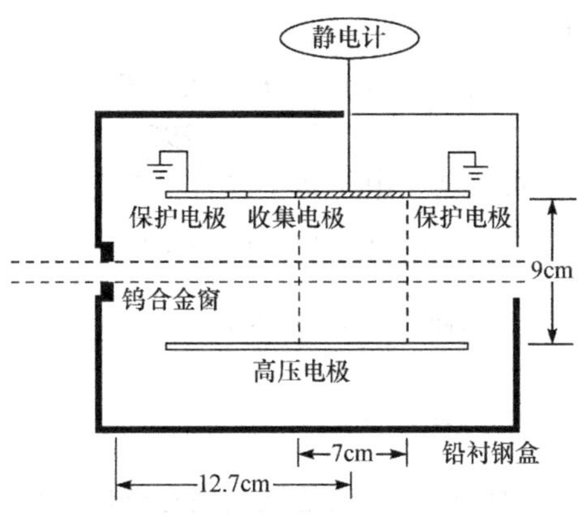

图 6-14　平板型自由空气电离室

电离室设计时，设法使射线在灵敏体积内产生的电荷被完全收集，在收集电极前端 X 射线产生的次级电子会有部分进入测量体积内，同样在测量体积内产生的次级电子也会有部分移出到收集体积的后端，为使进入和移出的能量相等，前后两个保护电极的尺寸应一致，并且保护电极有足够的长度尺寸。设计时，要求入射窗到收集体积的距离要大于次级电子的最大射程，出射窗到收集体积之间的距离也要大于次级电子的最大射程。为了次级电子的能量沉积到收集体积中，两电极之间的距离应至少两倍于次级电子最大射程，也就是说，电离室内射束的中心到电离室极板之间的距离大于次级电子最大射程。电离室体积增大时，可以增大电离室测量的范围，但需要的偏压要增大，给使用带来不便。由于次级电子是连续谱，高

能电子占的份额比较小，高能电子在垂直于射束方向出射的份额也比较小，因此电离室体积减小会有利一些。电离室内的电荷量为

$$Q = \int_0^L \Psi \left\langle \frac{\mu_{en}}{\rho_a} \right\rangle \frac{e}{W_a} \rho_a S \mathrm{d}x \tag{6.30}$$

式中 Ψ 为 X 射线束的能量注量，$\langle \mu_{en}/\rho_a \rangle$ 为空气中平均质量能量吸收系数，W_a 为电子在空气中平均产生一个电子-离子对所消耗的能量，L 为电离室收集电极的长度，S 为 X 射线束截面积，ρ_a 为空气密度。由式(6.30)计算的电荷量虽然准确但计算过程复杂，有一些近似方法能实现简单计算。入射电离室的光束为圆锥形分布，S 为电离室收集体积内光子束截面积。若空气中 X 射线束的衰减可以忽略，则

$$\Psi S = \Psi_0 S_0 \tag{6.31}$$

式中 Ψ_0 为在入射光阑处 X 射线的能量注量，S_0 为光阑孔的截面。于是在弱衰减近似下

$$Q = \Psi_0 \left\langle \frac{\mu_{en}}{\rho_a} \right\rangle \frac{e}{W_a} \rho_a S_0 L = X_0 \rho_a S_0 L \tag{6.32}$$

在入射光阑处 X 射线的照射量为

$$X_0 = \Psi_0 \left\langle \frac{\mu_{en}}{\rho_a} \right\rangle \frac{e}{W_a} \tag{6.33}$$

照射量 X 也可以表示为

$$X_0 = Q/(\rho_a S_0 L) = Q P_{TP}/(\rho_0 S_0 L) \tag{6.34}$$

式中 ρ_0 = 1.1965g/cm^3，是标准状态(温度为 22℃，气压为 1.103×10^{5}Pa)下干燥空气的密度，P_{TP} 是温度和气压的修正因子，且

$$P_{TP} = \frac{1.013\times 10^5}{P} \cdot \frac{273+T}{295} \tag{6.35}$$

若空气中 X 射线束衰减不可忽略、电子离子复合不能忽略，照射量应为

$$X_0 = Q \prod_i P_i / (\rho_0 S_0 L) \tag{6.36}$$

式中 $\prod_i P_i$ 为各种修正因子的联合贡献，照射量率可以表示为

$$\dot{X}_0 = I \prod_i P_i / (\rho_0 S_0 L) \tag{6.37}$$

其中 I 为自由空气电离室的输出电流。自由空气电离室一般为国家 I 级、II 级剂量标准实验所配置，作为标准对现场使用的电离室剂量仪进行校准，并不适合在现场(如医院)使用。

6.4.2 高压气体电离室

自由空气电离室只能测量能量比较小的辐射粒子的剂量，且剂量测量量程也较窄，高压气体电离室在这方面获得改善。高压电离室就是增加电离室工作气压(达 10^5～10^{6}Pa)，使其收集体积内含有较多质量，沉积较多能量。增加空腔电离室内气压将使电离室体积减小，性能也发生改变。射线进入高压气体电离室后，会通过相互作用而产生电子和正离子，在电离室内产生的电子主要有两种贡献，一是在电离室壁上发生相互作用释放出的电子贡献，二是在高压气体中产生的电子贡献。当气压比较低时，电离室内的电荷主要由室壁放出的次级电子

产生；随气体压力的增加，壁电子将较多能量沉积到收集体积中，从而在腔室内产生的电荷增加；当压力足够大时，壁电子被完全阻止在空腔气体内，随后增加气压时，壁电子引起的电荷不再增加而进入饱和区域，如图 6-15 所示。

气压增加会导致收集体积内气体增加，射线与气体相互作用增多，气体中释放电子数目、产生的电离电荷也会相应地增加，但没有类似壁电子的饱和效应。空腔体积内产生的总电离电荷由壁电子和气体释放电子两部分构成，总电离随气压增大而增大。气压增大也会导致电子和离子的复合概率增大，因而收集到的电荷要比总电离小。

高压电离室一般充空气、氮气、氩气或其他气体，氩原子平均电离较低，沉积相同能量时产生的电子-离子对数目大，另外氩原子的离子复合较小，化学稳定性很好。由于高压电离室壁需承受高压，对室壁强度有一定要求，常采用 2～3mm 厚的不锈钢。

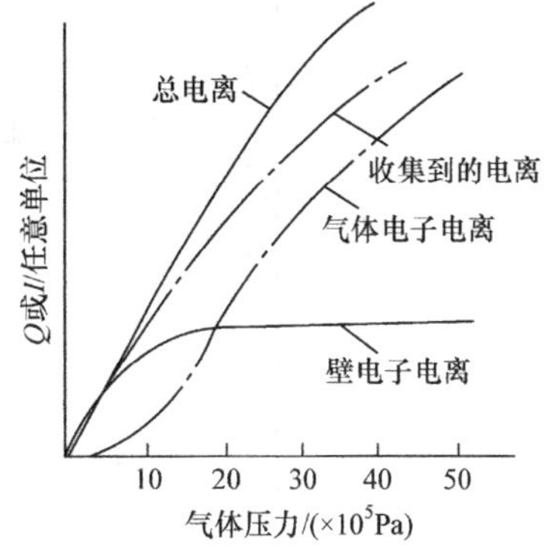

图 6-15 高压电离室的气体压力和电流关系

6.4.3 正比计数器

以气体为工作介质的探测器称为**气体探测器(gas detector)**，利用输出脉冲与原电离成正比关系的原理，来探测、测量电离辐射的装置就称为**正比计数器(proportional counter，PC)**。

1. 气体中的电压-电流关系

图 6-16 中曲线可分为五个区。①**复合区(combined zone)**：由于复合，电极上收集到的离子对数小于总电离数，随着外加电压升高，复合减少直至消失，离子电流迅速增大，渐趋饱和。②**饱和区(saturated zone)**：当电压达到某一定值 V_a 时复合消失，初始总电子-离子对全部被收集，电流达到饱和，在 V_a～V_b 电压范围内收集电荷数基本上保持不变，故称饱和区，电离室就工作在此区间内。③**正比区(proportional zone)**：当电场强度大到足以加速次级电子产生新电离时，离子对数将倍增至初始总电离的 10^0～10^4 倍，这种现象称为**气体放大(gas amplification)**，该倍数称为**气体放大因子(gas amplification factor)**。外加电压一定时，探测器电极上收集到的总电离数正比于原电离数，“正比区”名称由此而来，正比计数器就工作在此区内。④**有限正比区(limited proportional zone)**：当外加电压继续增大时气体放大迅速增长、放大倍数增大，但此时气体放大倍数与初始电离有关，不再是常数。气体放大过程中产生的次级电子很快被收集，留下大量正离子滞留在气体空间形成空间电荷。空间电荷的电场部分地抵消了外加电场作用，限制了次级电离的增长，称为**空间电荷效应(space charge effect)**。空间电荷效应使得收集到的电离数与原电离数相关，但不是严格的正比关系，所以此区称为有限正比区。⑤**盖革-米勒(Geiger-Maitreya)区(G-M zone)**：当外加电压上升至一定高度后，因电离形成雪崩使得电极收集的电离电荷再次饱和，且与原电离无关，图 6-16 中显示两条曲线合而为一，原电离在此只起“点火”的作用。工作在此区的计数管称为 G-M 计数器，G-M 区段内电离电流大小与外加电压关系不大。⑥**连续放电区(continuous charge zone)**：电压继续增高，离子对增殖再次急剧增长，这就是气体的连续放电区，在连续放电区域有强光产生，闪光室等探测器工作在该区域。

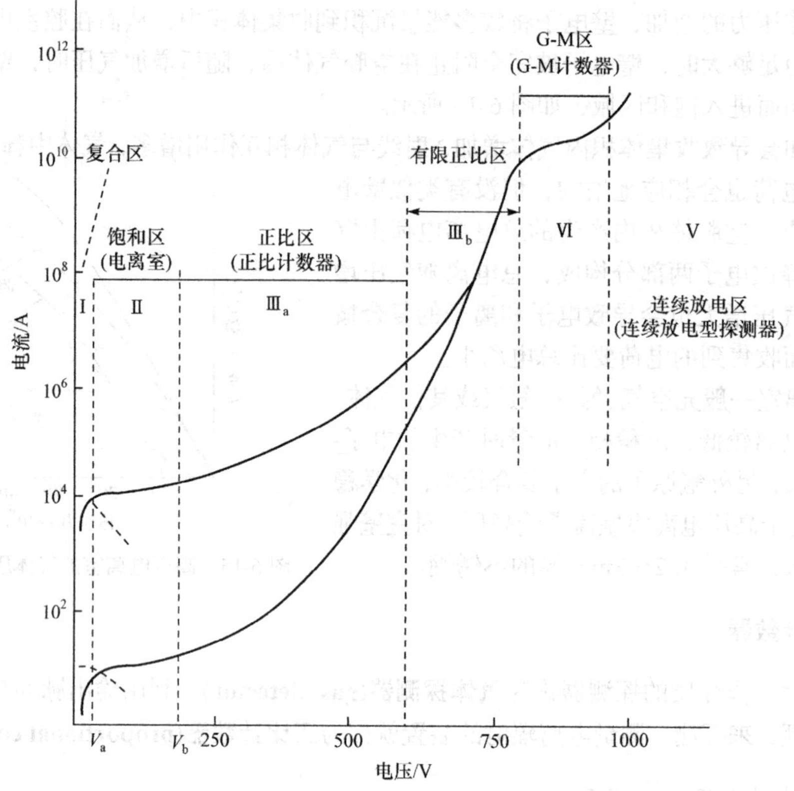

图 6-16　气体中的电压-电流关系

2. 线能和比能测量

电离室工作在饱和区，而正比计数管是工作在电流-电压曲线正比区的脉冲气体电离探测器。正比计数器工作电压比电离室的高很多，它的输出脉冲幅度与入射带电粒子在灵敏体积内最初生成的离子对总数成正比，即与原电离成正比。正比计数管的形状大多为密闭的圆柱形结构，圆柱中央的一根金属丝是阳极，亦称丝极(电位为正)，圆筒为为阴极(电位为负)，二极间由绝缘体分开。圆柱形电离室的阳极丝比较粗，正比计数器的阳极丝很细。在密闭的管内充有一定的工作气体。图 6-17 为正比计数器的结构示意图。

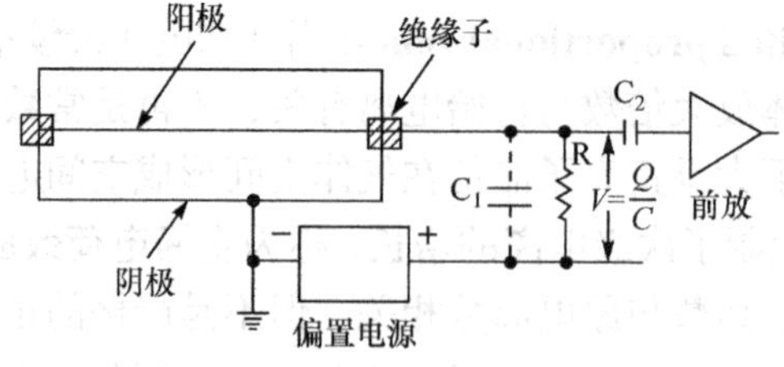

图 6-17　正比计数器的结构示意图

当被测粒子射入正比计数管灵敏体积时引起气体的电离，从而生成正离子与电子。电子在阳极收集过程中，受电场加速而获得足够的能量，它能够再次使气体分子电离，从而导致离子对的不断增殖，增殖后的电离数与原电离的比值称为气体放大倍数，它与原电离无关，是一个常数。因此正比计数管的输出脉冲幅度与原电离成正比关系。正比计数管不仅能作粒子的计数测量，而且也可作能谱测量。

利用正比计数器进行线能和比能测量时，往往采用无壁正比计数器，阳极丝为微米量级的导电丝，正比计数器的有效收集区域建立在阳极丝附近，为了消除阳极丝端头附近的电场的畸变，阳极丝被双螺旋线环绕，以保证沿整个阳极丝电场一致且均匀地放大。正比计数器的外壁比较大，壁到灵敏体积的距离足够大，室壁对灵敏体积的影响很小，正比计数器的信号也不受室壁的影响。正比计数器的灵敏体积为球形，或圆柱形，灵敏体积内充组织等效气体，在正比计数器的灵敏体积内建立了辐射平衡。为使正比计数器性能保持良好，正比计数器工作在低气压流气方式下。为了正比计数器性能良好，螺旋线和外球壳均有组织等效的塑料(C552 空气等效塑料)，由于金属元素的原子序数 Z 一般比较大，和光子的作用截面大，外壳避免用金属材料。正比计数器测的信号幅度 ch 和单次沉积的能量 ε_l 有线性关系

$$\varepsilon_l = \mathrm{ch} + a \tag{6.38}$$

直径为 d 的球形正比计数器中的线能为

$$y = \varepsilon_l / \langle l \rangle = \frac{3}{2d} \cdot (\mathrm{ch} + a) \tag{6.39}$$

由正比计数器测得的脉冲幅度分布 $N(h)$可以得到线能的分布

$$f(y) = \frac{N(h)}{\sum\limits_h N(h)} \frac{\mathrm{d}h}{\mathrm{d}y} = \frac{N(h)}{\sum\limits_h N(h)} \frac{2d}{3c} \tag{6.40}$$

由正比计数器测得的脉冲幅度分布 $N(h)$还可以得到单次能量的分布

$$F_\varepsilon(\varepsilon) = \frac{N(h)}{\sum\limits_h N(h)} \frac{\mathrm{d}h}{\mathrm{d}\varepsilon} = \frac{N(h)}{\sum\limits_h N(h)} \frac{1}{c} \tag{6.41}$$

将单次能量沉积求和，得到吸收剂量的平均值

$$\langle D \rangle = \frac{\langle \varepsilon \rangle}{m_p} = \frac{\sum\limits_c F_\varepsilon(\varepsilon)\varepsilon}{\rho V} \tag{6.42}$$

式中 V 为灵敏体积，ρ 为气体密度。在正比计数器灵敏体积质量 m_p 比较小时，上式就变成所测的吸收剂量。正比计数器工作介质为气体，而且是在低气压下，尺度为 cm 量级的正比计数器使用组织等效气体作为工作气体时，可模拟 μm 尺度的能量沉积。

3. 反冲质子正比计数器

中子与氢原子碰撞过程中会传递很大的能量，甚至可将中子的全部能量传递给氢原子核，而且中子和氢原子的碰撞截面也很大，质子的测量很容易实现，利用正比计数器来测量中子是可行思路。在 100eV～20MeV 的能区，中子与质子的相互作用仅有弹性散射，没有其他反应道，测量可靠性高、结果分析方便。通过探测中子和氢原子碰撞产生的反冲质子来探测中子的探测器就是反冲质子正比计数器。反冲质子正比计数器工作气体用含氢气体，为增加对高能中子的响应，往往需要将工作气体的压强增大，计数器内壁采用含氢材料。

如图 6-18 所示的反冲质子正比计数器，采用聚乙烯为内壁，中子可以在室壁与工作气体(环丙烷)中产生反冲质子。如果室壁材料和气体选更好的组织等效材料，剂量测量结果更佳。

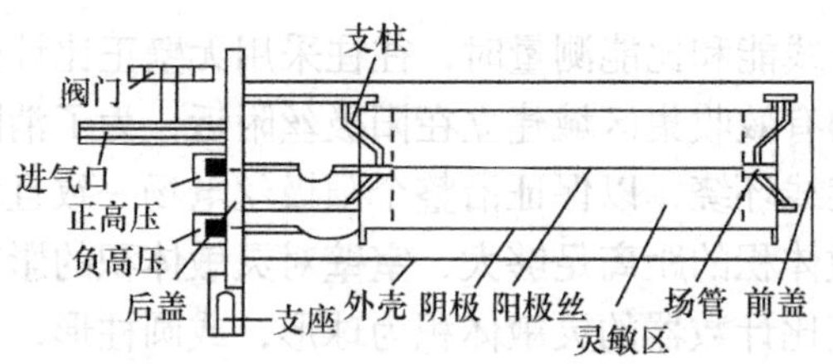

图 6-18 反冲质子正比计数器

4. 组织等效正比计数器

组织等效正比计数器(tissue equivalent proportional counters，TEPC)就是工作气体为组织等效气体的正比计数器，通常有圆柱形和球形两种，已经应用于包括光子、中子、重带电粒子、π 介子等多种辐射的微剂量模拟测量中，其中球形组织等效正比计数器如图 6-19 所示。所谓模拟是指带电粒子通过计数管体积中组织等效气体时，与通过同一位置上组织的小灵敏体积时所接收的碰撞数目相同，因此将计数管放在与生物材料相同的位置上时，可以用计数管测量到的辐射能量沉积分布来表示所要模拟的生物材料微米到纳米尺寸组织中的能量沉积分布。

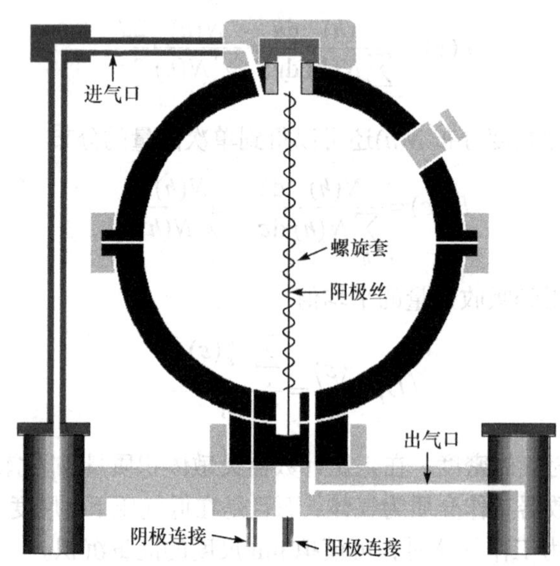

图 6-19 球形组织等效正比计数器

根据 Fano 定理，初级辐射和次级辐射与物质内原子的作用不会受其密度影响。因而用正比计数器测量线能 y 的概率密度分布 $f(y)$时，可以在非常大的电离室空腔内填充密度极低的组织等效气体来模拟密度为 $1g/cm^3$ 的组织在其很小的微观体积内线能 y 的分布。计数管工作时所用的气体一般为 CH_4(68.3%)+CO_2(29.6%)+N_2(2.1%)混合物，所模拟的单位密度组织球直径 d 可以用如下公式表示：

$$d = \rho \cdot d_c \tag{6.43}$$

式中 d_c 是正比计数器直径。对于圆柱形正比计数器来说，d_c 对应于圆柱的直径或高，ρ 为计数管内工作气体的密度。所以改变正比计数器工作气体的压力，也就是改变 ρ，就可以模拟不同尺寸的小组织。在具体的测量过程中，为保证组织等效气体成分的纯净和恒定，可以采用流气系统。

6.4.4　G-M 管计数器

G-M 计数管(Geiger-Muller counter)是工作在图 6-16 中 G-M 区的气体探测器。该区特点是气体放大系数很大(>10^7)，脉冲幅度大小与原初电离无关。G-M 计数管种类很多、形状各异：有圆柱形、钟罩形、球形、针形等，其中以圆柱形、钟罩形用得最多。G-M 计数管中心为一根金属丝，称为阳极，其外则是一个金属圆筒套，称为阴极。两个电极彼此绝缘并固定在密封的套管内(玻璃的或金属的)，工作时阳极接地、阴极接负高压或阴极接地，阳极接正高压。与电离室、正比计数管相比，G-M 计数管用于剂量测量时具有许多优点：①灵敏度高。任何在计数管灵敏体积内产生的电子-离子对均有脉冲计数。②脉冲幅度大。脉冲可达伏特(V)数量级，不经放大即可被记录，电子学仪器简单。③稳定性高，可适合恶劣环境。④对电源稳定性要求不高，不受外界电磁场干扰。⑤结构简单，容易制造，价格便宜。

1. 工作原理

射线进入计数管灵敏体积产生电离后，电子在电场的加速中获得足够的能量，使气体分子再电离，产生次级电子、三次电子，从而电子形成雪崩式放大。当全部电子到达阳极时，电子增殖终止。在电子增殖过程中产生的受激原子、分子或离子会放出(紫外)光子，光子与气体分子或阴极作用产生光电子。在电场作用下，这些光电子又会引起新的增殖，并不断地持续下去，迅速遍及整个阳极表面。电子很快被收集，大量的正离子则留在阳极表面附近，形成一个“正离子鞘”，使阳极周围电场强度减弱，光电子增殖过程终止。增殖过程终止后，正离子鞘在电场作用下向阴极漂移，同时在阳极上感应出一个电压脉冲，其大小与正离子鞘的总电荷有关，而与初始总电离基本无关。随着正离子鞘向阴极漂移，阳极电场逐渐恢复。当漂移的正离子撞击阴极表面时，又会引起二次电子发射，从而再次引起连续放电，这样势必会破坏计数管计数脉冲与入射粒子之间的一一对应关系。为此，在一个入射粒子引起一次计数后，必须设法使放电终止，这个过程称为**猝灭(quenching)**。

目前，G-M 计数管采用的猝灭方法主要是自猝灭，就是在计数管中充以一定比例的猝灭气体，如酒精、石油醚等有机物质或溴、氯等卤素气体。猝灭气体通常都有强烈吸收紫外线的作用。因此，它可以有效地抑制紫外线在阴极表面产生光电子的可能性。此外，猝灭气体的电离电位比计数管工作气体的低，当正离子与猝灭气体分子相碰时，很容易发生电荷交换。于是正离子变成中性原子，并放出一个能量较小的光子。光子被猝灭气体分子吸收，而猝灭气体分子变成正离子。这时，真正到达阴极表面的都是猝灭气体的正离子。它们撞击阴极，从阴极上获得电子后，变成激发态的分子，退激时不再放出光子，而是以自身的离解消耗激发能，从而使计数管得到猝灭。以酒精、石油醚为猝灭气体的计数管称为**有机管**，以卤素气体溴、氯为猝灭气体的称为**卤素管**。

2. 主要特性

1) 坪特性

如图 6-20 所示，G-M 计数管的计数率随工作电压的变化呈现“计数坪”，坪的长度称为**坪长(plateau length)**，与猝灭气体性质和含量有关；坪的斜率称为**坪斜(plateau slope)**。有机管坪长在 150～300V，坪斜小于 5%/100V，起始电压约 1000V。卤素管的坪长约 100V，坪斜小于 10%/100V，起始电压在 300～600V。坪曲线是 G-M 计数管的重要特性，在使用前必须测量它，以便鉴定计数管质量、确定其工作点。

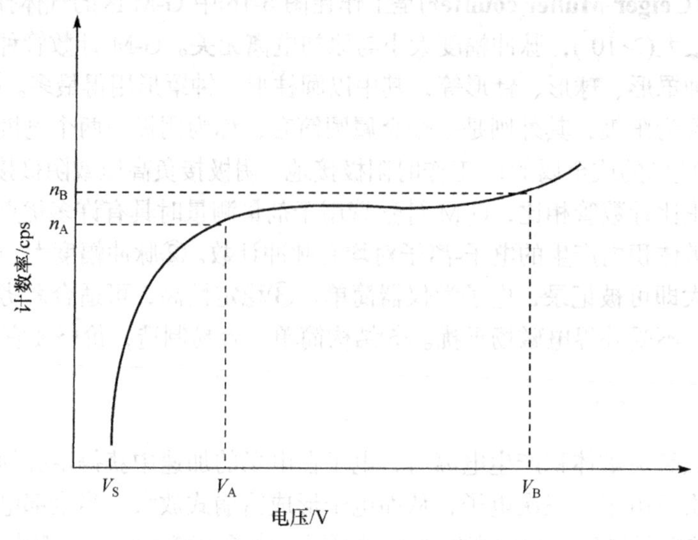

图 6-20　G-M 计数管的坪曲线

2) 死时间、恢复时间和分辨时间

计数管对入射粒子失效的时间称为**死时间(dead time)**，实际上等于计数管上次放电终止到下次放电恢复这段时间间隔。G-M 计数管放电的终止主要是正离子鞘使阳极附近周围电场下降所致。当正离子鞘向阴极漂移时，阳极电场强度逐渐恢复，一旦恢复到(放电)阈值，放电就会重新开始。"死时间"大小决定于正离子鞘漂移速度，死时间过后，虽然入射粒子又能产生放电形成脉冲，但幅度总小于正常值，直到正离子鞘被阴极全部收集，才能恢复正常值。阳极附近周围电场从放电阈值恢复到正常值所需要的时间称为**恢复时间(recovery time)**。G-M 计数管的死时间和恢复时间都比较长，一般在 10～100μs 量级。**分辨时间(resolving time)**对整个计数系统(包括计数管和记录仪器)而言，它是指系统在一次计数后恢复到能再次计数的时间间隔。分辨时间与记录仪器触发阈有关，只有脉冲幅度大于仪器的触发阈，才能显示出计数。

3) 本征探测效率和寿命

本征探测效率(intrinsic detection efficiency)是指计数管输出脉冲数与进入计数管灵敏体积的粒子数之比，常用符号 η 表示，它与计数管内气压有关。G-M 计数管对带电粒子的探测效率可达 100%，对 γ 射线探测效率则取决于它在计数管灵敏体积中产生一对离子的概率。G-M 计数管对 γ 射线的本征探测效率既与计数管壁材料和厚度有关，也与 γ 射线能量有关：对 1.5MeV 的 γ 射线约为 1%。有关计数管的寿命：有机管计数寿命一般 $<10^8$ 计数，卤素管寿命比有机管长(10^9～10^{10} 次)。这是因为卤素分子解离后能重新结合并继续猝灭。

3. 种类及应用

G-M 计数管种类很多，按照猝灭原理可分为自猝灭和非自猝灭两种；按所充猝灭气体的性质，自猝灭管又可分为有机管和卤素管两类，它们又可分成 β 计数管和 γ 计数管，流气式和充气式计数管等。G-M 计数管的形状大多为圆柱形和钟罩形。对探测能量高、穿透力强的辐射，可选用管壁较厚的圆柱形 G-M 计数管，反之则选用薄壁或云母窗的钟罩形计数管。对

一些能量特别低的 β 粒子，最好选用流气式计数管。用于医学诊断，伸进软组织作为探针的，可选用针状管。总之，需要根据探测的对象和用途选择计数管。

4. 光子碰撞比释动能率的测量

G-M 计数管对光子的计数率

$$R = S\eta\varphi(t) \tag{6.44}$$

式中 $\varphi(t)$为 γ 粒子注量率，S 为灵敏体积截面，η 为本征探测效率，表示射到 G-M 管灵敏体积内的光子探测效率。G-M 管本征效率 η 随光子能量增加而减小，对于 0.3～2.5MeV 范围内的光子，在低原子序数(Z＜30)材料中 G-M 管的本征探测效率为

$$\eta = ah\nu(\mu_{en}/\rho)_a \tag{6.45}$$

式中 a 为常数因子，$(\mu_{en}/\rho)_a$ 为光子在空气中质量能量吸收系数，G-M 计数管对光子计数率

$$R = aS\varphi[h\nu(\mu_{en}/\rho)_a] = aS\dot{K}_{c,a} \tag{6.46}$$

式中 $K_{c,a}$ 为光子在空气中碰撞比释动能率。

6.4.5　外推电离室

外推电离室(extrapolation chamber)是一种灵敏体积可以调节的空腔电离室。图 6-21 就是一个典型外推空腔电离室，电离室主体由电离室固定架和活塞体组成，前者是固定的，后者可以在一定范围内移动，移动距离由限位开关来限定。通过移动活塞来改变收集体积的大小，可变空气隙之间的气体为电离室的灵敏体积，由步进电机驱动来改变灵敏体积。电离室固定架和活塞体都由电子的空气等效介质构成，通过偏压电极将电压加到很薄的箔窗上，偏压电极固定，在活塞的内面中心部分为以石墨为导电层的收集电极，其电压通过后面的收集电极引线导入。收集电极和保护环处于同一运动体系中，活塞的内面外围部分为导电的保护环。保护环和收集电极处于相同的电势，但与收集电极断开。

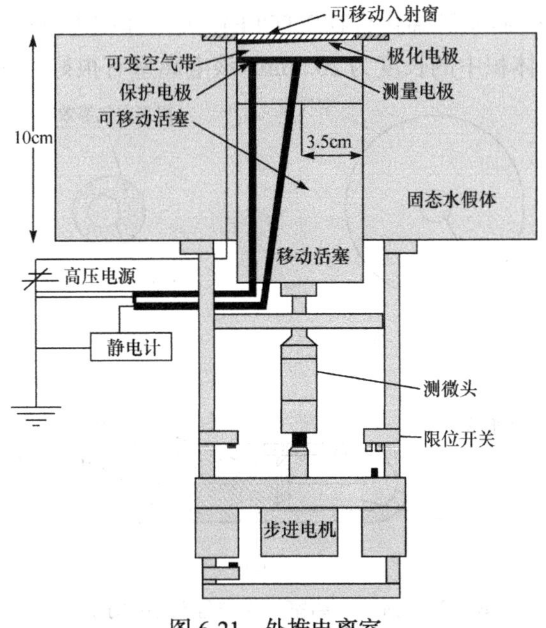

图 6-21　外推电离室

外推电离室的入射窗很薄，在空腔内靠近入射窗的表面处不存在电子辐射平衡。在离入射窗表面不同的深度 x 处，会有不同的剂量分布

$$D_g(x)=\frac{w_g}{e}J_g(x)=\frac{w_g}{e}J_g(x)\frac{1}{\rho S}\frac{dQ}{dx} \tag{6.47}$$

式中 $J_g(x)$为空腔电离室中深度为 x 处单位质量气体中的电离电荷，S 为收集电极面积，ρ 为气体密度。外推电离室所测吸收剂量随深度的增加如图 6-22 所示。

如图 6-22 所示，在箔窗表面的剂量为 $D_g(0)$，之后随电离室内外推深度的增加而增加，这个过程伴随着电子在外推电离室里逐渐实现电子的过渡平衡，在平衡深度 $J_g(x)$达到最大，外推电离室的深度进一步增加时，初级入射射线束的衰减将起主要的作用，这时候所测的吸收剂量又按直线规律下降。外推电离室的活塞是初级射线的反射层，吸收剂量曲线中直线下降部分的反向延长线交 y 轴于 D_0，D_0对应于在厚反射条件下，介质表面达到电子平衡时的剂量。利用外推空腔电离室可以测量不均匀介质交界面中吸收剂量的变化。当介质中存在两种介质时，利用外推电离室可以测量两种介质交界处的吸收剂量。

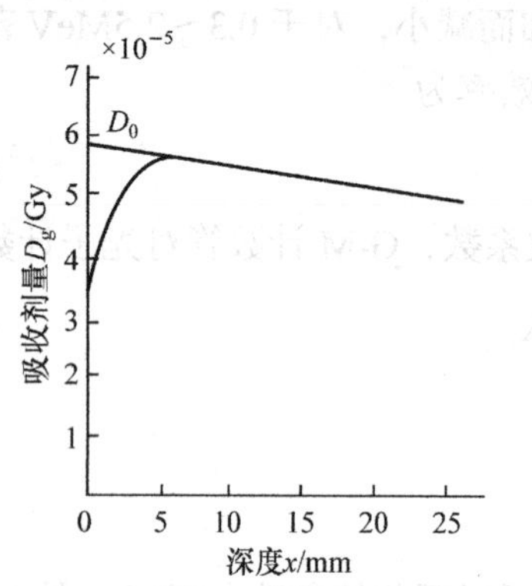

图 6-22　外推电离室对 20keV 光子的剂量响应

6.4.6 指形电离室

电离室除了前面介绍的几种外，还有 Markus 电离室、指形电离室(图 6-23)、Farmer 电离室(图 6-24)，根据电离室测量原理很容易理解这些电离室的性能和特点。目前国内普遍使用的指形电离室由英国物理学家 Farmer 最初设计，后由 Arid 和 Farmer 共同改进的所谓 Farmer 型指形电离室。图 6-24 给出其标准结构。电离室壁材料为纯石墨，中心收集电极材料为纯铝，极间绝缘材料为聚三氯乙烯-氟乙烯化合物(PTCFE)，灵敏体积为$(0.61\pm0.01)cm^3$，中心收集极的直径为 1.0mm，在灵敏体积中的长度为 20.5mm。该电离室有很好的能量响应特性(1%～4%)。

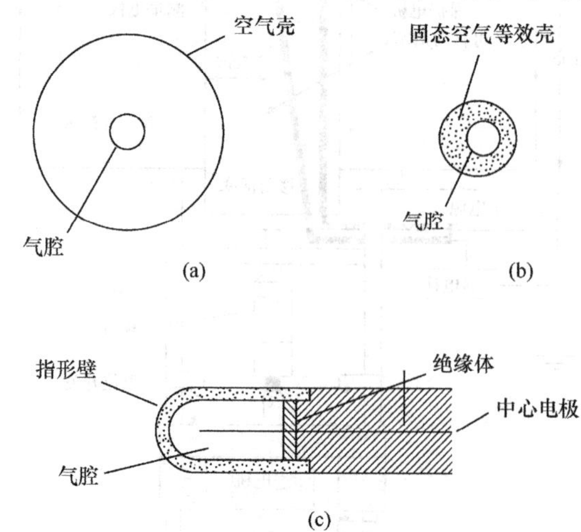

图 6-23　指形电离室工作原理及结构示意图

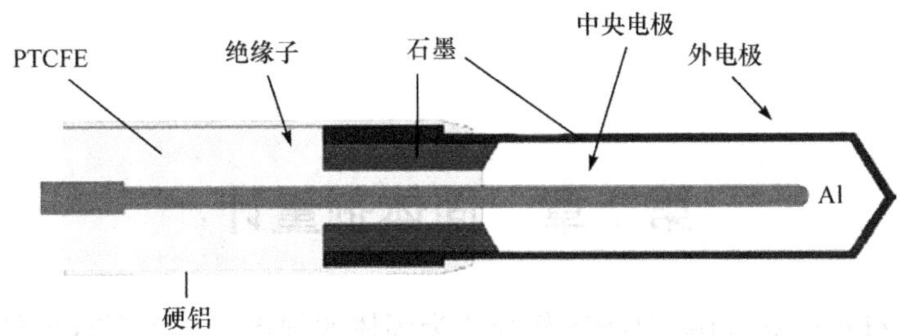

图 6-24　Farmer 型指形电离室

指形电离室是依据自由空气电离室的原理为便于常规使用而设计的。其工作原理可以从图 6-23 分析，图 6-23(a)所示的电离室设想有圆形空气外壳，中心为充有空气的腔，气腔包含的体积为收集体积。假定空气外壳的半径等于电离辐射在空气中产生的次级电子的最大射程，满足进入气腔中的电子数与离开的数目相等，电子平衡存在。此条件下的电离室可认为与自由空气电离室具有等同功能。如果将图 6-23(a)的空气外壳压缩，则可形成图 6-23(b)所表示的固态的空气等效外壳。所谓空气等效就是该种物质有效原子序数与空气有效原子序数相等。由于固体空气等效材料的密度远大于自由空气的密度，该种材料中达到电子平衡的厚度可远小于自由空气的厚度。例如，对 100～250kV 的 X 射线，其空气等效壁的厚度约为 1cm，就可达到电子平衡。图 6-23(c)表示的为根据上述设想而制成的指形电离室的剖面图。

指形电离室壁材料一般选用石墨，它对光电吸收的有效原子序数小于空气(Z_{eff}=7.67)、接近于碳(Z=6.0)，其内表面涂有一层导电材料，形成一个电极。另一个电极位于中心，是由较低原子序数材料如石墨、铝等制成的收集电板。如上面所提到的，空气气腔中所产生的电离电荷是由其四周室壁中的次级电子所产生的。为使指形电离室与自由空气电离室具有相同的效应，它的室壁应与空气外壳等效，即在指形电离室壁中产生的次级电子数和能谱与空气中产生的一样。通常用作室壁的材料为石墨、酚醛树脂和塑料，其有效原子序数小于空气的有效原子序数，这种室壁材料在空气气腔中产生的电离电荷也会少于自由空气电离室。为此选用有效原子序数略大的材料制成中心收集电极，并注意其几何尺寸和空腔中的位置，可部分补偿室壁材料的不完全空气等效。

复习思考题(六)

【1】　电离室的工作原理是什么？常用的电离室有哪几种类型？各有哪些重要的特性参数？

【2】　空腔电离室的有效体积为 2cm^3，充有空气，求在 Gy/s 剂量率下的电流。

【3】　试述正比计数器的坪特性曲线与工作电压之间的关系。

【4】　外推电离室测量吸收剂量时，如何测得微分外推剂量曲线和积分外推剂量曲线？

【5】　气体电离室有哪些共同特点及共同特性参数？

【6】　简述空腔电离室测量照射量和碰撞比释动能的原理和方法。

【7】　^{241}Am 的活度为 10^{3}Bq，在空气电离室中可产生多大的电流？其中光子贡献多大？

【8】　试比较 G-M 计数管与正比计数管各自的优劣。

第 7 章　固体剂量计

固体剂量计(solid dosimeter)是指工作介质为固体的剂量计，主要有半导体剂量计、闪烁剂量计和热释光剂量计三大类。因灵敏体积很难精确测定，固体剂量计不能绝对测量辐射剂量，需要先用标准剂量计或标准辐射场校准，得到刻度曲线后再进行相对测量。

7.1　半导体剂量计

7.1.1　结构和工作原理

半导体探测器(semiconductor detector)是使用半导体材料(固体)作为灵敏介质的电离辐射探测器，因其工作原理与气体电离室类似，也称固体电离室。最典型的用于剂量测量的半导体剂量计是 PIN 型半导体探测器，此外还包括一些新增测量剂量的半导体器件，如半导体 PN 结和金属氧化物场效应管(MOSFET)。半导体 PN 结既可用作剂量计，也可用作粒子探测器。PIN 型半导体探测器是指 P 型半导体和 N 型半导体直接接触(接触距离小于 10^{-7}cm)所形成的探测器，其结构如图 7-1 所示。

因 PIN 结区载流子很少、电阻很高，又称为耗尽层、势垒区或阻挡层。加在探测器两端的电压主要降落在结区形成强电场，但结区电阻高使得其中基本无电流流过(仅有微弱的反向漏电流)。带电粒子进入结区后因电离产生电子-空穴对，然后电子和空穴在外电场作用下分别向两个电极漂移，从而在输出回路中形成脉冲信号，信号幅度与入射粒子在结区的能量损失成正比。如果入射粒子能量全部消耗在结区，则通过测量信号脉冲幅度即可以测定带电粒子的能量。这就是半导体探测器的基本工作原理。

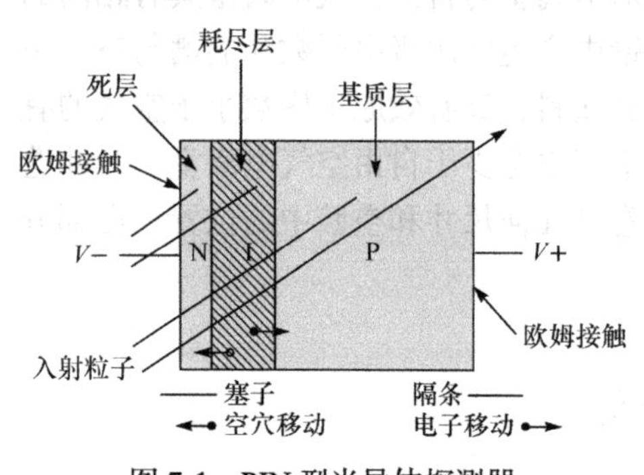

图 7-1　PIN 型半导体探测器

7.1.2　主要特征量

半导体 PIN 结工作在脉冲方式下时，不仅能提供辐射粒子注量和能量信息，有时还能给出辐射粒子的时间特征等其他信息，半导体探测器主要特征量有反向电流、能量分辨率、本征探测效率、温度敏感性等。

1. 反向电流

反向电流(reverse current)是指探测器加上一定电压后，在没有光照和粒子入射时其内部流过的电流，一般包括三个部分：①结区内部因热激发产生的体电流，它与结区体积、单位体积内电子-空穴对的产生率有关。②结区扩散电流，由电子和空穴的扩散而形成，通常很小。

③半导体表面漏电流，与半导体表面吸附金属离子和水蒸气有关，可达 mA 量级；因此保持探测器干燥、表面清洁十分重要。探测器反向电流直接决定其噪声水平，要求越小越好。性能好的金硅面垒探测器，反向电压 100V 时反向电流在 μA 以下；性能一般的应小于 10μA。降低温度对减小反向电流、提高探测器性能十分有益。半导体剂量计反向电流决定了剂量测量下限，为改善灵敏度，设计和使用时需要尽可能降低半导体的反向电流。

2. 能量分辨率

能量分辨率(energy resolution)是半导体探测器另一重要性能指标参数，主要影响因素包括入射粒子能量损失统计涨落、所产生电子-空穴对数目的涨落，且对能量分辨率的影响无法消除，直接决定能量分辨率极限值——**本征能量分辨率(intrinsic energy resolution)**，当半导体工作电压不够高时，电子和空穴的复合会降低其能量分辨率。半导体探测器电子学噪声对能量分辨有影响，噪声主要来源于电荷灵敏放大器。噪声与射线信号叠加在一起使谱线展宽、分辨率变差，噪声越大分辨率越差。半导体探测器噪声主要因反向电流涨落所致，一般通过降低探测器温度来降低反向电流，从而减小探测器噪声引起的谱线展宽，因此有些谱仪干脆把电荷灵敏放大器的第一级放大器也作为冷却对象。影响分辨率的这些因素同样会影响剂量测量，使探测器精度变差、灵敏度降低。

3. 本征探测效率

探测器对辐射粒子探测效率的极限值称为**本征探测效率(intrinsic detect efficiency)**。各类半导体探测器均可用来探测带电粒子，因半导体探测器几乎无窗，只要粒子能量不很低，这类探测器对带电粒子的本征探测效率几乎是 100%。低能粒子在半导体探测器中产生脉冲的幅度可能比噪声脉冲的幅度还低，如果调节甄别器消除噪声脉冲又会丢失一些低能电子产生的脉冲。因此半导体探测器探测低能 β 射线的效率要比气体探测器低，但探测高能 γ 射线的效率比气体探测器高。锂漂移半导体探测器可用于探测 X 射线和 γ 射线，其本征探测效率随射线能量而变化：对 62keV 的 X 射线，硅(锂)探测器的本征探测效率为 5%，锗(锂)探测器的本征探测效率几乎达 100%。

4. 温度敏感性

半导体探测器对温度很敏感：温度升高时热激发会使得半导体反向漏电流增加，噪声随之增加，导致半导体探测器的性能下降甚至无法使用，降低半导体探测器的温度至关重要。

7.1.3　剂量响应

半导体剂量计常工作在累积电流模式下，其输出电流 I 和吸收剂量率 $\mathrm{d}D/\mathrm{d}t$ 的关系为

$$\frac{\mathrm{d}D}{\mathrm{d}t}=IW/(eSd\rho) \tag{7.1}$$

式中 ρ 为半导体密度，W 为射线在半导体中产生一对电子-离子对所需的平均电离能，S 为剂量计有效面积，d 为半导体中收集体积的厚度(即**耗尽层厚度**)，也叫**灵敏层厚度**。半导体耗尽层厚度与所加电压有关，灵敏层厚度与工作条件有关。半导体探测器的收集体积大小随工作电压改变，很难进行绝对测量，实际工作中一般用于吸收剂量的相对测量。

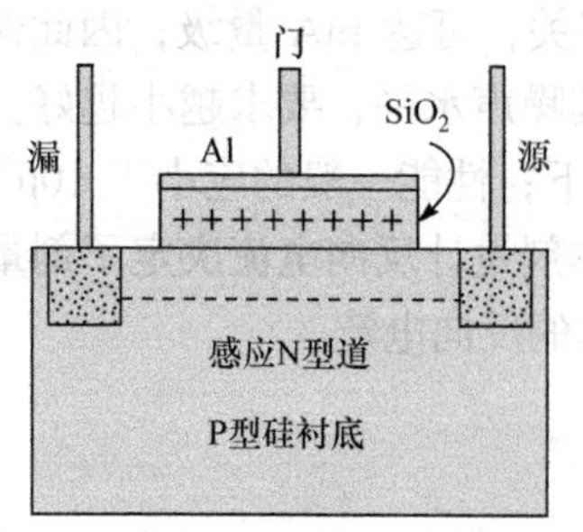

图 7-2 金属氧化物场效应管(MOSFET)

除了 PIN 型半导体外许多其他半导体也可用于剂量测量，如剂量测量中使用越来越多的金属氧化物场效应管(MOSFET)，如图 7-2 所示。也可通过将半导体组合来实现剂量测量，如在半导体中加入含氢物质后可以实现中子剂量测量。

电离辐射照射 MOSFET 后使其漏电流、击穿电压和阈值电压均发生变化，利用阈值电压的变化即可实现辐射剂量测量。在辐射场中 MOSFET 阈值电压会发生负向漂移，且随照射累积剂量增大而增大，利用这种剂量累积效应可实现辐射累积剂量测量，阈值不仅与辐射剂量有关，还与 MOS 结构有关，半导体剂量计中的 MOS 应有 μm 量级厚的栅氧化层。不同 MOSFET 辐射剂量与相对负向漂移的变化趋势不同；另外，当累积剂量增加到一定程度时，相对负向漂移不再增大。将辐照后的 MOSFET 剂量计在低温条件下退火，阈值电压可恢复到辐照前水平，可重新使用。半导体剂量计对粒子的响应与其能量有关，图 7-3 所示为 RD-98 剂量计对 X 射线的能量响应曲线。RD-98 剂量计由陶瓷封装的硅光二极管半导体并采用滤片补偿法制成，其灵敏区面积为 1.6mm^2、峰灵敏波长为 560nm、最大暗电流为 10pA、上升时间(负载电阻 1kΩ)为 0.5μs、端电容是(f=10kHz) 200PF、工作温度在 10～600℃。

半导体剂量计的能量响应取决于介质材料与辐射粒子之间的相互作用，另外也与半导体入射窗、灵敏体积、灵敏区形状有关。辐射粒子沿不同方向入射至半导体时，在半导体窗和死层沉积的能量不同，因此半导体探测器的响应有方向性，如图 7-4 所示。

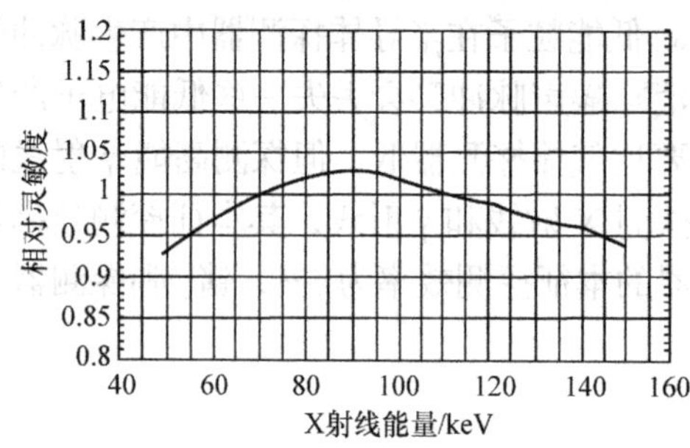

图 7-3 RD-98 剂量计对 X 射线的能量响应

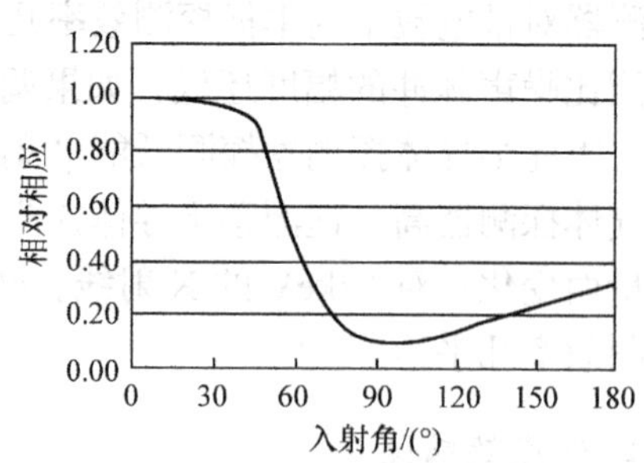

图 7-4 RD-98 剂量计的方向响应

电离辐射照射半导体后会造成其中部分原子离开正常晶格位置形成晶体缺陷，这些晶体缺陷会形成俘获中心使载流子寿命降低、半导体收集到的电信号减弱。不同射线造成的损伤程度不同，中子引起的损伤效应尤其强烈，比 γ 射线要大三个数量级！利用中子对半导体的损伤效应可以实现中子辐射剂量测量。选取硅二极管，使用前先测量电导率(通过测量电阻，或在恒定电流下测量其电压变化)。将硅二极管置于辐射场中，经过一段时间后再测量其电导率，由电导率的变化即可得到辐射剂量。为测量准确，需要考虑辐射效应的衰减或者校正技术。射线引起的损伤效应随时间增加而有所降低，因此照射后应快速测量。另外，即使测量时间很短，也有部分晶体损伤衰退，仍需要进行修正。另外，半导体电导与温度很敏感，要求测量前后温度稳定一致。硅二极管可用于 0.1～10Gy 内的中子剂量测量，精度可达 0.1Gy。硅二极管受中子照射后引起的损伤在高温下会迅速衰减，经过高温退火处理后还可再次使用。硅二极管对能量比较高的中子的响应比较平坦，而对低能中子的响应会迅速降低。

半导体探测器广泛应用于能谱测量，具有能量分辨率高、线性范围宽、脉冲上升时间快等优点。它的主要缺点是抗辐射性能差，输出脉冲幅度小，性能随温度变化大。半导体剂量计在剂量测量过程中具有响应快、能实时测量、体积小、可以提供辐射场的空间剂量分布的优点。半导体的平均电离能要比气体小 1 个数量级，而其密度比气体大 3 个数量级。

7.2　闪烁剂量计

7.2.1　结构和工作原理

闪烁剂量计(scintillation dosimeter)是利用射线与物质相互作用时引起原子和分子激发发光来实现剂量测量的辐射探测器。与气体探测器相比，闪烁剂量计分辨时间短、探测效率高，在许多领域中部分地取代了气体探测器，是目前使用最广的核辐射探测器之一。

闪烁剂量计的结构主要由闪烁体、光电倍增管和电子学仪器三部分组成，通常闪烁体、光电倍增管和前置放大器一起装在避光暗盒中，称为**探头(probe)**。入射粒子进入闪烁体使其原子、分子电离和激发，受激的原子或分子退激时便放出大量光子。这些光子被收集到光电倍增管的光阴极，通过光电效应在光阴极上产生光电子。光电子受极间电场的加速射向第一打拿极，在打拿极上就产生更多次级电子，这些电子在后面的各个打拿极上重复相同的倍增过程。倍增后的电子收集到阳极上形成电流脉冲或电压脉冲，然后将其输入电子学仪器进行放大、记录和分析。这就是闪烁剂量计的基本工作原理，如图 7-5 所示。

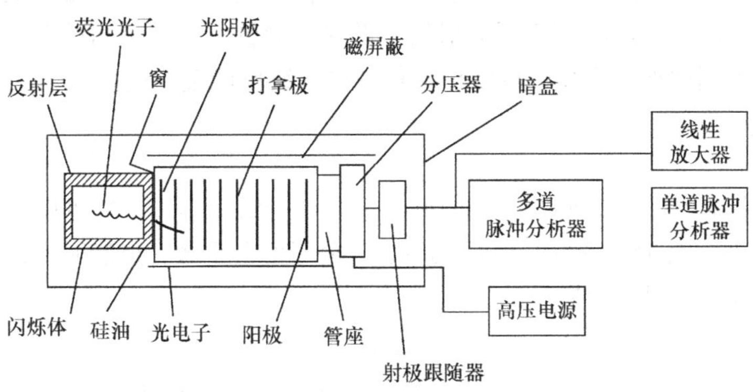

图 7-5　闪烁剂量计结构示意图

7.2.2　闪烁体的发光特性

固体物理学认为：单个原子能级是分立的，在大量原子组成的固体材料中会形成能带结构，被价电子占据的能量最低状态为价带，价带中电子获得动能后可以跃迁至导带，但在导带和价带之间存在不允许电子出现的禁带。当固体中有杂质原子存在时，在禁带中会形成一些孤立的能级。在固体中加入某些激活剂(如 NaI 和 CsI 晶体中的 Tl，ZnS 晶体中的 Ag)，会使禁带中导带、价带附近形成孤立能级(俘获中心)，俘获中心使晶体发光透明，同时又起到波长转换的作用，如图 7-6 所示。

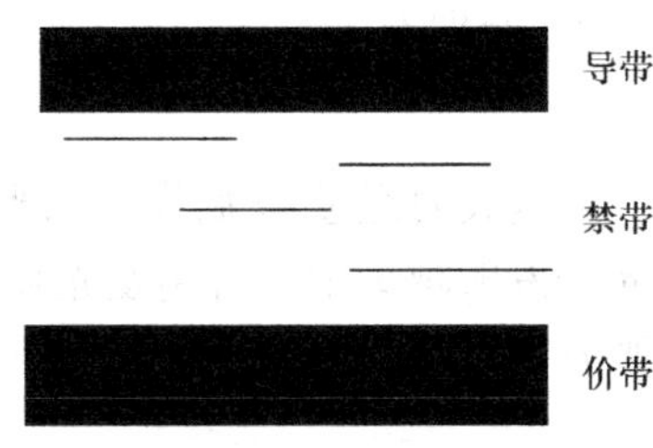

图 7-6　固体能带结构及发光原理

在射线作用下能发射荧光的物质称为闪烁体，它具有固体能带结构，分成无机闪烁体和有机闪烁体两大类。常用无机闪烁体有银激活的硫化锌——ZnS(Ag)、铊激活的碘化钠——NaI(Tl)和碘化铯——CsI(Tl)以及 20 世纪 70 年代研制成功的锗酸铋($Bi_2Ge_2O_7$)单晶体。有机闪烁体大都是有苯环碳氢化合物，主要有三种：塑料闪烁体、液体闪烁体、蒽晶体。在核辐射探测器中，闪烁体的发光特性主要包括如下几个方面。

1. 发光光谱

不同闪烁体在射线作用下所发射荧光的波长是不同的，即使同一闪烁体发射的荧光也不是单色的，而是连续带状谱，称为**发光光谱(luminous spectrum)**。每种闪烁体存在 1～2 种波长的光占优势，这种光是闪烁体发射光谱的主要成分，称为最强波长。例如，NaI(Tl)的最强波长为 415nm，蒽晶体为 447nm。了解不同闪烁体的发光光谱，主要是为了更好地匹配光电倍增管光阴极的光谱响应，从而使更多的荧光光子转换成光电子。

2. 发光效率

发光效率(luminous efficiency)是指闪烁体吸收的射线能量中转化为光能的百分数，常用绝对闪烁效率和相对发光效率来描述。绝对闪烁效率定义为：在一次闪烁中，闪烁体所发射光子的能量与它吸收射线能量的比值，用百分数表示。相对发光效率定义为：射线在两种不同闪烁体中损失相同的能量后，它们的输出脉冲幅度或输出电流的比值。通常以蒽晶体作为标准，规定它的发光效率为1，其余闪烁体相对于蒽晶体的发光效率的百分数即为相对发光效率。显然发光效率越高，越有利于低能射线和低水平测量。在能谱测量中，还要求发光效率在相当宽的能量范围内保持不变，以保证谱仪良好的线性能量响应。

3. 发光时间

发光时间包括脉冲上升时间和衰减时间，其中上升时间很短一般可以忽略，而衰减时间通常小于 10^{-9}s。闪烁体吸收射线能量后其原子、分子便会受激，退激时发射光子数的总体平均值 $N(t)$随时间按指数规律增加

$$N(t)=N_0(1-\mathrm{e}^{-t/\tau}) \tag{7.2}$$

式中 $N(t)$为 t 时刻发射的光子数平均值，N_0 为所能发射的光子总数，τ 为发光衰减时间。当 $t=\tau$ 时有

$$N(\tau)=N_0(1-\mathrm{e}^{-1})=0.63N_0 \tag{7.3}$$

因此 τ 的物理意义是：受激后的闪烁体原子、分子发射全部光子数的 63%所需要的时间。当 $t=4\tau$ 时有

$$N(4\tau)=N_0(1-\mathrm{e}^{-4})=0.98N_0 \tag{7.4}$$

这表明经过 4τ 后发射的光子数已经很接近 N_0 了(占 98%)，因此 τ 越小，发光时间越短、光子发射越集中。若用发光强度(即单位时间发射的光子数)$I(t)$表示闪烁体发光的衰减持性，则发光强度随时间变化的规律为

$$I(t)=-\frac{\mathrm{d}N}{\mathrm{d}t}=\frac{N_0}{\tau}\mathrm{e}^{-t/\tau} \tag{7.5}$$

显然，经过 τ_0 后发光强度下降到最大值的 1/e，亦即脉冲幅度下降到最大值的 1/e。

4. 其他特性

用作核辐射探测的闪烁体，除了具备上述物理特性以外，还应具备较高的阻止本领、良好的光学均匀性与透明度、耐辐照、耐冲击等优点。当然，任何一种闪烁体不可能同时满足所有要求，只能根据测量的需要加以选择。

7.2.3 常用闪烁体简介

1. NaI(Tl)

NaI(Tl)括号中的元素 Tl 为激活剂，这是一种密度为 3.67g/cm^3 的透明单晶体，它含有高原子序数的碘，所以对 X 射线和 γ 射线有较高探测效率，且发光效率、透明度都很好，发光光谱峰位于 420nm，与光电倍增管的光谱响应能很好配合。NaI(Tl)对 ^{137}Cs 的 0.662MeV 的 γ 射线分辨率可达 7%左右，其缺点是易潮解，久置于空气中会发黄变质，故通常都是密封包装，不用时放在干燥器中。

2. CsI(Tl)

这是一种密度为 4.51g/cm^3 的透明单晶闪烁体，发光光谱峰位于 580nm，对 γ 射线的探测效率比 NaI(Tl)高。薄片 CsI(Tl)单晶适合在强 γ 辐射场中测量 α 射线和低能 X 射线，机械强度大，不易潮解。缺点是能量分辨率比 NaI(Tl)差，且价格昂贵。

3. ZnS(Ag)

这是一种密度为 4.1g/cm^3 的多晶粉末闪烁体，发光光谱峰位于 450nm，通常把它敷在有机玻璃片上或直接敷在光阴极上。发射光波长在 400～600nm，其中 450nm 处发光强度最大。ZnS(Ag)粉末阻止本领大、发光效率高，对重带电粒子的探测效率几乎达 100%。ZnS(Ag)粉末对 γ 射线和 β 射线灵敏度差，可用于强 γ 或 β 本底下探测重带电粒子。ZnS(Ag)粉末的缺点是不易制成大晶体、透明度差。若将 ZnS(Ag)粉末与有机玻璃粉混合热压成圆柱形闪烁体，可用于测量快中子；还可以把 ZnS(Ag)、甘油和硼酸混合压制并密封在玻璃铝盒内探测慢中子。

4. BGO($Bi_4Ge_3O_{12}$)

锗酸铋(**$Bi_4Ge_3O_{12}$**)，简称 BGO，是 20 世纪 70 年代发展起来的一种新型闪烁体，它是一种纯本征晶体，不含激活剂。BGO 的优点是：①原子序数高(Z_{Bi}=83)、密度大(7.13g/cm^3)，对 γ 射线的吸收系数为 NaI(Tl)的 2.5 倍，是目前探测效率最高的一种闪烁体。②发光波长在 350～650nm，最强波长在 480nm 处，与光电倍增管能很好地匹配。③透明度高、化学性能稳定，机械强度好、不潮解。BGO 的缺点是：发光效率低(仅为同尺寸 NaI(Tl)的 8%～14%)，对低能 γ 射线分辨率比较差，主要用于探测低能 X 射线和高能 γ 射线或电子。

5. 蒽晶体

蒽晶体是密度为 1.25g/cm^3 的芳香族化合物，发光谱峰位在 440nm。蒽是发光效率最高、含氢量多的有机晶体，是探测 β 粒子和中子的良好闪烁体。蒽晶体的缺点是有效原子序数低、价格昂贵、易于爆裂。

6. 塑料闪烁体

常用塑料闪烁体由乙烯+对联三苯+POPOP 聚合而成，其优点是透明度好、发光衰减时间短、性能稳定、耐辐射性强、制作简单、价格便宜、可探测各种辐射粒子。塑料闪烁体的缺点是能量分辨率差，不能在高温下使用。

7. 液体闪烁体

液体闪烁体又称闪烁溶液，由溶剂和溶质组成。溶剂吸收辐射能、溶解样品，溶质接收溶剂所吸收的能量并产生荧光。为了与光电倍增管和光谱响应相匹配，有时需加入第二溶质进行波长转换；因此第一溶质又称发光剂，第二溶质又称波长转换剂。目前常用溶剂是芳香族化合物(如甲苯、二甲苯等)。由于大多数溶剂都不是有效闪烁体，常加入有效的闪光物质(如对联三苯和 PBD)作为第一溶质。溶剂分子接收能量而被激发以后很快地将激发能传给第一溶质使其分子激发，受激的溶质分子退激时发射荧光而回到基态，还有部分能量通过非辐射过程释放。第一溶质发出的荧光几乎可被第二溶质百分之百地吸收，而后发出第二溶质光谱的荧光。例如，用二甲苯作溶剂，用 PBD(发光波长范围为 350～400nm)、POPOP(所发荧光波长为 420～480nm)分别作第一溶质和第二溶质。

液体闪烁体发光效率受其配方影响很大，一般通过实验选择最佳配方比例，也可直接采用经验配方比例。液体闪烁体的突出优点是可将放射性样品直接溶于闪烁液中构成 4π 立体角接触、计数效率很高，有利于 ^{3}H 和 ^{12}C 等低能 β 射线发射体的测量。液体闪烁体缺点是有一定毒性，操作时需注意安全；同时还存在猝灭效应使效率降低，因此实际测量中需作猝灭校正。常用闪烁体材料如表 7-1 所示。

表 7-1　几种常用闪烁体的特性参数

	CdZnTe	$CdWO_4$	LaCl(Ce)	^{6}LiI(Eu)	NaI(Tl)	CsI(Tl)	BGO
密度/(g/cm^3)	6	7.9	3.86	4.08	3.67	4.51	7.13
时间常数/μs	0.1～0.2	14	0.025	1.2	0.23	1	0.3
光输出 K/(ph/MeV)		27	36	15	40	53	8
温度漂移/(%/℃)	0.01	0.01	0.1	0.3	0.1	0.13	
有效原子序数	48.5	65	59.5	53	50	54	75
发光峰值/nm		475	335	475	420	550	480
能量分辨(^{137}Cs)	2.5	6.6	4.2	7.5	6.7	6.1	
能量分辨(^{241}Am)		21	13.6	21	10.4	13.7	
折射率		2.3			1.85	1.79	2.15
中子灵敏度	No	No	No	高	No	No	

注：表中 No 的意思是对中子不灵敏，不可以用于中子测量。

8. 闪烁体的选择

任何闪烁体均不完美、各有优缺点，在实际中应根据如下测量要求来选择：①待测射线种类、能量和强度，所选闪烁体最好只对所探测射线灵敏，以便有效地排除其他射线干扰。如测 α 射线用 ZnS(Ag)晶体或 CsI(Tl)晶体，测 β 射线、中子时用塑料闪烁体或液体有机闪烁体，对低能 X 射线、高能 γ 射线可用 BGO，对中、低能 γ 射线则用 NaI(Tl)较好。②所选闪烁体对被测射线的阻止本领较高，以便射线能量尽可能地损失在晶体中。③所选闪烁体要有较高发光效率、良好透明度、较小折射率，使射线能量更多地转化成光子，并尽量收集到光电倍增管的光阴极上。④闪烁体发光谱应与光电倍增管响应相匹配，以获得高的光电子产额。⑤在时间分辨计数或短寿命测量中，应选发光衰减时间短、能量转换高的闪烁体。⑥价格问题也是选择闪烁体时要考虑的因素。

7.2.4　光电倍增管

光电倍增管(photomultiplier tube，PMT)是一种光电转换器件，其作用是将闪烁体发射的微弱光信号转变为放大的电信号。PMT 外壳常为玻璃，管顶的光阴极是光电转换部件，管中按一定方式排列着打拿电极，紧靠光阴极的为第一打拿极，其余的依次为第二、第三、… 打拿极。最后一个打拿极后面是阳极，是收集电子的部分，从这里引出电流或电压信号。管内各电极通过分压电阻加有依次递增的电压，使前一级来的电子得到加速并增殖。图 7-7 为 PMT 信号转换和放大的示意图。

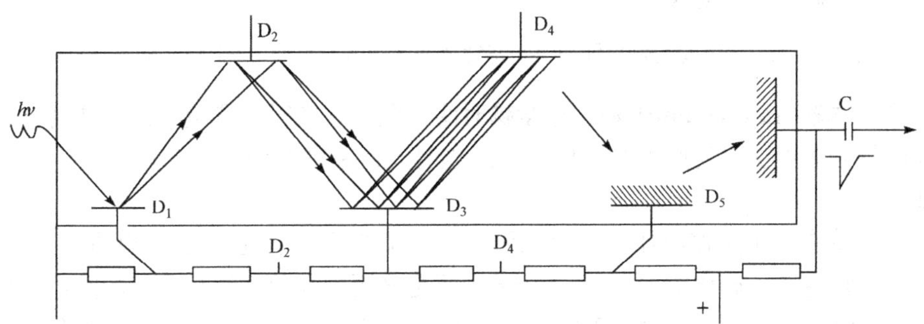

图 7-7　光电倍增管工作原理

1. 光电倍增管的主要特性

1) 光阴极的光谱响应和灵敏度

光阴极受光照射后发射光电子的概率与入射光波长的关系称为**光谱响应(spectral response)**。长波端的响应极限受光阴极材料性质的限制，短波端的响应主要由入射窗材料对光的吸收决定。光谱响应曲线随光阴极材料、窗材料及工艺而异，因而对特定型号 PMT 一般给出典型光谱响应。光阴极灵敏度一般用宏观定义：用入射光通量为 1 流明(lm)、色温为 2856K 的白炽钨丝灯光照射光阴极时光阴极上产生的电流，单位为微安/流明(μA/lm)，有时也给出蓝光灵敏度、红光灵敏度、紫外光灵敏度。

2) 放大倍数和阳极光照灵敏度

放大倍数是 PMT 重要参数之一，定义为阳极上收集到的电子数与光阴极发射的电子数之比。而阳极光照灵敏度为光阴极上入射 1lm 光通量时阳极输出的电流值，单位为 A/lm 或 mA/lm。实验表明：当入射光通量从 10^{-13}lm 增大到 10^{-4}lm 时，阳极电流是线性增大的；入射光通量太大时，阳极电流就会偏离线性出现饱和，放大倍数下降。

3) 光电倍增管的时间特性

PMT 光阴极发射的光电子经过多级打拿极倍增最后被阳极收集，该过程所需要时间称为 PMT 的**渡越时间(fly time)**。由于光阴极和打拿极发射电子在时间上是随机的，且各电极发射电子的初速度也不相同，因而各电子并不同时到达阳极，即电子渡越时间有一定范围，这就使得阳极上输出的电流脉冲(或电压脉冲)出现一定宽度。PMT 的这种时间性通常用脉冲上升时间、下降时间、响应宽度和时间分辨本领等参量来描述。脉冲上升时间是指用闪光时间极短的光源(δ 函数光源)照射光阴极时，输出脉冲从前沿峰值的 10%上升到 90%所需时间，而下降时间则为从脉冲后沿峰值的 90%下降到 10%所需时间。PMT 脉冲的半宽度就是脉冲的响应宽度，如图 7-8 所示。

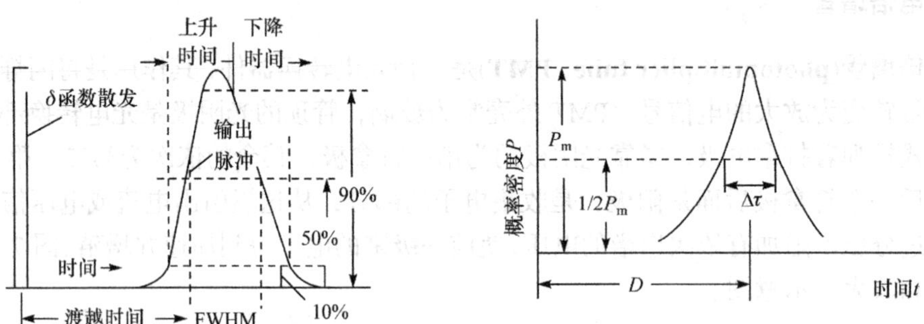

图 7-8　光电倍增管的输出脉冲时间特性及其渡越时间离散 $\delta\to$10%，50%，90%

时间分辨本领(time resolution)又称**渡越时间分散**，它在时间测量中是重要特性参量，定义为用 δ 函数光源多次重复照射光阴极时，渡越时间概率密度分布的半宽度。

4) 暗电流

光电倍增管在特定工作电压下，无光照时所产生的阳极电流称为“暗电流”。它与工作电压、使用温度均有关。**暗电流(dark current)**主要是光阴极和前几级打拿极的热电子发射以及电极间绝缘材料的漏电引起的。因暗电流存在而在阳极输出端产生的脉冲称为**本底脉冲(background pulse)**。PMT 说明书上一般只给出暗电流计数，但暗电流小的并不等于暗计数少，因为暗电流计数与光电倍增管的放大倍数等有关，在测量低能射线时必须采取措施减少暗电流。减少暗电流的方法通常是降低 PMT 温度，也可采用符合技术，具体做法读者可参考核辐射探测实验技术相关书籍。

5) 稳定性

在活度测量和能量测量中，PMT 稳定性很重要。PMT **稳定性(stability)**是指各参数随时间的变化率。它与工作电压、阳极电流及使用情况均有关，也与入射辐射强度、环境温度变化有关。性能良好的 PMT 经过数小时预热后能稳定工作，阳极电流的最大变化不大于 5%。

2. 光电倍增管的种类和应用

光电倍增管可分为“聚焦型”和“非聚焦型”两类，其中聚焦型又可分成环状聚焦型和直线聚焦型两种，它们的打拿极都呈瓦片形，前者排列成环状，后者排成直线状，如图 7-9 所示。

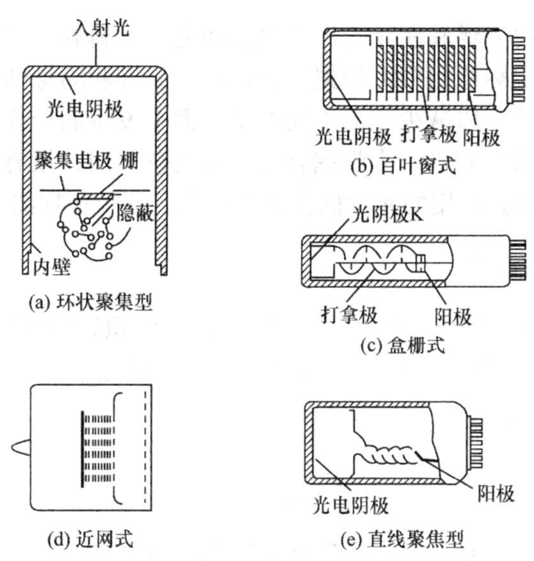

(a) 环状聚集型　(b) 百叶窗式　(c) 盒栅式　(d) 近网式　(e) 直线聚焦型

图 7-9　光电倍增管的类型和结构

打拿极之间存在强聚焦电场，电子在其中的飞行时间较短、时间响应快，因此适合时间参数测量。除了上述几种 PMT 外，还有近网式、微通道板、混合型等。非聚焦型可分成百叶窗式和盒栅式。百叶窗式的打拿极由窄长薄片排列成“百叶窗式”，打拿极前面装有屏蔽网，以阻止电子返回到发射电子的打拿极。这类管子暗电流特性好、平均输出电流大、脉冲幅度分辨率较好、时间响应差，适用于闪烁能谱测量。

光电倍增管是一种光敏感器件，使用时必须注意以下几点：①避光保存。因为长期暴露在自然光中会使暗电流增大，使用前应在暗室内保存 24h。②PMT 工作时严禁打开暗盒，同时注意疲劳效应。③PMT 外壳为玻璃材料，必须轻装轻放以免碎裂造成损失。

3. 光的收集和光导

为了使闪烁体发出的荧光有效地被光阴极收集，常在二者之间加入光学收集系统(包括反射层、光导和耦合剂等)。反射层的作用是把闪烁体中向四周发射的光尽可能多地收集到光电倍增管的光阴极上，如图 7-10 所示。

常用反射层材料有 MgO、TiO_2 等，也可用医用药棉包裹闪烁体作为反射层，或将闪烁体表面打磨成磨砂状以提高光的反射效果，常用于玻璃闪烁体。闪烁体与 PMT 直接耦合时光的传输最佳，但在实际应用中二者必须保持一定距离(插入光导)。例如：①光阴极表面积与闪烁体向着光阴极一面的面积相差较大时；②实验条件和环境限制使闪烁体与光阴极必须分开时；③闪烁体表面与光阴极表面的形状不一致时；④为了减小 PMT 材料中少量放射性杂质在闪烁体中产生本底。加入光导的作用是把闪烁体中的光有效地传递给光阴极，因此光导必须要有高透射率。常用光导材料有：有机玻璃、石英玻璃、聚苯乙烯及玻璃纤维光导等，也可采用空心金属圆筒作为光导。各种光导对光的透射率与入射光波长、光导长度有一定关系。

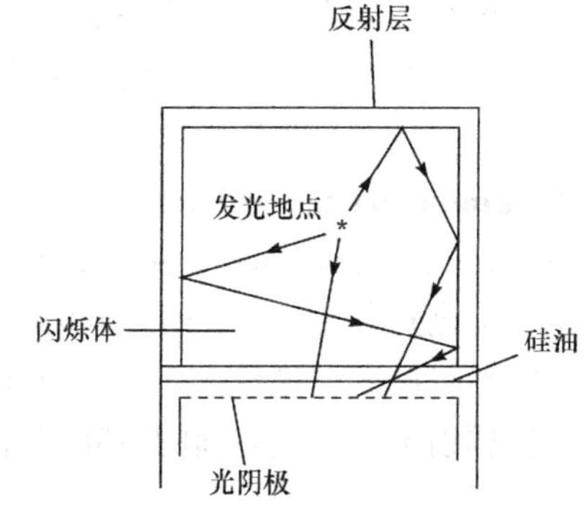

图 7-10　闪烁体的光收集系统

因此，应根据闪烁体发射光谱和实际应用情况选择光导材料和长度。光导形状有圆柱形、长丝形、锥台形等，在实际应用中可根据需要而定。光导和闪烁体以及光阴极接触处要用光学耦合剂填充空气间隙，以减少三者之间的交界面上发生的全反射，把闪烁体发出的光有效地传给光电倍增管的光阴极。光学耦合剂应该无色透明，没有腐蚀性，光折射率应与玻璃、晶体的折射率相近。常用的光学耦合剂有硅油、硅脂和甘油等。

7.2.5 探测效率与能量分辨率

射线进入闪烁体后通过射线与物质相互作用将能量沉积到闪烁体内，沉积的能量中只有一部分转换为光子形式的能量，发光能量与沉积能量的比值称为闪烁体的**本征探测效率(intrinsic detection efficiency)**

$$\eta = \frac{E_L}{E_d} = \frac{h\nu}{W} \tag{7.6}$$

式中 E_d 为辐射粒子沉积的能量，E_L 为闪烁光子总能量，W 为平均产生一个光子射线在闪烁体内所消耗的能量，与电离室的平均电离能类似。闪烁体的 W 一般在 30～60eV，与闪烁体性质密切相关，另外也和射线性质有关。$h\nu$ 为闪烁体发射的光子平均能量，与闪烁体发光光谱有关，一般为 3eV 左右，闪烁体本征效率约 10%数量级。闪烁体发出的光仅有一部分能到 PMT 光阴极上，取决于闪烁体传输性质、折射率、光导和反射层的性质等。对良好的光耦合，到达光阴极的光子约为 1/3；到达光阴极的光子仅少数能产生光电子，取决于光阴极性质、闪烁体光谱性质和 PMT 入射窗，一般约 15%的光子能打出光电子，而产生的光电子仅有部分会被打拿极收集，产生一个光电子所需要的能量为 400～600eV。闪烁剂量计测量射线剂量时的主要问题是能量响应，塑料闪烁体的能量响应如图 7-11 所示。

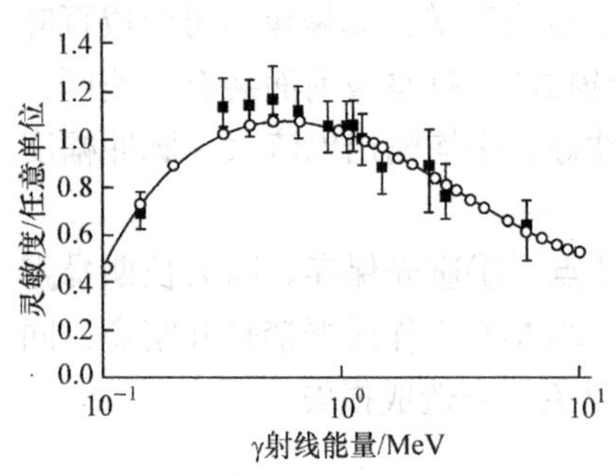

图 7-11　ST401 塑料闪烁体的能量响应

7.3 荧光剂量计

早在 1912 年，科学家就发现一些无机化合物受 β 射线或 γ 射线辐照后用紫外线或红外线激发可得各种光谱，称为**光致荧光**。进一步研究表明，光致荧光原理是物质接受电离辐射后所产生的电子-离子对被物质内部的晶格缺陷捕获，当物质受到外界激发时这些电子-离子对就会发光，且发光强度与辐照强度、激发光强度成正比。基于上述原理的剂量计称为**荧光剂量计(luminescence dosimeter)**。如果这些电子-离子对受热激发后全部释放，则称为**热释光(thermoluminescence)**；如果受光激发则每次只有很少一部分离子被释放。通过控制激发光频率、优化光激发过程、用光电倍增管探测发光强度，该物质即可用作光致荧光探测器。然而，因测量灵敏度、测量方法等原因并加之热释光剂量计崛起，直到 20 世纪 80 年代中期光致荧光在辐射剂量测量方面的研究才有了突破性进展，目前已有商用个人剂量监测剂量计。

7.3.1 OSL、RPL和TL

固体荧光发射有三种类型：**光致荧光(optical stimulated luminescence，OSL)**、**辐射光致荧光(radio photo luminescence，RPL)**及**热释光(thermo-luminescence，TL)**。由上可知，OSL是处于亚稳态能级上的电子通过吸收激发光的能量到达导带，受激电子在与导带中空穴的结合过程中通过发射荧光释放电子能量；而TL是利用热能导致固体中电子跃迁的发光过程，对辐照过的晶体加热，处于亚稳态能级上的电子便获得热能到达导带，导带中电子随即退激发至基带而发出可见光。OSL发光机制与TL类似，所不同的是TL通过加热激发释放荧光，而OSL是用紫外线或可见光激发释放荧光。OSL可通过选择激发光波长来释放在一般TL中无法释放、被较深电子陷阱俘获的电子。OSL材料同时也可以是TL材料，如α-Al_2O_3:C。RPL是辐射能量将发光中心的电子跃迁至激发态，然后在返回基态过程(退激)中通过发射荧光释放电子能量。OSL发光中心会被激发的辐射清除，而RPL发光中心基本不会被激发的辐射所破坏。从发光过程不难看出，OSL可以释放更多俘获电子，因此其测量灵敏度高于TL。辐射效应的永久性使得RPL剂量计可以无限次地重复测量，或在剂量累积期间进行中期测量。OSL激发光波长比辐射光的长，而RPL激发光的波长比辐射光的短。

7.3.2 OSL材料

1. 天然材料

目前的天然材料有石英、长石类、熔石和未经分离的天然材料，其中对石英研究最多。石英的荧光辐射强度可用来确定沉积物的地质年代，形成了用光致荧光测定电离辐射剂量的基本理论。相比其他天然材料，石英荧光辐射较强、衰减较快，且强度与激发光波长有关：对19～25eV的激发光，强度与激发光能量之间呈线性关系。石英的光致荧光灵敏度与它在受照前是否加热有很大关系：如果受照前在800℃加热60min，其灵敏度可比未加热的石英高一个数量级。实验还表明：从烧过的黏土中提取的石英最低探测限可低于10^{-3}Gy。未经分离的天然材料剂量测量下限一般较高，不适合低剂量监测。OSL材料(如Al_2O_3)在激光或者二极管光源的绿光诱发下会发出蓝光，且所发蓝光的强度和受照剂量成正比，故能提供辐射剂量的大小，光致荧光方法对光子和带电粒子都能有良好的剂量响应。

2. 合成材料

OSL测量材料大都是合成材料，目前主要有陶瓷和TL材料。陶瓷材料主要成分是石英、长石和高岭土，因此具有OSL特性。典型日用陶瓷材料的OSL线性剂量响应范围在10mGy～20Gy，且在高达200Gy时仍呈近似线性关系，利用陶瓷材料OSL特性至少可测50mGy～100Gy的辐射剂量。由于OSL发光机制与TL基本类似，因而从现有TL材料中筛选OSL材料一直是OSL辐射剂量测量研究的重点。已经筛选出来的TL材料有：NF、CaF_2、CaS、KCl、NaCl、$CaSO_4$、MgB_4O_7、Al_2O_7及硅玻璃等。α-Al_2O_3:C是目前研究得最彻底的材料，也是目前唯一商用的OSL剂量计材料，它也是一种非常灵敏的TL材料，其灵敏度是LiF的40～60倍。

7.3.3 典型OSL剂量计

最典型的OSL剂量计是Al_2O_3:C粉末，由两片聚酯胶片压夹住Al_2O_3:C粉末构成圆形

Al_2O_3:C 圆片，总厚度为 0.3mm。用于剂量测量时，Al_2O_3:C 粉末受发光二极管所发出光的激发而释放荧光信号，且该信号正比于辐照强度。第二类 OSL 剂量计是硅玻璃，其最突出的优点就是光学特性好，可以有效地避免激发光或荧光信号散射而造成的信号损失。用掺杂硅玻璃制作的光致荧光剂量计，其线性剂量响应线性范围可跨越 7 个量级(10^{-5}～500Gy)，当剂量超过 1000Gy 时，硅玻璃将因辐射损伤而变黑。用于 Al_2O_3:C 的分析方法中，典型的是由蓝道尔公司用于分析 Luxel 剂量计的脉冲光致发光(POSL)法。第三类 OSL 剂量计是荧光玻璃，它是在碱土金属的磷酸盐基体中加入少量偏磷酸银制成，荧光玻璃有原子序数大的钡玻璃及原子序数小的锂玻璃。钡玻璃主要用于高辐射剂量测量(放射事故剂量测量)，锂钡玻璃主要用于低辐射剂量测量(如个人剂量测量)。荧光玻璃剂量计主要用于 X 射线和 γ 射线剂量测量，当剂量计受射线照射后，次级电子作用使玻璃中的银离子变为银原子以及银离子 Ag^{2+}成为发光中心。荧光玻璃在 3650Å 紫外灯照射下，电子跃迁至激发态能级，再退激回到发光中心，即 RPL 现象。荧光玻璃中发光中心数目与其受照剂量成正比。

7.3.4　OSL 剂量计的特点

1. 灵敏度高

采用 α-Al_2O_3:C 的 OSL 剂量计探测下限可达 1μSv，而一般 TL 剂量计(如 TLD100)的探测下限仅为 10μSv。同种材料的 OSL 测量灵敏度是 TL 的 2～4 倍，蓝道尔公司的 Al_2O_3:C 标称的灵敏度是 LiF(TLD100)的 40～60 倍，其主体发射峰在 410～420nm(绿光)处。

2. 剂量响应范围宽

OSL 剂量计线性响应可达 50Gy，既可在低剂量、低能量(可低至 5keV)应用场合保证测量数据精确，也能做很高剂量(达 100Gy)测量，如图 7-12 所示。

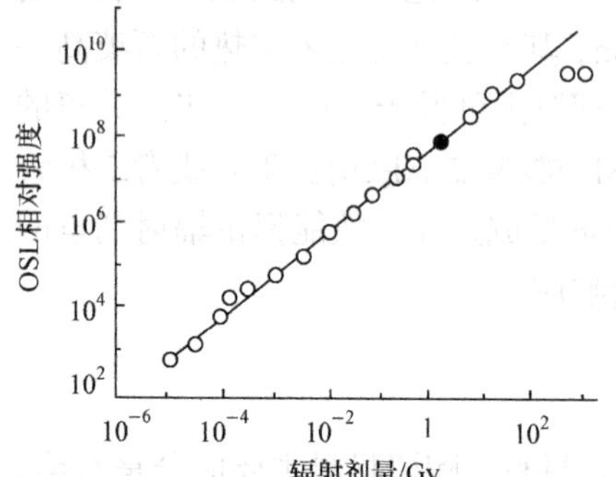

图 7-12　α-Al_2O_3:C 的 OSL 的剂量响应

3. 剂量测量方便

OSL 的全光学测量过程无需加热剂量计，不仅大大地简化了测量程序，而且还避免了 TL 测量方法中因加热带来的一系列问题(如热猝灭、退火、升温速率等)对剂量计灵敏度的影响。OSL 是非破坏性的，绝大部分荧光信号仍保留在元件内，可以重复测量。OSL 剂量计第 2 次计数与第 1 次计数之比为 0.57±0.04；第 3 次计数与第 2 次计数之比为 0.65±0.05，衰退特性极佳，可以延长佩戴期限并同时保证剂量数据的准确可靠，有效降低佩戴成本。另外，光激发测读速度比加热快得多。

4. 测量扩展性广

OSL 剂量计不仅可测量各种能量光子、电子，还能区分辐射的空间分布(如胶片剂量计)，发展为成像测量方式实现二维测量。OSL 测量过程中不需要加热，可以用于实时剂量测量。此外，OSL 剂量计还可制成薄膜剂量计，用于浅表剂量测量。

5. 环境稳定性好

材料 Al_2O_3:C 的本质特性以及 OSL 剂量计的实用性设计，使剂量计抗冲击，同时对湿、热及化学物质不敏感。由于 OSL 剂量计材料和测量方法的固有属性，其既有优于 TL 剂量计的特性(主要是可以重复读取)，又有优于胶片剂量计的特点(主要是灵敏度高)，可以用于各种辐射监测目的(个人、环境、X 射线、γ 射线、中子等)，具有广泛应用前景。进入 20 世纪 90 年代，材料研究的突破使得光致荧光在电离辐射剂量测量中的应用成为固体剂量学的重要分支。近年来我国的中山大学、中国科学院长春光学精密机械与物理研究所开发了一系列 OSL 材料，并在 OSL 剂量测量方面做出了不少成果。

7.4　热释光剂量计

热释光(TL)是通过加热使固体中亚稳态能级上的电子跃迁至导带，然后电子在退激发过程中引起发光的现象。**热释光剂量计(thermo-luminescence dosimeter，TLD)**是 20 世纪 60 年代发展起来的一种新型探测器，它能长时间地储存电离辐射能量，在受热升温时即释放热释光。TLD 利用热释光强度在一定范围内与电离辐射剂量呈线性关系而实现剂量测量，其 TL 发光强度随加热温度的关系曲线称为 TL **发光曲线(glow curve)**。

7.4.1　热释光发光机理

1. 单陷阱-单中心模型

固体分为晶体和非晶体，简单的单原子具有分立能级，而晶体中的原子因规则排列而使能级成为能带。由固体物理学的能带理论，固体中电子的能级分成若干个能带，能级最高的容许带是导带，之下是隔着禁带的价带。当晶体中含有杂质或存在缺陷时，在晶体禁带中会形成一些处于亚稳态的孤立能级，当电子受激发跃迁至这些能级后会有比较长的寿命，将在这些杂质能级上保留较长时间，这些孤立能级称为**俘获中心(capture center)**或**陷阱(trap)**。在晶体中加入正离子激活剂可以在禁带中形成俘获电子的能级(如图 7-13(a)中 T 所示)，加入负离子激活剂可以在禁带中形成俘获空穴的能级(如图 7-13(a)中 R 所示)。如果电子和空穴在这些能级的寿命较长，则这些亚稳态能级称为俘获中心(电子俘获中心或者空穴俘获中心)或陷阱。一般说来，晶体中的杂质、位错、空位、间隙原子和表面缺陷等均可以形成俘获中心。在晶体未被辐照前，导带是空的，价带及以下各个容许带均被电子填满。热释光的发光过程遵循**单陷阱-单中心模型(one trap-one center model)**，如图 7-13 所示。

热释光的产生可分为如下四个过程：①电离辐照作用于磷光体，价带中的电子吸取足够的能量被电离而跃迁至导带，同时在价带中形成空穴，见图 7-13(a)。②电子和空穴分别以不同的概率被禁带中两类不同电性的陷阱俘获，形成俘获中心和复合中心，见图 7-13(a)中 T 和 R。③对辐照过的固体进行加热时，能量传递给陷阱中的电子使其被释放出来。较浅俘获能级中的电子在较低的加热温度下即释放，较深俘获能级中的电子须在较高的加热温度下才释放。④释放出来的电子可能被激发到导带(图 7-13(b)过程 α)，然后被再俘获(图 7-13(b)过程 β)或与不同的复合中心结合(图 7-13(a)过程 δ)，以可见光或紫外线的形式释放能量。这些电子也可能跃迁到 T 的激发态 T′，然后发生再俘获或与不同的复合中心结合释放出光子。

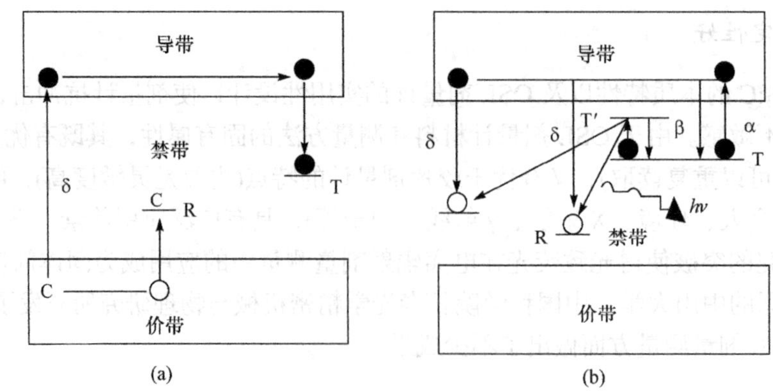

图 7-13 热释光的单陷阱-单复合中心模型

2. 磷光与荧光

通常发光方式很多，但根据**余辉**(激发停止后至晶体发光消失的时间)的长短将晶体的发光分成两类：荧光和磷光。荧光的余辉时间 $\tau<10^{-8}$s，即几乎在激发停止的同时，发光立即停止；而磷光的余辉时间 $\tau\geqslant10^{-8}$s，即激发停止后，发光还将持续一段时间。

当处于基态的分子受到紫外/可见光或者电磁辐射时，分子便吸收入射光子或辐射的能量使其价电子发生能级跃迁，从基态跃迁到第一或第二激发单重态的各个不同振动能级。这些激发单重态是不稳定的，价电子会很快以振动弛豫的方式释放小部分能量到同一电子激发态的最低振动能级，然后以发射光子的形式退激发回到基态的任一振动能级上。价电子在退激发过程中所发出的光称为**荧光(fluorescent)**。

荧光的特点是：①余辉时间极短($\tau<10^{-8}$s)，当激发停止，发光立即停止；②荧光发光基本不受温度的影响。荧光是物质吸收光照或者其他电磁辐射后发出的光，大多数情况下，发光波长比吸收光波长要更长、能量更低，但当吸收强度较大时，可能发生双光子吸收现象，导致辐射波长短于吸收波长的情况发生。当辐射波长与吸收波长相等时，称为**共振荧光**。常见的例子是物质吸收紫外线，发出可见波段荧光，我们生活中的荧光灯就是这个原理，涂覆在灯管的荧光粉吸收灯管中汞蒸气发射的紫外线，而后由荧光粉发出可见光，实现人眼可见。

如果受激发分子的电子在激发态发生自旋反转，当它所处单重态的较低振动能级与激发三重态的较高能级重叠时，就会发生系间窜跃而到达激发三重态，经过振动弛豫达到最低振动能级，然后以辐射形式发射光子退激发到基态的任一振动能级上，这时发射的光子称为**磷光(phosphorescent)**。

磷光与荧光相比最大的特点就是余辉时间长($\tau\geqslant10^{-8}$s)，即激发停止后，发光还要持续一段时间。根据余辉长短，磷光又可以分为短期磷光($10^{-8}\text{s}\leqslant\tau\leqslant10^{-4}$s)和长期磷光($\tau\geqslant10^{-4}$s)。此外，磷光的衰减强烈程度受温度影响。

电子依照泡利不相容原理排布在分子轨道上，当分子吸收入射光的能量后，其中的电子从基态 *S*0(通常为自旋单重态)跃迁至具有相同自旋多重度的激发态。处于激发态的电子可以通过各种不同的途径释放能量回到基态：比如电子可以从经由非常快的(短于 10s)内转换过程无辐射地跃迁至能量稍低并具有相同自旋多重度的激发态，然后从经由系间窜跃过程无辐射跃迁至能量较低且具有不同自旋多重度的激发态(通常为自旋三重态)，再经由内转换过程无辐射跃迁至激发态，然后以发光的方式释放出能量而回到基态 *S*0。由于激发态和基态 *S*0 具有不同的自旋多重度，虽然此跃迁过程在热力学上有利，可是它是被跃迁选择规则禁戒的，从而需要很长的时间(从 10s 到数分钟乃至数小时不等)来完成这个过程。当停止入射光后，物质中还有相当数量的电子继续保持在亚稳态上并持续发光，直到所有的电子回到基态。

7.4.2 热释光发光动力学模型

理论上定量描述和分析热释光发光过程常用发光动力学模型，常用的有 Randall-Wilkins 的一级动力学模型、Garlick 和 Gibson 的二级动力学模型及通用动力学模型，也称为一般级动力学方程。

1. Randall-Wilkins 一级动力学模型

假定陷阱中的电子为 Boltzmann 分布，则电子从陷阱至导带的逃逸几率 p 为

$$p = s\exp\left(-\frac{E}{kT}\right) \tag{7.7}$$

式中 E 为激活能，T 为温度，s 为频率因子，k 为 Boltzmann 常量。若电子从陷阱中释放到导带后，被陷阱再俘获的概率可以忽略不计，则被俘获电子的浓度 n 的变化率

$$\frac{\mathrm{d}n}{\mathrm{d}t} = -ns\exp\left(-\frac{E}{kT}\right) \tag{7.8}$$

在某温度下热释光发光强度 $i(t)$正比于该温度下提供发光中心的空穴复合速率

$$i(t) = -c\cdot\frac{\mathrm{d}n}{\mathrm{d}t} = cns\exp\left(-\frac{E}{kT}\right) \tag{7.9}$$

式中 c 为比例常数。当线性升温时 $T=T_0+\beta t$，其中 T_0 为初始温度，β 为升温速率，t 为加热时间。将式(7.8)积分后得到的电子浓度 n 代入式(7.9)，再将其对温度测量过程积分，可得磷光体在测量全过程中的热释光强度 $I(t)$

$$I(t) = cn_0 s\exp\left(-\frac{E}{kT}\right)\exp\left[-\frac{s}{\beta}\cdot\int_{T_0}^{T}\exp\left(-\frac{E}{kT'}\right)\mathrm{d}T'\right] \tag{7.10}$$

式中 n_0 为被俘获电子在温度 T_0 时的浓度。可见 $I(t)$与 E、s 和 β 均有关，其中仅 β 可以准确测量。式(7.10)中的指数积分可以用下式近似表示：

$$\int_{T_0}^{T}\exp\left(-\frac{E}{kT'}\right)\mathrm{d}T' \cong T\exp\left(-\frac{E}{kT}\right)\sum_{n=1}(-1)^{n-1}\cdot n\cdot\left(\frac{kT}{E}\right)^n \tag{7.11}$$

取上述级数的前 5 项代入式(7.10)中，用数值方法可计算得出热释光发光曲线，采用曲线拟合方法可以将曲线的重峰分解，再用如下三种方法测定 E 和 s.

(1) **双速法**：基于一级动力学方程的双速法，可以计算得到发光峰对应的 E 和 s

$$E = k\ln\left(\frac{\beta_1 T_{m1}^2}{\beta_2 T_{m2}^2}\right)\Bigg/\left(\frac{1}{T_{m2}}-\frac{1}{T_{m1}}\right) \tag{7.12}$$

$$s = (T_{m1}^2 - T_{m2}^2)^{-1}\frac{E}{k}\left[\beta_1\exp\left(\frac{E}{kT_{m1}}\right)-\beta_2\exp\left(\frac{E}{kT_{m2}}\right)\right] \tag{7.13}$$

(2) **多速法**：根据 Randall-Wilkins 模型的预言，提高加热速率可以使发光峰的最大峰温向高温移动。对式(7.10)取最大值可以得到

$$\frac{E\beta}{kT_m^2} = s\exp\left(-\frac{E}{kT_m}\right) \tag{7.14}$$

$$\ln\left(\frac{\beta}{T_m^2}\right) = \ln\left(\frac{sk}{E}\right) - \frac{E}{kT_m} \tag{7.15}$$

Hoogenstraaten 提出用多速法测量发光曲线，得到多组发光峰峰温的 $\ln(T_m^2/\beta)$-$1/T_m$ 图，这是一条斜率为 E/k、截距为 $\ln(E/ks)$的直线，这样可得到 E 和 s 的值。

(3) **初始升温法**：当升温远小于峰温时，可用初始升温法计算 E

$$\ln I = \ln(csn_0) - \frac{E}{kT} \tag{7.16}$$

一级动力学方程描述的发光峰谱形是不对称的，在温度高于峰温 T_m 的区域谱形下降较快。Souza 认为，峰温不随辐射剂量增加而向低温方向移动的发光峰，很可能是一级动力学或接近于一级动力学。

2. Garlick 和 Gibson 二级动力学模型

如果电子在导带被陷阱重新俘获的概率相当高，设再俘获率等于复合率，便可导出二级动力学方程

$$i(t) = -\frac{\mathrm{d}n}{\mathrm{d}t} = n^2 S'\exp\left(-\frac{E}{kT}\right) \tag{7.17}$$

式中 $S'=S/n$ 为前指数因子，n 为电子陷阱总浓度。若 β 恒定，热释光强度为

$$I(t) = n_0^2 S'\exp\left(-\frac{E}{kT}\right)\left[1+\frac{n_0 S'}{\beta}\int_{T_0}^{T}\exp\left(-\frac{E}{kT'}\right)\mathrm{d}T'\right]^{-2} \tag{7.18}$$

3. 通用动力学模型

一级和二级动力学方程是两种简化的处理。当上述假定都不能满足时，热释光发光峰可认为是一般级动力学方程，也称为通用动力学模型

$$i(t) = -\frac{\mathrm{d}n}{\mathrm{d}t} = n^b S'\exp\left(-\frac{E}{kT}\right) \tag{7.19}$$

式中 b 称为动力学级数，由实验决定，通常认为 $1\leqslant b\leqslant 2$。在升温速率 β 为常数时，热释光发光强度为

$$I(t) = n_0 s\exp\left(-\frac{E}{kT}\right)\left[\frac{s}{\beta}(b-1)\cdot\int_{T_0}^{T}\exp\left(-\frac{E}{kT'}\right)\mathrm{d}T'+1\right]^{-\frac{b}{b+1}} \tag{7.20}$$

式中 $s=S'n_0^{b-1}$，若给定 E、s、n_0、b 的初值，用计算机最小二乘法拟合发光曲线即可确定上述四个参数。一级动力学方程所表示的发光峰的峰温和峰形与被俘获电子的初始浓度有关，小剂量情况下发光峰峰温不随剂量变化而变化。然而二级动力学方程所表示的峰温和峰形却随剂量变化而变化，即对剂量有明显的依赖关系，且二级动力学的发光峰峰温随陷阱中初始电子浓度 n_0 增加而向低温方向移动。

由此可见，通过理论计算来确定热释光发光强度的过程非常繁琐，运算量也很大，且结果常与实验有偏差。为此热释光发光强度常通过实验测量。

7.4.3　TLD 剂量测量原理

1. 磷光体制备

因 TL 发出的光是磷光，TL 材料又称为**磷光体(phosphor)**。TL 磷光体的基质材料一般采用无机盐，如 LiF、$CaSO_4$、MgB_4O_7等，如果无市售还需要自行化学合成。为了提高热释光强度，常有选择地在基质材料中掺入一定浓度的**激活剂(activator**，也称**杂质)**，有时候为优化磷光体 TL 特性还需要共掺杂质。常用的杂质大致分为三类：金属(如 Mg、Ti、Cu、Al 等)，稀土(如 Eu、Dy、Tm、Tb 等)和其他非金属(如 P、C 等)。TL 材料一经加热读数，其内部储存的能量就被释放，辐射信息也就清除。TLD 在重复使用前必须经退火处理，退火温度与保温时间因材料而异，如 LiF 先在 400℃恒温 1h，急冷后再在 100℃下恒温 2h。LiF 具有很高的灵敏度，剂量测量范围也很宽，最小可达 1μGy。根据 TLD 的不同应用场合还需要选择材料成型形态，如实验研究时用粉末样品即可，但用于个人剂量计佩戴时常需要压制成剂量片，并封装。

2. 辐照与测量

将制备的磷光体用放射源(如 ^{137}Cs、^{90}Sr 等)辐照特定剂量 D，然后置于 TL 剂量仪测量其热释光发光曲线，图 7-14 是典型 TL 剂量仪的结构示意图。

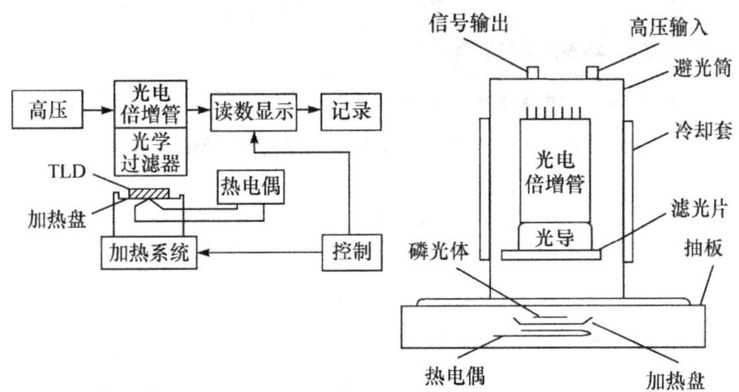

图 7-14　TL 剂量仪结构示意图

左图为测量系统，右图为摄取信号的探头

图 7-15 是用 TL 剂量仪测得的典型 TL 磷光体 LiF:Mg,Ti 的发光曲线(TL 发光强度与材料加热温度之间的关系图)，图中出现多个发光峰。

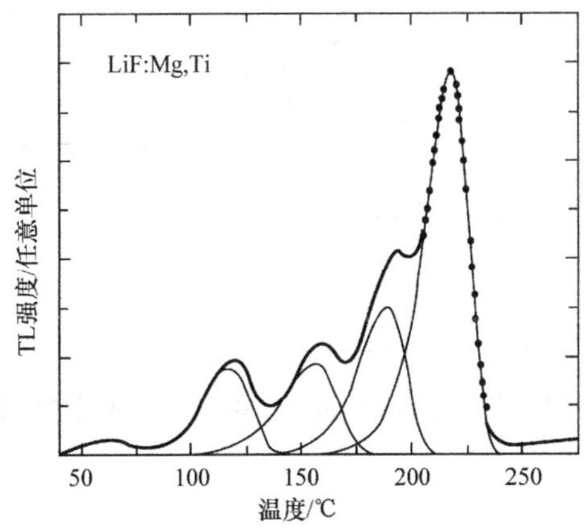

图 7-15　LiF:Mg,Ti 的发光曲线

用发光动力学模型拟合 TL 发光曲线，可以得到各个发光峰的峰温 T、电子陷阱深度 E、频率因子 s 和动力学级数 b(仅针对用通用动力学模型拟合)等动力学参数。为了刻度 TLD，常需要测量其剂量响应曲线，并在其中选择剂量响应呈线性的区域。将已刻度的 TLD 置于待测辐射场中接受特定的辐照剂量，然后测量其 TL 发光曲线，并拟合得到 TL 发光强度。将该强度与它的剂量响应曲线对比，即得到待测辐射剂量。

图 7-15 也称为热释光二维发光曲线，它只能提供热释光强度 I 与加热温度 T 之间的关系。2004 年中山大学唐等在前人研究的基础上开发了 TL/OSL 三维发光谱自动测量仪，图 7-16、图 7-17 分别是 TL/OSL 三维发光谱自动测量仪的实景图与结构框图。由此设备测得的 MgB_4O_7:Dy 磷光体 TL 三维发光谱如图 7-18 所示。

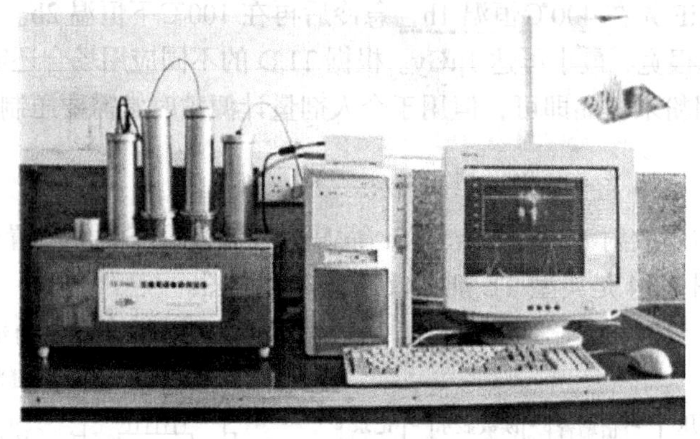

图 7-16　中山大学 TL/OSL 三维光谱剂量仪实景图

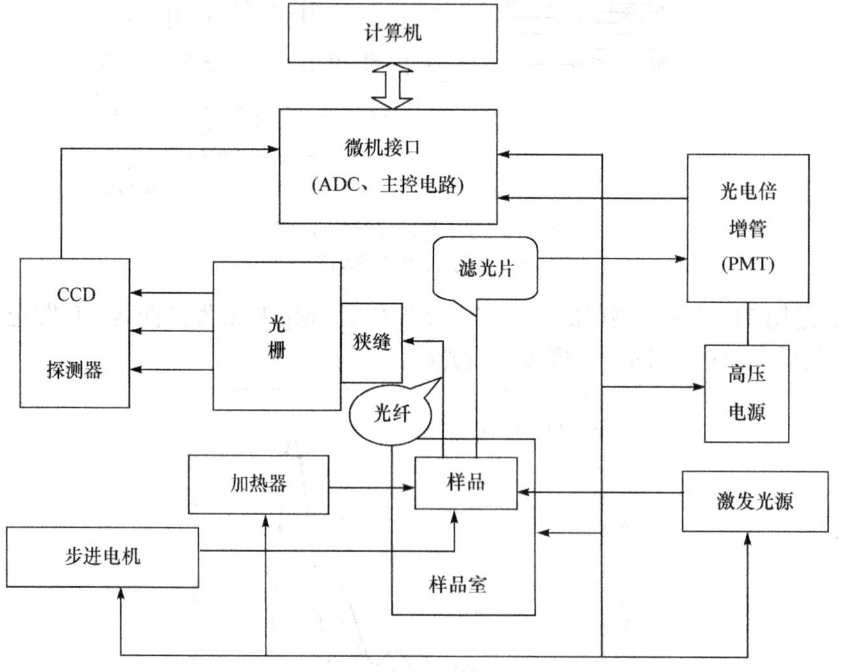

图 7-17　中山大学 TL/OSL 三维光谱剂量仪结构框图

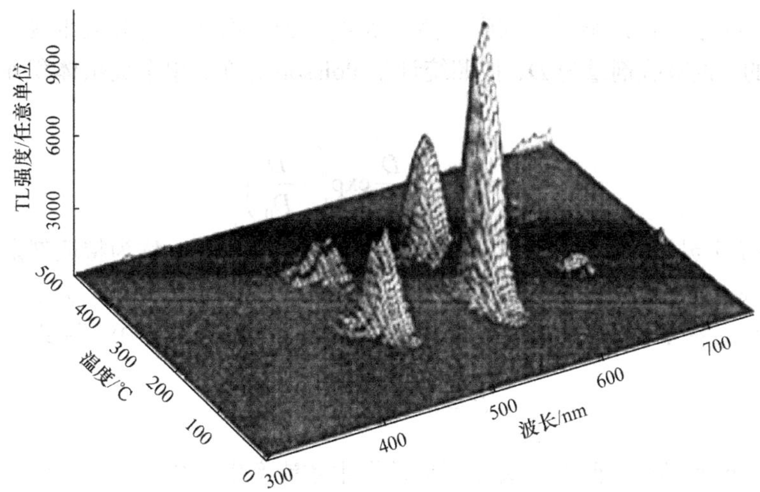

图 7-18　MgB_4O_7:Dy 磷光体 TL 三维发光谱

TL 三维光谱能在同一张图中给出 TL 强度 I、加热温度 T、发光谱波长 λ 三个参量之间的关系，使得科研工作者不但能据此优化 TL 灵敏度，还能在此基础上深入认识 TL 磷光体的发光波长与 TL 发光过程的内在联系，从而在更深层次上认识和理解 TL 发光机理。可以说，TL 三维光谱仪的开发，是 TL 测量方法史上的一次技术革新。

3. TL 剂量响应

新的 TLD 在使用之前需要先刻度，即测量 TLD 剂量响应曲线，也就是 TL 发光强度(通常用 TL 发光峰面积)与吸收剂量之间的关系曲线。图 7-19 是中山大学陈等合成制备的 MgB_4O_7:Dy 磷光体的剂量响应曲线，可见这种磷光体在 $2\times10^{-3}\sim2\times10^{3}$Gy 范围内呈现出良好的线性剂量响应，其线性响应范围跨越 6 个数量级！

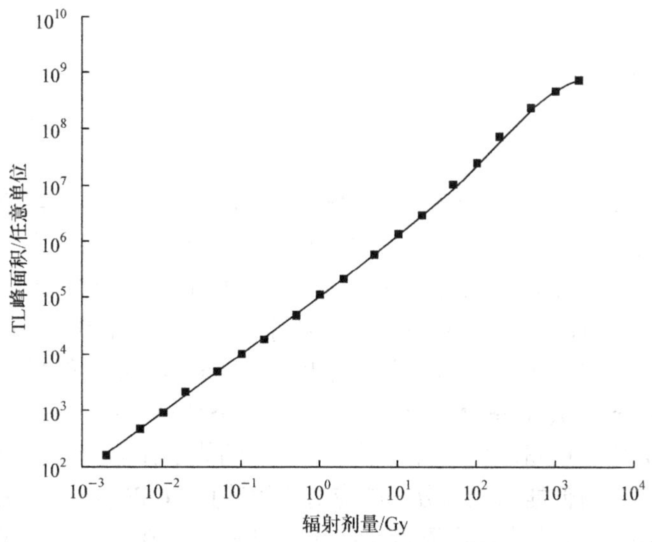

图 7-19　MgB_4O_7:Dy 磷光体剂量响应曲线

TL 剂量响应的定量描述一般采用中山大学罗等提出的复合作用模型，该模型将热释光剂量计看成由许多相同的小体积元(称为灵敏单元)组成。假定灵敏单元是以电子陷阱为中心的体积元，其大小取决于所掺入杂质的浓度。假定 X 射线或 γ 射线照射介质生成的次级电子的空间分布是均匀的，设吸收剂量为 D，按照统计学 Poisson 分布，单个灵敏体积元产生 n 次电离作用的概率为

$$P(n)=\frac{1}{n!}\cdot\frac{D}{D_0}\exp\left(-\frac{D}{D_0}\right) \tag{7.21}$$

式中 D_0 为平均每个灵敏单元发生一次电离事件所需的吸收剂量，称为**特征剂量(characteristic dose)**。若单个灵敏单元发生一次电离事件就能产生一个热释光事件，这类事件称为一次作用事件，其产生的概率等于 1 减去没有电离作用事件发生的概率 $P(n=0)$，则式(7.21)就写为

$$P_1=1-\exp\left(-\frac{D}{D_0}\right) \tag{7.22}$$

若单个灵敏单元必须有两次电离作用事件发生才能产生一个热释光事件，这类事件称为二次作用事件，其产生的概率等于 1 减去 $P(n=0)$和 $P(n=1)$，即

$$P_2=1-\exp\left(-\frac{D}{D_0}\right)-\frac{D}{D_0}\exp\left(-\frac{D}{D_0}\right) \tag{7.23}$$

式(7.23)称为二次作用响应。忽略二次以上的作用事件对 TL 响应贡献，将一次作用响应和二次作用响应相叠加的函数作为热释光剂量响应的基本方程

$$F(D)=1-\exp\left(-\frac{D}{D_0}\right)-(1-R)\cdot\frac{D}{D_0}\cdot\exp\left(-\frac{D}{D_0}\right) \tag{7.24}$$

式中 R 为一次作用响应所占份额，称为**一次作用因子**。当 $0<R<1/2$ 时，响应为线性-超线性；当 $1/2\leqslant R\leqslant 1$ 时，响应为线性-亚线性；当 $R=0$ 时，响应为超线性，无线性段。采用式(7.24)给出的响应函数 $F(D)$，以 $S(D)=S_{\max}\cdot F(D)$或 $H(D)=H_{\max}\cdot F(D)$拟合单位质量样品的热释光发光峰的单峰面积(或峰高)值随辐射剂量 D 的变化曲线 $S(D)$或 $H(D)$，即可得出响应的基本参数 R 和 D_0。

7.4.4 典型 TLD 及其应用

1. 典型的 TLD

20 世纪 60 年代以来，TL 探测器和 TL 测量技术得到迅速发展，各国科学家先后研制出适合于各种用途的 TL 探测器和剂量计。由于 TL 元件体积小、灵敏度高、测量精度高、应用范围广，TLD 在剂量测量中逐渐取代了胶片剂量计。从 60 年代到 70 年代末，个人剂量监测用的 TL 元件以 LiF(Mg,Ti)居多，其中(Mg,Ti)为掺杂剂，此外掺杂剂还有(Mg,Eu)、(Mg,Al,Ti)等。虽然 LiF(Mg,Ti)有灵敏度低、本底高、退火程序复杂等不足，但当时已达最佳。环境剂量监测则以 $CaSO_4$(Tm/Dy)、CaF_2(Mn)等为主。由于 $CaSO_4$(Tm/Dy)灵敏度高，特别适合低剂量环境下使用；但是它们能量响应不好，需采取适当的能量补偿，用于个人剂量监测。然而能量补偿改善的同时却对低能射线部分的响应造成锐截止。CaF_2(Mn/Dy)灵敏度高，但对中子响应不灵敏，可以用于 n/γ 混合场中测量 γ 射线的照射量。70 年代后出现了高灵敏度的磷光体 LiF(Mg,Cu,P)，LiF 材料可以制备成不同同位素(^{6}Li 或 ^{7}Li)构成热释光材料。由于 ^{6}Li 和 ^{7}Li 的热中子截面相差很大，可以用于中子场及 n/γ 混合场中的剂量测量。四硼酸锂 $Li_2B_4O_7$(Mn)的能量响应好、组织等效性佳，特别适合低能 γ 射线的测量。这种磷光体重复使用时不需退

火处理，但灵敏度一般。氧化铍 BeO(Na)是一种能量响应好且灵敏度比较高的热释光材料，特别适合低能 X 射线的测量剂量，但 BeO 有剧毒。总而言之，各种 TLD 均有其优缺点，需要根据不同应用场合、不同测量要求来做出具体选择。

2. TLD 在核电站中的应用

TLD 以其灵敏度高、量程范围宽、长期稳定性好、可靠性高、重量轻、体积小、受环境影响小、特别是在很多点位同时进行监测而无需成倍地增加费用的特点，被广泛应用于核电站环境本底调查、运行时的常规监测和事故剂量监测中。但在实际测量中，由于 TLD 受气候、湿度、温度、元件衰退、刻度及环境本底涨落的影响，测量结果的分散性较大，很难把来自核设施的小贡献与这些变化区分开来。用于剂量测量的 TL 材料有 LiF、$Li_2B_4O_7$:Mn、CaF_2:Mn，加热温度一般在 200℃左右，发光光谱在 350～600nm 的范围内，测量剂量范围为 10^{-5}～10^4Gy，如表 7-2 所示。

表 7-2　几种 TLD 材料的特征

TLD	LiF(Mg,Ti)	$Li_2B_2O_7$	CaF_2(nat)
密度/(g/cm^3)	2.64	2.3	3.18
化学稳定性	好	吸湿	好
有效原子序数	8.2	7.4	16.2
主发光峰温度/℃	210	200	270
发光光谱峰/nm	400	605	380
长期衰退时间/月	3(5%)	2(10%)	9(3%)
测量范围/Gy	5×10^{-5}～10^3	10^{-4}～10^4	10^{-5}～10^2

3. TLD 在放射治疗上的应用

TLD 以其体积小、测量方便和组织等效成分等优点，在重离子束浅层肿瘤放射治疗的剂量校准等方面发挥重要作用。从原理上讲，只要能导致 TL 电离激发的辐射，如低 LET 的 X 射线、γ 射线、高能电子束等以及高 LET 的中子、重离子束等，都能用 TL 进行吸收剂量的测量。但事实上，高 LET 辐射与低 LET 辐射在能量沉积空间分布的显著不同，导致了 TL 对两者的剂量响应表现出不同。对于低 LET 辐射(如 X 射线、γ 射线)，当剂量为 Gy 量级时，TL 显示出了良好的线性剂量响应；而当剂量大于 100Gy 时，却出现了饱和效应；对于中等剂量区域，陷阱不止束缚一个电子，导致 TL 表现出超线性剂量响应；重离子由于其径迹中心(对于能量为 50MeV/u 左右的重离子束，径迹中心径向几十纳米范围内)非常高的电离密度导致局域吸收剂量远大于 100Gy 而发生饱和，因而 TL 不能对重离子束表现出良好的线性剂量响应，TL 的发光强度对重离子束的种类、能量、电荷态等因素产生了依赖关系。

4. TLD 在核辐射领域的应用

TLD 具有灵敏度高、能量响应好、体积小、重量轻、测量范围广等优点，因此在核辐射领域中得到了广泛的应用。特别在剂量测量中，由于它的组织等效性好、测量迅速、使用方便，在许多场合有取代胶片剂量计和玻璃剂量计的趋势。近年来，在国际上已作为主要的人体剂量监测仪。另外 TLD 在考古、地质方面也有很重要的应用，在放射医学、生物学中也是一种有效的研究工具。

7.4.5　手表红宝石

手表红宝石(watch ruby)曾经是流行的人体佩戴物，后来被用于个人事故剂量计，并在几起辐射事故中成功得到了应用。手表红宝石是热释光材料，但它与其他 TL 磷光体不同，其热释光谱为 650～760nm，峰值波长为 700nm，属红外线，如表 7-3 所示。

表 7-3　典型 TLD 的发光特性

磷光体	发光光谱/nm	光谱峰/nm	磷光体	发光光谱/nm	光谱峰/nm
LiF	350～600	400	$Li_2B_4O_7$:Mn	530～630	605
B_2O	400～600	410	CaF_2:nat	350～500	380
CaF_2:Mn	440～600	500	CaF_2:Dy	440～510	460，484
$CaSO_4$:Mn	450～600	500	Al_2O_3	630～760	690
$CaSO_4$:Tm	350～375	364	α -Al_2O_3: C	400～700	475
$CaSO_4$:Dy	460～495	480	红宝石	650～760	700
Mg_2SiO_4:Tb	360～650	380，552			

在红宝石剂量测量中，应根据其光谱配备光电倍增管。用于个人、环境剂量测量的 TL 剂量读出器多采用波长为 300～630nm 的光电倍增管，常选用 LiF、$CaSO_4$、CaF_2 等 TL 磷光体测量。国产 TL 剂量读出器产品多采用对红外线不灵敏的 GDB-51、52、53 型光电倍增管，其光谱响应为 300～630nm，光谱响应曲线如图 7-20 所示。

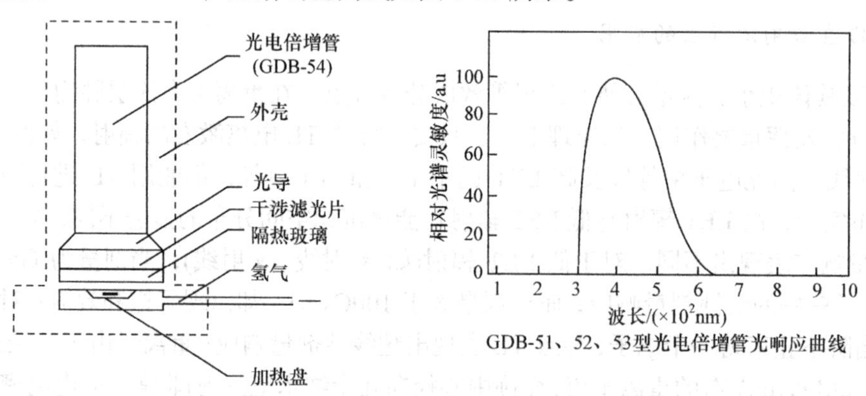

图 7-20　红宝石热释光测量电子学仪器及热释光探头

为了减少热辐射信号的影响，提高测量精度，在光电倍增管前面均装有红外滤光片，滤光片的波长为 350～450nm。用于手表红宝石事故剂量测量的光电倍增管要求其对光波的频率响应向红外线方向移动，如我国自主研制的 GDB-54 型光电倍增管，其光谱响应为 300～850nm，如图 7-20 所示。在照射范围 0.1～100Gy 内，发光强度与照射量有良好的线性关系，最低可测下限为 1mGy。通过控制操作条件，剂量计的重复性良好，退火过程要求不高。红宝石对光照敏感，在一般暗室灯泡下操作和测量就可避免光照的影响。红宝石剂量计具有很好的剂量响应和能量响应，如图 7-21 所示。

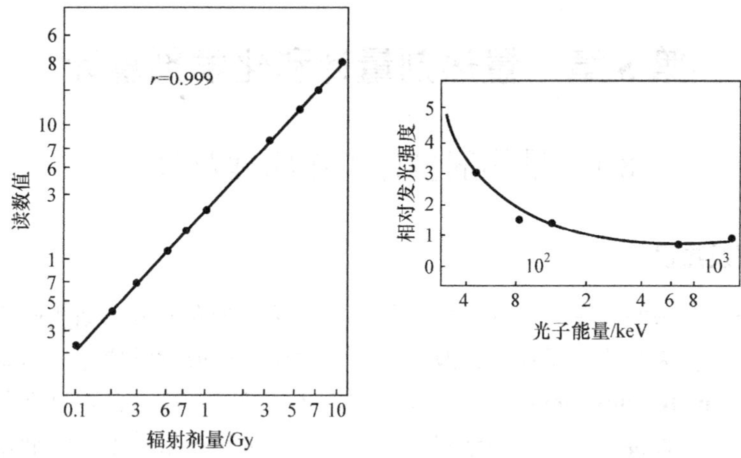

图 7-21　红宝石辐射剂量响应和红宝石的能量响应曲线

手表红宝石是我国自主研发的剂量计，其性能满足个人事故剂量计的要求，并已在数起事故中发挥了作用。

复习思考题(七)

【1】　试述半导体剂量计的特点、特性参数，在剂量测量中要注意什么。

【2】　试述光电倍增管的工作原理。

【3】　试述闪烁探测器测量剂量的原理，常用的闪烁体有哪些，各自有什么特点。

【4】　热释光探测器的工作原理是什么？常用热释光剂量计有哪些？分别适用于什么场合？

【5】　简述 TL 的原理与 TLD 测量辐射剂量的过程。

【6】　试述 OSL 剂量计与 TL 剂量计的区别和联系。

【7】　试比较 TL 二维发光曲线和三维发光谱，并说明 TL 三维光谱的优点。

【8】　低至 μGy 的辐射剂量测量，可选用哪几类 TLD？

第 8 章　量热剂量计和化学剂量计

8.1　量热剂量计工作原理及分类

8.1.1　工作原理及热损

辐射在介质中沉积的能量有两种方式：①大部分转化为介质分子动能产热，使其温度上升；②另一部分转化为介质分子势能，改变介质的物质结构或化学成分，与温度变化无关。**量热剂量计(calorimeter dosimeter)**通过测量辐射产生的热量或引起的温度变化而得到辐射剂量，无需刻度，是最直接、最可靠的绝对测量方法。但量热剂量计不能将剂量简单地定义为单位质量介质中产生的热量，也不能简单地根据温度变化来确定辐射能，两者均需校正才能得到可靠的剂量值。辐射能一般不等于介质中产生的热能，它与热能之差定义为**热损(heat defect/thermal defect)**。如果介质吸收辐射能$\Delta\varepsilon$，产生热能ΔE_h，则$\Delta E_d=\Delta\varepsilon-\Delta E_h$即热损。受照介质中质量为$\Delta m$的小体积元内的平均吸收剂量为

$$\langle D\rangle=\frac{\Delta\varepsilon}{\Delta m}=\frac{\Delta E_h}{\Delta m}\frac{\Delta\varepsilon}{\Delta E_h} \tag{8.1}$$

辐射能$\Delta\varepsilon$和热能ΔE_h的比值定义为**热损因子(thermal defect factor，TDF)**

$$\mathrm{TDF}=\frac{\Delta\varepsilon}{\Delta E_h}=\frac{\Delta E_h+\Delta E_d}{\Delta E_h}=1+\frac{\Delta E_d}{\Delta E_h} \tag{8.2}$$

TDF 反映辐射能中转化为热能的份额大小。在辐射剂量测量中，测得单位质量介质中产生的热后，需校正热损因子才能得到准确辐射剂量。由于热能是辐射能的主要部分，热损因子 TDF 接近于 1。对放热过程，热能大于辐射能，热损为负，TDF＜1；对吸热过程(如纯净石墨经辐射形成晶格缺陷)，热能要小于辐射能，热损为正，TDF＞1。TDF 相当于量热剂量计校正因子，与待测工作介质的组成成分、辐射过程、辐照方式均有关。如 A150 组织等效塑料在小剂量照射阶段(即预热辐射)是放热反应，热损为负，TDF=0.95；而在短时间、大剂量(10^3Gy)照射下热损为正，TDF=1.04；停止照射后 TDF 将逐渐降低恢复到预辐照前的值，通常文献中给出的 TDF 就是预辐射结束时的值。量热剂量计材料要求热损小，或热损尽管不小但稳定、能够精确测量，热导率高，比热容大，热辐射小。ICRU(1969)推荐的量热剂量计材料有聚苯乙烯、硅、碳，适应中子测量的材料有组织等效塑料。

8.1.2　绝热/准绝热型量热剂量计

热量测量有绝热、准绝热、等温、稳态及动态等多种方式，分别对应各种量热剂量计。**绝热型量热剂量计(adiabatic calorimetry dosimeter，ACD)**在绝热条件下测量辐射产热获得辐射剂量，由**芯体**或热**吸收体(core** or **absorber)**和隔热物质组成，芯体置于剂量计中心部位且与外界绝热，经辐照后芯体的温升为

$$\Delta T=\frac{\Delta E_h}{\Delta m}\frac{1}{C} \tag{8.3}$$

式中 C 为芯体材料的比热容，芯体吸收剂量为

$$\langle D\rangle=\frac{\Delta\varepsilon}{\Delta m}=\frac{\Delta E_{\mathrm{h}}}{\Delta m}\frac{\Delta\varepsilon}{\Delta E_{\mathrm{h}}}=C\Delta T\frac{\Delta\varepsilon}{\Delta E_{\mathrm{h}}}=C\Delta T\cdot\mathrm{TDF} \tag{8.4}$$

若不存在热损，则 TDF=1，吸收剂量就为

$$\langle D\rangle=C\Delta T \tag{8.5}$$

实际上，大多数量热剂量计材料的 TDF≈1。量热剂量计的关键技术就在于获得良好的绝热环境，通常采用两种措施：①热屏蔽；②减小温度梯度以减小散热。ACD 芯体外采用两层绝热材料，其中里面一层是**外壳(jacket)**，外面一层是**外罩(shield)**，如图 8-1 所示。外壳材料与芯体相同，并处于相同辐射环境下；外罩直接暴露于外界环境，外罩内有加热电阻丝，利用自动控制可使外罩温度跟踪外壳温度达到实时等温。为保证绝热条件，在外罩、外壳和芯体之间保持高真空。

严格的绝热条件要求芯体与外界环境温度相同，但实际过程中很难实现。外罩和外壳温度总有差别，需要温度自动控制系统来调节。辐射热效应很不显著(如水的比热容为 4180J/(kg · K)，辐射剂量引起的水温变化仅 2.4×10^{-4}K/Gy)，单位辐射剂量引起的温升幅度很小，不仅测量困难，测量精度也受影响。各类量热剂量计的主要区别在于对芯体散热的处理与校正。ACD 常采用电子自动控制方法来实现外壳温度追踪芯体温度，从而避免芯体热散失，使两者实时地保持一致。而**准绝热型量热剂量计(quasi adiabatic calorimetry dosimeter，QACD)**是给外壳注入功率，因而热散失偏大需要技术修正。理想绝热过程不可能实现，因此 QACD 只能引入热散失修正来提高测量准确性。QACD 主要用于辐射剂量绝对测量，尤其是大剂量、强辐射场测量。

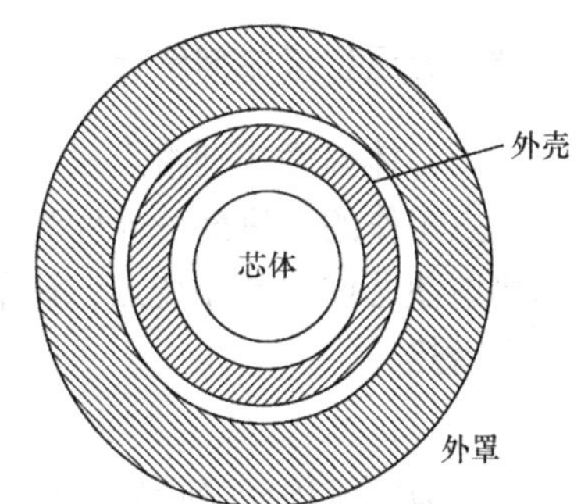

图 8-1　量热剂量计的结构

8.1.3　动态型量热剂量计

绝热测量方式原理简单但技术上不容易实现，量热剂量计芯体与外壳温度相同、两者之间无热交换是理想情况。当芯体与外界能量交换不能忽略时就存在温度差，测量辐射引起的温度变化，并获得芯体热量散失，也能实现辐射剂量测量。辐射能量沉积在芯体内，其温度一般高于外壳，热量从芯体不断地传递给外壳，芯体的吸收剂量为

$$\langle D\rangle=C\Delta T+\frac{S}{m}\int_0^{\tau}k(T_{\mathrm{c}}-T_{\mathrm{j}})\mathrm{d}t \tag{8.6}$$

式中第一项表示辐射导致的芯体温度上升，第二项为由芯体向外壳的热流贡献，忽略热损，S 是芯体表面积，m 是芯体质量，k 是芯体单位时间的传热系数，单位为 J/(m^2 · s · K)，T_{c} 和 T_{j} 分别为芯体和外壳温度，τ 为测量吸收剂量所需时间。得到累积辐射剂量，剂量率就为

$$\left\langle\frac{\partial D}{\partial t}\right\rangle=C\frac{\partial T}{\partial t}+\frac{S}{m}k(T_{\mathrm{c}}-T_{\mathrm{j}}) \tag{8.7}$$

辐射使芯体温度上升，上升幅度和芯体与外界之间的能量交换有关，也与外界温度有关。式(8.7)确定了**动态型量热剂量计(dynamic calorimeter dosimeter，DCD)**。DCD 允许有热流避开了绝热测量技术，利用热流传输得出存在热流时所测温度与辐射剂量之间的对应关系。

8.1.4 稳态型量热剂量计

电离辐射使量热剂量计芯体温度上升，保持外壳温度稳恒不变时就必然增大芯体与外壳之间的温度差，导致热量传递加快、芯体向外壳散失的热量增大，芯体温度上升速率减缓。若辐射剂量率固定，开始时芯体温度上升很快，此后随芯体温度上升热量传递增大。经过一段时间的弛豫后，最终会形成稳定的热流和温度梯度，此时温度不再随时间变化($\partial T/\partial t=0$)，剂量率就为

$$\left\langle \frac{\partial D}{\partial t} \right\rangle = \frac{S}{m} k(T_c - T_j) \tag{8.8}$$

这就实现了恒温条件下辐射剂量的测量，称为**稳态型量热剂量计(steady-state calorimeter dosimeter，SSCD)**或**等温外壳稳态型量热剂量计**。此外也可以通过控制芯体和外壳之间的热量传递使芯体和外壳之间达到稳定的温度梯度，此时温度梯度恒定不变，也能实现稳态辐射剂量测量。SSCD 是 DCD 的特例，适合于稳定辐射场剂量测量。SSCD 不仅能测量剂量率，还能提供累积剂量信息。

8.1.5 等温型量热剂量计

当芯体温度达到溶点或沸点时，物质虽然吸收热量但相变过程中温度不再变化，这种在相变点工作的量热剂量计称为**等温型量热剂量计(isothermal calorimeter dosimeter，ICD)**。电离辐射使芯体达到相变点，调节外壳温度与芯体一致使两者之间无热交换，辐射产热就变为相变潜热

$$\langle D \rangle = \lambda \tag{8.9}$$

式中 λ 为芯体相变吸收的潜热。相变有两类：液化(由固体到液体)和气化(由液体到气体)。液化温度较低，且固体向液体转化时不存在气体压力增大问题，从方便程度和技术要求来说，利用液化过程测量剂量更适合。ICD 的工作介质选择不仅要考虑工作介质相变图，还要考虑待测辐射剂量场强弱。ICD 应根据芯体材料的熔点或沸点确定工作温度，在低剂量测量时可以选水为工作介质，这时剂量计在水的熔点 0℃下工作。当用于反应堆内的强辐射场测量时，ICD 的工作介质可以选锡，这时它工作在锡熔点(505℃)之下。存在热交换时，芯体在等温相变过程中的吸收剂量为

$$\langle D \rangle = \lambda + \frac{S}{m} k(T_c - T_j)\tau \tag{8.10}$$

式中 S、m、k、T_c、T_j 的含义同式(8.6)，τ 为相变持续的时间。ICD 利用物质在相变点温度保持恒定的原理，通过测量辐射产生的热量来测量辐射剂量。

8.2 量热剂量计的剂量测量方法

8.2.1 温度测量原理

量热剂量计的测量精度主要取决于热散失及其修正、工作介质的温度测量，其中热散失及其修正已在 8.1 节阐述。电离辐射使介质温度升高是辐射产热的源泉，辐射引起的温度变化效应比较弱，因而量热剂量计对温度测量的要求比较高。设热损和热交换可以忽略，辐射

引起的温度上升为

$$\Delta T = D/C \tag{8.11}$$

式中 C 为工作介质的热容，对水而言 C=4.18J/(g·K)。准确测定量热剂量计的温度非常关键，目前温度测量方法主要有如下几种。

1. 热敏电阻测温法

热敏电阻是由金属氧化物半导体制成的，其阻值在 kΩ 量级且随温度增加而降低，温度系数在−2%～−4%。热敏电阻是简单测温方法，测得电阻变化即得温度变化，电阻的准确测量常用电桥法，以便减小系统误差、给出可靠结果。

2. 热电偶测温法

两种不同导体或半导体 A 和 B 两端相互连接并形成回路时，只要两结点处温度不同回路中便会产生电动势，该电动势方向和大小与导体材料及两结点温度有关，称为**热电效应(thermoelectric effect)**，导体称为**热电极(thermoelectric pole)**，导体回路称为**热电偶(thermocouple)**，产生的电动势称为**热电动势(thermo electromotive force)**。热电动势由两部分组成：一部分是两种导体的接触电动势，另一部分是单一导体的温差电动势。热电偶产生的热电动势随温度的变化而变化，特定热电动势对应确定温度；通过测量热电动势即可达到测温的目的，这种方法称为**热电偶测温法**。为提高测量准确度可把多个热电偶串联，让每个热电偶的两臂交错连接并工作在相同温度下，构成多个热电偶组成的热电堆，热电堆可提供更大的净电动势，测量灵敏度也会提高。

3. 其他测温方法

透明液体的折射率随温度升高而下降，利用全息照相干涉方法可以测定折射率的变化及其空间分布，再根据温度和折射率的关系得到吸收剂量的大小及其空间分布。溶液电导率与温度有关，如磷酸盐缓冲液电解质的电导率随温度升高而增大，温度系数为 2%/℃。通过电桥可以准确地测定电导率，从而获得吸收剂量数据。这种测定电导率和折射率的方法由于在辐射场中没有引入额外的物质，因此对辐射场的干扰很小。

8.2.2 剂量计校准

量热剂量计测量得到的数据是温度、电导率或电阻变化等，得到辐射剂量有两种途径：①**直接测量法**，即根据所测数据直接得出辐射剂量，再考虑所用材料的热容和热传输性质、系统工作状态，辐射产生的热量、介质热损和热散失及测量温度或产热中存在的修正等各种因素后得到刻度因子。直接测量方法涉及的因素比较多，处理复杂，所得结果精度也不高。②**比较测量方法**，即利用电加热将量热剂量计响应与辐射响应进行比较，得到刻度因子的方法。该方法仅仅是获得刻度因子的方法，并不意味着量热剂量测量方法本身是相对测量。

在对绝热剂量计进行电校准时，设绝热条件下加热电压为 V，加热电流为 I，加热持续时间为 τ，热敏电阻初始值为 R，刻度后电阻变化量为ΔR_h，量热剂量计的响应为$\Delta R_h/R$，定义

$$C = \frac{IV\tau}{m}\frac{R}{\Delta R_h} \tag{8.12}$$

称为量热剂量计的**刻度因子(scale factor)**，式(8.12)中 m 为芯体质量。刻度因子表示在一定响应条件下($\Delta R_h/R=1$)单位质量的芯体吸收的能量。若量热剂量计热损可以忽略，当辐射致热的电阻变化为$\Delta R_R/R=1$ 时，单位质量的芯体吸收的辐射能与吸收的电能有相同的响应。于是所测剂量

$$D=\frac{IV\tau}{m}\frac{\Delta R_{\mathrm{R}}}{\Delta R_{\mathrm{h}}} \tag{8.13}$$

如果热损不能忽略或因其他不理想情况需引入其他修正因子。

8.2.3 剂量计刻度

用量热剂量计刻度其他剂量计时，可先将绝对量热剂量计置于参考材料的辐射场中，在刻度束流下测得剂量 D_r，再将待刻度的量热剂量计在相同条件下测得剂量为

$$D_{\mathrm{i}}=D_{\mathrm{r}}\left\langle\frac{L_\Delta}{\rho_{\mathrm{i}}}\right\rangle\bigg/\left\langle\frac{L_\Delta}{\rho_{\mathrm{r}}}\right\rangle \tag{8.14}$$

式中$\langle L_\Delta/\rho_{\mathrm{i}}\rangle$和$\langle L_\Delta/\rho_{\mathrm{r}}\rangle$分别为刻度射束在剂量计介质材料、参考介质材料中的定限质量碰撞阻止本领平均值。考虑量热剂量计置于辐射场中对后者的扰动，引入扰动修正因子

$$D_{\mathrm{i}}=D_{\mathrm{r}}\left(\left\langle\frac{L_\Delta}{\rho_{\mathrm{i}}}\right\rangle p_{\mathrm{i}}\right)\bigg/\left(\left\langle\frac{L_\Delta}{\rho_{\mathrm{r}}}\right\rangle p_{\mathrm{r}}\right) \tag{8.15}$$

待刻度剂量计在参考介质中受照的剂量响应为 R_i，则待刻度剂量计刻度因子为

$$C_{\mathrm{i}}=\frac{D_{\mathrm{i}}}{R_{\mathrm{i}}}=\frac{D_{\mathrm{r}}}{R_{\mathrm{i}}}\left(\left\langle\frac{L_\Delta}{\rho_{\mathrm{i}}}\right\rangle p_{\mathrm{i}}\right)\bigg/\left(\left\langle\frac{L_\Delta}{\rho_{\mathrm{r}}}\right\rangle p_{\mathrm{r}}\right) \tag{8.16}$$

在吸收剂量和剂量计响应成正比时式(8.16)的刻度因子有效。

8.2.4 基准传递测量法

以量热剂量计为基准对其他剂量计进行刻度称为**基准传递(datum transfer)**。若待测辐射剂量场品质与射束场品质相同或相近，设待刻度剂量计在工作介质(如水)中的响应为 R_W，刻度因子为 C_i，如式(8.16)所示，则介质中待刻度剂量计的剂量为

$$D_{\mathrm{WI}}=C_{\mathrm{i}}R_{\mathrm{W}} \tag{8.17}$$

在工作介质(水)中不放置剂量计时，介质中的剂量为

$$D_{\mathrm{W}}=D_{\mathrm{WI}}\cdot\left\langle\frac{L_\Delta}{\rho_{\mathrm{W}}}\right\rangle p_{\mathrm{W}}\bigg/\left\langle\frac{L_\Delta}{\rho_{\mathrm{i}}}\right\rangle p_{\mathrm{i}} \tag{8.18}$$

结合式(8.16)、式(8.17)可得

$$D_{\mathrm{W}}=D_{\mathrm{r}}\cdot\frac{R_{\mathrm{W}}}{R_{\mathrm{i}}}\cdot\frac{\left\langle\frac{L_\Delta}{\rho_{\mathrm{i}}}\right\rangle p_{\mathrm{i}}}{\left\langle\frac{L_\Delta}{\rho_{\mathrm{r}}}\right\rangle p_{\mathrm{r}}}\cdot\frac{\left\langle\frac{L_\Delta}{\rho_{\mathrm{W}}}\right\rangle p_{\mathrm{W}}}{\left\langle\frac{L_\Delta}{\rho_{\mathrm{i}}}\right\rangle p_{\mathrm{i}}} \tag{8.19}$$

待刻度剂量计在介质中的剂量与绝对量热剂量计在参考介质中的基准剂量建立了联系，实现了基准传递。式(8.19)中的$\langle L_\Delta/\rho_{\mathrm{W}}\rangle$、$\langle L_\Delta/\rho_{\mathrm{i}}\rangle$、$\langle L_\Delta/\rho_{\mathrm{r}}\rangle$分别为工作介质、刻度用剂量计

介质、参考介质中定限质量碰撞阻止本领的平均值。如果待刻度剂量计是空腔薄壁电离室，空腔电离室的响应就是单位质量气体中的电离电荷，则有

$$D_{\mathrm{W}} = D_{\mathrm{r}} \frac{J_{\mathrm{W}}}{J_{\mathrm{i}}} \cdot \frac{\left\langle \frac{L_{\Delta}}{\rho_{\mathrm{i}}} \right\rangle p_{\mathrm{i}}}{\left\langle \frac{L_{\Delta}}{\rho_{\mathrm{r}}} \right\rangle p_{\mathrm{r}}} \cdot \frac{\left\langle \frac{L_{\Delta}}{\rho_{\mathrm{W}}} \right\rangle p_{\mathrm{W}}}{\left\langle \frac{L_{\Delta}}{\rho_{\mathrm{i}}} \right\rangle p_{\mathrm{i}}} \tag{8.20}$$

8.2.5　量热剂量计的特点

量热剂量计工作原理简单，但实现可靠的剂量测量技术要求比较高，有如下特点：①量热剂量计是最直接的剂量测量方法，适合初级标准的绝对测量。②量热剂量计引入介质中后会干扰辐射剂量场，经修正后其响应与电离辐射品质无关。③量热剂量计对强辐射场测量可靠，但不适合于弱辐射场、低剂量率测量。④量热剂量计一般有复杂的绝热或测温系统，测量繁琐、操作不便。⑤量热剂量计需考虑辐射热能传输，对测量环境有严格要求，使用场合受限制。⑥量热剂量计工作介质大多是固体，适于量热剂量计的材料有金属、半导体、生物等效材料等。

8.3　典型量热剂量计

8.3.1　水体模量热剂量计

水是很好的生物等效材料，以水为工作介质的体模测量方法常用于医学实践中辐射剂量的绝对测量。辐射在水中引起的温升仅 2.4×10^{-4}K/Gy，且水是流体，其内部存在对流传热，过去很长时间内水体模量热剂量计被认为难以实现。水体模量热剂量计一般采用立方几何形状，如图 8-2 所示。热敏电阻置于量热剂量计工作介质(水)中，芯体为水，外壳为丙烯酸容器，外罩为泡沫聚苯乙烯。根据水的热容和受射线辐照后的温升即可给出辐射剂量。

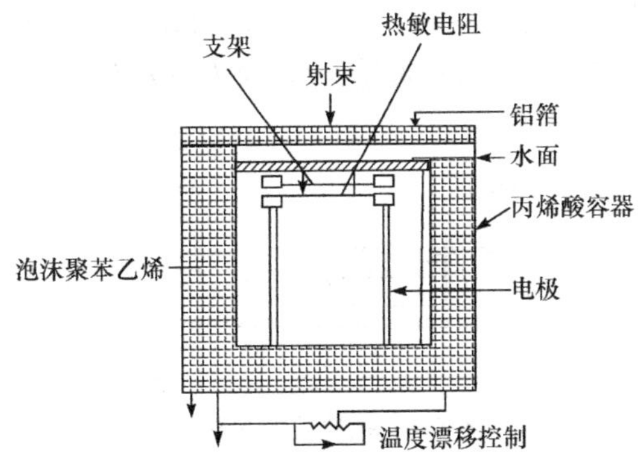

图 8-2　水体模量热辐射剂量计

8.3.2　电子束石墨量热剂量计

电子束大量应用于电缆辐照、塑料改性、医疗器械灭菌等方面，其吸收剂量是控制电子束辐照的主要参数，主要采用各种薄膜剂量计、丙氨酸剂量计进行常规测量。电子束石墨量热剂量计可为这些剂量计提供便捷、精确校准方法。在与外界绝热的吸收体中，如果电离辐

射产生的能量未因化学反应而损失，则吸收剂量可以由下式表达：

$$D_{\rm i} = c_{\rm p} \cdot \Delta T \tag{8.21}$$

式中 $c_{\rm p}$ 是材料定压比热容，ΔT 是辐射导致吸收体的温升。量热计吸收体采用直径 50mm、厚 1.2mm 的高纯石墨(密度 1.84g/cm^3)。在吸收体侧面开一个直径为 0.6mm 的孔，将直径 0.55mm、长 1.1mm 的热敏电阻植入孔中，然后与数字万用表连接以测量吸收体温度变化。使用聚四氟乙烯圆环和聚苯乙烯泡沫塑料小球，让吸收体与石墨屏蔽体隔离；采用 30mm 的阿姆斯壮板材料使石墨屏蔽体与环境隔离，从而使吸收体与环境准绝热，如图 8-3 所示。

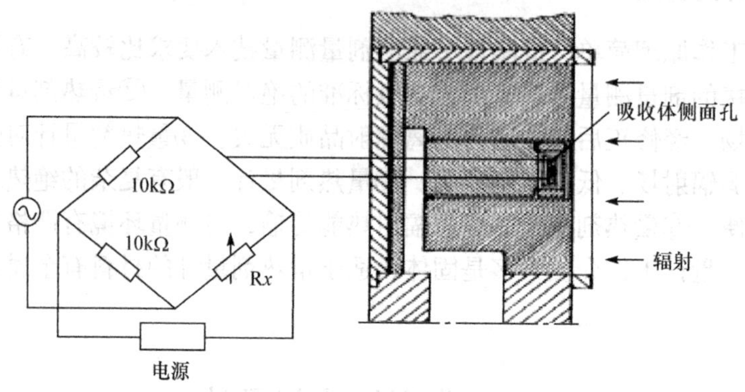

图 8-3 电子束石墨量热辐射剂量计

8.3.3 铝棒式 γ 量热剂量计

辐射粒子在样品中沉积能量并产生热能，热能经铝棒传递并产生温度差。当铝棒温度恒定时，对图 8-4 中 b、c、d 三个测量点而言，铝棒上 bc 段和 cd 段的温度差分别为 T_{bc} 和 T_{cd}。根据热传导方程可得辐射场吸收剂量为

$$D = \frac{Sk}{ML_{bc}}(2T_{bc} - T_{cd}) \tag{8.22}$$

式中 S 为铝棒截面积；k 为铝的导热系数，单位为 W/(cm · ℃)；M 为量热剂量计工作介质(即量热剂量计内的样品，此处为不锈钢)的质量；L_{bc} 为 bc 段铝棒的长度。如图 8-4 所示，铝棒式剂量计可用于反应堆辐射场测量。

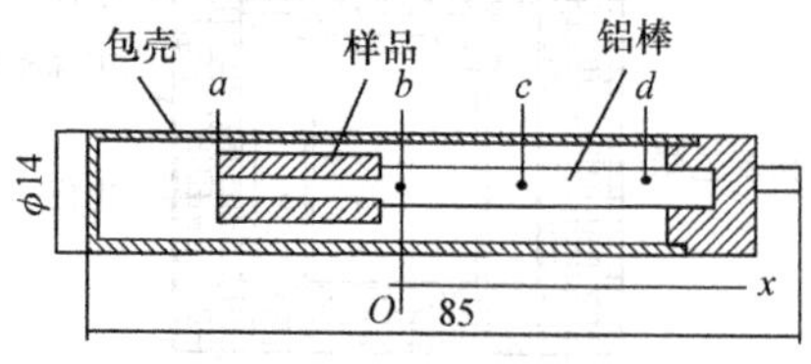

图 8-4 铝棒式 γ 量热计

8.4 辐射化学剂量计

电离辐射在物质中沉积能量的另一种方式是转化为介质分子势能引起介质化学反应，改变了介质结构或化学成分，产生了自由基。通过定量分析辐射引起化学反应过程、测量化学反应产物即可实现辐射剂量测量。辐射化学剂量计介质材料对化学反应敏感，因此它与量热

辐射剂量计要求截然不同，典型的有 **$FeSO_4$ 剂量计**，也称 **Fricke 剂量计(Fricke dosimeter)**。

8.4.1　Fricke 剂量计

Fricke 剂量计是一种应用很广泛且技术高度成熟的化学剂量计，由纯净去离子水、400mol/m^3 的 H_2SO_4、1mol/m^3 的 $FeSO_4$ 或 $Fe(NH_4)_2(SO_4)_2$、1mol/m^3 的 NaCl 为原料配制成溶液。空气中的氧会溶入 Fricke 剂量计溶液中，当空气饱和时氧含量达 0.25mol/m^3，这种空气饱和 $FeSO_4$ 剂量计的溶液称为**标准 Fricke 溶液**。硫对光子有较大质量吸收系数，当光子能量较低时，为改善组织等效性可将硫酸浓度降至 50mol/m^3。加入 NaCl 的目的是降低有机杂质干扰，若水和试剂纯度高可以不用 NaCl。长时间储存时 $FeSO_4$ 会逐渐氧化为 $Fe_2(SO_4)_3$，这种自然氧化过程效果类似于辐射过程，在测量时会提高本底贡献。在低温避光条件下自然氧化过程减慢，要减小本底干扰避免自然氧化，就需要配制新鲜的溶液。

8.4.2　辐射化学反应机制

1. 水的辐解

射线 R 进入介质可使水分子电离产生自由电子，电子又可以与多个水分子结合形成水合电子 e_{aq}(一种水合粒子)

$$R + H_2O \longrightarrow H_2O^+ + e \tag{8.23}$$

$$e + n(H_2O) \longrightarrow e_{aq}^- \tag{8.24}$$

射线 R 也可以使水分子激发，激发态的水分子会解离为 $H^·$ 和 $OH^·$

$$R + H_2O \longrightarrow H_2O^* \tag{8.25}$$

$$H_2O^* \longrightarrow H^· + OH^· \tag{8.26}$$

$H^·$ 和 $OH^·$ 含有未配对电子，是电中性原子和原子团，称为**自由基(free radicals)**，化学活动性很强，$H^·$ 是强还原剂，$OH^·$ 是强氧化剂。水的辐解过程历时 10^{-22}～10^{-16}s。伴随着自由基不断产生，同时也有粒子通过复合、化学反应而消失，体系逐渐由不平衡态向平衡态过渡，该物理化学过程历时约 10^{-11}s。

2. 辐射化学产物

在 $FeSO_4$ 溶液中，水的辐解产物通过下列反应将 Fe^{2+} 氧化为 Fe^{3+}

$$Fe^{2+} + OH^· \longrightarrow Fe^{3+} + OH^- \tag{8.27}$$

$$O_2 + H^· \longrightarrow HO_2^· \tag{8.28}$$

$$Fe^{2+} + HO_2^· \longrightarrow Fe^{3+} + HO_2^- \tag{8.29}$$

$$H^+ + HO_2^- \longrightarrow H_2O_2 \tag{8.30}$$

$$Fe^{2+} + H_2O_2 \longrightarrow Fe^{3+} + OH^- + OH^· \tag{8.31}$$

式(8.27)表明 1 个 $OH^·$ 自由基可将 1 个 Fe^{2+} 氧化成 Fe^{3+}，式(8.27)～式(8.31)表明在有氧环境下 1 个 $H^·$ 自由基能将 3 个 Fe^{2+} 氧化成 Fe^{3+}；式(8.27)和式(8.31)表明在无氧环境下 1 个 H_2O_2 分子可产生 2 个 Fe^{3+}。在无氧环境下 $H^·$ 自由基将发生如下反应，1 个 $H^·$ 自由基只产生 1 个 Fe^{3+}。

$$H^{\cdot}+H_2O \longrightarrow H_2+OH^{\cdot} \tag{8.32}$$

$$H^{\cdot}+H^{+} \longrightarrow H_2^{\cdot +} \tag{8.33}$$

$$Fe^{2+}+H_2^{\cdot +} \longrightarrow Fe^{3+}+H_2 \tag{8.34}$$

可见，在有氧和无氧环境下，铁离子 Fe^{3+}产额是不同的。当溶液中存在有机杂质 R 时，$OH^{\cdot}$自由基将发生如下反应，一个 $OH^{\cdot}$自由基可将 3 个 Fe^{2+}氧化成 Fe^{3+}，Fe^{3+}产额增大

$$RH+OH^{\cdot} \longrightarrow R^{\cdot}+H_2O \tag{8.35}$$

$$O_2+R^{\cdot} \longrightarrow RO_2^{\cdot} \tag{8.36}$$

$$Fe^{2+}+RO_2^{\cdot}+H^{+} \longrightarrow Fe^{3+}+RO_2H \tag{8.37}$$

$$Fe^{2+}+RO_2H \longrightarrow Fe^{3+}+OH^{-}+RO^{\cdot} \tag{8.38}$$

$$Fe^{2+}+RO^{\cdot}+H^{+} \longrightarrow Fe^{3+}+ROH \tag{8.39}$$

不过当溶液中存在氯离子时，会消除或减弱有机杂质的作用。除了上面提到的化学反应对离子产额有直接影响外，溶液中的复合过程对产额也有一定影响。在高 LET 粒子径迹上产生的自由基浓度很高，自由基复合反应占优势，从径迹中扩散出去与溶质发生反应的概率比较小。

8.4.3 辐射化学产额

辐射导致介质中某些物质产额增加、某些化学物质含量降低，通过这些物质的变化也可以得到辐射剂量。受到特定能量射线照射后在介质中产生的化学物质 x 的量称为该物质的**辐射化学产额(radiation chemical yield)**$G(x)$，它有多个单位。当 $G(x)$单位为 mol/J 时表示照射能量为 1J 时在介质中产生化学物质 x 的物质的量；与之等价的单位是 mol/(kg · Gy)，它表示在质量为 1kg 的介质中、照射剂量 1Gy 后产生化学物质 x 的物质的量，如表 8-1 所示。$G(x)$单位还有**个/100eV**，表示射线在介质中授予能为 100eV 时产生的实体粒子 x(某种原子、分子或自由基等)的个数，1.0mol/J=9.648×10^6 个/100eV。

表 8-1 辐射化学溶液中各产物的辐射化学产额 $G(x)$ （单位：10^{-8}mol/(kg · Gy)）

辐射品质	$G(H^{\cdot})$	$G(OH^{\cdot})$	$G(H_2)$	$G(H_2O_2)$	$G(e_{aq}^{-})$	$G(Fe^{3+})$
^{60}Co(水)	5.7	22.8	4.66	7.26	29.5	54.5
^{60}Co	38.3	30.3	4.04	8.08	0.0	161.4
D(18MeV)	24.8	18.1	7.36	10.7	0.0	113.9
^{4}He(11MeV)	13.3	11.0	11.8	13.0	0.0	76.9
^{4}He(32MeV)	17.7	15.0	10.9	12.1	0.0	92.3
$^{10}B(n,\alpha)^{7}Li$	2.38	4.24	17.2	16.3	0.0	44.0

表 8-1 中第一行为无氧的去离子水中所测得结果，其余各行为氧饱和 0.4mol/L 的 H_2SO_4 溶液的辐射化学产额，其中 Fe^{3+}的辐射化学产额由下式计算出来：

$$G(Fe^{3+})=3G(H^{\cdot})+G(OH^{\cdot})+2G(H_2O_2) \tag{8.40}$$

若重粒子能量低则 LET 较大、产生电离激发密度很大、复合发生概率比较大，辐射化学

产额会降低，如表 8-2 所示，而 Fe^{3+}化学产额随 LET 的变化规律如图 8-5 所示。

表 8-2　质子和 α 粒子的 *G* 值　　(单位：个/100eV)

辐射类型	质子能量				α 粒子能量			
	1MeV	2MeV	5MeV	10MeV	4MeV	8MeV	20MeV	40MeV
OH	1.05	1.44	2.00	2.49	0.35	0.66	1.15	1.54
H_3O^+	3.53	3.70	3.90	4.11	3.29	3.41	3.55	3.70
e_{aq}^-	0.19	0.4	0.83	1.19	0.02	0.08	0.25	0.46
H	1.37	1.53	1.66	1.81	0.79	1.03	1.33	1.57
H_2	1.22	1.13	1.02	0.93	1.41	1.32	1.19	1.10
H_2O_2	1.48	1.37	1.27	1.18	1.64	1.54	1.41	1.33
Fe^{3+}	8.69	9.97	12.01	13.86	6.07	7.06	8.72	10.31

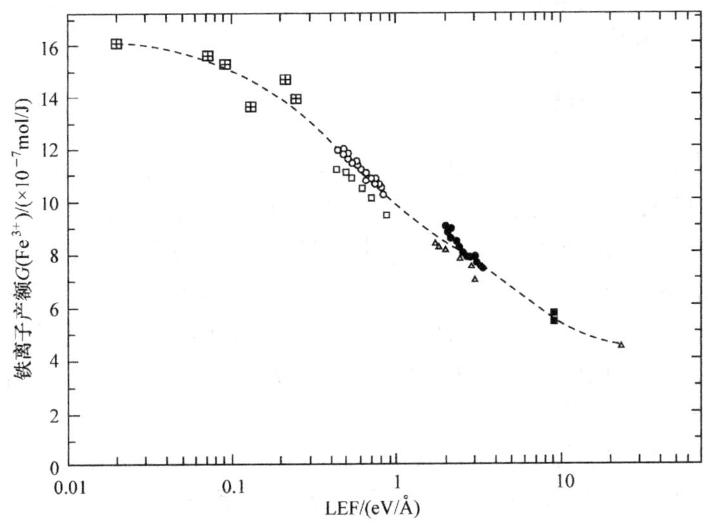

图 8-5　Fricke 剂量计辐射化学产额随 LET 的变化

氧饱和的 0.4mol/L 的 H_2SO_4 溶液的 pH 较低，$G(e_{aq}^-)=0$。$G(Fe^{3+})$与溶液温度有关，ICRU(1982)建议 Fricke 剂量计在 20～25℃下的 $G(Fe^{3+})$值如表 8-3 所示。

表 8-3　Fricke 溶液中铁离子的辐射化学产额

射线	$G(Fe^{3+})$/(mol/J)	$G(Fe^{3+})$/(个/100eV)
^{137}Cs	$(1.59\pm0.03)\times10^{-6}$	15.3 ± 0.3
^{60}Co	$(1.61\pm0.02)\times10^{-6}$	15.5 ± 0.2
γ 射线(2MeV)	$(1.60\pm0.03)\times10^{-6}$	15.4 ± 0.3
γ 射线(4～35MeV)	$(1.61\pm0.03)\times10^{-6}$	15.5 ± 0.3
电子(1～30MeV)	$(1.61\pm0.03)\times10^{-6}$	15.5 ± 0.3

Fricke 溶液对中子也敏感，中子的辐射化学产额 $G(Fe^{3+})$值如表 8-4 所示。

表 8-4 Fricke 溶液中中子的辐射化学产额

中子源	$G(Fe^{3+})$/(mol/J)(空气)	$G(Fe^{3+})$/(mol/J)(体模)
D(30MeV)+Be	$(98\pm5)\times10^{-6}$	$(96\pm5)\times10^{-6}$
D(16MeV)+Be	$(97\pm6)\times10^{-6}$	
D+T	$(97\pm6)\times10^{-6}$	
^{252}Cf	$(78\pm11)\times10^{-6}$	$(63\pm15)\times10^{-6}$

对中子和γ射线混合场，$G(x)$按它们的权重贡献求和。

$$G_M = fG_G + (1-f)G_n \tag{8.41}$$

式中f为混合场中γ射线的吸收剂量分数。以上讨论的是常用辐射场剂量测量中的辐射化学产额问题，对于其他射线及不同的射线能量$G(x)$要重新测定。此外，上述$G(x)$是连续照射条件下的结果。如果是脉冲射束且每个脉冲所含的剂量不太大(0.1Gy 以下)，上述$G(x)$数据仍然可用；当用强脉冲射束时，复合作用会增大，$G(x)$就会下降。另外，在溶液中加入一些特定自由基清除剂有利于自由基的测量。

8.4.4 吸收剂量的测定与计算

Fricke 剂量计原理是，在 Fricke 溶液中电离辐射使 Fe^{2+}定量地氧化成 Fe^{3+}，从而引起特定波长下吸光度的改变，经过校准后根据吸光度变化值即可确定溶液的吸收剂量。校准 Fricke 剂量计就是测定 Fe^{3+}摩尔消光系数ε与其辐射化学产额G的乘积。不同分光光度计的光学性能差异使所测ε值不尽相同，必须对分光光度计波长和光吸收校准后才能获得一致的ε和G值。吸收剂量测量的国家基准采用 Fricke 剂量计，它是目前直接重现水中电离辐射吸收剂量最有效的绝对测量方法，已广泛用于剂量场的标定和剂量计的刻度及辐照产品吸收剂量测定，测量精确度可达±1.5%，量程 40～400Gy。

辐射过程中 Fe^{3+}的增加等于 Fe^{2+}的减少，通过测量 Fe^{3+}增加量或 Fe^{2+}减少量都可以确定吸收剂量。Fe^{3+}对 224nm 和 304nm 的光有很强的吸收，而 Fe^{2+}在这两个波长光的吸收可以忽略。利用 224nm 处的吸收确定的 Fe^{3+}浓度偏高，且在 224nm 处塑料制品干扰会带来较大系统误差，因此常用 304nm 处的吸收强度来测量吸收剂量。用准直光束入射待测样品，入射光的强度I_0和出射光的强度I满足

$$I = I_0 e^{-kcl} \tag{8.42}$$

式中l为光程，c为摩尔浓度(单位 10^{-3}mol/L)，k是与物质及测量光波波长有关的参数。定义吸收过程中的透射比

$$T = \frac{I}{I_0} = e^{-kcl} \tag{8.43}$$

透射比T的倒数取对数定义为**光密度(optical density)**A

$$A = \log_{10}\frac{1}{T} = kcl/\ln 10 \tag{8.44}$$

光穿过的路程越长，介质中所含特定波长光的吸收物质浓度越高，A 就越大。因此光密度A反应光在介质中的衰减程度，也称**吸光度(absorbance)**。设$\varepsilon=k/\ln 10$为在特定吸收物质浓度(10^{-3}mol/L)下光束穿过 1m 光程后的吸光度，它是与吸收物质及测量光波波长有关的参数，称为**摩尔线吸收系数(molar absorption coefficient)**。辐射场作用下引起辐射化学产额，对应的

化学浓度变化为

$$\Delta c = \rho D G(x) \tag{8.45}$$

式中 ρ 为剂量计溶液密度(25℃时 ρ=1.022kg/m^3)，由式(8.44)可得吸收剂量 D 为

$$\Delta A(x) = \rho l \varepsilon D G(x) \rightarrow D = \frac{\Delta A(x)}{\rho l \varepsilon G(x)} \tag{8.46}$$

另外还有一种辐射剂量方法：先定义**摩尔消光系数(molar extinction coefficient)**ε_m 为溶液吸光度与 Fe^{3+}浓度的线性关系曲线斜率；再定义**物理灰度(physical gray)**G

$$G = K_0(l - T) \tag{8.47}$$

式中 K_0 为一常数，由灰度值 G 得到光密度值。Fricke 剂量计基本参量是 Fe^{3+}摩尔消光系数 ε_m 及其随温度的变化率，而 ε_m 是溶液吸光度与 Fe^{3+}浓度的线性关系曲线的斜率

$$A_i - A_0 = D\varepsilon_m G l \rho \tag{8.48}$$

式中 A_0 和 A_i 分别为辐照前后剂量计溶液的吸光度，ε_m 单位为 m^2/mol，l 是分光光度计液杯的光程长度，ρ 为剂量计溶液密度；$G(Fe^{3+})=1.61\times10^{-6}$mol/J，$D$ 为吸收剂量(Gy)。在 304nm 处 ε_m 测量值为 205.7～234.3m^2/mol，ICRU14 号报告的推荐值为 219.6m^2/mol。

8.4.5　Fricke 剂量计特征

①**组织等效性好**。Fricke 溶液主要成分是水，对 γ 射线和带电粒子都是很好的组织等效材料，3～100MeV 的电子在 Fricke 溶液中与在水溶液中碰撞阻止本领的比为 0.996。对于 100MeV 以上的光子，质量能量转移系数的差别也很小；对低能光子，为改善组织等效特性，将硫酸浓度含量降至 0.05mol/L，但浓度过低会使剂量响应的线性变差。②**测量精度高**。Fricke 剂量计测量电子和中能光子时精度优于电离室，被作为吸收剂量测量次级标准。③**可用于高剂量场所**。Fricke 剂量计主要用于高剂量的工业场所，测量剂量范围为 30～500Gy。测量高 LET 射线时上限有所提高，增加 $FeSO_4$ 含量也可提高测量上限，采取持续供氧(给溶液鼓泡)可将测量上限提高至 10^{5}Gy。④**量程内剂量响应和剂量率无关**。在 10^{6}Gy/s 以下的短脉冲辐射照射时，Fricke 剂量计的剂量响应与剂量率无关；但剂量率很高时自由基会复合导致辐射化学产额降低。⑤**摩尔线吸收系数与温度有关**。温度上升时摩尔线吸收系数增加，温度系数为 0.007/K^{-1}。故 Fricke 剂量计需要恒温体系。

8.5　其他化学剂量计

8.5.1　$FeSO_4$-$CuSO_4$ 剂量计

在 Fricke 溶液中加入 $CuSO_4$ 可制成 $FeSO_4$-$CuSO_4$ 剂量计，简称为 **Fe^{2+}-Cu^{2+}剂量计**，工作介质成分为 5mol/m^3 的 H_2SO_4、1mol/m^3 的 $FeSO_4$ 或 $Fe(NH_4)_2(SO_4)_2$、10mol/m^3 的 $CuSO_4$ 和三次蒸馏水，试剂用分析纯的。溶液中的 Cu^{2+}使得 $G(Fe^{3+})$由 1.65×10^{-6}mol/J 降至 6.97×10^{-8}mol/J，Cu^{2+}很容易被还原成 Cu^+，而 Cu^+会使 Fe^{3+}被还原从而 $G(Fe^{3+})$降低，且在此过程中不消耗氧，可将剂量计测量上限由 500Gy 提至 10^{5}Gy。Fe^{3+}辐射化学产额由下式计算：

$$G(Fe^{3+}) = G(OH^{\cdot}) + 2G(H_2O_2) - G(HO_2) - G(H^{\cdot}) \tag{8.49}$$

$FeSO_4$-$CuSO_4$ 剂量计中 Fe^{3+}的辐射化学产额值如表 8-5 所示。

表 8-5　Fe^{2+}-Cu^{2+}剂量计的 $G(Fe^{3+})$值

辐射	能量/MeV	$G(Fe^{3+})/(\times10^{-7}mol/J)$	辐射	能量/MeV	$G(Fe^{3+})/(\times10^{-7}mol/J)$
^{60}Co 的 γ 射线	1.17～1.33	0.68±0.02	α 粒子	5.3	2.53
质子	1.99	1.7		3.5	2.2
	0.98	1.9		3.4	2.4
	0.46	2.3		2.0	1.08
	0.29	2.7		1.5	2.1
氘核	21.94	1.06		1.0	2.3
	14.54	1.15		0.6	2.64
	9.62	1.29		0.2	3.5
	5.45	1.63			2.1±0.2
	3.35	1.94			

$G(H^{\cdot})$和 $G(OH^{\cdot})$贡献相反，而 $2G(H_2O_2)$将使 $G(Fe^{3+})$增加；当射线 LET 增大时 $G(Fe^{3+})$增加，这与 Fricke 剂量计性质相反，可用于鉴别混合辐射场。由于 Cu^{2+}在 224nm 附近有强烈吸收，Fe^{2+}-Cu^{2+}剂量计只能在 304nm 处进行测量。

8.5.2　FBX/FGX 剂量计

FBX 剂量计(FBX dosimeter)是工作介质由 $0.2mol/m^3 FeSO_4$(ferrous sulfate)、$5mol/m^3$ 苯甲酸(benzoic acid)、$0.2mol/m^3$ 二甲基橙(xylenol orange，XO)、$0.05mol/m^3 H_2SO_4$ 以及普通蒸馏水配制的化学剂量计。Fe^{2+}经辐照后被氧化成 Fe^{3+}再与 XO 形成络合物，在 $0.25mol/m^3$ 硫酸溶液中 540nm 处光吸收最大，$\varepsilon=1.34\times10^3 m^2/mol$。苯甲酸作用是提高 Fe^{2+}氧化的产额，$G(Fe^{3+})$由下式给出：

$$G(Fe^{3+}) = 7G(OH^{\cdot}) + 8G(H_2O_2) + 11G(H^{\cdot}) \tag{8.50}$$

对 ^{60}Co 的 γ 射线，$G(Fe^{3+})=5.42\times10^{-6}mol/J$。FBX 剂量计一般用于低水平辐射剂量(1mGy～30Gy)测量；当用于高剂量(＞30Gy)测量时需要调整配方为：$0.2mol/m^3$ 的 $FeSO_4$、$0.5mol/m^3$ 的 XO、$25mol/m^3$ 的 H_2SO_4、$100mol/m^3$ 的 NaCl。此时 $G(Fe^{3+})$降低，对 ^{60}Co 的 γ 射线，$G(Fe^{3+})=(1.40\pm0.01)\times10^{-6}mol/J$。

图 8-6 中的实验测试点 *A*、*B*、*C*、*D*、*E*、*F*、*G* 所对应的射线种类、能量、LET 和辐射

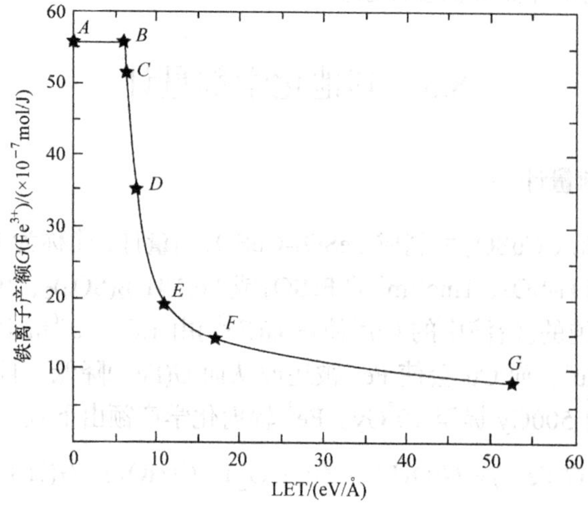

图 8-6　FBX 剂量计辐射化学产额随 LET 的变化

化学产额如表 8-6 所示。

表 8-6　FBX 剂量计 *G*(*x*)随射线种类、能量及 LET 的变化

辐射类型	能量/MeV	LET/(eV/Å)	*G* 值/($\times10^{-7}$mol/J)
^{60}Co γ(*A*,*B*)	1.17，1.33	0.03	56.1±0.4
^{10}B(n,α)^{7}Li(*F*) (Gupta et al., 1976)	α，1.5MeV ^{7}Li，0.85MeV	16.97	12.35±0.44
^{7}Li(*C*)	46	6.3	51.7±1.3
^{7}Li(*D*)	38	7.5	35.4±0.7
^{7}Li(*E*)	27	11.0	19.3±0.6
^{12}C(*G*)	46	52.5	8.4±0.1

FGX 剂量计是工作介质由 $FeSO_4$(ferrous sulphate)-凝胶(gelatin)-二甲基橙(xylenol orange)配制的化学剂量计，可用于高辐射剂量测量，测量范围可达 20Gy。FGX 剂量计对辐射种类不敏感，可用于测量电子、重带电粒子、重离子及低能 X 射线和 γ 射线等。

8.5.3　草酸剂量计

草酸剂量计(oxalic acid dosimeter)工作介质由草酸和蒸馏水制备而成。草酸($H_2C_2O_4$)分子受辐照后分解为 CO_2 和 H_2，形成的草酸络合物在 248nm 处有强烈的吸收，摩尔线吸收系数 ε=249m^2/mol，通过测定草酸络合物浓度即可确定吸收剂量。草酸剂量计可测量 mGy～10^6Gy 范围内的辐射剂量，具体剂量测量范围与剂量计溶液的初始浓度有关，如表 8-7 所示。

表 8-7　草酸剂量计溶液的浓度和剂量范围

草酸浓度/($\times10^{-3}$mol/L)	25	50	100	200	600
剂量范围/($\times10^{4}$Gy)	0.5～5	1～10	2～20	4～35	10～100

草酸剂量计对杂质不灵敏，能量吸收特性好，照射前后性能十分稳定。但草酸剂量计剂量线性较差，其化学产额受照射条件影响，ε_m 随温度升高而降低，温度系数为–0.7%/℃。草酸剂量计 *G*(*x*)对电子和 γ 射线有不同响应，如图 8-7 所示。

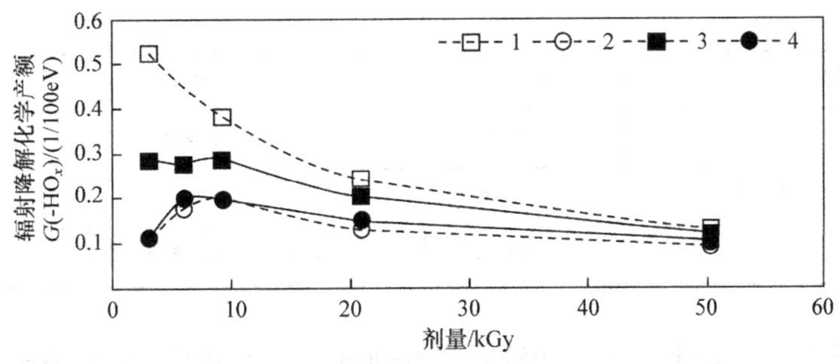

图 8-7　草酸辐射化学产额随剂量的变化关系

图 8-7 中曲线 1 和 3 是 ^{60}Co 的 γ 射线和 4MeV 电子束流照射下的草酸溶液(10mol/m^3)辐射化学产额，曲线 2 和 4 是 ^{60}Co 的 γ 射线和 4MeV 电子束流照射下 5mol/m^3 草酸+10mol/m^3 柠檬酸混合溶液的辐射化学产额。草酸剂量计可以在很宽剂量率范围内($2\times10^{-6}\sim10^6$Gy/s)使用，与 $FeSO_4$ 剂量计和 $Ce_2(SO_4)_3$ 剂量计相比，它在中子场中活化影响很小，适合于反应堆辐射剂量测量。

8.5.4 KSCN/$K_4Fe(CN)_6$ 剂量计

硫氰化钾剂量计(KSCN dosimeter)、**亚铁氰化钾剂量计($K_4Fe(CN)_6$ dosimeter)**与其他剂量计最大区别在于：它们不是利用辐射产生的稳定离子，而是利用辐射产生的短寿命离子基，主要用于脉冲束流下的剂量测量。电离辐射使溶液中产生寿命在秒量级的不稳定离子，测量瞬时吸光度变化即可测量脉冲辐射的吸收剂量。KSCN 剂量计由氧或 NO 饱和的 KSCN 溶液构成：10mol/m^3 的 KSCN、26mol/m^3 的 N_2O，pH 为 5.5，辐射使 SCN 和 $OH^·$ 作用形成阴离子基 SCN_2^-，其辐射化学产额与氧含量有关：当氧或 N_2O 饱和时 $G(SCN_2^-)=3.0\times10^{-7}$mol/J 和 $G(SCN_2^-)=60.0\times10^{-7}$mol/J，$SCN_2^-$吸收峰在 487nm 处，$\varepsilon=790$m^2/mol，KSCN 剂量计组成简单，测量范围在 0.1～170Gy/pulse。

$K_4Fe(CN)_6$ 剂量计由氧或 NO 饱和的 5mol/m^3$K_4Fe(CN)_6$ 溶液构成，在射线照射下 $Fe(CN)_6^{4-}$ 被氧化为 $Fe(CN)_6^{3-}$，在照射脉冲结束后 10～100μs 内测量的 $Fe(CN)_6^{3-}$ 主要由射解产物 $OH^·$ 氧化形成。在氧或 N_2O 饱和时 $G(Fe(CN)_6^{3-})=3.3\times10^{-7}$mol/J 和 $G(Fe(CN)_6^{3-})=5.7\times10^{-7}$mol/J，$Fe(CN)_6^{3-}$ 吸收峰在 420nm 处，$\varepsilon=100$m^2/mol；在 440nm 处 $\varepsilon=62$m^2/mol。$K_4Fe(CN)_6$ 剂量计组成也很简单，测量范围在 1～170Gy/pulse。

8.5.5 辐射降解/聚合剂量计

这两类剂量计利用辐射引起高聚合物降解、单体在辐射下的聚合机制来实现剂量测量。

1. 辐射降解剂量计

聚合物在射线作用下可以降解，且降解后黏度降低，通过测量黏度变化即得受照射剂量，称为**辐射降解剂量计(radiation degradation dosimeter，RDD)**。常用 RDD 如表 8-8 所示。

表 8-8 常用的几种辐射降解剂量计

聚合物	分子量	溶剂	剂量范围/Gy
聚丙烯酰胺	5×10^6	水	0.5～75
聚苯乙烯	$10^5\sim3\times10^5$	四氯化碳	$1\sim10^6$
聚乙丁烯、聚甲基丙烯酸甲酯	$10^5\sim3\times10^5$	固体	$10^3\sim10^6$
苯乙烯+异丁烯	$10^3\sim2.5\times10^5$	正庚烷、四氯化碳液态聚合物	$10\sim10^8$

RDD 制作很简单，如聚丙烯酰胺辐射降解剂量计，将聚丙烯酰胺溶解到蒸馏水中制成 0.078%水溶液，取 1mL 的溶液置于小瓶中即可。

2. 辐射聚合剂量计

辐射聚合剂量计(radiation polymerization dosimeter，RPD)利用辐射导致的聚合特性进行剂量测量。辐射作用下小分子聚合为大分子，并在聚合后出现物理、化学性质的变化。聚合过程除与辐射剂量有关外，还受浓度、pH 及添加物影响。单体在辐射照射下会产生自由基，自由基的交联会使单体聚合为大分子，当照射剂量很高时会出现由液态到固态的转变，称为**凝胶(gel)**，发生凝胶现象后继续照射时固体硬度增加。凝胶现象发生在很窄的剂量范围内，当吸收剂量达到凝胶相变剂量时，仅在 3%的剂量区间内发生凝胶。各种单体物质的凝胶剂量测量范围都不同，如表 8-9 所示。

表 8-9　几种凝胶剂量计

单体	普通聚酯	聚丙烯异丁烯酸	二乙烯基苯	甲基丙烯酸甲酯	二烯丙基富马酸	乙二醇二甲基丙烯酸
凝胶剂量/Gy	6×10^2	2.8×10^3	4.2×10^4	1.2×10^4	1.05×10^3	5×10^2

RPD 通常用作开关剂量计，近年出现了一些测定单体辐射聚合性质的新方法，如核磁共振技术、CT 技术。图 8-8 是甲基丙烯酸明胶-四聚合物凝胶(methacrylic acid gelatin and tetrakis polymer gel，MAGAT)剂量计的剂量响应曲线，其中 $R_2=1/T_2$，T_2 为核磁共振信号，MAGAT 剂量计由 9%的甲基丙烯酸(methacrylic acid，MAA)及不同百分比的明胶(gelatin)组成。RPD 所用单体物质的生物等效性都比较好，使得 RPD 在医学及生物技术领域的应用进展很快。

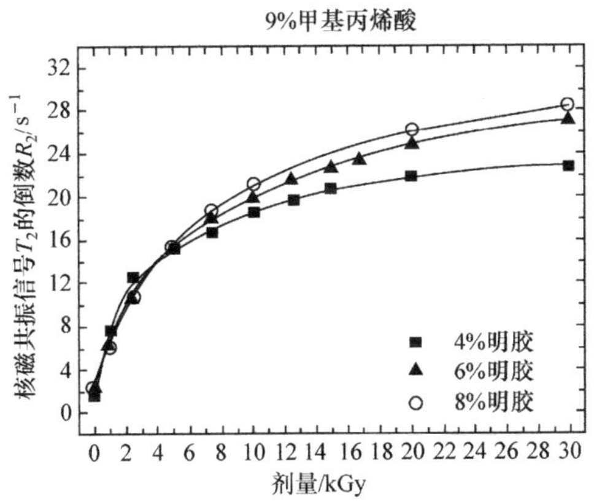

图 8-8　MAGAT 剂量计的剂量响应

8.5.6　重铬酸钾/银剂量计

重铬酸钾剂量计(potassium dichromate dosimeter，PDD)很早就出现了，由于剂量率依赖性以及温度响应限制而发展缓慢；后来通过加入银离子使 PDD 性能得到改善，应用得以推广。PDD 溶液由 2mol/m^3 的 $K_2Cr_2O_7$、0.5mol/m^3 的 $Ag_2Cr_2O_7$ 溶于 0.1mol/m^3 的 $HClO_4$ 溶液中配制而成。将剂量计溶液装在 2mL 医用中性玻璃安瓿内辐照，$Cr_2O_7^{2-}$被定量地还原成 Cr^{3+}。利用分光光度法测量辐照前后 $Cr_2O_7^{2-}$浓度变化即可求得吸收剂量，水中吸收剂量由下式计算：

$$A_i - A_0 = D\varepsilon_m GlP \tag{8.51}$$

式中 A_0 和 A_i 分别为辐照前后剂量计溶液的吸光度，ε_m 为 $Cr_2O_7^{2-}$的摩尔吸收系数(m^2/mol)，

l=0.01m 为分光光度计液杯的光程，ρ=1.005kg/m^3 为剂量计溶液密度；G 为 $Cr_2O_7^{2-}$的化学产额(mol/J)，D 为辐照剂量(Gy)。$Cr_2O_7^{2-}$对 350nm 附近的光吸收强烈，400nm 后吸收随波长变得平缓。吸光度随 $Cr_2O_7^{2-}$浓度的变化如图 8-9 所示。

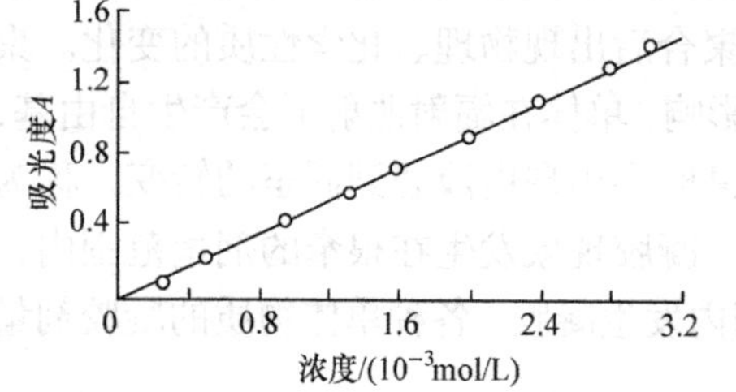

图 8-9　$Cr_2O_7^{2}$ 浓度和 440nm 光波吸光度关系

重铬酸银剂量计(silver dichromate dosimeter，SDD)溶液是由一定浓度 $Ag_2Cr_2O_7$ 和 100 mol/m^3 的 $HClO_4$组成。Thomassen 的 SDD 可测剂量范围是 1～12kGy，而 Sharpe 的 SDD 可测剂量范围是 10～40kGy，有些制作良好的剂量计测量范围很宽，可达 0.7～50kGy!

复习思考题(八)

【1】　量热剂量计的剂量测量原理是什么？各类量热剂量计有哪些区别？

【2】　量热剂量计是通过什么方式精确测量热量的？

【3】　化学剂量计的原理是什么？

【4】　Fricke 剂量计有哪些特点？主要剂量测量范围如何？

【5】　什么是辐射化学产额？Fricke 剂量计的辐射化学产额与哪些因素有关？

【6】　简述 Fe^{2+}-Cu^{2+}剂量计 FBX/FGX 剂量计的剂量测量原理。

第 9 章　生物剂量计

电离辐射引起人体生物材料(如组织、细胞、DNA、蛋白质等)的放射性损伤，称为**电离辐射生物标记物(biomarkers of ionizing radiation)**，它与辐射剂量存在剂量-效应(量-效)关系。**生物剂量计(biological dosimeter)**就是利用这种可测、可记录和分析的生物改变来测量辐射剂量的一类特异性很强、剂量响应关系良好的生物标记物与分析方法。生物剂量计的突出优点是在突发性核辐射事件、核恐怖袭击等无法再次模拟场合(未能佩戴合适剂量计且无法及时得到其他现场剂量计)中确定人员所受辐射剂量，还能给出核辐射从业人员体内辐射损伤导致的累积剂量。

9.1　生物剂量计特征与分类

9.1.1　基本特征

生物剂量计和物理剂量计各有所长、互相补充：物理剂量计起步早、技术成熟、方法可靠、准确性好，在大剂量在线测量方面占优势；而生物剂量计主要用于物理剂量计无法获取的情况下，尤其是在长期慢性辐射剂量估算及突发事故中的生物剂量获取方面优点突出。生物剂量计①特定剂量范围内量-效关系好，离体与整体照射曲线在统计学上无明显差异；②具有辐射特异性，遗传背景稳定、个体差异小，但已有标志物大多受年龄、吸烟或其他环境毒物影响，特异性并不理想；③对照射方式和射线品质分辨率好；④能响应大剂量、累积小剂量；⑤量程宽；⑥采样方便、使用简便、迅速可靠，易于自动化大通量操作，经济和社会成本低。

9.1.2　主要类型

根据工作介质选择和可观测量读出方法不同，生物剂量计有很多类，如表 9-1 所示。

表 9-1　生物剂量计的分类

	大类	小类	英文名及简称
生物剂量计分类	细胞遗传学检测法	染色体畸变分析法	chromosome aberration，CA
		稳定性染色体畸变荧光原位杂交分析法	fluorescence in situ hybridization，FISH
		早熟凝集染色体断片分析法	premature condensation chromosome，PCC
		淋巴细胞微核分析法	micronucleus，MN
	体细胞基因突变检测法	次黄嘌呤鸟嘌呤磷酸核糖转移酶分析法	hypoxanthine guanine phosphoribosyl transferase，HPRT
		血糖蛋白 A 分析法	glycophorin A，GPA
		T 细胞受体分析法	T-lymphocyte receptor，TCR
		人白细胞抗原分析法	human leukocyte antigen，HLA
		血红蛋白分析法	hemoglobin，Hb
	分子生物学检测法	生长抑制和 DNA 损伤诱导基因 45 检测	growth arrest and DNA-damage inducible gene 45，GADD45
		单细胞凝胶电泳检测	single cell gel electrophoresis，SCGE
		线粒体 DNA 突变检测	mitochondria DNA，mtDNA

9.2 细胞遗传学检测法

9.2.1 染色体畸变分析法

生物学认为，细胞核内存在**染色体(chromosome)**，由 DNA、RNA、碱性/酸性蛋白质等构成。染色体上的基因可储存和传递遗传信息、调控细胞分化和发育。当生物体接受电离辐照后，染色体发生的数量和结构变化称为**染色体畸变(chromosome aberration，CA)**。

1. CA 检测原理

电离辐射引起的七种染色体畸变都是放射损伤检测的指标，其中双着丝粒体和着丝粒环更为常用。着丝粒是染色体上未着色或着色很浅的狭窄处，每条染色体上一个，如图 9-1 所示。

双着丝粒体为不对称性互换，电离辐射后两条染色体各发生一处断裂，两个具有着丝粒的部分相互连接形成双着丝粒体，而无着丝粒的片段也相互连接形成断片，双着丝粒体和一个断片合称一个染色体畸变。双着丝粒体畸变因其良好的量-效关系称为电离辐射损伤和剂量估算最佳指标，又因其在体内持续时间较短更适合于急性照射后剂量的重建。着丝粒环为一对环形染色单体，一般作为辅助指标协助双着丝粒体一起进行剂量估算。

CA 分析法首先要用不同已知剂量射线照射离体条件下的健康人血，再根据染色体畸变率与照射剂量的关系制作刻度曲线，180kVp(千伏峰值，X 射线设备输出能力单位)X 射线在 1～5Gy 范围内双着丝粒体的剂量-效应曲线如图 9-2 所示。辐射事故发生后及时采集受照者血液，在标准条件下培养、制片及畸变分析，根据染色体畸变率，利用相应刻度曲线估算人员所受剂量。

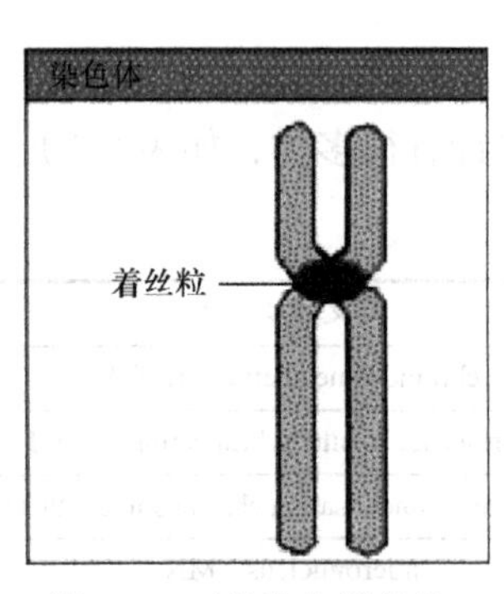

图 9-1　正常染色体结构

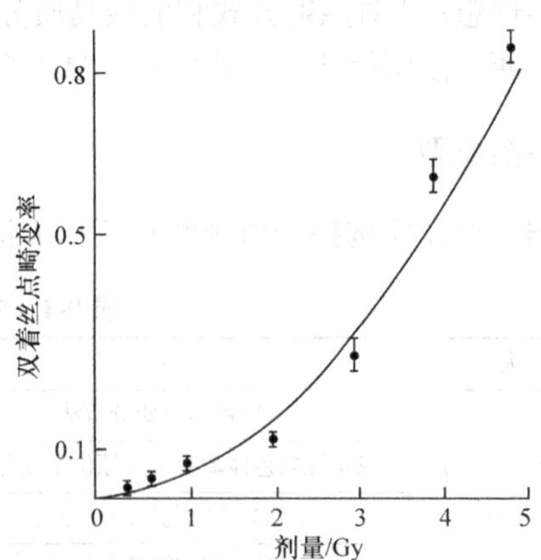

图 9-2　X 射线诱发“双着丝粒体”的剂量-效应曲线

图 9-2 中，双着丝点畸变率 Y 与剂量 D(Gy)的函数关系表达式为

$$Y=(1.97\pm1.95)\times10^{-4}\cdot D+(2.74\pm0.71)\times10^{-6}\cdot D^2 \tag{9.1}$$

染色体畸变率与辐射剂量的关系和射线品质有密切关系，低 LET 的 X 射线和 γ 射线诱导的双着丝粒体畸变率与受照剂量之间为二次多项式关系。

$$Y=a+b\cdot D+c\cdot D^2 \tag{9.2}$$

式中 a 为对照组的双着丝粒体产额，b 为剂量线性常数，c 为剂量的二次方常数。高 LET 辐射(如 α 粒子、裂变中子和质子等)所诱导的双着丝粒体与受照剂量之间既适用于直线方程 $Y=a+bD$，也可用式(9.2)拟合，但后者拟合更佳。$Y=a+bD$ 和 $Y=a+bD+cD^2$ 是 1973 年世界卫生组织(WHO)推荐的四种数学模式之二，用于急性照射条件下辐射诱导的染色体畸变剂量-效应关系研究。

2. 在生物剂量测量中的应用

染色体畸变分析在生物剂量测定研究中主要应用于急性全身均匀照射的剂量估算。1990 年 6 月 25 日上午，上海某研究室钴源辐射中心 7 名工作人员意外遭受急性全身照射。事故 24h 后取血并于采血后 12h 进行培养，采用微量全血方法培养 48h 后分析细胞双着丝粒体和着丝粒环畸变率。根据国际统一标准(^{60}Co 的 γ 射线 0.5～5.0Gy 的剂量-效应曲线)推算出回归方程为 $Y=a+bD^2$，$a=(3.49\pm0.65)\times10^{-2}$、$b=(6.95\pm0.12)\times10^{-2}$。表 9-2 是本次事故中 7 人畸变分析结果。

表 9-2 七例受照者照后 24h 染色体畸变分析结果及剂量估算

被照者	年龄	分析细胞数	双+环数 /100^{-1} 细胞	染色体畸变率估算剂量/Gy*	物理剂量/Gy	临床诊断
1	56	无分裂细胞			12.0	极重度骨髓型急性放射病
2	53	无分裂细胞			11.0	同上
3	24	75	149(198.7)	5.1(4.7～5.5)	5.2	重度骨髓型急性放射病
4	45	100	92(92.0)	3.5(3.0～3.8)	4.1	同上
5	20	100	53(53.0)	2.5(2.1～2.9)	2.5	中度骨髓型急性放射病
6	53	90	61(67.8)	2.9(2.5～3.2)	2.4	同上
7	33	200	61(30.5)	1.9(1.6～2.1)	2.0	同上

*括号内为估算剂量 95%可信限。

结果表明：根据双着丝粒体和着丝粒环畸变率估算的个体辐射剂量，与先前对现场进行模拟测量得出的物理剂量相近，也与放射损伤的临床诊断一致，CA 分析适用于急性全身均匀照射。CA 分析法估算剂量范围为 0.1～5Gy，最大不超过 8Gy，对 X 射线而言最低剂量值约 0.05Gy，对 γ 射线而言为 0.1Gy，而对裂变中子可测至 0.01Gy，但此时必须分析大量细胞。CA 分析剂量重建很费时且对实验者的技术要求很高；此外这种畸变属不稳定变化，在大剂量和高 LET 射线急性照射后尤为明显。因此“双着丝粒体＋着丝粒环”分析方法更适用于低剂量、低 LET 射线急性照射的剂量效果估计。

9.2.2 稳定性染色体畸变荧光原位杂交分析法

1. FISH 检测原理

易位是染色体畸变的一种，细胞分裂时在子细胞中长期存在且保持相对恒定，称为**稳定性畸变(stable aberrations)**，含有这种畸变的细胞被称为**稳定性畸变细胞**。发生易位时如果互换染色体片段相差很大，则可在非显带标本中直接观察；当互换片段大小相似时可借助荧光原位杂交技术鉴别。荧光原位杂交技术是近年来发展起来的一种快速分析人类染色体结构畸变，特别是相互易位的新方法，已在生物剂量测定中得到广泛关注与研究。剂量-效应曲线的研究结果一致表明：随着照射剂量的增加，涉及探针的染色体易位明显增加。

2. *在生物剂量测量中的应用*

表 9-3 是几位作者应用 FISH 分析法的一些实例。易位畸变在受照者细胞内至少 10 年保持恒定，对单纯的完全相互易位细胞基本上不受时间长短影响，特别适用于慢性照射和早先受照者的剂量重建。而采用荧光原位杂交技术可以大大提高易位的检出率，提高检测精确度。荧光原位杂交技术检测稳定性染色体畸变也有不足，如对技术要求高、需要高纯度试剂、价格昂贵、对倒位和缺失不甚敏感，需今后进一步改进。

表 9-3　FISH 分析法实例

报道者	检测手段	测量对象	结果
Lucas	1、2、4 号全染色体探针、着丝粒探针、G 显带方法	20 例原子弹爆炸幸存者染色体易位率	随剂量增加，探针技术与显带方法所得结果之间的线性回归斜率为 0.75，相关系数为 0.98
Nakano 等	1、2、4 号全染色体探针组、泛着丝粒探针、G 显带法	40 例原子弹爆炸幸存者染色体易位率	已完成 36 例的 DS86 骨髓剂量在 0～4Gy，荧光原位杂交技术和 G 显带法明显一致
Lloyd 等	第一次用常规法分析并推算受照剂量。第二次用荧光原位杂交技术分别在两个实验室用不同组合探针检测	事故性吸入氚水的受害女工事故后第 39、59 天的双着丝粒体频率，事故后第 6、11 年的染色体易位率	两次分析结果非常吻合
刘青杰等	8 对端粒和着丝粒特异性探针检测相互易位率，并参照标准剂量-效应曲线估算累积受照剂量	1 例从业 8 年 X 射线探伤工人，前 7 年无任何防护并受照 1 次。误照 3 年后取血样本。1 例 ^{60}Co 管理者，30 年前受 3 次意外照射	例 1：0.813Gy 例 2：1.557Gy
Straume 等	4 号全染色体探针，1、3、4 号全染色体探针组重建生物剂量	1 例从业 36 年的长期职业受照者，个人累积剂量当量记录为 0.56Sv	染色体易位率$(17\pm6)\times10^{-3}$，明显高于对照组$(2.6\pm1)\times10^{-3}$，人累积剂量当量为 0.6Sv，与实际记录值非常相近
李进等	对照组 37 人，24 人用 G 显带法，13 人用荧光原位杂交技术分析；职业受照组 124 人，96 人用 G 显带分析，28 人用荧光原位杂交技术分析	医用诊断 X 射线工作者剂量重建	G 显带法所得染色体畸变率和荧光原位杂交技术检测的染色体易位率随工作年限增加而增多，两种方法估算的生物剂量基本一致，接近物理方法估算结果。两种方法均可用于原先受照者的剂量重建，也可用于推算职业性受照人员累积剂量

9.2.3　早熟凝集染色体断片分析法

1. PCC *检测原理*

染色质(chromatin)和染色体是细胞增殖周期中不同阶段的运动形态，只是由于细胞所处时期不同而出现形态上的差异。利用分裂中期细胞中的促分裂因子诱导间期细胞分散状态的染色质凝集，这种被诱导出来的染色体为单股，比正常染色体纤细，称为**早熟凝集染色体**

(**premature condensation chromosome，PCC**)。PCC 断片分析法就是通过计数凝集过程中产生的 PCC 断片估算受照剂量。

早期的 PCC 法存在许多不足，如细胞制备比 CA 分析法费时，技术要求更高，产额低、不稳定等，导致所评估的剂量可靠性较差而未能被普遍接受。1983 年 Pantelias 等改良了 PCC 法使其受到重视，但产生的 PCC 指数依然很低。后来 Durante 等采用花萼海绵诱癌素诱导细胞周期各时相均产生 PCC 断片。Kanda 等利用冈田酸诱导培养细胞产生 PCC 断片并经 Giemsa 染色后可非常方便地在载玻片上计数 PCC 环，在 20Gy 剂量范围内都可见到 PCC 环增加。花萼海绵诱癌素和冈田酸分别为 2A 型和 1 型蛋白质磷酸酯酶抑制剂，它们可使许多类型细胞在细胞周期的任一时期诱导出 PCC，提高 PCC 指数，使得 PCC 法得到广泛的应用。荧光原位杂交技术与 PCC 法相结合可进一步使分析的染色体类型和分析的灵敏度增加，在分析高 LET 诱导的染色体畸变方面更有效。

2. 在生物剂量测量中的应用

辐射诱发 PCC 断片主要表现为 G_1-PCC 断片，随照射剂量增高，每个细胞的 PCC 断片也相应增多，其剂量-效应曲线可拟合直线方程。冯嘉林等用 ^{60}Co γ 射线照射人血淋巴细胞，观察 G_1-PCC 断裂率与照射剂量之间的关系并建立了 0～7Gy 剂量-效应曲线，如图 9-3 所示。

实验表明，Prasanna 等建立的中子照射 PCC 断片率与照射剂量之间的剂量-效应曲线，与 Pautolias 等建立的 X 射线活体和离体剂量-效应曲线并无显著性差异。上海放射医学研究所用 PCC 法估算的 1 例全身受照的肿瘤患者(实际总剂量 3.6Gy)受照剂量为 3.5Gy。1999 年 9 月 30 日日本 Tokaimura 事故中 3 名工作人员受大剂量中子照射。研究人员使用 PCC 技术估算出他们的剂量分别为 A：20Gy；B：7.4(6.5～8.2)Gy；C：2.3(1.8～2.8)Gy。采用“双着丝粒体”和“双着丝粒体+着丝粒环”为指标的常规方法估算结果为 A：22.6Gy、24.5Gy；B：均为 8.3Gy；C：仅双着丝粒体+着丝粒环项为 3.0(2.8～3.2)Gy。可见 PCC 法和常规方法所得结果非常相近。

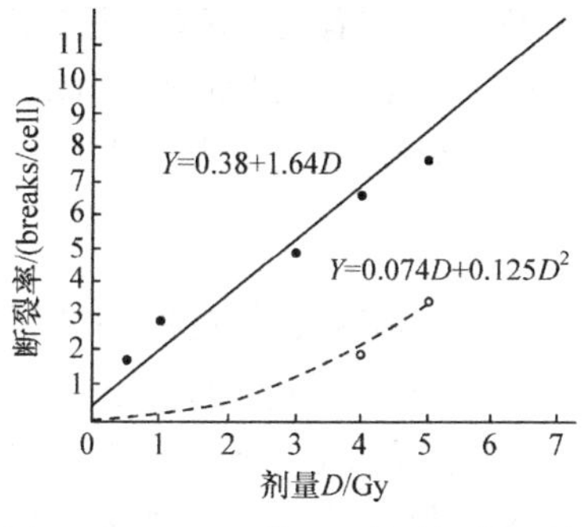

图 9-3　0～7Gy ^{60}Co γ 射线照射人外周血诱发 G_1-PCC 剂量-效应关系

●为 G_1-PCC；○为常规染色体

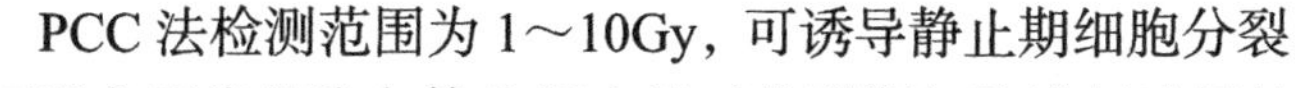

PCC 法检测范围为 1～10Gy，可诱导静止期细胞分裂，从而避免了常规染色体分析中只对分裂期细胞进行选择性分析的不足，可大大增加分析细胞的数量，对部分个体(如年老者、免疫力低下者及受到大剂量辐射者)尤为适用。PCC 法不需要长时间培养，避免了间期细胞周期延长和死亡，以及分裂过程中畸变细胞的丢失等因素的影响，提高了畸变检出率并能在取血后当天提供剂量。PCC 技术仅需 0.5mL 血量，分析 100 个细胞即可显示低剂量照射下的辐射损伤。

9.2.4　淋巴细胞微核分析法

1. 微核

微核是 19 世纪末，Howell 和 Jolly 分别在猫和大鼠的外周血细胞中发现的一种小体，当时被命名为 Howell-Jolly 小体。1959 年 Evans 等报道电离辐射可诱发微核效应。1976 年 Countryman 和 Heddle 使用微核指标衡量染色体损伤，使其在辐射领域内得到广泛研究和应用。

微核主要来源于细胞分裂，在诱变剂作用下残留的无着丝粒染色体断片或在分裂后期落下的整条染色体，在分裂末期都不可能被纳入主核。当进入下一次细胞周期的间期时，它们在细胞质内浓缩成**微核(micronuclear，MN)**。微核存在于完整胞浆中小于主核的1/3，形态为圆形或椭圆形，边缘光滑；与主核有同样结构，嗜色性与主核一致或略浅，Fenlgan染色阳性，不折光；与主核完全分离，如相切，应该见到各自的核膜。微核形成机理复杂、受细胞分裂动力学影响较大，使得早期检测方法都无法鉴别细胞分裂动力学对微核形成的影响，即无法分辨微核形成于第一次还是第二次有丝分裂过程中。

2. CBMN 检测原理

1985 年，Fenech 和 Morley 共同提出的**淋巴细胞微核法(cytokinesis-block micronucleus method，CBMN)**解决了上述难题。CBMN 关键在于在细胞进入第一次有丝分裂前，向培养体系中加入抑制而不影响胞质分裂的试剂——松胞素-B(cytochalasin-B，Cyt-B)，因此涂片上可见双核淋巴细胞，称为 **CB 细胞(cytokinesis block cell)**。CB 细胞很大、具有双核，是只经历一次分裂的细胞。通过计数 CB 细胞微核可明显提高微核检测的灵敏度及准确度。Countryman 和 Heddle 用不同剂量 X 射线照射离体人血淋巴细胞，经培养后发现微核率与受照剂量有良好相关性。杨家宽等证明了辐照离体实验与整体实验的微核效应是一致的。自 1985 年 Fenech 推荐 CBMN 检测法以来，国内外学者在建立受照剂量与微核率之间的剂量-效应曲线用于受照者剂量重建方面做了大量工作。1992 年关树荣等用 CBMN 法建立 ^{60}Co γ 射线诱发微核的剂量-效应曲线，其拟合方程为

$$Y = 17.9119 + 33.3838 \cdot D + 42.8809 \cdot D^2 \tag{9.3}$$

对应函数关系如图9-4所示。金璀璨建立了180kVp(千伏峰值,X射线设备输出能力单位)X射线 0～8 Gy 照射离体人血淋巴细胞导致微核的剂量-效应曲线，以及 1～6Gy 的 ^{60}Co 发射的 γ 射线诱发人血淋巴细胞微核的剂量-效应曲线。Mill 等用 CBMN 法建立了 X 射线、α 粒子、β 粒子和中子辐照人血淋巴细胞诱发微核的剂量-效应曲线。1999 年我国卫生行业标准把 CBMN 法批准为估算辐射受照剂量的方法。在已建立的辐射诱发微核的剂量-效应关系中，辐射诱导的微核率随剂量增高而增加。

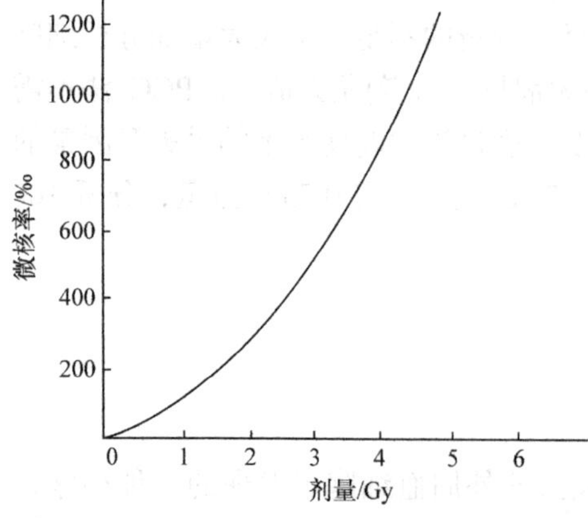

图 9-4 ^{60}Co γ 射线照射人外周血诱发微核的剂量-效应关系

3. 在生物剂量测定中的应用

近年来在事故受照人员的生物剂量测定中，已经报道了一些 CBMN 法实际应用。2007 年姚波等采用 CBMN 法对山东“10.21”辐射事故中 2 例患者受照剂量进行估算，得出患者 A 受照剂量应大于 20Gy，患者 B 剂量约为 8.7(8.0～9.4)Gy，与 CA 分析法、物理方法及 ESR 法接近，与临床表现基本一致。目前认为 CBMN 法估算剂量范围在 0.25～5.0Gy。1992 年蒋本荣等用 6MeV 的 X 射线高剂量照射人离体血淋巴细胞，发现 CBMN 法估算上限剂量可达 10Gy。

CBMN 进行生物剂量测定主要用于急性均匀或比较均匀的全身照射，对不均匀和局部照射，只能给出等效全身均匀照射剂量，即为全身平均剂量。CBMN 优点是操作简单、分析迅速、适合大规模人群监测；缺点是个体间微核出现频率差异较大，而且高龄个体微核出现率高于低龄个体，女性高于男性。此外，吸烟和一些化学品都可使微核频率增加。

9.3　体细胞基因突变检测法

基因(gene)是具有特定碱基顺序、储存特定遗传信息、行使特别功能的 DNA 片段，是遗传的基本单元。基因突变是指生物体遗传物质 DNA 发生改变，可涉及一个碱基，也可涉及一大节段基因或染色体的变化。细胞基因很多，但在辐射生物剂量计研究中目前仅研究 HPRT、GPA 基因位点突变。

9.3.1　HPRT 基因位点突变分析法

1. HPRT 检测原理

次黄嘌呤鸟嘌呤磷酸核糖转移酶(**hypoxanthine guanine phosphoribosyl transferase，HPRT**)基因是单基因突变的研究中的经典基因位点，赵经涌首次发现 HPRT 基因位点突变可能成为辐射生物剂量计。HPRT 基因突变后细胞仍能存活较长时间。在细胞培养基中加入 6-巯基鸟嘌呤(6-TG)，非突变细胞死亡，而突变细胞却能存活。

2. 检测方法

①**放射自显影法**。该方法由 Straness 等于 1979 年建立，快速、经济且可以自动化；但有突变频率偏高、容易造成假阳性等缺点，后经 Albertini 和 Amneus 等改良还是未得到普遍应用。②**荧光显微镜法**。此法简单、快速、经济，有潜在自动化趋势，适用于遗传实验室。③**多核细胞法**。该方法比①和③简单、快速、灵敏，但只能检测 HPRT 基因突变，无法分析基因成分和结构。④**淋巴细胞克隆法**。包括 T 淋巴细胞克隆法和 B 淋巴细胞克隆法，前者是目前最常用的检测方法，但后者更灵敏。该方法培养时间长、排除了拟表型的影响，且检测结果准确可靠。缺点是克隆法费时较长，操作复杂，价格昂贵。⑤**分子生物学技术**。主要有 Southern 印迹实验，限制性酶切片段多态性，聚合酶链式反应(PCR)，单链构象多态性分析(SSCP)等。由于 HPRT 基因序列已知，PCR 技术在研究 HPRT 基因突变中得到快速应用，并将成为本领域方法学的主要方向。

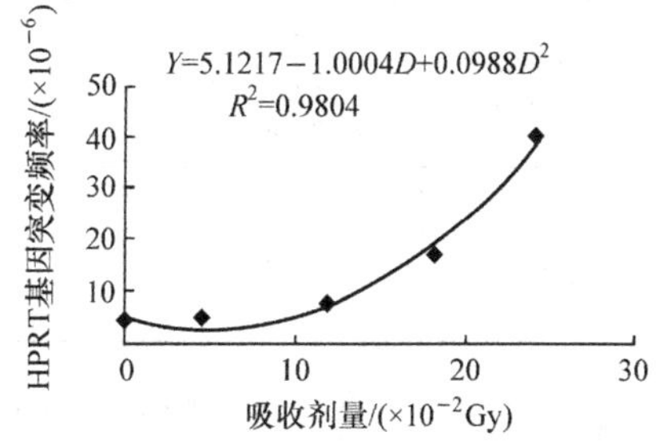

图 9-5　HPRT 基因突变频率与照射剂量之间的剂量-效应曲线(淋巴细胞克隆法)

3. 在生物剂量测量中的应用

采用动物整体照射和人淋巴细胞离体照射，HPRT 突变频率和缺失比例与照射剂量有如图 9-5 所示的剂量-效应关系。HPRT 检测实例如表 9-4 所示。

表 9-4 HPRT 检测法实例

报道者	实验个体	检测方法及标的	检测结果
平井裕子等	127 名原子弹爆炸幸存者	T 淋巴细胞克隆法检测 HPRT 突变频率	HPRT 突变频率随剂量增加而增加
王惠琛等	接受 ^{60}Co γ 射线 0～8Gy 的照射者	淋巴细胞克隆法和多重 PCR 法检测 HPRT 基因突变频率和外显子缺失比例	二者均与照射剂量呈线性关系
史纪兰等	30 例 X 射线诊断工作者（5～100cGy）	多核细胞法研究外周血 T 淋巴细胞 HPRT 的突变率	HPRT 突变率随剂量增加而增加，X 射线工作者与对照组突变频率值差异显著
Seifert 等	58 名放射性工厂工人	克隆法观察 HPRT 突变频率	HPRT 突变频率变化与工人佩戴的放射剂量仪读数显著相关

HPRT 分析法剂量-效应关系好、灵敏度高、取样方便、结果便于比较，但基因突变有随时间延长而减少的趋势，同时其自发突变率高，使其在群体中应用优于单纯的个体剂量估计。

9.3.2 GPA 基因位点突变分析法

1. GPA 检测原理

GPA 是人类红细胞表面主要的血型糖蛋白，有 M 和 N 两种形式、3 种血型表现：MM、MN 和 NN。杂合子 MN 型约占 50%，纯合子 MM 和 NN 型约占 50%。GPA 分析法首先在美国 Lawrence Livermore 国家实验室建立，目前只能分析 MN 型个体。实验者根据 MN 型个体荧光颜色和强度判断红细胞是否发生突变，然后根据剂量-效应关系估算受照剂量。

2. 在生物剂量测量中的应用

1986 年 Langlois 等建立了 GPA 基因突变分析技术，这种方法在原子弹爆炸幸存者和事故受照人员及放疗患者的体细胞突变检测中发挥了很大的作用，实例如表 9-5 所示。

表 9-5 GPA 检测法实例

报道者	实验个体	检测方法及标的	检测结果
Langlois 等 (1987)	43 名日本原子弹爆炸幸存者	双光束流式细胞术	GPA 基因突变的检测可以作为一种终生的生物剂量估计方法
Akiyama 等 (1995)	703 例日本原子弹爆炸幸存者，对照组 246 例<0.005Gy，实验组 457 例>0.01Gy	GPA 基因突变	对照组的 GPA 突变频率明显低于实验组
Poolton 等 (1995)	180 例切尔诺贝利事故受害者	抽取血样，分析 GPA 基因突变	NO 的突变频率与剂量成正比，剂量-效应曲线与受照 40 年后的日本原子弹爆炸幸存者相比 GPA 突变频率无明显变化
Schiwietz 等	11 例 2～16 年前接受过 ^{131}I 治疗的甲状腺癌患者	GPA NO 型和 NN 型的突变频率与正常人的差别	GPA NO 突变频率为 25.4×10^{-6}，GPA NN 突变频率为 11.9×10^{-6}，而正常人依次为 16.1×10^{-6} 和 5.3×10^{-6}，剂量-效应关系好

GPA 基因位点突变发生在造血干细胞，可在体内传代而长期存在，能反映个体累积损伤，可作为终生生物剂量计；缺点：不适合早期辐射剂量估计、仅能检测 MN 血型的个体且个体差异性大，假阳性发生频率较高、无法在分子水平对 GPA 基因突变作进一步的研究。

9.4　分子生物学检测法

上述两大类辐射生物剂量计比较准确可靠，但还有更理想的生物剂量指标，如生长抑制和 DNA 损伤诱导基因 45(growth arrest and DNA-damage inducible gene 45，GADD45)检测、单细胞凝胶电泳(single cell gel electrophoresis，SCGE)检测和线粒体 DNA(mitochondria DNA，mtDNA)突变检测等方法。不过这些研究仍处于尝试阶段。

9.4.1　GADD45 分析方法

电离辐射可以诱导 GADD45 基因表达增高，且具有较好的剂量效应关系，通过检测 GADD45 表达的变化可以估算生物体所受剂量。GADD45 是对多种电离辐射都敏感的基因，对不同剂量范围内都有较好的剂量效应关系，分析实例如表 9-6 所示。检测样本易于获得，敏感性高，不受标本量的限制，但此技术刚起步。

表 9-6　GADD45 分析法实例

报道者	实验个体	检测方法及标的	检测结果
Amundson 等	ML-1 髓细胞性白血病细胞	0.002～0.5Gy 的 ^{60}Co γ 射线照射后用杂交方法测定 GADD45mRNA；2cGy 照射后用流式细胞仪测定 S 期细胞	照射后 3h mRNA 量达峰值，在 10～50cGy 内呈线性效应；处于 S 期细胞数目明显减少
Gajdusek 等	小鼠内皮细胞	γ 射线照射后用实时定量逆转录 PCR 法	GADD45 基因在 5～15Gy 内剂量依赖性增加
Zhan 等	ML-1 髓细胞性白血病细胞	γ 射线照射后用杂交方法测定 GADD45 基因 mRN A 表达相对量	0～20Gy 范围内，GADD45 基因的诱导呈剂量依赖性增加
Fornace 等	ML-1 髓细胞性白血病细胞	2～50cGy 内照射后测 γ 射线对 mRNA 表达的影响	GADD45 诱导与剂量呈线性关系
美国放射生物研究所生物剂量小组(2002)	人外周血受 ^{60}Co γ 射线照射后 24h 及 48h	逆转录实时定量 PCR 方法	GADD45 基因表达与受照剂量呈线性关系，重复性较好

9.4.2　SCGE 分析方法

单细胞凝胶电泳(single cell gel electrophoresis，SCGE)技术是在碱性条件下通过电泳的方法在单细胞水平上检测 DNA 断裂和修复的新技术，于 1984 年由 Ostling 和 Johnson 等提出，后经多人改进逐渐成熟。SCGE 技术简便、快速、灵敏、需血量少、无需细胞处于生长状态、无需使用放射性同位素，近年来已广泛用于放射生物剂量学、遗传毒理学、环境生物监测、肿瘤放化疗敏感性检测等领域中。

SCGE 原理：电离辐射后的细胞 DNA 出现放射性损伤，在电场作用下断裂 DNA 链、不完全 DNA 切除位点以较快速度迁移，而 DNA-DNA 交联或 DNA-蛋白质交联的迁移速度较慢，形成头尾分明的彗星样电泳图案(彗星实验)。通过彗星尾长度或者彗星尾长度与彗星头宽度的

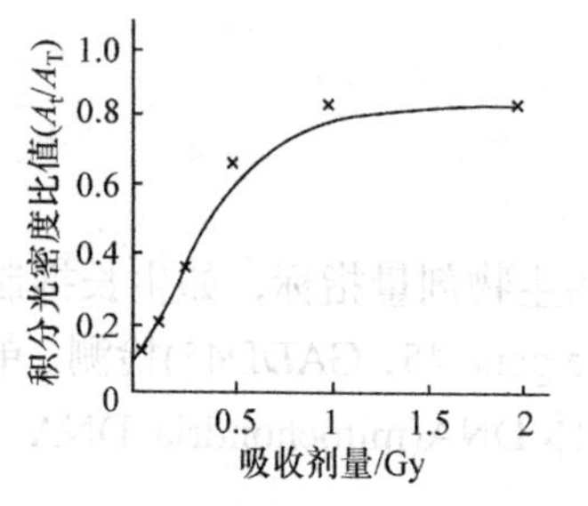

图 9-6　彗星实验的剂量-效应曲线

比值来评价 DNA 损伤，即可确定辐照剂量。图 9-6 是采用彗星实验估算外周血淋巴细胞受照剂量的剂量-效应曲线，A_t 为尾部积分光密度值，A_T 为总积分光密度。

SCGE 法比细胞遗传学方法更敏感，可检测到 0.05Gy 的低水平辐射；但区分 DNA 损伤类型的特异性较差，要求照射后立即采样分析，该方法正在发展之中，其实际应用有待于进一步研究。

9.4.3　mtDNA 缺失分析方法

线粒体(mitochondrion)是真核细胞的细胞器，是细胞“动力工厂”。人类线粒体 DNA(mtDNA)对电离辐射损伤非常敏感且损伤修复能力低，可造成核酸片段缺失等突变。采用聚合酶链式反应(polymerase chain reaction，PCR)方法可检测 mtDNA 缺失。目前 mtDNA 缺失检测用于生物剂量测定仅限于体外试验，实例如表 9-7 所示，实用性有待进一步研究验证。

表 9-7　mtDNA 缺失分析法实例

报道者	结论
Krishnan 等	3895bp(碱基对)缺失更适合作为紫外线照射皮肤细胞的损伤指标
封江彬等	0～5Gy ^{60}Co γ 射线照射能诱导外周血有核细胞中 mtDNA 4977bp 缺失
Kubota 等	mtDNA 4977bp 缺失的指标可以很准确地估算 0.25～2Gy 范围内的急性受照剂量

此外，由于毛发自身独特的生物学特性，它作为辐射生物剂量计具有许多优点：如毛发根部代谢旺盛，对辐射高度敏感；毛干成分稳定，对辐射的记忆性强；毛发分布范围广，可反映全身的受照剂量分布情况；毛发易于采样。毛发剂量计的开发研究和应用也具有广阔的前景。

复习思考题(九)

【1】　生物剂量计基本特征是什么？

【2】　目前常用的生物剂量计主要有哪些类型、用于哪些具体场合？

【3】　各类生物剂量计测量的剂量范围大致如何？

第 10 章　其他类型剂量计

只要得出辐射剂量与产生效应之间的对应关系且该效应能定量测出，即可定义一种新剂量测量方法。如利用光纤剂量响应原理的光纤剂量计，利用辐射变色机理的辐射变色剂量计等。这些剂量计各有特色，有的测量很可靠，有的方法很直观，还有的方法很独特，非常值得一提。

10.1　胶片剂量计

10.1.1　剂量测量原理

胶片是一面或双面涂覆感光材料的醋酸纤维膜，常用感光材料是含 AgBr 颗粒的**乳胶(latex)**。胶片受辐照后乳胶中的 Ag^+形成银原子潜影，通过显影后潜影附近将产生大量银原子使胶片变黑。在一定显影条件下胶片变黑的程度与辐射剂量大小有关，可用光度计或黑度计测量，最后得到辐射剂量值，利用这一原理制作的剂量计称为**胶片剂量计(film dosimeter, FD)**。FD 主要用于 X 射线和 γ 射线剂量测量，也可测量 β 照射量，选择合适曝光介质还可测量中子、重带电离子等。经辐照后胶片透光性质会有很大改变，设胶片上的入射光强为 I，透射光强为 I_t，则**光密度(optical density，OD)**定义为

$$\mathrm{OD} = \log\frac{I_0}{I_t} = \log\frac{1}{T} \longrightarrow T = \frac{I_t}{I_0} = \mathrm{e}^{-\mathrm{OD}} \tag{10.1}$$

光密度 OD 与胶片**透光率(transmittance)**T 之间成反比对数关系：T 越小 OD 越大。T 与 OD 之间呈指数衰减关系：OD 越大透射光越弱。辐照后胶片对光的散射和吸收$(1-T)$与射线剂量、胶片材料性质均有关。**物理灰度(physical gray)**G 定义为

$$G = A(1-T) \tag{10.2}$$

式中 A 是与胶片吸收和散射相关的参数。**图像灰度(picture gray)**PG 定义为

$$\mathrm{PG} = A\cdot T \tag{10.3}$$

可见 G 越大 OD 也越大，而 PG 和 T 则越小。实验表明：辐照后的胶片透光率 T 减小，光密度 OD 增大；在一定剂量范围内 OD 与剂量呈线性关系。扫描仪得到 G 值后需用光密度标定方法转换为 OD 值。Radio chromic 胶片对 γ 射线和质子都灵敏，其 OD 与剂量之间的关系如图 10-1 所示，它对剂量高达 300Gy 的质子仍然保持很好的响应。

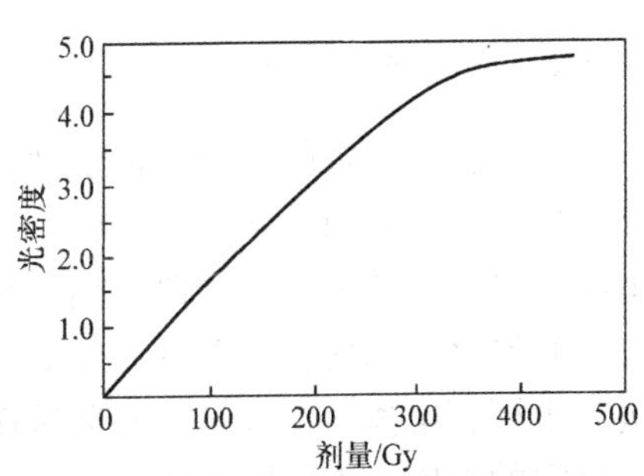

图 10-1　Radio chromic 胶片光密度与剂量的对应关系

10.1.2 特点和用途

未经曝光的胶片(本底片)也能阻挡少量光线形成本底灰度，搁置较长时间后再使用时本底灰度会增大，测得辐照后胶片的灰度，扣除本底灰度后即可得净灰度。在胶片拍摄、冲洗等过程中不慎漏光会引起灰度增加，称为**物理本底(physical background)**。物理本底扣除只需要控制刻度片与剂量片的实验条件、冲洗条件完全一致即可。胶片剂量计不受电磁场干扰、廉价、空间分辨率高，但其响应与射线入射方向有关，且高温、高湿度会使潜影衰退。

FD 克服了 TLD 监测成本高、信息不能再现而难以存档的不足，且其灵敏度也能基本满足要求。胶片剂量计具有较强的监测能力，一枚胶片即可鉴别射线能量。除剂量响应外，FD 还可以进行空间位置分辨，给出二维剂量分布，实现空间剂量分布测量。FD 使用时要注意胶片和体模材料紧密接触，否则会因从体模材料散射到空隙中的粒子大于从空隙散射出去的粒子使胶片给出较高响应，影响剂量测量准确性。胶片不仅能提供辐射粒子通量、能量及其空间分布，也能提供与辐射粒子相互作用过程中产生的次级粒子的这些量，还能区分粒子种类和品质。

10.2 径迹蚀刻探测器

10.2.1 固体核径迹剂量计

电离辐射引起固体材料损伤，损伤部位在蚀刻溶液中被放大形成径迹坑(类似核乳胶径迹)，借助光学显微镜观测可实现剂量测量，称为**固体核径迹剂量计(solid state nuclear track dosimeter，SSNTD)**。该方法不仅可用于辐射剂量测量，也可用作核辐射粒子探测器。很多介质(如晶体、玻璃、塑料)都可以作蚀刻介质，其中有机塑料灵敏度最高，利用这些固体蚀刻介质可以测量重带电离子和中子。径迹蚀刻重带电离子和中子个人剂量计，就是通过重带电离子与蚀刻介质本身相互作用或中子与蚀刻介质发生核反应过程，产生一定质量和能量的次级带电粒子，然后这些次级带电粒子使蚀刻介质产生损伤并得到潜径迹，再用径迹蚀刻法去探测带电粒子或中子。

SSNTD 主要特点：①价格低廉；②剂量计体积小，重量轻；③无需配备任何电子学系统，也不需要能源；④无需在暗室中操作，比核乳胶更便于显示径迹；⑤灵敏度较高，稳定性极好；⑥可选择记录电离辐射；⑦能提供辐射粒子品质特性，给出 LET 值。SSNTD 是积分型探测器，可在较长时间内稳定地积累并记录径迹，适合于粒子注量甚低的情况；在某些场合还可以配置定速转动或移动设备，使其具有时间分辨能力。

10.2.2 径迹探测原理

电离辐射所致固体介质损伤微观上可分为化学键断裂和原子离位。带电粒子可导致介质分子化学键断裂而破坏分子结构；另外带电粒子和中子都会引起原子离位损伤。不同种类、不同能量粒子造成的原子离位损伤有很大区别，其中低能离子、中子和重离子造成的原子离位尤其显著。入射粒子及其产生的大量次级粒子均会导致固体介质中辐射损伤，重离子沿径迹产生稠密电离，在径迹中心区域使电子逸出，从而出现一个显正电性的区域。该区域内离子之间的强库仑力使原子和离子离位、化学键断开，出现严重损伤，称为库仑**爆炸**，如图 10-2 所示，它是一种集体作用模式。

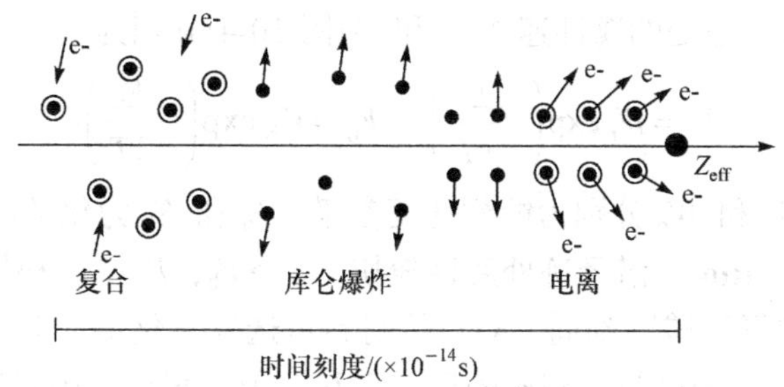

图 10-2　入射粒子在介质中的损伤径迹结构

带电粒子在固体中造成辐射损伤最严重的狭窄区域称为**潜径迹(latent track)**，其损伤半径在 nm 量级。因受损伤区域比未受损伤区域容易被腐蚀，潜径迹经化学蚀刻后将被放大至普通光学显微镜可观测的 μm 量级。潜径迹稳定性与固体材料的性质有关，高熔点材料潜径迹稳定性也好，如云母、石英和无机玻璃中的潜径迹在数百摄氏度也不衰退，可用于测量地质样品受照剂量；有机聚合物潜径迹在 50℃下不会有明显衰减。

SSNTD 灵敏度既与待测量粒子速度 β 有关，也与其电荷 Z 有关，定义为 Z/β 的最小值。入射粒子电荷越大、速度越低，损伤密度就越大(图 10-3)，图中虚线为固体径迹材料的阈值。

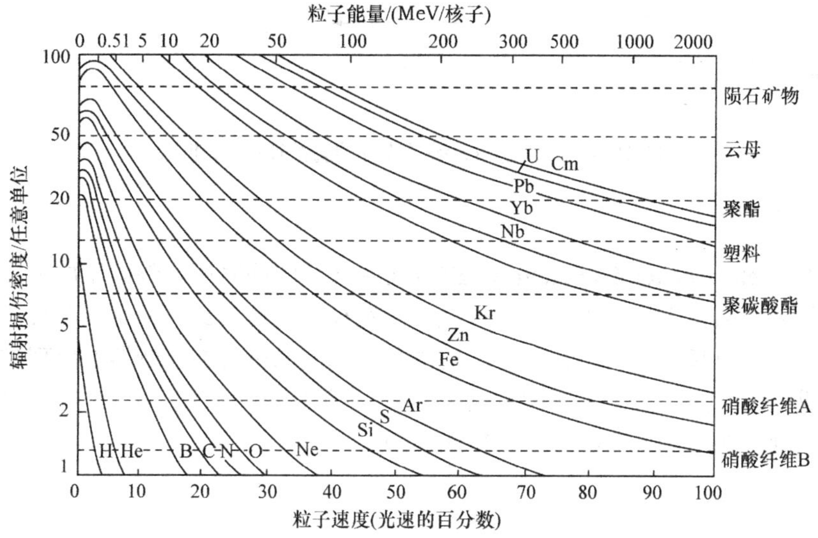

图 10-3　入射粒子在介质中的损伤径迹结构

10.2.3　蚀刻原理

径迹蚀刻探测器(track etching detector，TED)可以探测中子引发裂变反应(n,f)产生的裂变碎片，或(n,α)反应产生的 α 粒子，以及(n,p)反应产生的质子 p。潜径迹(nm 量级)显示方法有蚀刻法和缀饰法，其放大就称为**蚀刻(etching)**。蚀刻法分化学蚀刻和电化学蚀刻，目前化学蚀刻法最成熟。核径迹计数普遍采用传统光学显微镜观测，虽简便可靠但强度大、枯燥乏味；目前采用图像分析系统自动观测径迹。

1. 化学蚀刻

化学蚀刻(chemical etching，CE)是利用化学试剂将潜径迹放大。固体材料置于蚀刻液中

被腐蚀，潜径迹和无潜径迹处的腐蚀速率 V_t 和 V_b(图 10-4)分别为

$$V_t = W_t \exp\left(-\frac{E_t}{kT}\right), \quad V_b = W_b \exp\left(-\frac{E_b}{kT}\right) \tag{10.4}$$

式中 T 为蚀刻温度，W_t 和 W_b 分别为蚀刻速度参量，E_t 和 E_b 为化学蚀刻过程参量，$R=V_t/V_b$ 定义为**蚀刻比(etching ratio)**。潜径迹处腐蚀较快，$V_t > V_b$，$R > 1$。根据介质材料选用蚀刻溶液：对无机电介质可选氢氟酸蚀刻剂，对有机材料可选氢氧化钠，对聚碳酸酯可选用由氢氧化钾配制的蚀刻剂 PEW。径迹与蚀刻液的反应性和粒子沉积在径迹附近的能量有关，且存在阈值。对某种介质，只有电离率(正比于径迹附近能量沉积)高于某个阈值方可有效地蚀刻，该阈值与介质材料制作过程、蚀刻条件及温度处理等均有关。存在阈值可对轻粒子(如电子和光子)进行甄别。径迹放大条件是 $V_t > V_b$，与蚀刻探测器材料、蚀刻剂和蚀刻条件有关。

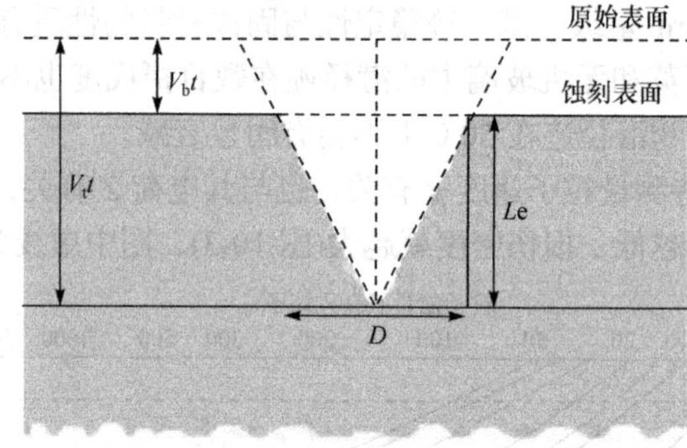

图 10-4　潜径迹和无潜径迹处的腐蚀速率 V_t 和 V_b

2. 电化学蚀刻

电化学蚀刻(electrochemical etching，ECE)是在 CE 的同时用高频电压放电以加快蚀刻速度。将固体径迹材料置于电解液中，通过电解液在径迹探测器的两侧加低频(1～10kHz)电场(20～30kV/cm，不引起 TED 放电击穿)。随着化学蚀刻的进行在探测器上出现锥状蚀刻坑，随后放电形成树状结构，放电过程不增大蚀刻坑但会加快蚀刻速度。可用作 SSNTD 的材料很多，常用蚀刻剂有 KOH 和 NaOH 以及 40%的 HF。

3. 电子显微镜分析技术

辐射在 SSNTD 中产生的潜径迹可用电子显微镜观测，无需蚀刻放大潜径迹，且测量信息可靠，避免了蚀刻过程带来的误差。SSNTD 也存在本底，探测器表面擦伤、材料内部缺陷所致的本底可通过预蚀刻将探测器表面腐蚀几十微米后再测量，此方法也用于长射程射线测量时去除短射程辐射粒子干扰。

10.2.4　CR-39 剂量计

CR-39(california resin-No. 39)是一种聚碳酸酯塑料，化学名称聚烯丙基二甘醇碳酸酯，CR-39 是商品名，商业上用作太阳镜或焊接屏蔽材料。CR-39 是具有均衡机械和化学性质的光学合成树脂，但其折射率只有 1.499。自 1978 年发现它对很宽能量范围的质子灵敏、可以用做 SSNTD 以来，人们已制造出不同厚度的实用 CR-39。

CR-39 分子式为$(C_{12}O_7H_{18})_n$、分子量 272、密度 1.31～1.32g/cm^3，由液状单体二基醇双烯丙基碳酸酯聚合而成，只要受很少辐射剂量，聚合铰链就会断裂形成潜径迹。CR-39 是热固性材料，原料为液体状，需低温保存，制作时置于模具内 120℃热固化成形。CR-39 缺点是材料固有本底高、本底变化大、批均匀性不好(甚至一片中切出的剂量片本底变化也很大)、响应重复性不好，特别是在电化学蚀刻时，片的厚度不均匀会导致电场强度变化而产生不同蚀刻效果。CR-39 易于氧化增加本底，所以应在镀铝塑料薄膜内密封或抽空包装，低温下密封可保存 2 年。

CR-39 塑料的化学蚀刻条件是 70℃、6.25mol 的 NaOH 或 KOH 溶液，蚀刻 3～6h 或根据需要缩短或加长。定义 V_T/V_B 为约化蚀刻速度，当辐射粒子 LET 增大时潜径迹处沉积能就增多，造成的损伤严重，约化蚀刻速度增大，如图 10-5 所示。

CR-39 对带电粒子非常敏感，可以测量 Z/β 值在 6～100 的带电粒子。它是现有 SSNTD 中具有最低能量沉积密度探测阈的材料，具有灵敏、稳定、透明等优点。由于制作原料和工艺差异，不同厂商的 CR-39 对辐射响应不同，即不同来源的 CR-39 灵敏度各异。

利用 SSNTD 可以测量中子谱分布。将聚乙烯、不同厚度铅和 CR-39 组合可构成固体径迹中子探测器，定义单位中子入射时 TED 测量到径迹坑的概率为其响应函数 R。图 10-6 中聚乙烯厚度为 15μm，九条曲线分别对应铅厚度为 5μm、10μm、20μm、30μm、40μm、50μm、70μm、100μm、200μm 时的响应函数。响应函数可以模拟计算得到，也可以通过标准场刻度获得。获得响应函数 R(单位 spots/n)后，测得径迹密度 D(单位 spots/cm^2)，由下式即得中子谱(单位 n/cm^2)：

$$\phi(E) = D/R \tag{10.5}$$

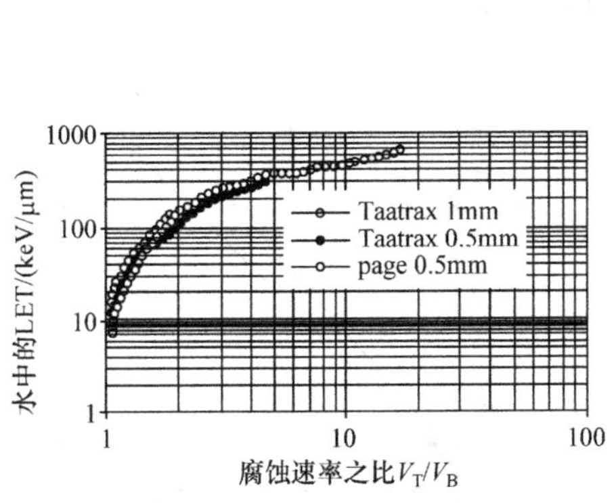

图 10-5　CR-39 的 LET 刻度曲线

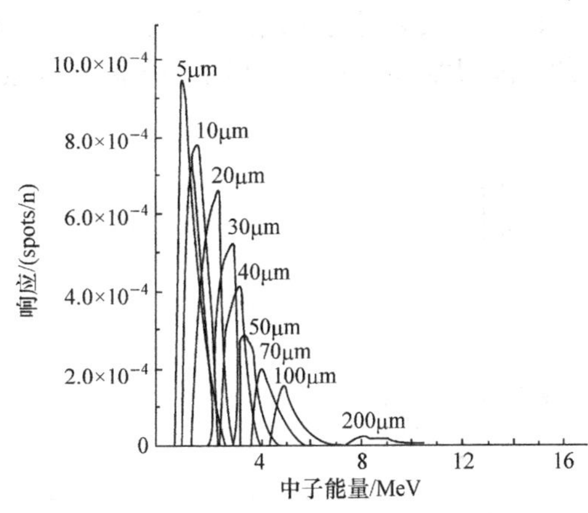

图 10-6　固体径迹中子探测器的响应曲线

10.3 电子自旋共振剂量计

10.3.1 电子自旋共振

物质分子由原子组成，原子由带正电原子核及绕核旋转的核外电子组成。电子带负电，在绕核旋转的同时也做自旋运动，称为**电子自旋**。电子自旋产生的环行电流在其周围形成弱磁场，相当于微型磁铁。一般轨道上的电子均已配对，因彼此自旋方向相反、磁矩相互抵消而不显磁性。当轨道上存在未配对电子时，若在外部施加磁场，电子的自旋和磁矩将顺着磁场排列，磁矩在磁场中会引起能级劈裂(简单塞曼(Zeeman)效应)导致能级简并消除。若再在垂直于磁场方向施加另一脉冲磁场，则会引起磁量子跃迁，称为**电子自旋共振(electron spin resonance，ESR)**。

10.3.2　ESR 剂量计原理

电离辐射在介质中产生有不成对电子的自由基，引入磁场可使其发生共振从而测得自由基数量，进而得到待测辐射剂量，称为**电子自旋共振(ESR)剂量计**。许多物质受辐照后会产生自由基，有水存在时大部分自由基会很快消失，但在固体材料(如骨骼、牙齿等)中自由基可存留相当长时间。因骨骼不断更新而不易被使用，ESR 研究中主要采用牙齿。牙釉质覆盖牙冠，主要成分是羟基磷灰石[$Ca_{10}(PO_4)_6(OH)_2$]，并构成品状结构。牙釉质接受辐照后，作为其成分之一的 CO_3^{2-}能捕获辐射产生的自由电子形成 CO_3^{3-}自由基，这正是 ESR 技术所需要测定的。

用牙釉质作 ESR 剂量探测材料时，通过测定生物剂量计中由辐射引起的长寿命自由基浓度变化来确定剂量，需预先刻度并建立剂量响应曲线(图 10-7)。用 ESR 测量已知剂量照射后不同牙齿中自由基含量，然后将数据拟合得到线性剂量响应曲线，再利用该曲线即可根据受照者牙釉质中自由基含量求得其所受辐射剂量。

ESR 技术可以灵敏、快速地检测出人体生物样品中因电离辐射产生的自由基和晶格缺陷等顺磁性物质特性和含量，从而估算出受照剂量。丙氨酸是成熟 ESR 剂量测量介质，但因 β-丙氨酸辐射化学产额很低且其 ESR 谱随时间变化，剂量学通常采用 α-丙氨酸。丙氨酸分子式为 CH_3—CH(NH_2)—COOH，受辐照后共价键断裂失去氨基(—NH_2)，产生稳定自由基 CH_3—CH—COOH，其数目与射线作用程度成正比，据此可确定吸收剂量值。ESR 剂量计测量辐射剂量的范围很宽，图 10-8 给出了丙氨酸和磺胺酸的 ESR 剂量对 ^{137}Cs 的响应。

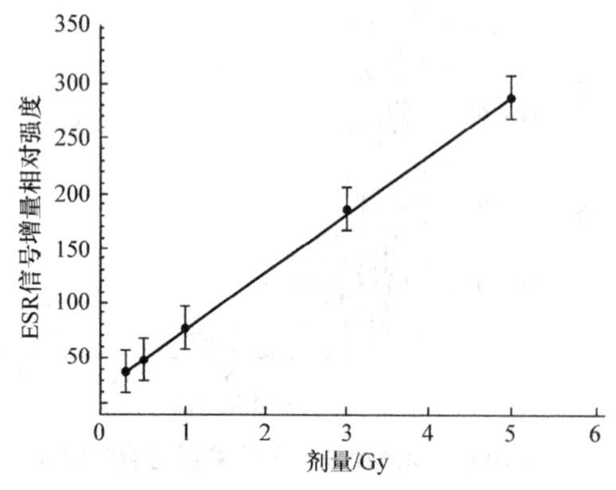

图 10-7　牙釉质中自由基含量与剂量的 ESR 响应曲线

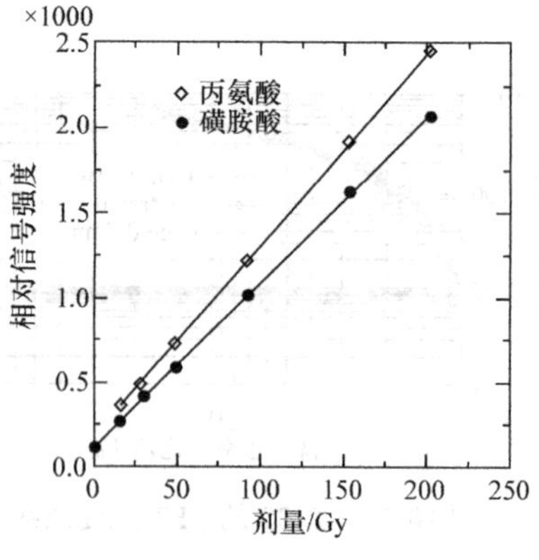

图 10-8　丙氨酸和磺胺酸剂量的响应曲线

10.3.3　ESR 剂量计特点

ESR 剂量计是专测自由基的精密仪器：①剂量量程宽 1～100Gy，丙氨酸剂量测量范围可达 1～10^5Gy；②线性剂量响应良好；③稳定、可长期保存并可重复测量，1 年内衰退＜0.5%，可作剂量档案保存，在食品辐照加工行业领域有广泛应用；④组织等效应好，因氨基酸即蛋白质的组成成分，所测得的吸收剂量可直接使用；⑤剂量率对环境条件(温度、湿度)要求不高、体积小，更适于放射治疗中不同的质量保证需求；⑥灵敏度受温度影响，温度变化 10℃时测量结果约变化 2.4%，需要温度修正；⑦确定的吸收剂量值较为准确，其下限适用于放射治疗大剂量照射；⑧采样和样品制备过程均受限制，需要新技术。

10.4　辐射变色薄膜剂量计

10.4.1　辐射变色薄膜

辐射变色薄膜(radiochromic film，RCF)是利用化合物的辐射变色效应与辐射剂量的线性关系来测量剂量的一类有机固体薄膜。早期 RCF 剂量计一般由共聚物基体(如偏氯乙烯-丙烯酸甲酯)和染料隐色体(如三苯基甲烷染料)组成。含卤共聚物受辐照后释放 HCl 使染料隐色体变色，其色泽随剂量增加而逐渐加深，具有一定的稳定性。辐照后的 RCF 有 420nm 和 570nm 两个吸收光峰，其主吸收峰为 570nm。RCF 的光密度变化随吸收剂量成比例地增加，光密度与透光率 T 之间满足 OD=log(1/T)。目前 RCF 剂量计已经成熟，电子束辐射加工中广泛使用的商业化 RCF 主要有三醋酸纤维素(CTA)、尼龙基薄膜(FWT-60)和蓝色赛璐玢(BC)等。FWT-60 薄膜经辐照后由无色变成深蓝色，在 605nm 波长处有明显吸收峰，具有分辨率高、对初级辐射束无干扰、辐照和测量时基本不受环境条件影响、剂量率效应小、剂量测量范围大、重复性和稳定性好、体积小、空间分辨好等很多优点。FWT-60 良好的剂量学特性使它不仅能作为射线和电子束辐射加工的常规剂量计，还能作为参考剂量计用于吸收剂量量值传递。但实验中发现其吸光度响应和吸收光谱峰值与温度有关，使用时应尽可能恒温以提高测量结果的准确性。用波长 510nm 的光测得 FWT-60 单位厚度的吸光度响应 $\Delta A/T$ 与吸收剂量 D(kGy)有良好线性关系

$$\log D = 2.925 + 0.1285 \cdot \frac{\Delta A}{T} \tag{10.6}$$

吸光度响应 $\Delta A/T$ 和吸收剂量 D(kGy)的关系曲线如图 10-9 所示。

另一类常用 RCF 剂量计是 PVG 剂量计，其组分包括基料聚乙烯醇缩丁醛(PVB)、隐色孔雀绿染料(LMG)和添加剂卤代有机物(RX)等。PVG 剂量计测量范围受 LMG 浓度、添加 RX 影响，后者尤为重要，卤化物中溴化物比氯化物更加有效。在 ^{60}Co 射线辐照下，含 RX 的 PVB-LMG 薄膜中因生成了孔雀绿 MG^+而变成绿色，并在 425nm 和 627nm 处形成两个吸收峰，未添加 RX 的 PVB-LMG 膜辐照后不变色。含 RX 的 PVB-LMG 薄膜剂量测量范围为 0.5～80kGy，在 627nm 处其吸收与剂量的关系呈线性(相关系数 r>0.999)，温度校正系数为+0.053/t；相对湿度 0～96.4%，其剂量响应随相对湿度增加而增加，校正系数为+0.006/Δrh%。PVG 剂量膜存放于暗处辐照前后都很稳定：置于棕色保干器内 40 天后响应偏差<4%，可作常规剂量计。

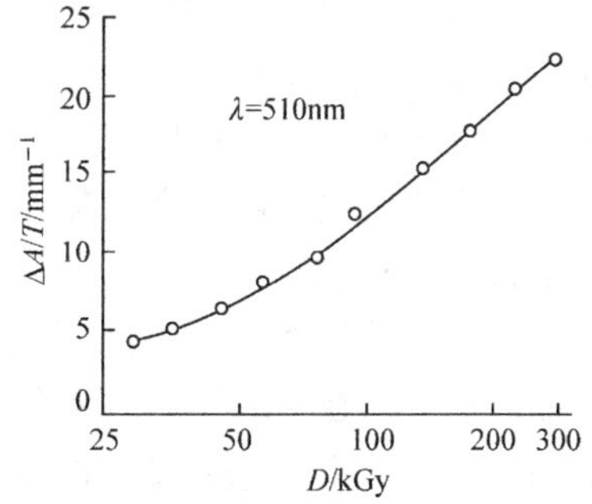

图 10-9　辐射显色薄膜的剂量响应曲线

10.4.2　RCF 剂量计的特点

RCF 剂量计重复性好、稳定性好、体积小、空间分辨能力好，不仅可用于常规剂量测量，还可用于量值传递。通过测量选定波长处单位厚度吸光度，可以实现辐射剂量测量。RCF 剂

量计线性剂量响应范围跨越 5 个量级(10^0～10^5Gy)，且对电子和 γ 射线剂量响应相同。RCF 剂量计无明显能量依赖性和剂量率依赖性，不仅对电离辐射敏感，也对可见光敏感，且敏感程度与光源光谱特征有关。RCF 剂量计的剂量响应随辐照温度上升而增强，精确测量时需要校正温度。

10.5 晶溶发光剂量计

10.5.1 剂量测量原理

许多晶状化合物在接受电离辐照后，辐射产生的分子和自由基留存在被照射固体内并在晶格中储存能量。在这些固体加入特定溶剂后，储存的辐射能即被释放而发光，称为**辐射晶溶发光(radio-lyoluminescence)**或**辐射溶解发光**。辐射晶溶发光强度与所受辐照剂量有确定函数关系，通过光探测器测得物质晶溶发光强度，即可得到样品吸收剂量，这类剂量计称为**晶溶发光剂量计(lyoluminescence dosimeter，LLD)**。射线与一般物质相互作用产生大量短寿命自由基，有些特殊固体受辐照后产生寿命很长的自由基，称为晶溶发光固体。晶溶发光固体溶解于液体，自由基便和水中的氧原子结合形成过氧化基

$$R + O_2 \longrightarrow RO_2 \tag{10.7}$$

过氧化基处于激发态，在退激过程中便会发光，发光产额和辐射剂量在一定范围内呈线性关系，如图 10-10 所示。

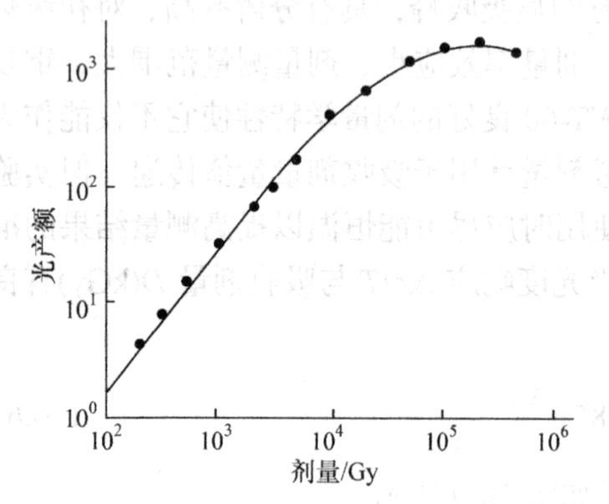

图 10-10 在 ^{60}Co 照射下谷氨酰的剂量响应曲线

过氧化基发光过程复杂，其中快成分发光衰减时间在秒量级，慢成分发光衰减时间达数天。

10.5.2 LLD 剂量计特点

LLD 的主要优点有：①组织等效特性较好，尤其是糖类和氨基酸类；②极易溶于水；③晶溶发光中心受环境温度、光照以及储存时间影响小；④价格低廉，容易获得。晶溶发光中的光产额对剂量计特性有很大影响，为提高光产额普遍采用 Luminal(又称为苯巴比妥，无臭微苦的白色粉末，溶于热水、乙醇，易溶于碱溶液)水溶液，其成分为 125mg/L 的 Luminal+2.5mg/L 的血红素，用 1.25mg/L 的碳酸钠调节 pH。将配制好的溶液倒入定量加液器中，再将加液器置于恒温(温度控制＜±0.5℃)水浴中，利用光电倍增管收集晶溶发光即可导出辐射剂量。在存取样品时需要将光闸关闭，以保护光电倍增管。图 10-11 为甘露糖晶溶剂量响应曲线，由于晶溶发光过程要消耗氧，因此向溶液中输送氧可增大光子产额，从而增大其线性剂量响应的范围。当剂量很高时溶液中的自由基浓度很高，会与过氧化基反应生成非荧光产物 NF

$$R + RO_2 \longrightarrow NF \tag{10.8}$$

对 γ 射线而言，谷氨酰胺试剂的剂量测量范围达 10^2～10^5Gy，测定剂量达 5×10^3Gy 时精

确度高于±4%。用碳-14 光源测定灵敏度重复性，标准偏差小于 1%；8h 稳定性标准偏差小于 1.5%。

从图 10-12 可知温度对晶溶发光有很大影响，因此 LLD 必须在恒温下工作。LLD 和 ESR 剂量计都是通过测量自由基来实现辐射剂量测量，LLD 更灵敏，可用于食品自由基测量。

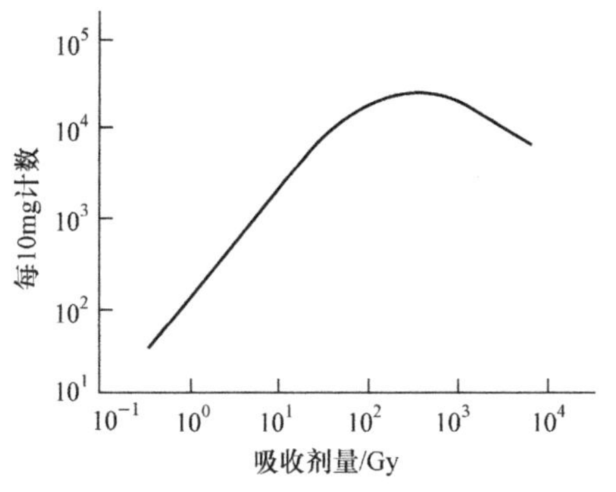

图 10-11　甘露糖的剂量响应曲线图

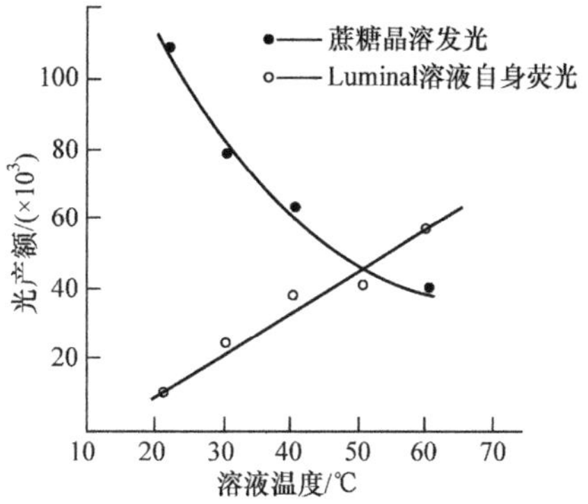

图 10-12　Luminal 溶液及蔗糖晶溶发光的温度依赖性

复习思考题(十)

【1】　胶片剂量计有什么特点？主要用于哪些剂量测量场合？

【2】　什么是潜径迹？

【3】　化学蚀刻与电化学蚀刻区别与联系如何？

【4】　简述电子自旋共振剂量计的测量原理及其主要特点。

【5】　CR-39 剂量测量的优点有哪些？

【6】　辐射显色薄膜剂量计的特点有哪些？

【7】　简述晶溶发光的原理及 LLD 的主要特点。

第三篇　学科分支及应用

本篇内容包括辐射剂量学的五大分支：外照射剂量学、内照射剂量学、空间辐射剂量学、环境辐射剂量学和非电离辐射剂量学。外照射剂量学主要研究来自体外辐射源形成的辐射场对人体的辐射剂量、效应及防护问题，内照射剂量学研究体内辐射源所形成辐射场中的剂量分布、估算与评价问题。空间辐射剂量学瞄准太空中电离辐射剂量的评估及其对航天活动的影响，包括对航天器的损伤、对宇航员健康和生命带来的危害。人类生存环境中的电离辐射(Rn，^{14}C，^{40}K)与人体接触形成外照射，也可以进入人体形成内照射而危害人类健康，这就是环境辐射剂量学的研究内容。能量低于X射线的电磁波称为非电离辐射，包括低频振荡、射频辐射、微波、红外线、可见光、紫外线，这类辐射的描述、表征及其对人类生产和生活带来的影响属于非电离辐射剂量学范畴。

第 11 章　外照射剂量学

外照射剂量学(external radiation dosimetry)主要研究体外辐射场中人体、实验动物或其他辐照材料的剂量学问题，包括辐射剂量、辐射效应和辐射防护，也涉及射束参数、模型建立、测量方法、防护标准及剂量计算等问题。外照射分为**主动照射(active irradiation)**、**目的照射(purposed irradiation)**，以及事故等原因造成的**被动照射(passive irradiation)**。外照射剂量学通过设计测量技术手段或对复杂结构根据积累数据建立模型模拟计算来获得被照物体的剂量大小及分布，不仅用于医学或生物材料照射，还可以用于辐射加工等领域。

11.1　体模及其剂量场参数

11.1.1　组织等效性

因测量体外辐射对人体的辐射剂量时不可能用真人做实验，为此需要寻找一种已有物质或者合成新物质进行实验测量，这类物质的相关参数和性质与人体组织的接近程度就称为**组织等效性(tissue equivalence)**，这类材料就称为**组织等效材料(tissue equivalent material)**。组织等效材料要求它对不带电粒子的线性衰减系数、能量转移系数、能量吸收系数与不带电粒子在人体组织中的这些参数相同，也要求对带电粒子碰撞阻止本领、辐射阻止本领、散射阻止本领与机体组织中的这些特性参数相同。理想的组织等效材料很难找到，只能要求材料组织等效性接近组织，或对部分辐射粒子或对部分能区粒子具有等效性。对不同种类粒子、不同能区粒子常选择不同组织等效材料：如对 2~40MeV 电子及 0.2~20MeV 光子，水是肌肉、脂肪等软组织的等效材料，误差小于 1%。人体辐射问题主要关心人体中的常量元素，含量如表 11-1 所示。

表 11-1　人体主要元素的平均百分含量

元素	软组织	骨骼	器官	元素	软组织	骨骼	器官
H	10.55	7.41	10.18	P	0.07	4.177	0.138
C	27.11	34.43	13.71	S	0.2275	0.307	0.2267
N	2.958	2.91	2.37	Cl	0.185	0.1	0.22
O	58.42	41.37	72.8	K	0.1425	0.2	0.21
Na	0.1225	0.05	0.176	Ca	0.0133	13.59	0.0175
Mg	0.015	0.135	0.0125	Fe	0.05	0.01	0.02

不同组织器官的元素含量相差很大。为尽可能接近生物组织材料，1964 年 ICRU 定义了理想化生物组织等效材料的物质成分，如表 11-2 所示。

表 11-2　理想化生物组织等效材料中各元素含量

名称	主要元素百分含量				其他元素
	H	C	N	O	
ICRU 软组织	10.1	11.1	2.6	76.2	
ICRU 组织、肌肉	10.2	12.3	2.5	72.9	Mg 0.2，Na 0.8，P 0.2，S 0.5，K 0.3，Ca 0.1
组织等效塑料 A150	10.1	77.6	3.5	5.2	Fe 1.7，Ca 1.9
甲烷组织等效气体	10.2	45.6	3.5	40.7	
丙烷组织等效气体	10.3	56.9	3.5	29.3	
空气等效塑料 C562	2.5	50.2		0.4	Fe 46.5，Si 0.4
聚丙烯	14.4	85.6			
树脂玻璃	8	60		32	

不同生物组织对应不同等效材料，不同辐射的等效材料也不同。目前已有许多等效介质材料，有些还可以购买。对中子而言，A150 等效塑料、聚甲基丙烯酸甲酯(PMMA)是常用体模材料，此外石墨、空气、聚酰胺、聚丙烯、低分子量聚乙烯、聚苯乙烯和丙烯酸塑料都是常用体模材料。塑料体模中要加入一定量石墨来提高其电导率，以防在受电子束照射时体模中因电荷积累出现强静电场。A150 等效塑料是很好的中子等效介质材料，其中各原子含量为 H:10.10%、C:77.60%、N:3.50%、O:5.20%、Ca:1.80%、Fe:1.80%。为了衡量不同材料的这种接近程度，定义材料对光电吸收的**有效原子序数(effective atomic number)**Z_{eff}

$$Z_{\text{eff}} = \sigma_{\text{a}} / \sigma_{\text{e}} \tag{11.1}$$

式中σ_{a}为原子阻止截面，σ_{e}为电子阻止截面，σ_{e}计算方法与σ_{a}类似。具体计算时常采用如下公式：

$$\begin{aligned} Z_{\text{eff}} &= \left(\sum_{i=1}^{n} a_i Z_i^{2.94}\right)^{1/2.94} \\ &= \left(a_1 Z_1^{\ 2.94} + a_2 Z_2^{\ 2.94} + a_3 Z_3^{\ 2.94} + \cdots + a_n Z_n^{\ 2.94}\right)^{1/2.94} \end{aligned} \tag{11.2}$$

式中 Z_1，Z_2，Z_3，…，Z_n是各元素的原子序数，系数 a_1，a_2，a_3，…，a_n分别对应各元素的电子数占组织等效材料总电子数的百分比。由式(11.1)可求得人体组织 Z_{eff}=7.5，所求材料的 Z_{eff}值越接近 7.5 的材料组织等效性就越好，表 11-3 给出了几种物质的 Z_{eff}值。

表 11-3　生物材料及辐射剂量计工作介质的 Z_{eff} 值

物质	Z_{eff}	物质	Z_{eff}
人体组织	7.5	$MgSO_4$	12.2
LiF	8.307	$CaSO_4$	15.62
MgB_4O_7	8.515	$SrSO_4$	30.0
Al_2O_3	11.3	$BaSO_4$	46.9

由于σ_{a}和σ_{e}都是能量的函数，有效原子序数 Z_{eff}也随能量变化。

11.1.2　体模及分类

体模(phantom)就是为模拟测量、计算受照体吸收剂量及分布而设计并制作的由特定尺寸材料组成的模型，在放射治疗及辐射生物研究中，将组织等效材料制成人体模型进行照射。体模根据类型和用途可分为医学治疗体模、医学成像体模、辐射加工体模等类型。水是软组织很好的体模材料，但水需要辅助材料控制其形状。固体材料具有良好的几何形状，制成体模时使用方便，组织等效性固体水已有商业产品。不同照射条件和照射目的选用体模有所不同。

1. 标准体模

标准体模(standard phantom)是指截面 30cm×30cm、深 20cm 的长方体均匀体模，主要用于窄束照射下的剂量测量。此外还有圆柱体模和椭圆柱体模，圆柱体模的直径 30cm、高 60cm，椭圆柱体模长轴和短轴分别为 36cm 和 24cm，高 60cm。

2. ICRU 球

ICRU 球(ICRU sphere)是直径 30cm、密度 1g/cm^3 的组织等效球形体模，ICRU33 号报告规定组织等效球体材料元素组分(按质量计)：氧 76.2%、碳 11.1%、氢 10.1%、氮 2.6%。ICRU 球是结构相对简单、用途很广的体模，人体深部剂量和表皮剂量都可以利用 ICRU 球来测定。

3. 数学体模

数学体模(mathematical phantoms)将人体主要部分简化为圆柱、圆锥等几何形体，并用含参数的数学函数来描述。数学体模主要有三大部分：①躯干和手臂用椭圆柱表示；②腿和脚分别用两个截断的圆锥体表示；③头和颈用一个圆柱，其上连接一个椭圆柱和半个椭球体。另外，对女性体模躯干上再附两个椭球代表乳房。数学体模仅作为基础存在，人体解剖模型如此复杂，再复杂的数学公式化模型也摆脱不了简单和粗糙的缺点。医学界已经开始使用计算机断层扫描(CT)和核磁共振(NMR)来研究特定患者的解剖结构，这些新技术为开发更加逼真的人体模型提供了机会。

4. MIRD 体模

医学内照射剂量(medical internal radiation dose，MIRD)模型是基于 ICRP23 号报告中关于**“参考人”(reference man)**(20～30 岁白种人，体重 70kg、身高 170cm)定义而开发的，1975 年 ICRP 规定了参考人解剖和生理性质。MIRD 体模有多种模型，美国橡树岭国家实验室为美国核医学协会的 MIRD 委员会开发了第一个异类同型同性模型。最初 MIRD 模型主要有三个部分：①一个椭圆形圆柱体用来代表胳膊、躯干和臀部；②一个平头椭圆形圆锥体用来代表腿和脚；③一个椭圆形圆柱体用来代表头和颈。MIRD 体模是非均匀的拟人体模，其几何形状和尺寸、内部主要器官的尺寸和位置都与真人十分相似，如图 11-1 所示。

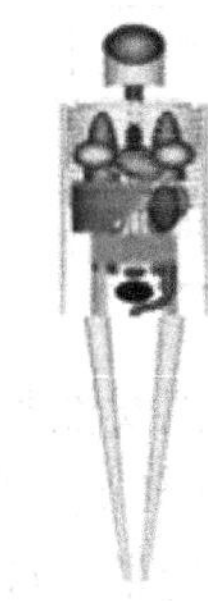

图 11-1　MIRD 体模

MIRD 体模中骨骼密度为 1.5g/cm^3，肺密度为 0.3g/cm^3，其他组织密度为 1.0g/cm^3，其材料分别为这些组织器官的等效材料。

5. BOMAB 体模

人体吸收瓶(bottle manikin absorption，BOMAB)放射治疗体模主要用于刻度、几何条件校正。BOMAB 模拟体内放射性均匀分布的参考人，如图 11-2 所示。

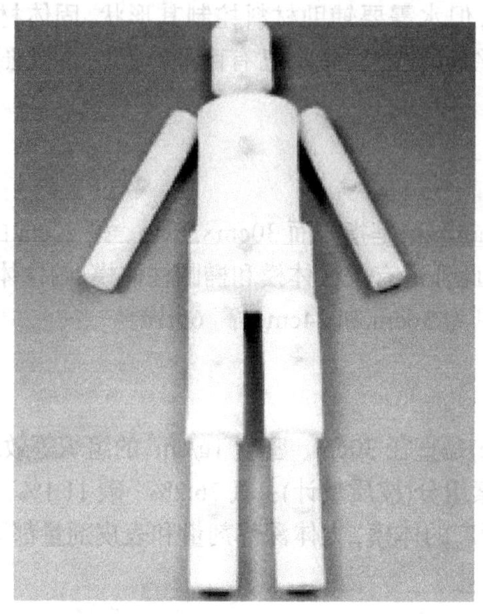

图 11-2　BOMAB 体模

BOMAB 体模由 10 个壁厚 25mm 的聚乙烯瓶组合而成。瓶壁内含聚亚安酯等效材料，使瓶壁衰减特性与软组织类似(ICRU44)，尺寸如表 11-4 所示。

表 11-4　BOMAB 体模

名称	数量	形状	尺寸/cm	高度/cm	体积/mL
头部	1	椭球体	19×14	20	3525
颈部	1	圆柱	13	10	1030
胸	1	椭球体	30×20	40	16970
骨盆	1	椭球体	36×20	20	9990
手臂	2	圆柱	10	60	3800 (2)
大腿	2	圆柱	15	40	6050 (2)
小腿	2	圆柱	12	40	3745 (2)

模拟女性和儿童的体模尺寸要小一些。BOMAB 内充以含聚亚安酯为基质的填充物 ^{40}K、^{137}Cs、^{152}Eu、^{154}Eu、^{155}Eu、^{125}Sb、^{133}Ba、^{60}Co 等放射性物质并均匀分布在瓶内。为得到合适的光子能量，放射性物质可以一种或几种混合。人体腹部、骨盆、胸部和头部是放射治疗过程中的辐射敏感部位，因此大部分人体体模是模拟人体头部和躯干部分。

11.1.3　确定体模的剂量场参数

辐射源向整个 4π 空间发射粒子，但目的辐照中需要加速器提供准直束流，使粒子经过准直光阑或限束光阑由辐射源射向体模或其他被照物体。通过源的几何中心和光阑中心的直线称为**射束轴(beam axis)**或**参考轴(reference axis)**。体模中吸收剂量沿参考轴的分布称为**深度剂量分布(depth dose distribution)**。在射束轴上深度 z_m 处有一个剂量最大值，体模中的剂量分布通常由相对于最大剂量值的相对值给出。在体模中射束轴上吸收剂量最大处，剂量受介质、环境影响较小，其附近剂量梯度很小，容易准确测量，该点就称为**参考点(reference point)**。参考点在体模中的深度记为 z_r，与体模性质、射线类型和能量均有关，如表 11-5 所示。

表 11-5　水标准体模中参考点的深度

辐射品质	参考点深度 z_r/cm
<150kV 的 X 射线	0
150keV~10MeV 的 X 射线	5
10~50MeV 的 X 射线	10
^{137}Cs、^{60}Co 的γ射线	5
1~5MeV 的电子	z_m
5~10MeV 的电子	z_m 或 1
10~20MeV 的电子	z_m 或 2
20~50MeV 的电子	z_m 或 3

在参考轴上通过参考点且垂直于射束轴的平面为参考平面，包含射束轴的任意平面就称为**基本平面**，基本平面与参考平面互相垂直。从源到体模表面的距离称为**源表皮距(source to surface distance)**，垂直于参考轴的射束截面称为**照射野(radiation field)**，照射野线度(圆形射野半径)与其到源的距离有关，射野大小需保证在垂直束轴的区域内达到电子平衡。此外，比较两种材料中的数据时还有等效厚度、标度因子等概念，在此不再详述。

11.2　射束的剂量特性

11.2.1　电子束特性

电子束应用于医疗活动已有很长历史，国内已普遍用于肿瘤治疗，其束流特征参数如下：①**束流能量**。加速器提供的并非严格单色电子束，且电子注量谱有一定分布，最大能量为 E_m，最可几能量(即电子谱的峰值)为 E_p。②**能量展宽**。从加速器引出的电子束是对称的高斯(Gauss)分布，体模表层能量有所下降，能谱增宽；经过一定厚度介质后成为非对称分布，能谱半高宽也随介质厚度增加而增大，平均能量进一步降低。③**射程参数**。典型电子束射程参数如图 11-3 所示，R_s 是靠近表面 0.5mm 深度处的剂量(可作为表面剂量)。对应于最大吸收剂量 D_s 的 85%，会有两个剂量深度与之对应，R'_{85} 为靠近表面 85%最大剂量处的深度，R_{85} 为离体模较远的 85%最大剂量处的深度，R_{100} 是最大剂量处的深度，R_{50} 是 50%最大剂量处的深度。剂量曲线的渐近延长线交于 x 轴，得到电子束射程 R_p。

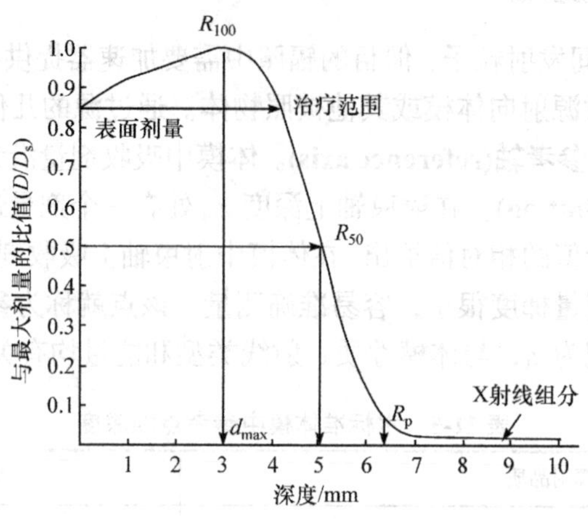

图 11-3　电子束射程参数

11.2.2　光子束特性

光子束也是医疗活动中广泛使用的辐射束流，加速器提供电子束，光子束可通过加速电子得到，也可以让放射源提供。目前医用光子束主要位于两个能区：γ 射线区和 X 射线区。

1. γ 射线

γ 射线来源于放射性原子核衰变，其能量和产额均固定。经准直后的 γ 射线可视为单色束，由于放射源的自吸收会使 γ 射线平均能量降低，原来单能 γ 射线的能量也会变宽。另外，利用电子加速器可以产生高能光子，从能量范围看应当属于 γ 射线，但这时候 γ 谱连续分布，最大能量对应于电子加速器的最大能量。

2. X 射线

X 射线是被加速的高能电子的韧致辐射所产生的，韧致辐射是连续谱，其最大能量和电子能量相同。韧致辐射品质用**半值厚度(half value thickness，HVT)**表征，HVT 表示平行 X 射线束的照射量减小到原来的一半时所需材料厚度。北欧临床物理学协会(Nordic Association of Clinical Physics，NACP)提出用 J_{100}/J_{200} 表示，其中 J_{100} 和 J_{200} 分别表示在源皮距 SSD 为 1m 时，射野面积为 100mm×100mm 时 X 射线在水体模中 100mm、200mm 深处的电离量。

11.2.3　重离子束特性

重离子束主要品质是束流强度，其次是能量和能量分布宽度，与电子束流参数相同。重离子束能量很高，用于表皮治疗的质子能量达 70MeV，用于体内深部治疗的质子能量达 250MeV，用于成像的质子可以有多种能量，但高能质子最好。在体内不同部位束流分布不同，图 11-4 是 250MeV 质子穿过不同厚度的水后的能量分布。

医用重离子射束通常为质子及 α 粒子，也有些加速器提供较大原子序数的重离子，这些重离子射束中含有各种电荷态的重离子，因此还要考察重离子的电荷态。重离子在介质中的径迹基本为直线，重离子束的照射野更方便准确控制。

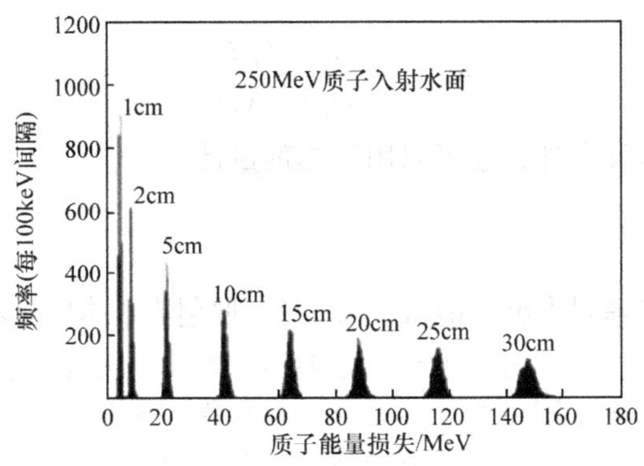

图 11-4　质子束穿过不同厚度的水后的能量分布

11.2.4　射束的监测

实时获取核设施和辐射装置运行状态，在线监测射束技术参数是确保医学治疗、辐射加工等领域辐射安全的基础。辐射装置和核设施状态监测方法很多，射束监测最直接、也很可靠。①**Faraday 筒测量方法**。通过测量加速器提供的最后一级束流大小，可获得辐射装置的状态。但该方法仅提供带电束流强度，所能提供射束的参数有限。②**中子探测器**。对于提供中子束流的核设施，通常利用裂变室、中子计数器来监测核设施状态。③**次级电子探测器**。核设施工作过程中，在其束流输运线上放置次级粒子探测器，进行实时在线束流诊断。④**透射探测室**。在辐射粒子照射野前端放置穿透探测器，辐射粒子在穿透探测器中产生信号，提供进入照射野的粒子注量和注量率等。穿透探测器本身对辐射粒子基本无干扰，可用气体探测器。辐射实践过程中不仅需要射束剂量特征参数、还需要其照射野以及周围环境中剂量分布参数、核设施工作状态的特性。射束监控主要获得核设施提供的粒子注量及注量谱分布、能量及能谱分布，有时候仅需要积分注量。

11.3　体模中的吸收剂量

11.3.1　参考点吸收剂量

测得参考点吸收剂量后，体模中吸收剂量即可相对测出，参考点剂量测量精度对测定剂量分布有重要影响。理论上参考轴上的任意一点都可作为参考点，但由于相对剂量以参考点处的剂量为基准，它附近剂量梯度越小，剂量测量结果就更可靠。因而参考点一般选在剂量最大值处，置于参考点的剂量计就是**参考剂量计(reference dosimeter)**。因参考点剂量测量要求精度高，所用剂量计应该选初级标准剂量计，或经过国家标准实验室校准及国家标准传递的量热辐射剂量计、电离室等。初级标准剂量计对 2～30MeV 光子在水体模中的测量精度可达 2%。电离室操作简单、测量精度高，常用作参考剂量计。将其置于体模中时，参考点剂量就为

$$D_{st} = D_{ref} P_u R_{st,ref} \tag{11.3}$$

式中 D_{ref} 为参考剂量计测量结果，剂量计必须事先刻度，D_{st} 为最后得到的参考点剂量，$R_{st,ref}$ 为腔室理论下空腔中的介质材料与体模组织等效材料的转换因子，P_u 为空腔剂量计置换体模材料后的干扰因子。当使用电子束和光子束时，体模为水、空腔充空气。用薄壁电离室时转换因子为

$$R_{\text{st,ref}} = \left\langle \frac{L_\Delta}{\rho_\text{m}} \right\rangle \Big/ \left\langle \frac{L_\Delta}{\rho_\text{a}} \right\rangle \tag{11.4}$$

参考剂量计除了用电离室外，还可以用量热剂量计。

11.3.2 剂量分布测量

体模中的剂量分布和辐射类型及能量、源皮距、照射野、体模材料等因素均有关，绝对测量参考点剂量之后，其他位置剂量即可相对于参考点给出。测量剂量分布可以利用体积很小的固体剂量计分别置于体模不同位置，逐点测量最后得到剂量分布；另外也可以利用胶片剂量计来测量，胶片剂量计具有空间位置分辨能力，可以提供二维剂量分布。各种剂量计的响应都与射线能量有关，带电粒子在体模中不同深度会有不同能量，因此剂量计在体模不同深度也会有不同响应，剂量的相对响应和吸收剂量并非一致。射束进入体模中，沿参考轴上某深度 z_m 处有一剂量最大值 D_m，其他深度处的剂量 D_z 可以相对于 D_m 给出

$$p(z) = D_z / D_\text{m} \tag{11.5}$$

这就是**百分比深度剂量(percentage depth dose，PDD)**。射束进入体模后，吸收剂量会随产生的次级电子增加而逐渐增加，在体模内接近次级电子最大射程处达到最大；随后当深度增加时，剂量逐渐减小。PDD 与最大剂量处的射野、最大剂量处的深度、源皮距及射线品质 Q 等均有关。图 11-5 是光子在水体模中的 PDD 曲线，18MeV 的 X 射线、10MeV 的 X 射线、6MeV 的 X 射线、^{60}Co 的 γ 射线的最大剂量深度依次减小。图 11-6 为不同能量的电子 PDD 分布曲线。

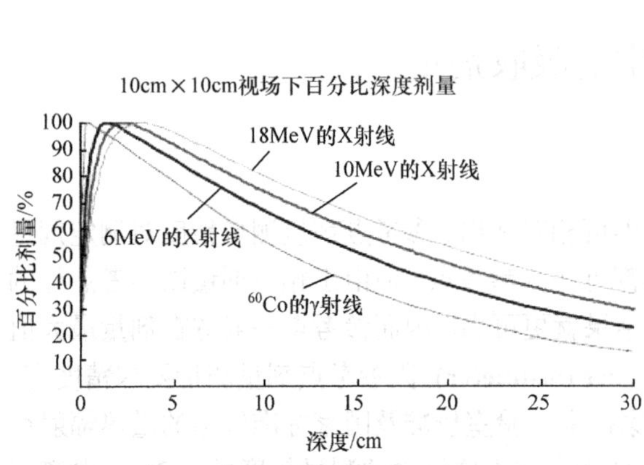

图 11-5 不同能量光子的 PDD 曲线
(视场 10cm×10cm、SSD=1m)

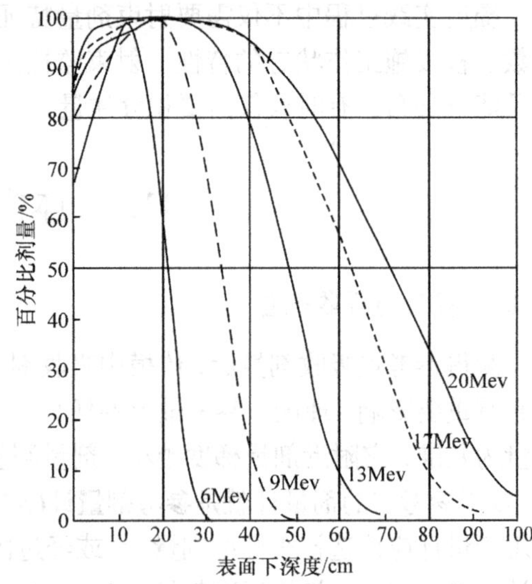

图 11-6 沿中心轴不同能量的电子的 PDD 曲线

辐射粒子在介质中的能量沉积在沿着入射粒子射束轴方向、垂直于射束轴方向上的分布与辐射粒子种类、能量及受照介质均有关。250MeV 质子在水中沉积能量时径迹末端有很大能量沉积份额，如图 11-7(a)所示。由于入射质子在水中的相互作用，质子能量沉积沿垂直于射束轴方向有展宽，随深度增加展宽范围增大，如图 11-7(b)所示。在离轴不同距离处，能量沉

积随深度的变化如图 11-7(c)所示。

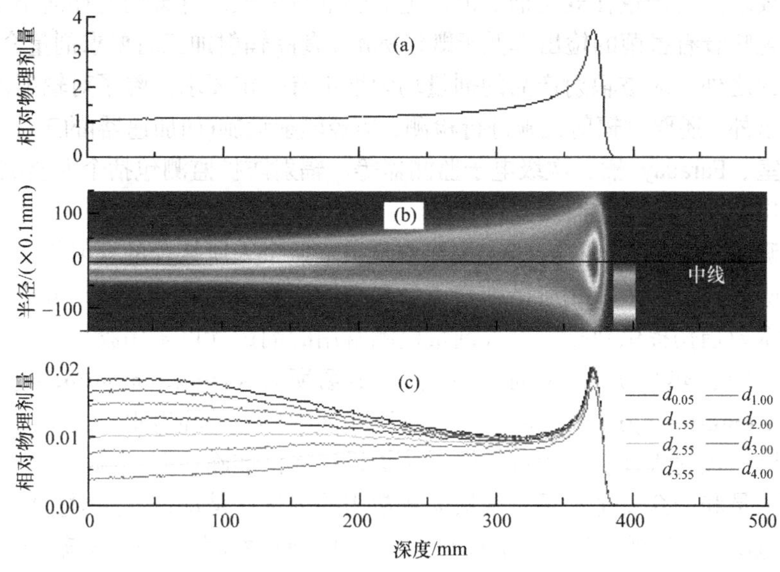

图 11-7　沿中心轴不同能量的质子的相对剂量分布

各种剂量计的响应都有能量依赖性，当射束的注量谱分布随深度变化时，剂量计响应与能量沉积并不一致，主要是与介质中射线平均电离能 w 和射线能量有关。在实际测量中要求剂量计响应对能量的依赖性弱。在水中剂量计响应与能量沉积有一定差距，在介质深处两者差别更大，且剂量计的电离响应总是小于介质中沉积的能量。平均电离能 w 与射线能量的依赖性已经明确，当射线能量比较低时，w 将增大。

11.3.3　非均匀体体模中的剂量测量

均匀体模是简单体模，具有容易制作、使用简便、实验测量数据容易获得等许多优点。但均匀体模与实际情况有较大区别，因人体不仅在形状上不规则，而且在成分上也很不均匀。为了确定人体不均匀性对吸收剂量分布的影响，常利用成分和密度与人体相近的材料制作人体器官模块，用骨或骨等效材料制作骨模块，用软木或锯屑制作肺模块。实际可行的办法是在均匀体模的基础上引入体模非均匀性修正，不同组织对高能光子的质量作用系数(如质量能量吸收系数、质量能量转移系数)差别不大，而骨对光子有明显衰减；此外骨中氢含量少，中子吸收和衰减也小。将人体器官模块置于水体模中，用剂量计测量射束在模块内和穿过模块后的剂量，根据这种剂量的变化来修正均匀体模的数据。

在不同介质交界处附近，次级带电粒子射程以内的区域内吸收剂量很不均匀，这个区域是剂量不均匀的过渡区域。利用外推电离室，将电极和气体分别用肌肉和骨等效介质材料可测得过渡区域剂量分布。由此可以看出，高能光子的过渡区域剂量变化不明显，而对低能光子而言，过渡区域剂量分布有很大差别：软组织中紧贴骨表面处剂量和远离骨表面处剂量相差一倍多。

11.3.4　辐射加工中的剂量监测

辐射加工中、核设施应用实践时，不同辐照目的会对一些具体辐射控制参数提出要求。

普通辐射场中的剂量有三方面要求：照射剂量、照射剂量的空间分布、照射剂量率。对医疗用品灭菌中，要求照射剂量在规定剂量值以上。随剂量增大，有害菌的存活率下降，达到规定的照射剂量意味着有害菌的检出率低于既定标准。食品辐射加工时要求剂量介于设定的上、下限之间；除此之外，对被辐射产品的剂量均匀性也有一定要求。除了对辐射产品、辐射场剂量方面的要求外，还要对辐射设施进行检测，监控辐射设施(如加速器)的工作状态，此时往往用透射电离室、Faraday 桶、次级电子监测器等。辐射防护监测包括个人监测、场所监测、环境监测、流出物监测和事故监测。

①**个人监测(individual monitoring)**主要测量被辐照个人所接受的辐射剂量，通过测定工作人员的累积吸收剂量，采取相应措施避免受到超标照射，同时也有助于分析超剂量原因，为治疗和研究辐射损伤提供数据。个人剂量监测常用的剂量计可采用胶片个人剂量计、光致荧光个人剂量计、热释光个人剂量计等。②**场所监测(area monitoring)**和**环境监测(environmental monitoring)**主要是测定工作场所和周围环境的辐射水平，从而预测工作人员和公众可能受到的辐射程度，也为各种辐射防护设计提供准确数据，从而采取正确的防护措施，确保工作人员和公众安全。场所剂量监测常用的剂量计是携带式照射量率计和巡测仪，巡测仪主要有电离室、闪烁计数器、G-M 计数管和正比计数器剂量仪。③**流出物监测(effluent monitoring)**是对放射性工作单位的排放物进行监测，测量其排出物中可能含有的放射性核素活度与总量，避免对环境造成污染，对公众和社会造成危害。④**事故监测(accident monitoring)**是通过收集分析事故中的物质、生物组织等现场可以获得、保留辐射后产生效应的物品，从而获得辐射剂量。事故监测可用生物剂量计及物理剂量计。

11.4 外照射剂量计算

理论计算外照射辐射剂量必不可少：①人体形状很不规则，且组成成分差别很大，很难对所有人体或器官部位的剂量给出直接测量结果，有时必须计算剂量；②辐射防护所需个人剂量限值是基于人体组织的剂量当量和有效剂量当量，通常无法直接测量，要通过体模测量数据计算，剂量计算成为必需；③在大多数核事故中不可能预先设置剂量计，而通过现场收集样品得到的剂量并不可靠，需要通过计算来获得剂量。人体组织剂量分布的计算方法分为两大类：经验解析方法和 Monte Carlo 模拟方法。

11.4.1 经验解析方法

经验解析方法(experiential analytical methods)是早期剂量计算方法，所用经验参数与辐射源和照射介质有关，对 α 射线，β 射线和 γ 射线的经验公式适用程度不同。对 β 射线而言，当最大能量为 0.167～2.24MeV 时，吸收介质中距点源 r(g/cm^2)处的 β 剂量率 D(mGy/h)有 Lovinger 经验公式

$$D = KA \cdot \left\{ \frac{c}{\mu^2 r^2} + \frac{e}{\mu r} \left[\exp(-\mu r) - \exp\left(-\frac{\mu r}{c} \right) \right] \right\} \tag{11.6}$$

式中 A 为 β 点源的放射性活度(Bq)，K 是归一化常数，单位为 mGy/(h·Bq)，且

$$K = 4.59 \times 10^{-5} \rho^2 \mu^3 \cdot \frac{E_\beta}{3c^2 - \exp(c^2 - 1)} \tag{11.7}$$

其中 ρ 为吸收物质密度(g/cm^3)，c 是与 β 最大能量有关的无量纲参数，当吸收介质为空气时有

$$c = 3.11\exp(-0.55 \cdot E_{\max}) \tag{11.8}$$

而 μ 是 β 射线的表观吸收系数(cm^2/g)，且

$$\mu = \frac{16.0}{(E_{\max} - 0.036)^{1.4}} \cdot \left(2 - \frac{\bar{E}_\beta}{\bar{E}_\beta^\alpha}\right) \tag{11.9}$$

式中 $E_{\max}$、$\bar{E}_\beta$ 分别为 β 射线最大能量和平均能量(MeV)，$\bar{E}_\beta^\alpha$ 为假定 β 转变为容许跃迁时理论计算得出的 β 谱平均能量(MeV)。对于 ^{90}Sr，$\bar{E}_\beta / \bar{E}_\beta^\alpha = 1.17$；对其他常用核素 $\bar{E}_\beta / \bar{E}_\beta^\alpha = 1.0$。当吸收介质为软组织时，$c$、$\mu$ 取值不同。经验估算方法适用范围很有限，且精度也不高，优点是计算简单。经验解析方法是早期剂量计算的主要手段，随着计算机技术及计算方法的发展，Monte Carlo 方法获得了迅速推广。

11.4.2　Monte Carlo 模拟计算

Monte Carlo 模拟方法简称 M-C 方法，是一种辐射剂量计算的强有力工具。Monte Carlo 模拟计算目前已有良好的公共平台，国际上多个研究组织已提供了公开的计算程序，用户可直接运用于计算。M-C 方法通过计算机模拟，跟踪一大批入射粒子运动。粒子位置、能量损失以及次级粒子各种参数都在整个跟踪过程中存储下来，最后得到各种所需物理量的期望值和相应的统计误差。在 M-C 方法计算过程中入射离子与材料靶原子核的碰撞采用两体碰撞描述，这一部分主要导致入射离子运动轨迹的曲折，能量损失来自于弹性能量损失，而在两次两体碰撞之间认为入射离子与材料中的电子作用连续均匀地损失能量，当入射为重离子时可认为在这期间入射离子做直线运动，能量损失来自于非弹性能量损失部分。两次两体碰撞之间的距离以及碰撞后的参数通过随机抽样得到。

Monte Carlo 模拟计算可用于较复杂的照射野几何条件、射束或者放射源。M-C 方法优点是计算结果精度高，由于高速计算机和计算方法的发展，其逐步走入实际应用中。M-C 方法处理复杂问题(复杂几何、复杂的放射源布置等)的能力使其成为一种不可替代的方法。M-C 方法可以精确地对放射治疗过程所涉及的物理过程进行建模，使用较少近似。M-C 方法的最大不足在于计算强度较大、耗时较长。随着计算机处理速度的大幅提升和成本的持续降低以及在 M-C 方法中引入新的方差减小技巧，一些 M-C 程序系统已用于临床。例如，PEREGRINE 程序就是在美国 **Lawrence Livermore 国家实验室**专为放射治疗而开发的多粒子 M-C 程序，可作为治疗计划系统的剂量计算模块。

求解辐射剂量场输运方程理论上也是辐射剂量计算方法，但该方程是积分微分方程，目前数学上还未能提供解析形式的解，需借助 Monte Carlo 模拟来解输运方程。这种方法理论基础很好，输运过程中辐射粒子能量传递和沉积过程图像清晰、包含粒子种类多，可处理辐射粒子的能量区间很宽、相互作用种类多、辐射场描述的方法可靠，只是涉及的技术复杂。

11.5　辐射防护限值与实用量

辐射计量学量(如注量)和辐射剂量学量(如比释动能、吸收剂量)属基本物理量。辐射防护

关注人体组织器官剂量、辐射类型、能谱分布、空间分布、辐射危害的大小以及人体在辐射场中的取向等内容。已知照射条件，防护量虽不能被直接测量但可由基本物理量导出。辐射防护离不开辐射剂量，而辐射剂量需要实验测量，因此需要引入可监测的**实用量(operational quantities)**来在一定条件下近似地表征防护量。实用量需要满足两个条件：①在常规区域和个人监测中用现有仪器或稍加改进的仪器即可测量；②在正常工作条件下能合理估计(通常要高估)防护量。

11.5.1 辐射防护原则

辐射防护分多个层次，既有纲领性法规和文件，也有行业管理和规范性标准，此外还有开展辐射防护监测与评价的技术方法和具有科学意义的理论依据。1996 年，国际原子能总署(International Atomic Energy Agency，IAEA)、联合国粮食与农业组织(Food and Agriculture Organization of United Nations，FAO)、国际劳工组织(International Labour Organization，ILO)、经济与发展合作组织的核子能源署(Nuclear Energy Agency of the Organization for Economic Cooperation and Development，OECD/NEA)、泛美卫生组织(Pan American Health Organization，PAHO)和世界卫生组织(World Health Organization，WHO)六大机构共同发起并颁布了有关电离辐射防护与辐射源安全的IAEA115 号国际基本安全标准(international basic safety standards，BSS)。BSS 将照射分为两大类：①**正常照射(normal exposure)**，指用于工业或医疗等领域、照射量在一定程度上可控(允许有一定不确定范围)的照射；②**潜在照射(potential exposure)**，指有可能出现非预期设想的照射量。潜在照射可演变为实际照射，如由仪器故障、设计过程中或操作失误所导致的照射，又分为三类：①**医学照射(medical exposure)**，包括患者照射以及在知情和自愿情况下家属和朋友料理患者所受照射，此外还有医学研究志愿者；②**职业照射(occupational exposure)**，因工作需要所受照射；③**公众照射(public exposure)**，指除前两类之外的其他照射。

辐射实践给人类带来了巨大利益，同时也存在潜在危险。辐射防护目的就是尽可能消除或者减少潜在危险(减少随机性效应出现概率)，将其降低到人们可以接受的水平。辐射实践原则：①**实践的正当性(justification of practice)**。若实践带来的纯利益大于代价，则这项实践活动正当合理有必要进行。②**实践最优化(optimization of protection)**。正当辐射实践应该在尽可能低的水平下进行，确保终生照射低于非随机性效应阈值，不会出现非随机性效应。③**个人剂量限制(as low as reasonably achievable，ALARA)**。在满足正当性和最优化条件下，应给受照射者提供足够保护，确保受照剂量低于个人受照限值。

11.5.2 剂量当量限值

1. 辐射防护初级限值

辐射防护初级限值(primary protection limits)有器官平均剂量当量 H_T、人体有效剂量 H_E。职业照射：①**限定随机性效应**。年有效剂量 $H_E \leqslant 50$mSv，对青年职业人员 $H_E \leqslant 6$mSv。②**限定非随机性效应**。眼睛年剂量 $H_L \leqslant 150$mSv，对其他组织 $H_T \leqslant 500$mSv。③**限定累积剂量**。放射从业人员除 $H_E \leqslant 50$mSv 外，另加 5 年内累积年剂量≤100mSv；对公众 $H_T \leqslant 1$mSv，但 5 年内均值≤1mSv/年。对胎儿诊断照射应≤5mSv。常见剂量限值列于表 11-6。

表 11-6 常见剂量限值

受照群体	照射条件	剂量限值
放射人员	全身	成人：20mSv(5 年平均，其中任何一年＜50mSv) 青年职业人员(16~18 岁的接受培训人员)：H_E≤6mSv
	眼晶体	年剂量 H_L≤150mSv
	其他单个器官或组织	年剂量 H_T≤500mSv(四肢、手、脚、皮肤的年当量剂量)
	孕妇	余下妊娠期间(腹表当量剂量)<2mSv 内照射＜1/20ALI 胎儿当量剂量<1mSv
	有计划的特殊照射	一次≤100mSv
一般公众	全身	个人年剂量 H_T≤1mSv(特殊情况下，5 年均值为 1mSv)
	眼晶体	15mSv
	皮肤	50mSv

在紧急情况下(如遇到放射性攻击)不再使用**个人剂量限值(individual dose limits)**，而是使用**最大个人剂量(maximum individual doses)**。生物医学研究志愿者也不再使用个人剂量限值，其剂量限值如表 11-7 所示。

表 11-7 特殊情况的剂量限值

受照人员	有效剂量限值
计划救援	500mSv(皮肤 5000mSv)
救援及阻止灾害发生	1000mSv
救援及阻止他人受大的剂量照射	低于个人年剂量限值的两倍
生物医学研究志愿者，对社会带来较小的利益	<0.1mSv
生物医学研究志愿者，对社会带来中小的利益	0.1~1.0mSv
生物医学研究志愿者，对社会带来适度的利益	1.0~10.0mSv
生物医学研究志愿者，对社会带来实质的利益	>10.0mSv

除剂量限值外还有**剂量约束(dose constraint)**的概念，如图 11-8 所示。

在剂量限值之下的照射是合法的，限值之上的照射是不允许的。约束剂量之下的剂量照射是不需要干预的，约束剂量之上的剂量照射虽然也许可但要采取干预措施，这是一种能容忍的照射剂量值。

2. 剂量当量指数

辐射场中 ICRU 球内最大吸收剂量称为球心处的**吸收剂量指数 D_I(absorbed dose index)**，最大剂量当

辐射防护最优化

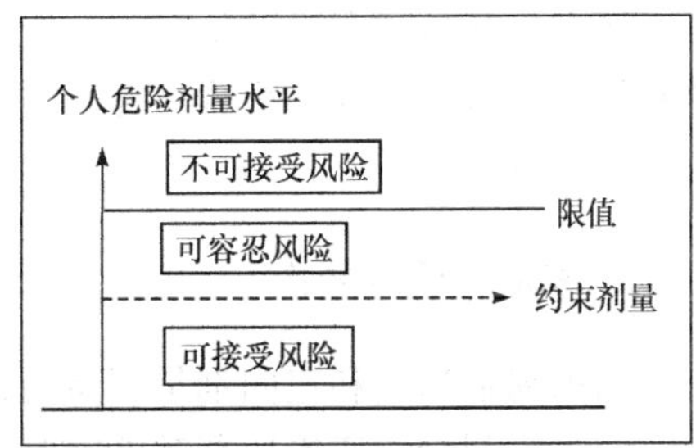

图 11-8 辐射防护的剂量限值、剂量约束

量称为**剂量当量指数 H_I(dose equivalent index)**。ICRU 球直径为 30cm，浅层(r=0.07～10.0mm)和深层组织(r≤14.0cm)中的最大剂量当量称为**浅层/深层剂量当量指数(shallow/deep dose equivalent index)**$H_{I,s}$和$H_{I,d}$，统称为**限定(狭义)指数量(restricted exponential quantity)**，对应H_I和D_I则称为**非限定(广义)指数量(unrestricted exponential quantity)**。ICRU 球中d_1～d_2的球壳内最大剂量当量为$H_m(d_1～d_2)$，则$H_I=H_m(0.07～150)$、$H_{I,s}=H_m(0.07～10)$、$H_{I,d}=H_m(10～150)$。剂量当量指数属次级辐射防护限值，它和前面的初级辐射防护限值同属于辐射防护量。

11.5.3　外照射实用量

器官剂量、剂量当量、有效剂量均不可直接测量，1985 年 ICRU 定义了可测量、用于外部辐射源的剂量当量——**实用量(operational quantities)**，来展现受辐射体系的剂量特性。实用量反映了辐射防护量的特征，与吸收剂量、比释动能、照射量等都属于剂量学量。实用量有两个特点：①可用简单仪器测出；②可作为限值量的合理近似。实用量共四个，其中两个用 ICRU 球指定深度处的剂量当量来表征辐射场中人体受照情况，可以利用环境剂量仪表测量，称为**环境剂量当量(environmental dose equivalent)**，包括**周围剂量当量(ambient dose equivalent)**$H^*(d)$、**定向剂量当量(directional dose equivalent)**$H'(d)$；将 ICRU 球置于单向注量场介质中，在球内 P 点剂量当量定义为周围剂量当量 $H^*(d)$(图 11-9)。$H'(d)$也是环境监测剂量当量，用于弱贯穿辐射(估算皮肤剂量)；而 $H^*(d)$用于强贯穿辐射(估算人体有效剂量)。

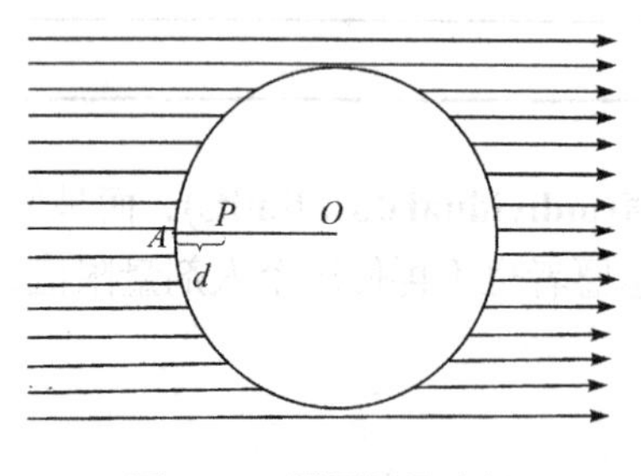

图 11-9　周围剂量当量

另两个是**个人剂量当量(individual dose equivalent)**，包括**贯穿个人剂量当量(penetrating individual dose equivalent)**$H_p(d)$和**浅层个人剂量当量(shallow individual dose equivalent)**$H_s(d)$，分别反映体内深部剂量当量和表皮剂量当量。$H_p(d)$适合于强贯穿辐射，深度 d 为 10mm；$H_s(d)$适合于弱贯穿辐射，深度 d 为 0.07mm。个人剂量当量定义为身体上指定点下深度为 d 处软组织中的剂量当量，在人体组织中定义不能直接测量。但作为实用量是可以用辐射剂量计来测量的。个人剂量当量单位为 Sv。

11.5.4　实用量的测量与转换

1. 绝对测量

将水、塑料或有机玻璃等组织等效材料制成 ICRU 球，在球的指定深度处设立小空腔，内部放置参考剂量计。根据参考剂量计所测得的剂量或剂量率，即可得到周围剂量当量和定向剂量当量。

2. 相对测量与转换

周围剂量当量和定向剂量当量可以通过直接或间接测量获得。相对测量就是根据实验所测定的吸收剂量、碰撞比释动能或粒子注量计算得到环境剂量当量。对于实际辐射场可以建立注量与比释动能的函数关系，再建立比释动能与定向剂量当量的函数关系，通过以上两步转换得到定向剂量当量，其转换系数如表 11-8 所示。

表 11-8　能量为 E 的光子空气比释动能与定向剂量当量 $H'(0.07)$ 的转换系数

E/keV	10	15	20	25	30	40	50	60
$H'(0.07)/K_a$/(Sv/Gy)	0.95	0.99	1.05	1.13	1.22	1.41	1.53	1.59
E/keV	70	80	90	100	125	150	200	250
$H'(0.07)/K_a$/(Sv/Gy)	1.61	1.58	1.55	1.15	1.18	1.42	1.34	1.32

也可以建立注量与定向剂量当量的函数关系，通过一步转换来获得定向剂量当量，如表 11-9 和表 11-10 所示。

表 11-9　注量与定向剂量当量 $H'(0.07)$ 的转换系数

光子能量/keV	$H'(0.07)/(\times 10^{-12}\text{Sv}\cdot\text{cm}^2)$				光子能量/keV	$H'(0.07)/(\times 10^{-12}\text{Sv}\cdot\text{cm}^2)$			
	0°	30°	60°	90°		0°	30°	60°	90°
10	0.0708	0.0392	0.00242	0.00001	75	0.505	0.497	0.440	0.262
15	0.827	0.684	0.274	0.00443	100	0.610	0.594	0.537	0.342
20	1.00	0.932	0.604	0.0727	150	0.885	0.879	0.811	0.549
25	0.906	0.868	0.657	0.172	250	1.50	1.48	1.41	1.03
30	0.773	0.746	0.609	0.223	400	2.38	2.35	2.28	1.76
40	0.608	0.587	0.498	0.242	662	3.69	3.69	3.63	2.99
50	0.518	0.508	0.436	0.239	1250	6.09	6.10	6.03	5.25

表 11-10　注量与定向剂量当量 $H'(10)$ 的转换系数

光子能量/keV	$H'(10)/(\times 10^{-12}\text{Sv}\cdot\text{cm}^2)$				光子能量/keV	$H'(10)/(\times 10^{-12}\text{Sv}\cdot\text{cm}^2)$			
	0°	30°	60°	90°		0°	30°	60°	90°
10	6.83	6.82	6.47	1.50	100	0.579	0.569	0.554	0.455
15	3.08	3.05	2.97	1.31	150	0.849	0.849	0.852	0.739
20	1.73	1.73	1.69	1.02	250	1.46	1.47	1.50	1.35
25	1.18	1.16	1.12	0.759	400	2.35	2.36	2.42	2.24
30	0.872	0.862	0.830	0.572	662	3.76	3.78	3.84	3.59
40	0.585	0.583	0.556	0.412	1000	5.25	5.31	5.39	5.14
50	0.481	0.483	0.464	0.345	1250	6.34	6.25	6.38	6.05
75	0.469	0.464	0.450	0.360					

实践中可以利用这些转换关系及其插值来获得定性剂量当量。另外，通过追踪能量转移和能量沉积过程也能获得定向剂量当量。

复习思考题(十一)

【1】　什么是组织等效性？试计算 $CaSO_4$，$BaSO_4$，$CaCO_3$，MgB_4O_7，$Li_2B_4O_7$ 对光电吸收的有效原子序数。

【2】　什么是体模？常用的体模有哪些？

【3】　简述辐射防护的三原则。

【4】　简述职业照射的剂量限值。

【5】　试阐述什么是剂量约束。

【6】　外照射实用量有哪些？各自对应什么特点的辐射场？

第 12 章　内照射剂量学

放射源有密封型和开放型之分，开放型放射源极易进入人体。放射性物质进入人体内形成辐射源，它衰变放出的射线对人体器官和组织构成**内辐射剂量(internal radiation dose)**或**内剂量**。含放射性物质的组织相当于放射源，称为**源组织(source tissue)**，而吸收放射性物质辐射能的组织称为**靶组织(target tissue)**。通常源组织同时也是靶组织，但靶组织还包括除源组织以外的其他组织。**内照射剂量学(internal radiation dosimetry)**简称**内剂量学**，是辐射剂量学的分支，注重体内剂量分布、体内组织和器官的剂量估算与评价等，主要研究放射性物质在人体内的输运、辐射能量在体内转移与沉积的规律，确定源组织对靶组织的辐射剂量、剂量当量，从而实现对靶组织中剂量分布的测量、计算与分析等。内照射剂量研究一般用模型计算分析方法。人们通过研究体内放射性物质的输运规律，建立呼吸道模型、胃肠道模型和消化道模型等手段来优化内照射剂量学计算方法。

12.1　体内放射性核素的输运

12.1.1　输运过程

放射性核素在体内的输运包括摄入、沉积、转移、廓清、滞留和排泄等环节。放射性物质在体内转变有两种方式：①**物理方式**，因放射性衰变使核素含量减小或衰变后转变为其他放射性物质；②**生物方式**，即通过生物过程导致体内核素的含量、分布发生变化。

1. 吸收和吸收量

放射性核素通过三种途径进入人体：①**吸入**，即空气中放射性物质通过口和鼻被吸入体内；②**食入**，即饮用含放射性物质的水，食入含放射性物质的食物或吞食放射性药物等；③**从皮肤进入体内**，如氚化水或其蒸气即可通过完好的皮肤进入体内，医学诊疗过程中注射放射性药物等。当皮肤破裂或创伤时，放射性物质可直接通过伤口皮下组织进入体内，此时的输运有很大不同。通过前三种方式进入人体的放射性物质的量称为**摄入量(intake)**，其中到达体液被吸收的部分称为**吸收量(uptake)**。

2. 沉积和沉积量

放射性物质进入并驻留在器官或组织内部称为**沉积**，在不同器官或组织之间的输运称为**转移**。放射性物质随食物在胃肠道中转移沉积称为**直接沉积(direct deposition)**，通过渗透和扩散透过生物膜转移到体液中沉积于器官或组织内部称为**内吸收沉积(internal absorption deposition)**或**全身沉积(systemic deposition)**，驻留的放射性物质称为**沉积量**。放射性核素在体内经输运后常在特定区域沉积下来，如 ^{131}I 沉积在甲状腺、^{137}Cs 沉积在肌肉、^{90}Sr 沉积在骨骼上、^{232}Th 在肝部聚集，如图 12-1 所示。实际放射性物质在体内的转移、沉积过程很复杂，一般通过建立模型实现定量分析。

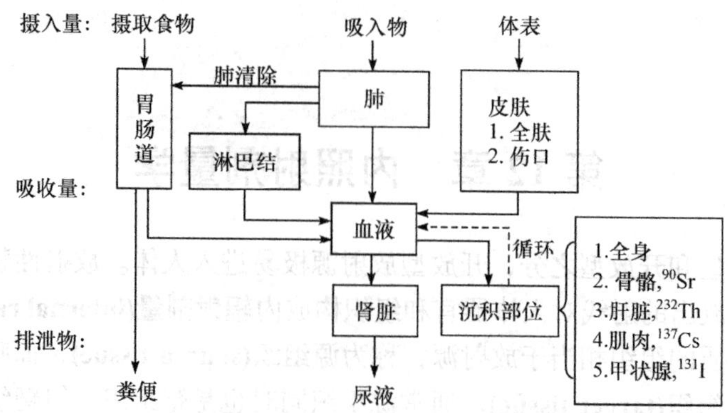

图 12-1　放射性物质摄入、输运及沉积模型图

3. 廓清和滞留

放射性核素从器官内移出称为**廓清(clearance)**，廓清与衰变是器官和组织内放射性物质减少的两种途径。放射性物质留在器官和组织中称为**滞留(retention)**，经摄入、沉积或吸收后，存在于器官、组织或全身的量称为**滞留量(retained quantity)**。

4. 排出和排泄

物质可随尿、粪、汗和呼出气体从体内排出，其中随尿、粪的排出称为**排泄(excretion)**。放射性物质进入体内后含量因衰变减少，也可以通过生物代谢排出体外，两种因素共同作用下体内放射性物质减少的速度为

$$\frac{\mathrm{d}A}{\mathrm{d}t} = -(\lambda_{\mathrm{bio}} + \lambda_{\mathrm{phy}})A \tag{12.1}$$

式中λ_{bio}和λ_{phy}分别是与生物代谢、物理衰变相关的常数，$\lambda_{\mathrm{eff}}=\lambda_{\mathrm{bio}}+\lambda_{\mathrm{phy}}$称为**有效衰变常数(effective decay constant)**，对应的总衰变半衰期T_{eff}为

$$\lambda_{\mathrm{eff}} = \frac{1}{T_{\mathrm{eff}}} = \frac{1}{\lambda_{\mathrm{bio}}} + \frac{1}{\lambda_{\mathrm{phy}}} \tag{12.2}$$

表 12-1 列出了一些放射性核素在成人体内的衰变常数及衰变半衰期T_{eff}。

表 12-1　放射性核素在人体器官中的衰变常数及衰变半衰期 T_{eff}

放射性核素	关键器官	半衰期*			放射性核素	关键器官	半衰期*		
		物理半衰期	生物半衰期	有效半衰期			物理半衰期	生物半衰期	有效半衰期
铀 ^{238}U	肾脏	4.46×10^{9}y	4d	4d	钴 ^{60}Co	全身	5.3y	99.5d	95d
氚 ^{3}H**	全身	12.3y	10d	10d	铁 ^{55}Fe	脾	2.7y	600d	388d
碘 ^{131}I	甲状腺	8d	80d	7.3d	铁 ^{59}Fe	脾	45.1d	600d	42d
锶 ^{90}Sr	骨骼	28y	50y	18y	锰 ^{54}Mn	肝脏	303d	25d	23d
钚 ^{239}Pu	骨骼表面	2.44×10^{4}y	50y	50y	铯 ^{137}Cs	全身	30y	70d	70d
	肺	2.44×10^{4}y	500d	474d					

*d 表示天，y 表示年；**作为氚化水混在体液中。

放射性物质在体内的减少与其衰变、生物代谢均有关，对物理半衰期很长的核素，如果生物半衰期比较短，危害也会小一些。

12.1.2　参考人

为了给职业照射控制标准提供共同的生物学理论基础，1950 年 ICRP 提出了“标准人”和“平均人”的概念，1963 年 ICRP 将“标准人”改称为“参考人”。在 1981 年 ICRP 的 23 号出版物中根据西欧人、北美人和高加索人身体特征的综合分析，规定了参考人的解剖学参数、生理学参数、器官和组织的物理、化学特征量，1984 年 ICRP 着手修改参考人参数。国际原子能机构(IAEA)1988 年组织了“亚洲参考人解剖、生理和代谢参数编辑”国际协作研究，重点是对内照射剂量有重要贡献的 7 种辐射防护相关元素。

12.1.3　库室理论

人体中放射性物质驻留、传输和转移的器官或组织称为**库室(compartment)**，放射性物质在体内输运也就是它在各库室中驻留、传输和转移的问题，这就是**库室模型(compartment model)**。通常库室有驻留、传输和转移三方面的功能。对甲状腺内碘的廓清，可用单库室模型建立碘的动力学方程

$$\frac{\mathrm{d}A_{\mathrm{i}}}{\mathrm{d}t} = -\lambda_{\mathrm{i}} A_{\mathrm{i}} - A_{\mathrm{i}} \lambda_{\mathrm{b}} \tag{12.3}$$

式中λ_{i}为碘的半衰期，λ_{b}为碘的廓清速率常数，反映了廓清快慢，A 为碘的放射性活度。第一项为放射性自发衰变引起的碘减少，第二项为生物代谢导致的廓清。碘的生物半衰期满足$T_{\mathrm{b}}=\ln 2/\lambda_{\mathrm{b}}$。

当存在多个库室时，应通过建立模型得到放射性物质在体内的输运框图(图 12-2)，再根据框图建立动力学方程组，利用线性代数相关知识求解上述输运动力学方程组即可获得放射性物质在体内器官驻留、传输和转移的放射性物质的多少。

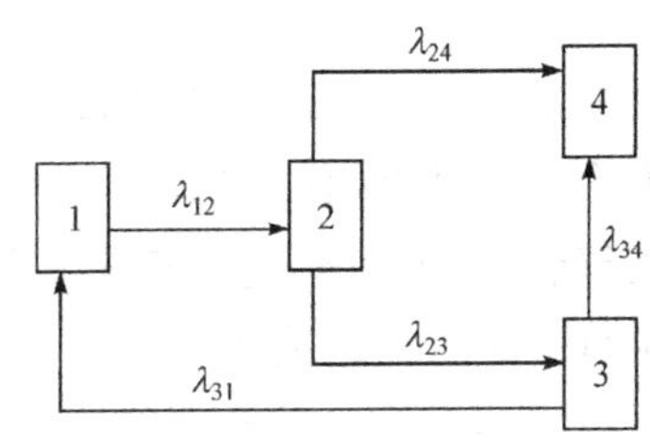

图 12-2　库室模型框图

12.2　呼吸道模型

12.2.1　呼吸道结构

人体呼吸道可分为四个区：鼻咽区，气管支气管区，肺区和淋巴区，如图 12-3 所示。

1. 鼻咽区

空气从鼻腔或口腔进入，经咽喉到达肺部入口，这一段称为**鼻咽区(nose pharynx，NP)**，或胸外通道，包括口、鼻及咽喉等器官。

2. 气管支气管区

呼吸气体穿过鼻咽区后进入气管，随后进入具有分枝结构的支气管(支气管树，图 12-3)。

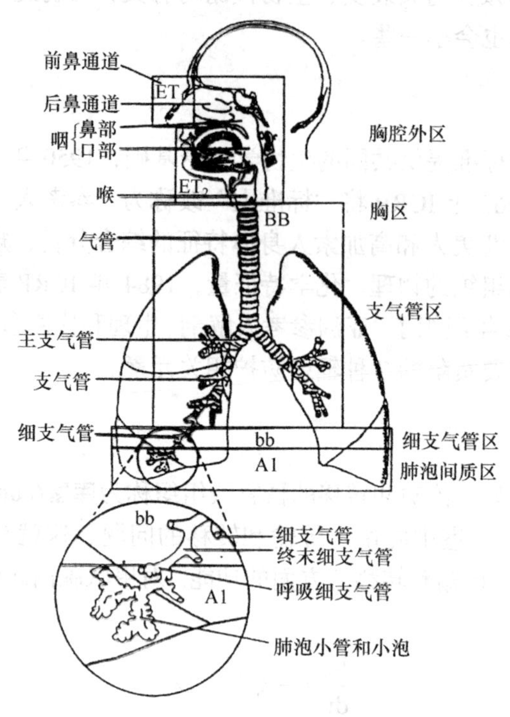

图 12-3　人体呼吸道结构图

气流通道两个相继分叉之间的部分称为气管树一代，气管是 0 代，支气管为 1 代，如此类推，整个气管共 23 代。第一代为主支气管，2～3 代为叶支气管，4～6 代为肺支气管，7～9 代为支气管，10～16 代为末端细支气管。0～16 代呼吸树统称**气管支气管区(tracheo-bronchial)**，也称 TB 区，包括气管、支气管、主支气管、叶支气管、肺支气管和细支气管；16 代以后的气流通道继续分枝构成细支气管。气管支气管区管壁表面分为上皮层、纤毛层和黏液层，上皮层包括基底细胞构成的内层细胞，以及基底细胞分裂产生的外层细胞。外层细胞又分两种：球状细胞和纤毛细胞，且外层细胞可以分裂。纤毛层由连续运动的纤毛构成。黏液层分为外黏液和内浆液两层，纤毛就挤在内浆液层中。黏液层在鼻部厚约 50μm，在支气管处黏液厚约 15μm，被黏液层俘获的异物，经过纤毛黏液运动被排到喉部，再经胃肠道排出。

3. 肺区

呼吸气体经最后一级细支气管最终到达肺泡，细支气管和肺泡构成**肺区(pulmonary**，P 区)，包括终末细支气管、呼吸细支气管、肺泡小管和小泡。肺区的流气通道表面没有纤毛，也没有黏液覆盖层，但吞噬细胞可以移动到 P 区表面，在那里吞食小的异物颗粒并转送到呼吸树的 TB 区黏液层。

4. 淋巴区

肺淋巴结(lung lymph node)也称为 L 区。到达肺区的放射性气溶胶如果没被纤毛运动清除，则会进入血液或淋巴系统。常用呼吸树模型有两类：①Weibel A 模型，它把肺视为有规则对称分布的整体；②Yeh shum 模型，它将肺分为五叶，每叶有其自身的分枝方式。

12.2.2　模型

呼吸道模型(respiratory tract model，RTM)主要用于研究放射性物质通过人体呼吸系统在体内转移、廓清和沉积问题。人体吸入放射性物质有两种途径：①直接吸入放射性气体(氡气)。②吸入附着各类放射性物质的颗粒。沉积在呼吸道各部位的放射性核素会经吞噬细胞和黏膜纤毛运动向胃转移，还可透过生物膜向血液和肺淋巴结转移。ICRP 建议将呼吸系统分为十个库室，如图 12-4 所示。

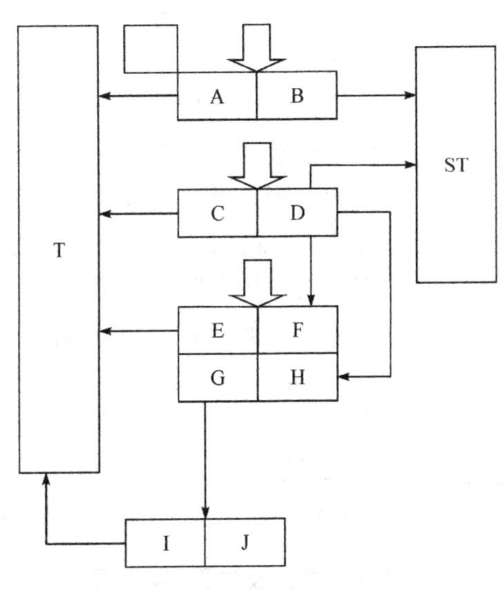

图 12-4　呼吸道模型

在这个模型中总吸入量为 I，鼻咽沉积区有两个库室，沉积的放射性物质可转移至体液 T(库室 A)，也可以转移至胃(库室 B)。支气管也由两个库室构成，由支气管向体液转移的为库室 C，向胃转移的为库室 D。肺区放射性物质还会通过吞噬细胞逆向转移至支气管，然后通过纤毛黏液的传输转移到胃中，这种逆向转移有两种成分，快成分 F 和慢成分 G。肺区的放射性还会向体液转移(库室 E)或向淋巴结转移(库室 H)。淋巴结还可以转移到体液(库室 I)，J 是放射性物质停留在淋巴结中的库室，是放射性物质永久驻留的库室。有了呼吸道库室模型，根据库室模型框图就能建立放射性物质在呼吸系统内的输运、转移和沉积的动力学方程组，解方程组就能得到放射性物质在各个器官组织的分布。

12.2.3　气溶胶在呼吸道内的沉积

放射性物质通过呼吸道沉积主要关注气溶胶粒子的沉降，其主要特征参数是**空气动力学直径(aerodynamic diameter)**d_{ae}，定义为当气溶胶颗粒在空气中的滑落速度与密度 1g/cm^3、直径 d 的球在相同空气动力学条件下的滑落速度相同时的 d 值；类似地选用扩散系数可定义**空气热力学直径(thermodynamic diameter)**d_{th}。气溶胶颗粒进入呼吸道的部位以及对人体的危害程度与粒径(跨越五个数量级 1nm～100μm，空气中为 1～500nm)有很大关系：d_{ae}<10μm 的颗粒物(PM10)可随吸入空气进入上下呼吸道和血液；d_{ae}<2.5μm 的颗粒物(PM2.5)可进入肺部，极易对人体造成损伤。

空气中气溶胶 d_{ae} 呈对数正态分布，若某体系中 $d_{ae}>d$ 和 $d_{ae}<d$ 的粒子各占总活度、总质

量、总粒子数的一半，则该直径 d 分别称为该体系气溶胶粒子的**活度/质量/粒子数中值空气动力学直径(activity/mass/count median aerodynamic diameter，AMAD/MMAD/CMAD)**。气溶胶颗粒沉积概率与年龄、种族、性别、呼吸率和活动程度等都密切相关。**总悬浮颗粒物(total suspended particulates，TSP)**是指能悬浮在空气中、$d_{ae}\leq 100\mu m$ 的颗粒物。**PM10(suspended particulate matter with aerodynamic diameter less than 10μm)**也称**可吸入颗粒物(inhalable particulate matter)**，是指 $d_{ae}\leq 10\mu m$ 的大气颗粒物，主要来源于人类活动，如工厂、家庭、交通运输、建筑施工等产生的废气、烟尘、扬尘以及自然起源如火山喷发、森林火灾、海水泡沫而进入大气的火山灰、烟尘、盐粒和被风吹起的扬尘等。

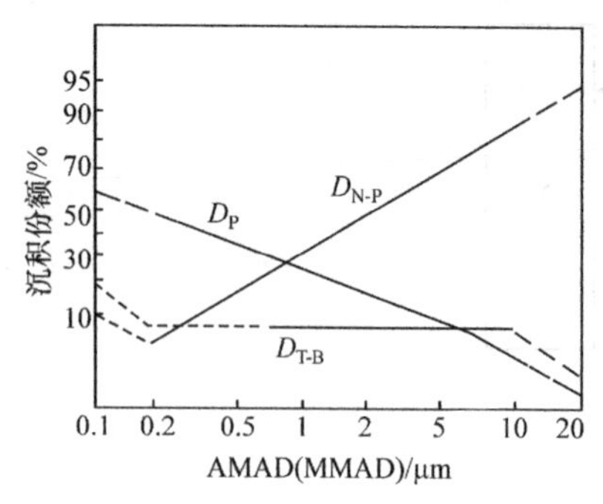

图 12-5 呼吸系统气溶胶沉积份额随气溶胶粒子 AMAD 的变化

空气中天然放射性气溶胶主要是氡子体气溶胶,氡子体浓度较高，且随时间、地点、气象、通风状态等条件而变化。吸入的气溶胶粒子有部分被呼出，其余通过扩散、撞击和沉降等过程沉积在呼吸道内。吸入呼吸道的微粒可因重力作用沉降在呼吸道表面;也可以因自身惯性撞击到呼吸道表面引起沉积;还能因随机布朗运动从高密度向低密度扩散。这三种作用均可导致吸入粒子或颗粒沉积，但不同粒径气溶胶粒子在沉降区段有很大差别：在肺区、气管支气管区、鼻咽区沉积份额 D_P、D_{T-B}、D_{N-P} 随气溶胶 AMAD 直径的变化如图 12-5 及表 12-2 所示。

表 12-2 气溶胶粒子沉积份额

AMAD(MMAD)/μm	0.2	0.5	0.7	1	2	5	7	10
D_P/%	50.0	35.0	29.9	24.9	16.7	9.1	6.7	5.0
D_{T-B}/%	8.0	8.0	8.0	8.0	8.0	8.0	8.0	8.0
D_{N-P}/%	5.0	16.1	22.7	31.0	50.0	74.4	81.4	87.5

12.2.4 呼吸道廓清参数

放射性物质在呼吸道的廓清速率与其物理化学性质、与呼吸道生物组织的相互作用有关。一般可溶性物质廓清比较快，能通过生物渗透膜迅速转移到体液；但也有一些会在肺部滞留很长时间，还有些极难溶解的物质(如 $CaCO_3$、$BaSO_4$ 和 AgI)进入生物体后会变得很不稳定。

12.3 胃肠道、消化道模型及全身模型

12.3.1 胃肠道模型

ICRP 将胃肠道分为四个库室：胃(stomach，ST)、小肠(small intestine，SI)、上部大肠(upper large intestine，ULI)和下部大肠(lower large intestine，LLI)，称为**胃肠道模型(human alimentary tract model，HATM)**，如图 12-6 所示。放射性物质转移的快慢用**生物廓清常数(biological clearance constant)**来表示，也称转移(速率)常数。

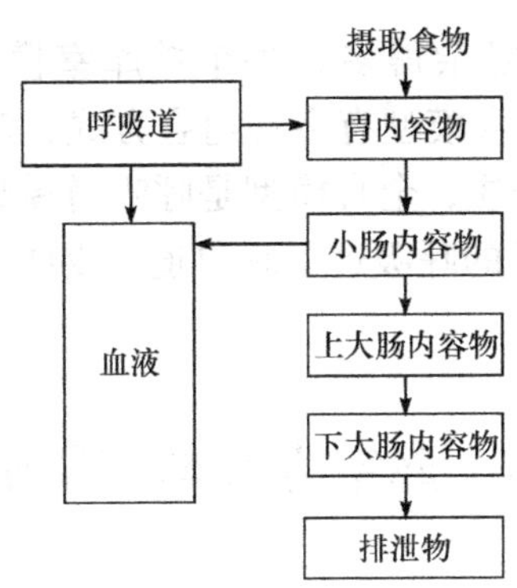

图 12-6　胃肠道模型

放射性核素以一定速率在胃肠道各库室之间转移，各库室参数如表 12-3 所示。

表 12-3　胃肠道模型参数

库室	胃(ST)	小肠(SI)	上部大肠(ULI)	下部大肠(LLI)
壁质量/g	150	640	210	160
容量/g	250	400	220	135
转移速率常数/d	24	6	1.8	1

经过呼吸道吸入的放射性物质转移到胃中进入胃肠道体系，部分放射性物质经胃肠道壁被体液吸收，这使得输运动力学方程需进一步耦合。

12.3.2　消化道模型及全身模型

消化道模型(digestive tract model，DTM)如图 12-7 所示。

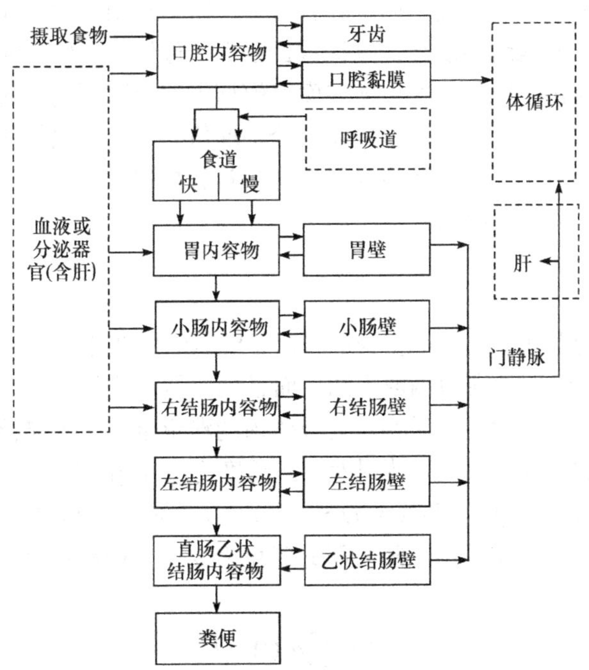

图 12-7　消化道模型(虚线表示与呼吸道、分泌器官连接)

消化道模型比胃肠道模型复杂得多，多个单库室模型相结合便逐步逼近**全身模型(whole body model，WBM)**。全身模型有多种组合方式，对应于不同放射性物质的全身模型差别很大。对于一般放射性物质，全身模型是呼吸道模型和胃肠道模型的组合。另外也可以将涉及全身放射性物质输运的呼吸道、肠胃道、皮肤、血液、体液和体水简化为几个库室来处理。

12.4 库室方程与滞留函数

12.4.1 库室模型方程的求解

通过求解库室模型方程组可以获得人体内各组织的放射性物质含量，最终得到剂量及剂量当量。对没有反馈的非循环库室系统，放射性核素在任意库室中的活度与其后面库室的放射性活度无关，各库室活度可以求解如下常微分方程：

$$\frac{\mathrm{d}N_j}{\mathrm{d}t}=\frac{\mathrm{d}I_j}{\mathrm{d}t}+\sum_{i\neq j}^{N}\lambda_{ij}N_i-(\lambda_{\mathrm{p}}+\sum_{i\neq j}^{n}\lambda_{ji})N_j \tag{12.4}$$

式中 $\mathrm{d}I_j/\mathrm{d}t$ 为库室 j 的摄入速率，其中λ_{p}为物理衰变常数，λ_{ji}为放射性物质由库室 j 向库室 i 的廓清速率常数，括号内的求和项λ_j为库室 j 的生物代谢导致的衰变常数。非循环库室的求解得到一系列指数衰减函数的求和

$$N_j=\sum_{i=1}^{n}A_i\exp(-\lambda_i t-\lambda_{\mathrm{p}}t) \tag{12.5}$$

通过初始条件可确定库室中所含参数。对于有循环廓清库室模型，需求解线性微分方程组。当放射性物质在体内衰变产生子体时，根据结构和功能简化后的库室模型应该调整或重新建立库室模型。如果放射性物质子体也具有放射性则更复杂，对子体中不同的放射性核素要建立库室方程，联立方程组很复杂，方程数目巨大。母体和子体代谢行为相近时，尽管遵循同一库室模型可以简化，但母体和子体在库室模型中的参数不同，建立的输运动力学方程中所含转移速率常数和生物半衰期等参数需要分别取值。只有在很特殊的情况下，当子体具有和母体相同传输特性时，子体和母体放射性物质具有相同吸收分数、相同转移分数和廓清参数时，联合方程组才会大大简化。

12.4.2 滞留函数

放射性核素在体内器官、组织或全身的滞留量随时间的变化关系称为**滞留函数(retention function)**，不同器官或组织的滞留函数不同，而且同一器官或组织对不同放射性物质的滞留函数也不同。单位活度的放射性物质在器官或体内的滞留量定义为**滞留分数**，滞留分数随时间的变化也称滞留函数。设单次摄入放射性核素活度为 Q(Bq)，则 t 时刻某器官 i 的滞留量 $r_i^{\mathrm{o}}(t)$ 或全身滞留量 $r_i^{\mathrm{wb}}(t)$ 与 Q 的商 $r_i^{\mathrm{o}}(t)/Q$ 和 $r_i^{\mathrm{wb}}(t)/Q$ 就是滞留函数。若器官 i 有多个库室对应，在单次摄入条件下库室 n 的活度随时间的变化为 $q_n(t)$，则滞留函数就是这些库室的滞留函数之和

$$r_i^{\mathrm{o}}=\sum_{j=1}q_j(t)/Q \tag{12.6}$$

12.5　内辐射吸收剂量和待积剂量当量

12.5.1　吸收剂量与剂量当量

靶组织接受的辐射剂量与体内源组织积分活度和结构、射线种类和能量、源与靶的相对位置均有关。靶组织中的平均吸收剂量 D_j 是源组织在该靶组织中的平均剂量之和

$$D_j = \sum_i d_{ji} A_i \tag{12.7}$$

式中 d_{ji} 为源组织 i 中单位积分活度在靶组织 j 中产生的吸收剂量，A_i 为源组织 i 中的积分活度。类似地，靶组织的剂量当量为

$$H_j = \sum_i h_{ji} U_i \tag{12.8}$$

式中 h_{ji} 为源组织中发生一次核衰变时在靶组织中产生的剂量当量，U_i 为源组织中的放射性活度。

12.5.2　待积剂量当量

放射性物质进入体内后，因代谢需要很长时间而部分滞留在体内形成一定分布，且在体内器官中滞留量随时间变化，产生的剂量当量也随时间变化。个体单次摄入放射性物质后，组织内部 τ 年内所接受的剂量当量总和称为**待积剂量当量(committed equivalent dose)**。如果不加特别声明，对成年人积分时间 τ 取 50 年，对儿童积分时间 τ 取 70 年。单次摄入放射性物质后，某时刻 t 在组织 j 中产生的剂量当量率为 $\dot{H}_j(t)$，则待积剂量当量为

$$H_{\tau,j} = \int_0^{\tau \mathrm{a}} \dot{H}_j(t)\mathrm{d}t \tag{12.9}$$

如果单次摄入放射性物质的活度为 I，1Bq 放射性物质 t 时刻在组织 j 中产生的剂量当量率为 $\dot{h}_j(t)$，则待积剂量当量可以表示为

$$H_{50,j} = I \int_0^{50\mathrm{a}} \dot{h}_j(t)\mathrm{d}t \tag{12.10}$$

若摄入多种放射性核素，则待积剂量当量应对各种不同类型核素求和。设放射性核素 m 的摄入量为 I_m，单位活度放射性物质在 j 组织中产生的待积剂量当量为 $h_{50,j}^m$，则 j 组织中产生的待积剂量当量为

$$H_{50,j} = \sum_m I_m h_{50,j}^m \text{，其中 } h_{50,j}^m = \int_0^{50\mathrm{a}} \dot{h}_j^m(t)\mathrm{d}t \tag{12.11}$$

待积有效剂量

$$E_{50,j} = \sum_{j=1}^{12} w_j H_{50,j} + \sum_{\text{remainder}} w_r H_{50,r} \tag{12.12}$$

式中 w_j 为组织权重因子，详见第 4 章中的表 4-7。各组织的待积剂量当量按危险度权重因子的加权求和定义为**有效待积剂量当量(effective committed dose equivalent)**

$$H_{50,\mathrm{E}} = \sum_j w_j H_{50,j} \tag{12.13}$$

1990 年，ICRP 建议将有效待积剂量改为待积效量。

12.6 内照射限值与参考水平

12.6.1 年摄入量限值

放射性物质进入体内，其内外照射剂量限值相同，外照射对有效剂量当量作出限制，而对内照射而言受限制的是有效待积剂量当量。为限定随机性效应，职业内照射年均有效待积剂量当量小于 20mSv，其中年有效待积剂量当量小于 50mSv；为限定非随机性效应，对各种组织而言有效待积剂量当量应小于 500mSv。根据职业照射限值，职业放射性物质年摄入量必须满足

$$H_{50,\mathrm{E}} \leqslant 0.05\mathrm{Sv}\ ,\ \ H_{50,j} \leqslant 0.5\mathrm{Sv} \tag{12.14}$$

当只摄入一种放射性核素时，有效待积剂量当量为

$$H_{50,\mathrm{E}} = I\sum_j w_j h_{50,j} \tag{12.15}$$

当摄入多种放射性核素时，设放射性核素 m 的摄入量为 I_m，单位活度放射性物质在组织 j 中产生的待积剂量当量为 $h_{50,j}^m$，则产生的有效待积剂量当量为

$$H_{50,\mathrm{E}} = \sum_j w_j \sum_m I_m h_{50,j}^m \tag{12.16}$$

因此职业放射性物质的年摄入量必须满足如下条件：

$$I \leqslant \frac{0.05\mathrm{Sv}}{\sum_j w_j h_{50,j}}\ ,\ \ I \leqslant \frac{0.05\mathrm{Sv}}{h_{50,j}} \tag{12.17}$$

式(12.17)取等号时较小 I 值称为放射性核素的**年摄入量限值(annual limit of intake，ALI)**

$$\mathrm{ALI} = \min\left[\frac{0.05\mathrm{Sv}}{\sum_j w_j h_{50,j}}, \frac{0.05\mathrm{Sv}}{h_{50,j}}\right] \tag{12.18}$$

ALI 单位为 Bq。当摄入途径既有食入也有吸入时，满足的限制条件就为

$$\left(\sum_m \frac{I_m}{\mathrm{ALI}_m}\right)_{\text{食入}} + \left(\sum_m \frac{I_m}{\mathrm{ALI}_m}\right)_{\text{吸入}} \leqslant 1 \tag{12.19}$$

当内照射、外照射都存在时，限制条件为

$$\left(\frac{H_\mathrm{E}}{50\mathrm{mSv}}\right)_{\text{外}} + \left(\sum_m \frac{I_m}{\mathrm{ALI}_m}\right)_{\text{摄入}} \leqslant 1 \tag{12.20}$$

年摄入量和外照射中的剂量当量指数属于次级限值量，它们与初级量(如有效剂量当量、有效待积剂量当量等)统称为辐射防护基本量。

12.6.2 导出空气浓度

吸入体内的放射性物质取决于空气中的放射性浓度和人在放射性环境中滞留的时间。按

每周工作 40h、每年工作 50 周，职业人员每年在放射性环境中的工作时间 WT=2000h/y，参考人呼吸率为 $1.2\mathrm{m}^3/\mathrm{h}$，则全年吸入空气总量为 $2.4\times10^3\mathrm{m}^3$。设吸入放射性核素的年摄入量限值为$(\mathrm{ALI})_{\mathrm{inhale}}$，则工作环境中放射性浓度必须低于某一限值。根据$(\mathrm{ALI})_{\mathrm{inhale}}$、WT 和吸入率 inh 可得到放射性核素的浓度限值，称为**导出空气浓度(derived air concentration，DAC)**

$$\mathrm{DAC}=\frac{(\mathrm{ALI})_{\mathrm{inhale}}}{\mathrm{WT}\times\mathrm{inh}}=\frac{(\mathrm{ALI})_{\mathrm{inhale}}}{2.4\times10^3} \tag{12.21}$$

DAC 的单位为 $\mathrm{Bq/m}^3$，不同核素进入体内导致的 ALI 不同，因此 DAC 大小也不同，如 $^{238}\mathrm{U}$ 的 ALI=3×10^4Bq，DAC=$12.5\mathrm{Bq/m}^3$，即工作场所空气中的 $^{238}\mathrm{U}$ 的浓度不允许超过 $12.5\mathrm{Bq/m}^3$。

12.6.3　参考水平与导出水平

放射性个人剂量监测包括**常规监测(routing monitoring)**、**操作监测(operational monitoring)**和**特殊监测(special monitoring)**三部分。常规监测是在核设施、核辐射环境中某部位按预先规定时间间隔进行周期性监测，操作监测是为特定操作提供信息的检测，而特殊检测则是对实际异常状况进行监测。在辐射防护中测量一个量即可确定所采取某种行动的**参考水平(reference level)**，由此决定采取何种行动。参考水平有**记录水平(recording level，RL)**、**调查水平(investigation level，IL)**和**干预水平(intervention level，IL)**，分别代表测量值高于指定水平时需要记录的测量结果、进一步调查原因和分析可能的后果、应当采取的干预行动。对常规内剂量监测，个人内剂量监测的年频数为 f, ICRP(1977)建议 RL 和 IL 分别为年摄入量限值的 1/10 和 1/3。对于特殊和操作监测建议的记录水平和调查水平分别为年摄入量限值的 1/30 和 1/10。

个人内照射监测对象一般是体内器官或全身放射性活度，实际上都是测量排泄物的放射性，有时候也直接测量体内放射性。利用测量结果，结合剂量学模型所确定的参考水平称为**导出参考/记录/调查水平(derived reference/recording/investigation level，DRL/DIL)**。单次摄入放射性核素后 t 时刻再测量，则全身滞留量、器官滞留量、排泄速率的 DIL 分别为 ALI/10 乘以全身滞留函数 $r_{\mathrm{wb}}(t)$、器官滞留函数 $r_{\mathrm{o}}^{j}(t)$ 和排泄速率 $e(t)$。

12.7　内照射剂量测量

内照射剂量测量得到体内放射性物质的量与分布，从而获取人体内辐射剂量贡献、辐射对人体危害的定量描述，建立放射性危害的评价、防护措施。按照职业内照射剂量监测技术标准，可将进入体内的放射性物质按照代谢的快慢分为如下几类：①**F 类物质**，以快吸收速率从呼吸道进入体液的物质，其全部物质以 10min 的生物半衰期被吸入体液；②**M 类物质**，以中等吸收速率从呼吸道进入体液的物质，其 10%以 10min 半衰期被吸收，90%以 140d 半衰期被吸收；③**S 类物质**，以慢吸收速率从呼吸道进入体液的相对不溶解物质，其 0.1%以 10min 半衰期被吸收，99.9%以 7000d 半衰期被吸收。

12.7.1　人体活度测量

活体测量技术(in vivo monitoring)和**排泄物测量技术(bio assay monitoring)**是内照射监测中常用的方法。人体活度测量是活体测量技术之一，主要提供体内放射性物质的量大小和体内分布信息，该技术可用于发射特征 X 射线、γ 射线、正电子和高能 β 粒子的放射性核素，也可用于某些发射特征 X 射线的 α 辐射体。放射性活度测量装置常用 NaI(Tl)探测器或高纯锗探测器。因人体几何结构复杂，通常用人体几何体刻度全身测量装置。用 18×4in(1in=2.54cm) NaI(Tl)闪烁探测器、由 13 块平行六面体组成的几何体模、用 ^{137}Cs 刻度的效率如表 12-4 所示。

表 12-4　个体每个部位放射性分配比及对刻度效率的贡献

身体部位	体积/cm^3	放射性分配比(*A*)	刻度效率/%(*B*)
头	4984	0.095	0.0075
胸	10108	0.193	0.0270
腹	7752	0.148	0.0811
臀	11172	0.213	0.0998
大腿	8928	0.170	0.0263
小腿	5248	0.100	0.0090
上臂	2088	0.040	0.0375
前臂	2088	0.040	0.0218
全身	52368	1.000	0.3100

人体中的放射性测量一般是弱放射性测量，因此全身测量装置需低本底测量技术，一般是将测量仪器、测量床置于多次屏蔽的低放射性本底室内。

12.7.2　排泄物样品分析

一些放射性衰变放出的射线能量很低，不易穿透人体组织进入探测器，常通过排泄物检测，另外体内放射性含量测定也需要通过排泄物测量。排泄物主要有粪便、尿液、汗液和呼出气体，此外还有唾液、痰、鼻涕和体液等，对于不发射 γ 射线或只发射低能光子的放射性核素，排泄物监测是唯一合适的监测技术。对于发射高能 β 射线、γ 射线的辐射体，排泄物分析也是常用的监测技术。尽管在某些情况下(如当元素主要通过粪排泄或要评价吸入 S 类物质自肺部的廓清时)可能要求分析粪样，但排泄物监测一般只包括尿液分析，分析其他生物样品是为了作一些特殊调查。

某些特殊监测时，为减少核素经尿排出的日排量涨落对监测结果的影响，应分别分析连续三天的尿样或混合样，其平均值作为日排量。由于核素日粪排量涨落较大，粪样常规监测数据的解释含有较大不确定性，因此应连续收集几天的粪样。粪样监测常用于特殊调查，尤其是已知吸入或怀疑吸入 M 或 S 类物质后的调查。在这些情况下，日粪排量的测量对于评价从肺中的廓清和估算摄入量是很有益的。生物样品中 γ 辐射体可用闪烁探测器或半导体探测器直接测定。对 α 和 β 辐射体则要求先化学分离，然后采用合适的测量技术进行测量。样品中总 α 或总 β 活度测量，作为一项简单的筛选技术有时是有用的，但不能用来定量估算摄入量或待积有效剂量，除非放射性核素的组成是已知的。除了核事故外，核辐射设施及其辐射环境中的放射性通常是很弱的，因此在样品分析中往往对放射性测量装置的灵敏度给予更多的关注。

12.7.3 个人空气采样

人体计数器通过测量体内放射性核素放出的 γ 射线或 X 射线来测量体内放射性，只有发射 γ 射线的放射性物质才能被测出。当放射性核素发射的光子数目很小时，就会受到灵敏度限制无法有效测量。有些放射性核素自体内排出十分缓慢，也不可能利用排泄物分析测量。这时必须采取其他办法，其中比较重要的是个人空气采样方法。空气采样研究方法可以用于人体辐射测量，也可以用于环境辐射测量。当用于人体辐射测量时可利用**个人空气采样器(personal air sampler，PAS)**收集人体呼出气体，当样品沉积到一定时间后再对样品分离处理，然后再测量。个人空气采样测量是一种专门设计用来测量工作人员呼吸带空气中的放射性气溶胶或气体时间积分活度浓度以估算该工作人员摄入量的便携装置。此外利用**固定空气采样器(static air sampler，SAS)**在监测工作场所收集放射性物质，也可以进行环境辐射测量，并就放射性核素的构成及粒子大小提供有用的资料。除此以外，还可采用人体血液、体液采样等方法来获得体内放射性含量。

复习思考题(十二)

【1】 什么是参考人？为什么要引入参考人的概念？
【2】 试简述库室模型的主要思想。
【3】 摄入包括哪些放射性物质进入体内的方式？
【4】 什么是年摄入量限值 ALI？
【5】 试分别阐述参考水平、导出记录水平和导出调查水平。
【6】 滞留函数的意义是什么？
【7】 内照射剂量测量主要有哪几种方式？优缺点如何？

第 13 章　空间辐射剂量学

太空是继陆地、海洋和大气层之后人类活动的新领域，开展太空探测、开发并研究太空资源可造福全人类。太空环境中的强电离辐射会损伤航天器及其器件、威胁宇航员的健康和生命，严重阻碍航天活动。空间辐射的粒子能量比地球环境辐射高得多，粒子种类和来源也不同。地球环境辐射主要来自三个方面：天然放射性核素辐射、空间辐射粒子经过大气层衰减后的辐射、人类活动产生的辐射。尽管空间辐射与地面辐射区别很大，但研究对象(光子、电子、质子和重离子等微观粒子)、研究方法和研究手段相同，针对这些辐射的测量、辐射效应及防护措施与地面环境辐射类似。

科技的发展和技术进步使人们对太空认识逐步深入，各国在航天领域竞争日趋激烈，航天科技水平代表着一个国家的科技实力。空间辐射影响航天活动可靠性及航天器寿命，随着载人航天活动增多、时间延长，空间辐射的重要性越来越显著，空间辐射剂量效应也越来越受重视。我国研究空间辐射环境已有很长时间，载人航天也有四十多年了，神舟系列载人飞船的成功发射巩固了我国第三大航天大国的地位，但我国在空间辐射环境、效应及防护等方面的研究和技术水平并不高。随着人类空间活动的增多，空间核设施、空间辐射装置、甚至可能出现的空间武器等将形成空间人工辐射源，因而空间辐射源主要由天然空间辐射源和人工空间辐射源组成。本章围绕天然空间辐射展开，阐述天然空间辐射来源、次级辐射、空间辐射效应、空间辐射剂量四部分内容。

13.1　天然空间辐射

天然空间辐射源主要有三种：银河系宇宙射线、太阳宇宙射线和地磁场捕获辐射，如图 13-1 所示。银河系宇宙射线能量高，但通量低且受到太阳活动调制，在短期载人航天中的影响可忽略；但长期航天任务(如深空探测)中必须考虑其剂量累积效应。太阳宇宙射线与太阳大爆发相联系，爆发时辐射通量可以很大，足以直接导致航天任务失败。而地磁场

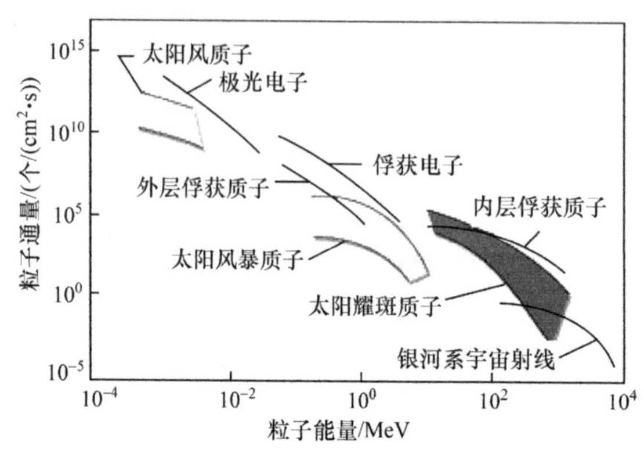

图 13-1　天然空间辐射源的能量分布

捕获辐射带主要由电子和质子组成，如果航天任务中穿越低地轨道到达星际空间的时间超过几分钟，则对航天活动的影响不可忽视。

宇宙射线不仅限制人类太空活动，当进入大气层时还将影响人类大气层活动，粒子刚度足够大时会成为地面环境辐射。宇宙射线在大气层内的分布受地磁场和大气层影响：地磁场的作用使得宇宙射线随纬度升高而增大，在赤道附近强度最小，在两极强度达最大，如图 13-2(a)所示。

宇宙射线进入地球大气层后与大气相互作用产生大量次级粒子，粒子能量逐渐损失将导致宇宙射线强度随高度变化。在 60km 以上的高空，宇宙射线强度基本不变，而随着高度的减小，宇宙射线强度在距离地面 20km 的高度处达最大，继而急剧下降，如图 13-2(b)所示。

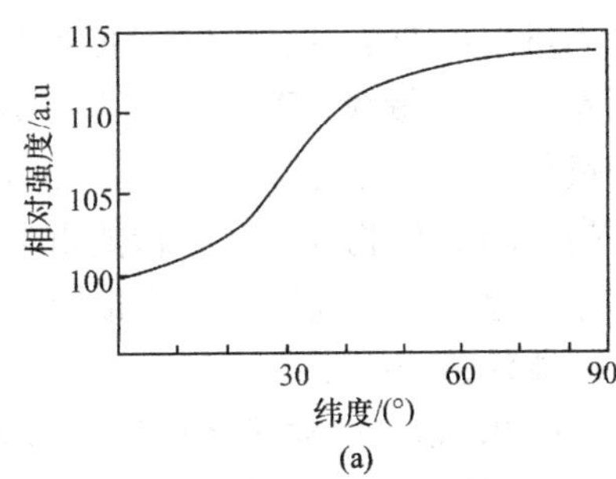

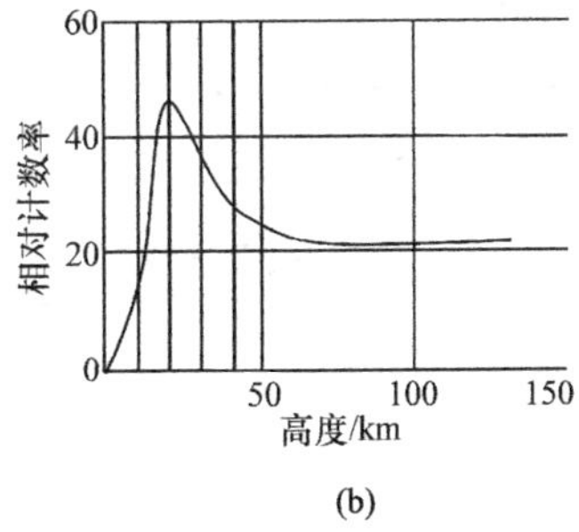

图 13-2　宇宙射线强度随纬度和高度的变化关系

13.1.1　银河宇宙射线

银河宇宙射线(galactic cosmic rays，GCR)是来自于银河系的高能带电粒子，其起源目前尚无定论，许多研究工作认为它起源于超新星爆炸。

1. 组成成分

GCR 包含从质子到铀核的所有粒子，其中质子和重离子占比 98%，其余 2%是正负电子。在重离子中质子占 87%，α 粒子占 12%，其余 1%中包括锂到铀之间的各种带电重离子。

2. 粒子通量

GCR 中质子和重离子通量如图 13-3 所示，可见质子和 α 粒子通量最大，其他粒子通量与质子相差两个以上数量级。粒子通量具有很明显的奇偶效应，幻数核的通量较高。

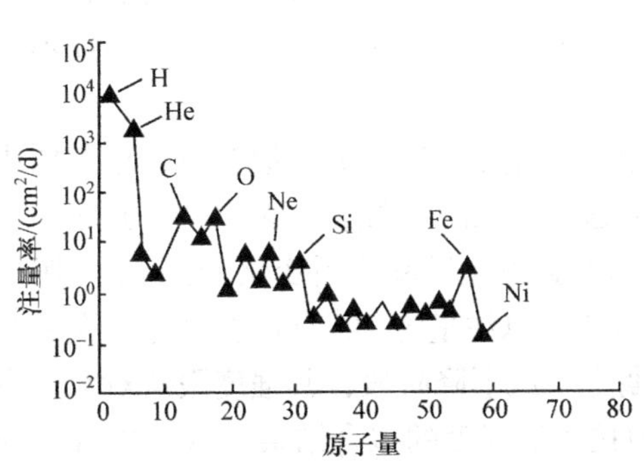

图 13-3　宇宙射线中各元素的注量率

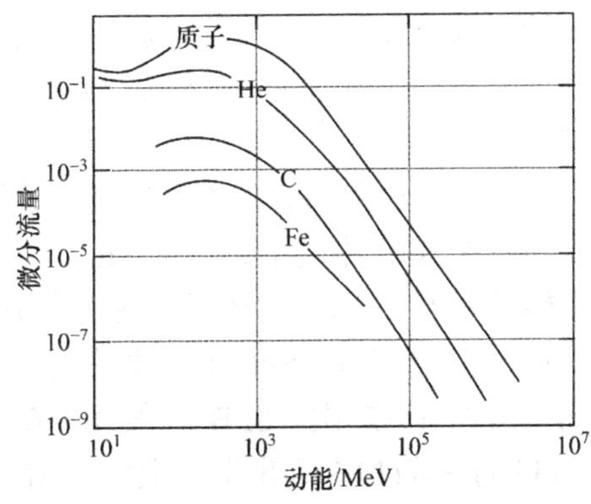

图 13-4　宇宙射线中质子、氦、铁等粒子的谱分布

3. 粒子能量

GCR 粒子能谱(图 13-4)范围很宽，为 10^5～10^{20}eV/u 或更高，其中最重要的能区在 10^8～10^9eV/u，太阳系内 GCR 能谱的峰值在 0.1～1GeV。

4. 粒子方向

GCR 在远离地磁场的空间基本各向同性，进入地磁场后受地磁场偏转作用，空间分布不均匀且各向异性。地磁效应包括纬度效应、东西效应。GCR 能量大但通量小，其中高能重离子(HZE 粒子)举足轻重。质子注量占 92%，但其剂量当量仅占 8%；而铁核在 GCR 中的丰度与质子相差 3 个数量级，其注量仅占 0.02%，但其等效剂量贡献占比却达 20%，如图 13-5 所示。铁核具有高 LET，生物损伤大。低能重粒子因不能穿透飞船舱壁对航天器舱内无直接影响，但对航天器外部器件造成损伤。

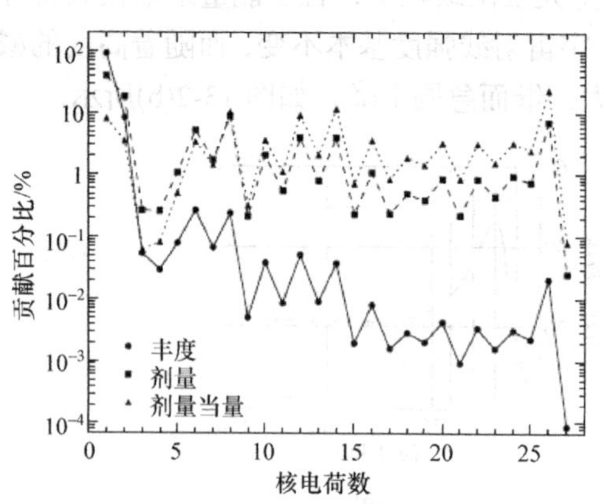

图 13-5　在太阳活动极小情况下 GCR 的通量、剂量、剂量当量

GCR 是带电粒子受地磁场影响，两极最大、赤道附近最小。GCR 强度受太阳活动影响呈周期性变化：在太阳活动大年强度小，在太阳活动小年强度大，变化周期约为 11 年。由于空间探测趋势是长时间深空探测，如火星计划、月球基地计划等，GCR 累积效应对航天任务的影响开始备受重视，目前已发展了多种 GCR 通量理论模式。

13.1.2　太阳宇宙射线

太阳风(solar wind)是太阳发射出来的带电粒子流，当太阳宁静时只发射很小通量的电子、质子。在**太阳耀斑爆发(solar flare burst，SFB)**和**日冕大喷发(coronal mass ejections，CME)**期间会发射大量包括电子、质子和直到铁的重带电粒子，称为**太阳粒子事件(solar particle events，SPE)**，由于主要成分是质子(约占 95%)，又称**太阳质子事件(solar proton events，SPE)**，发出的高能带电粒子称为**太阳宇宙射线(solar cosmic rays，SCR)**。SPE 射线的强度与 SFB 密切相关，其主要成分是能量为 10～1000MeV 的质子、电子、α 粒子，其他重离子与 GCR 相比可忽略不计。由于太阳高能粒子的喷射有方向性，因而 SCR 在星际空间并非均匀分布，也具有方向性。太阳活动周期性一般是 11 年，其中 7 年为太阳活动频繁年，4 年为太阳活动不频繁年，如图 13-6 所示。

一般发生异常大 SPE 的概率较低，每个太阳活动周期发生 1～2 次，但对飞行任务构成主要危险。单次 SPE 中能量高于 10MeV 的质子注量超 10^{10}cm^{-2} 量级，注量率达 10^6cm^{-2}·s^{-1}。SPE 中能量高于 30MeV 的质子总注量为 10^6～10^7cm^{-2} 且发生频率不断变化，在一个太阳周期中约出现 50 次。另外，SPE 中主要是能量大于 10MeV、总注量为 10^{10}cm^{-2} 的质子，在一个太阳周期中出现 1～2 次。SFB 一般发生在太阳周期上升或下降阶段，其强度服从对数正态分布。式(13.1)～式(13.3)列出了三次典型 SPE 事件中粒子流强度的拟合结果。不同 SFB 的成分和强度不同，且爆发是随机的，99%的时间内没有耀斑发生，但一次爆发可持续几小时至几天。

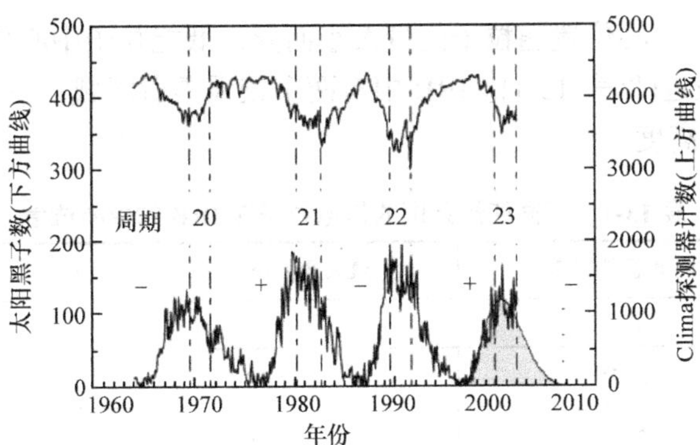

图 13-6 第 20～23 个太阳活动周期内的 SFB(第 23 个周期持续至 2008 年)

1956 年 2 月

$$\phi_{\rm P}(>E)=1.5\times10^{9}\exp\left(-\frac{E-10}{25}\right)+3.0\times10^{8}\exp\left(-\frac{E-100}{320}\right) \tag{13.1}$$

1960 年 11 月

$$\phi_{\rm P}(>E)=7.6\times10^{9}\exp\left(-\frac{E-10}{12}\right)+3.9\times10^{8}\exp\left(-\frac{E-100}{80}\right) \tag{13.2}$$

1972 年 8 月

$$\phi_{\rm P}(>E)=8.65\times10^{10}\exp\left(-\frac{P(E)}{59.261}\right) \tag{13.3}$$

这些事件总趋势是随着质子能量增大，高能质子强度以指数形式衰减。

13.1.3 地磁捕获辐射

地磁捕获辐射(earth's magnetic capture radiation，EMCR)就是被地球磁场捕获的高能带电粒子。1958 年范艾伦(Van Allen)等发现在外层空间存在充满地磁场捕获的高能带电粒子的特殊区域，EMCR 又称**范艾伦辐射(Van Allen radiation)**。EMCR 主要由电子和质子组成，可达 6～7Re(地球半径 Re=6380km)处，是低地轨道环境中的重要粒子。EMCR 主要有内辐射带、外辐射带以及南大西洋地磁异常区，一般深空探测任务要求穿过 EMCR 的时间较短，以减少对航天任务的影响。

1. 内、外辐射带

EMCR 中的电子、质子和少量重离子形成了**地球辐射带(the earth's radiation belts，ERB)**，又分为**内辐射带(inner radiation belt，IRB，**1.5Re～2.8Re)和**外辐射带(outer radiation belt，ORB，**2.8Re～12Re)，如图 13-7 所示。

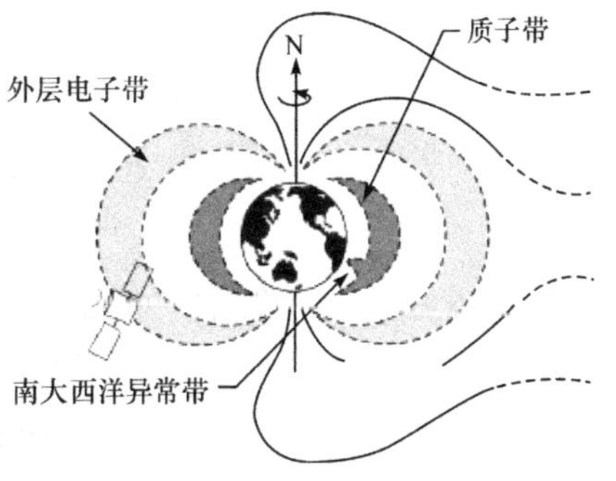

图 13-7 EMCR 粒子分布

IRB 是从赤道两侧扩展到 40°的范围，主要有质子和电子，其中电子能量 E_e>0.5MeV，最大积分通量 $\Phi_{me}>10^8\mathrm{cm^{-2}\cdot s^{-1}}$)；质子能量 E_p=0.4 ～ 500MeV，

$\Phi_{mp}>10^6 cm^{-2}\cdot s^{-1}$)。IRB 中心位置随粒子能量大小而异，低能粒子中心位置离地球较远，高能粒子中心位置离地球较近(见表 13-1)。IRB 中有两个较强辐射区域：一个在 3600km 高度，另一个在 7000～8000km 高度。

表 13-1　不同能量范围的带电粒子在 IRB 的中心位置

粒子类型	能量范围/MeV	最大通量/($cm^{-2}\cdot s^{-1}$)	中心位置高度/km
质子	E>4	$>10^6$	~5000
	E>15	$>10^5$	~4000
	E>34	$>2\times10^4$	~3500
	E>50	$>4\times10^3$	~3000
电子	E>0.5	$>10^8$	~3000

ORB 中电子通量比 IRB 高一个数量级，但 ORB 中质子能量较低且在数 MeV 以下强度随能量增加迅速减少。在地球同步轨道高度上能量大于 2MeV 的质子通量与 GCR 相比已经小了一个数量级。ORB 中心位置离地面 2×10^4～2.5×10^4km。太阳活动也会影响 ERB 分布及粒子注量。大的太阳爆发可以引起地球磁场扰动，导致外辐射带内的电子注量率增大 1～2 个数量级。EMCR 带中 E_p 达 500MeV，E_p>10MeV 的质子主要分布在 3.8Re 以下，E_p>30MeV 的质子主要分布在 1.5Re 以下。典型卫星壳体能屏蔽 E_p<10MeV 的质子，因而对低轨道卫星而言，质子对内部电子学元器件的辐射破坏尤为严重。在 ORB 中电子具有较高能量(达 7MeV)和较大通量(约为 IRB 的 10 倍)，E_e>1MeV 电子的通量峰值在 3Re～4Re。

2. 南大西洋辐射异常区

由于地磁场及其旋转轴的偏移，在巴西海岸外面(西经 100°～东经 20°，南纬 60°～北纬 10°)形成一个辐射异常区，称为**南大西洋异常(the south atlantic anomaly，SAA)**区，该区域地磁场异常地接近地球表面，如图 13-8 所示。

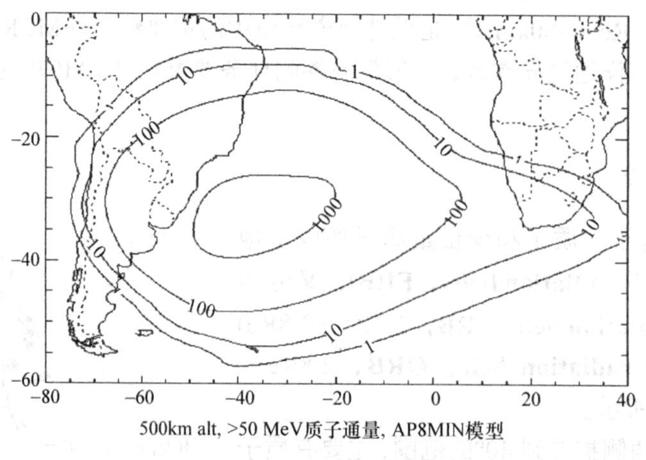

图 13-8　南大西洋地磁异常区

搭载于我国第一颗地球资源卫星上的“星内高能粒子探测器”首批资料初步分析表明，

在卫星 780km 轨道高度上所记录到的所有高能粒子通量事件都只出现在三个地理区域，即两半球的高纬极光带和 SAA 区。低能档电子在这三个区域都有出现，而高能档电子和质子在太阳宁静时一般只出现在 SAA 区。国际空间站(ISS)的飞行轨道倾角是 51.56°，飞行高度为 400km，它的一半电离辐射剂量来自 SAA 区捕获质子，一半来自于 GCR。朱光武等对 FY-1C 气象卫星探测数据分析表明：SAA 区的高能质子通量随能量的增大而逐渐降低，且受太阳活动的扰动很大。

3. 地磁捕获辐射模型

空间探测已开展 50 多年，人类发射了几十颗卫星、积累了大量数据、建立了地球辐射带模型，并由最初的 AP1、AE1 发展到目前的 AP8、AE8。但随着现代卫星及载人航天技术的发展，国外对空间辐射环境效应探测更加重视。这是因为：①那些已发射的卫星轨道并没有覆盖整个近地空间，探测区域上还有许多空白；②它们是平均的、静止的模型，不可能反映真实辐射带的复杂结构细节及涨落较大的动态变化。因此有必要进一步研究地球辐射环境，并发展和深入研究测量手段，例如，可测量空间粒子(种类、能量、通量)因太阳、磁场、电离层变化而受到的影响，空间等离子体及太阳、磁场、电离层变化对它的影响，以及等离子体对大气的影响等。

13.2　次级辐射环境

航天任务中大部分有效载荷和宇航员的大部分作业时间都在航天器内部，与他们息息相关的是航天器内部辐射环境，可视为初级辐射环境和次级辐射环境叠加。与舱壁作用的粒子能量很高，很可能穿透舱壁构成**初级辐射环境(primary radiation environment)**。此外，粒子与舱壁、屏蔽材料发生相互作用时，通过电离、激发、核反应等过程产生的次级粒子也可能穿过舱壁成为**次级辐射环境(secondary radiation environment)**，如图 13-9 所示。

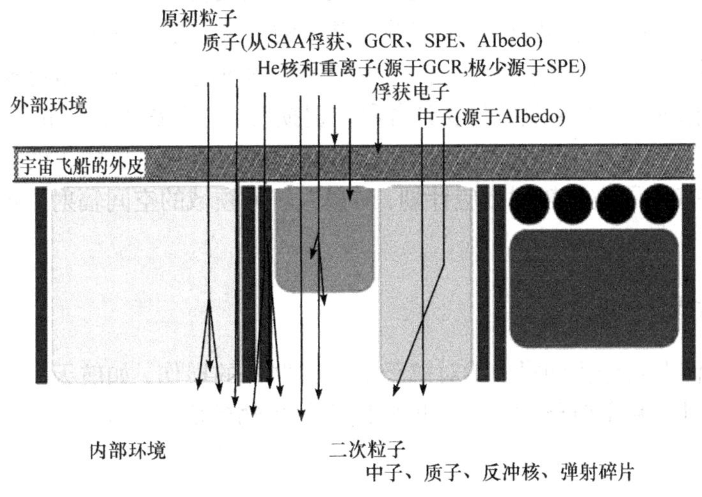

图 13-9　航天器内外的辐射环境

地磁场俘获电子的能量在 MeV 量级，在水中的射程为 1～2cm，且伴随有轫致辐射能到达屏蔽层较深处；地磁场俘获质子的能量达数百 MeV，但 90%的质子流在水中只能到达 1cm 左右的深度。也有些高能粒子能够穿透屏蔽和生物组织，产生二次中子和高电离度的 H、He 和其他重离子。GCR 在低地轨道受地磁场的影响使得低能粒子被屏蔽，因而在低地球轨道 GCR 主要由能量高于 1GeV 的粒子构成。这些相对论粒子在屏蔽材料或生物组织中射程很长，可发生多次核反应产生大量次级粒子，包括中子、质子、α 粒子、重离子、介子。

13.3　空间辐射效应

13.3.1　空间环境对航天的影响

空间环境的影响是航天飞行器设计、试验和运行过程中必须要考虑的因素。1962 年第一颗通信卫星 Telstar I 被发射升空后很快就失效，就是核试验引起的辐射带高能粒子通量大幅增加所致。1971 年 2 月至 1986 年 11 月期间，美国卫星发生的 1589 次异常事件中 70%与空间环境有关，其中高能辐射是重要因素之一，空间辐射对电子学系统造成的辐射破坏占比 38.1%。应用于卫星或空间飞行器的电子学系统，在天然空间辐射环境中常因空间辐射而性能降低或失灵，甚至最终导致卫星或空间飞行器的灾难性后果。因此空间辐射环境作为空间环境因素中最为重要的组成部分，因高能带电粒子和高温等离子体组成的空间辐射环境所引起的充放电效应、总剂量效应和单粒子效应最容易引发航天器异常而备受关注。1990 年美国宇航局研究结果表明：当近地轨道中航天器以 8km/s 左右绕道飞行时原子氧撞击束流密度可达 10^{13}～10^{15} atoms/(cm^2·s)，达 5eV 的平均撞击能足以使许多材料的化学键断裂并发生氧化；而原子氧本身是强氧化剂，因此造成材料质量损失、表面剥蚀、性能退化，空间辐射使有机材料性能劣化，热循环造成材料尺寸的不稳定和机械性能下降，微流星体和空间碎片的撞击造成材料机械损伤甚至破坏；而超高真空(近地轨道航天器运行在高真空环境下，其真空度大约为 1.33×10^{-7}Pa)则会导致有机材料分解蜕变、放气。更重要的是这些因素往往协同作用，加速材料破坏，产生许多意想不到的结果。因此航天器在空间飞行中的辐射效应研究和防护问题，是航天工程中必须首要解决的问题。随着载人航天的发展，空间辐射环境对人类在太空的活动具有十分重要的影响。电离辐射对人体产生各种生物效应，如染色体变异、DNA 损伤等，因此空间电离辐射环境中的宇航员将受到各种辐射损伤。空间辐射场分布、空间剂量场分布、太空辐射引起的生物效应、辐射损伤机制和防护问题成为迫切需要解决的关键问题。美国早在 1982 年就开展实施了空间辐射效应计划，对载人航天领域的空间辐射防护效应和防护展开深入、系统研究。

13.3.2　空间辐射损伤

空间辐射损伤大致分为两类：①对航天器及其器件的损伤，如航天器表面充放电、单粒子数效应等；②对人和宇航员的损伤，即空间辐射生物效应，如细胞死亡、DNA 损伤、致癌等。

1. *航天器表面充放电*

航天器充电效应是其表面与周围等离子体介质之间的电流平衡被破坏所致。静电势积累到一定程度就会造成航天器表面放电，这种放电会将电磁噪声引入航天器电子系统，在特殊情况下这种噪声将干扰正常航天器操作或产生错误指令。另外，航天器表面放电会造成航天器表面介质损伤，从而改变其物理特性，如热性质、电性质、化学性质、光学参数等。国内外对航天器表面充放电效应认识较早，对该效应的机制与防护已进行了大量研究。近年来由高能电子(从几百 keV 到数 MeV)引起的航天器深层介质带电备受关注。具有强大穿透能力的高能电子可以在航天器深层介质(如同轴电缆的绝缘层)中沉积下来，这些电子会在介质中产生很强的电场使介质被击穿，从而引起设备的短路或失效。

2. 单粒子效应

宇宙线粒子具有高能量、强电离能力，当它们入射到半导体材料时能从材料原子处剥夺电子产生正负电子-离子对，如图 13-10 所示。

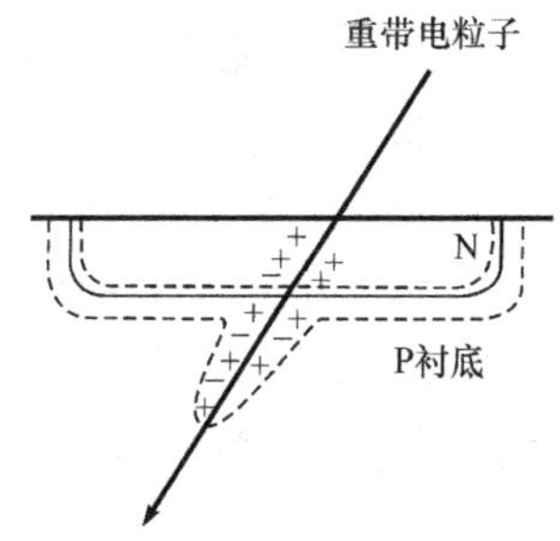

图 13-10　单粒子数效应示意图

电离产生的电子-离子对密度与宇宙射线粒子电荷态的平方成正比。因此重粒子可以在集成电路灵敏区中沉积足够的电荷而使半导体记忆单元的状态发生变化，从而造成存储信息错误，也可能导致产生错误命令。这种软错误称为**单粒子翻转(single event upset，SEU)**，可以通过软件纠错算法加以修正，但是单粒子翻转引发一些航天器关键操控指令错误所造成的后果是难以预料的。在特殊情况下，高能粒子会触发某些器件使其中产生强电流，从而导致烧毁或硬件失灵，称为**单粒子烧毁(single event burnout，SEB)**、**单粒子击穿(single event gate rupture，SEGR)**，或**单粒子闭锁/单粒子锁定(single event latchup，SEL)**。这种效应属于硬错误，将导致半导体器件的物理损坏。这些由单个粒子对微电子器件造成的影响统称为**单粒子效应(single event effects，SEE)**。

高能质子和高能电子都可以引发 SEE。与高能重离子的直接电离不同，高能质子或电子通过间接电离作用影响半导体器件，它们与半导体器件材料发生核反应产生二次粒子；这些二次粒子一般具有很强的电离能力，会对器件造成 SEE。由质子引发的 SEE 通常发生在内辐射带，因为那里高能质子通量很高。研究表明，SEE 对航天器本身的威胁比总剂量效应还大。美国卫星的 1589 次异常中，SEE 造成的就有 621 次。我国的“风云一号(B)”卫星就是由于主控计算机发生多次 SEU 事件，最终姿态控制系统失效过早地结束了使命。地面重离子加速器模拟研究表明，器件芯片中敏感单元 SEU 与离子辐射的关系遵循韦布尔(Weibull)函数分布

$$\sigma_{\mathrm{i}}=\begin{cases}\sigma_0\left[1-\exp\left(-\left\{\dfrac{E_{\mathrm{d}}-E_{\mathrm{th}}}{W}\right\}^{S}\right)\right], & E_{\mathrm{d}}\geq E_{\mathrm{th}}\\ 0, & E_{\mathrm{d}}\leq E_{\mathrm{th}}\end{cases}\tag{13.4}$$

式中 σ_{i} 为重离子致翻转截面，E_{d} 为入射粒子沉积于**灵敏单元(sensible volume，SV)**中的能量，E_{th} 为引起翻转所需的最小能量，σ_0 称为饱和截面，W 和 S 分别为 Weibull 函数的宽度和形状因子。式(13.4)反映了器件本身的特性，对于给定器件，翻转截面 σ_{i} 仅取决于 SV 内沉积的能量 E_{d}，而与能量沉积方式、辐射粒子种类以及入射能量无关。

3. 空间辐射生物效应

由于地球大气层和地磁场作用，空间辐射场中的粒子不能到达或极少到达地球表面，地面辐射强度比空间辐射强度要小得多。此外与地面环境相比，空间环境中还存在着微重力、地磁场、极端温度条件等。空间飞行导致心血管功能障碍、骨质丢失、肌肉萎缩、免疫功能下降、内分泌功能紊乱、空间运动病等多种生理及病理变化称为**空间辐射生物效应(space radiation biological effects)**。空间辐射分为电离辐射和非电离辐射，其中电离辐射产生的生物效应更显著，尤其是高原子序数、高电荷态粒子(如铁离子)，其径迹周围电离密度大，在微观上沉积的能量可导致 DNA 断裂、细胞凋亡等。与地面温和的生存环境不同，飞行于大气层以外的航天器暴露在空间辐射场中，空间辐射剂量远高于地球表面。深空环境中辐射注量为质子 $4\text{cm}^{-2}\cdot\text{s}^{-1}$、α 粒子 $0.4\text{cm}^{-2}\cdot\text{s}^{-1}$、HZE 粒子 $0.04\text{cm}^{-2}\cdot\text{s}^{-1}$。Setlow 等研究证实：经历为期 3 年的深空间飞行后，尽管采取屏蔽措施，仍有 3%的细胞会受到高损伤铁核子的轰击，这对哺乳动物细胞影响非常大。空间电离辐射对健康的影响已成为人类空间活动的制约因素，准确测量空间辐射剂量是辐射危害评价及辐射防护的基础。

1) 传能线密度与生物效应

生物效应(如细胞死亡、染色体变异、组织损伤等)大小与 LET 密切相关：哺乳动物细胞的生物效应随 LET 增大而增加，当 LET 值在 100～200keV/μm 范围内时达最大，继而随 LET 增大而下降，如图 13-11 和图 13-12 所示。

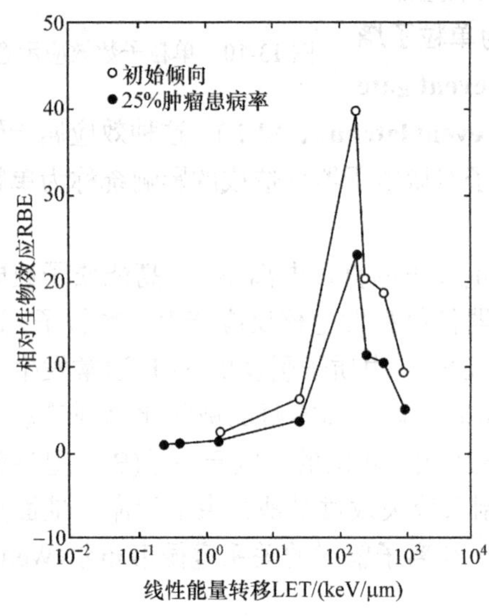

图 13-11　诱导 Harderian 肿瘤 RBE-LET 图

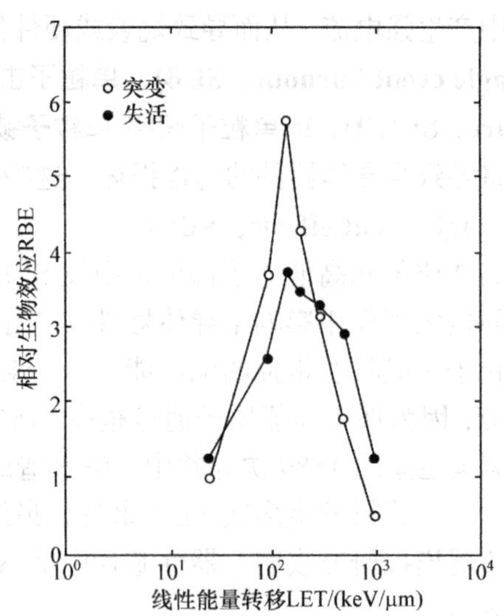

图 13-12　人二倍体成纤维细胞 HPRT 基因突变 RBE-LET 图

生物效应与吸收剂量有关，为使两者联系更紧密常将吸收剂量乘以品质因子 Q。品质因子用来衡量吸收剂量微观分布对危害的影响，与 LET 存在函数关系。

2) 航空飞行辐射生物效应

空间辐射不仅影响航天活动，还会影响航空活动。图 13-13 给出了赤道和两极区域的周围剂量当量率在太阳极大年和极小年随高度的变化。

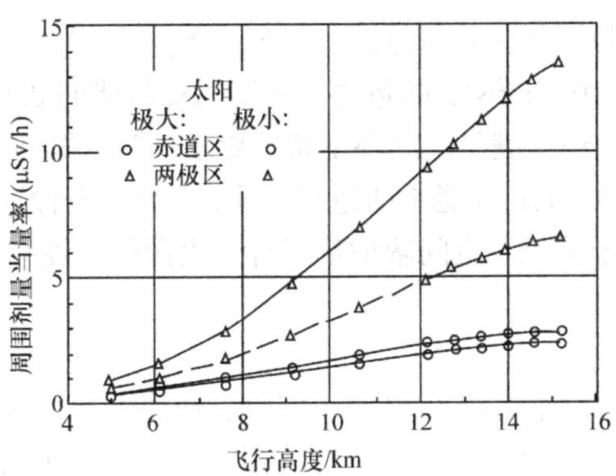

图 13-13　赤道和两级区域的周围剂量当量率在太阳极大年和极小年随高度的变化

可见同样高度下，两极周围剂量当量率远高于赤道。ICRP 早在 1990 年就将航空机组人员列为职业照射人员，我国 2002 年也颁布了空勤人员宇宙辐射控制标准(GBZ140—2002)，适合于各类民用航空飞行的公共航空运输承运人及其空勤人员。航空飞行中所受辐射比地面要高很多，民航飞行高度在 10～13km(以波音 747 为代表的亚音速飞行的典型高度)，辐射剂量是重点。例如，美国 Ohio 州海拔 0.4km，宇宙辐射剂量率为 0.04μSv/h，其上空 12km 高度处辐射剂量率达 8.0μSv/h，两者相差 200 倍。空间飞行中所受辐射剂量主要来自质子和中子的贡献，如图 13-14 所示。

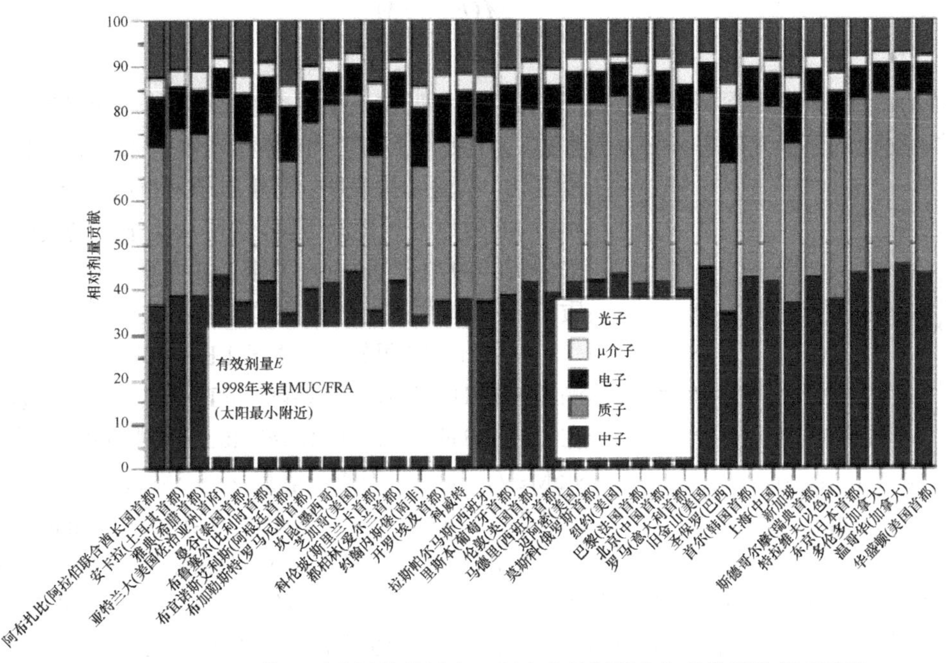

图 13-14　从法国/德国到世界其他城市飞行中有效剂量中各种粒子的相对贡献

13.4　空间辐射剂量

13.4.1　空间辐射剂量测量

近地轨道空间环境中主要是紫外辐射和带电粒子(质子和中子)辐射，在 400～600km 高的轨道上运行的航天器带电粒子年吸收剂量约 10^3Gy、能量 1～2MeV。该高度来自太阳紫外线辐射(λ=100~150nm、Φ=4×10^{11}cm^2·s)，能量约占太阳总辐射能的 8.73%。空间辐射剂量计除满足地面剂量计基本要求外，还应满足空间环境特殊要求：①体积小、重量轻、功耗低；②能经受恶劣环境(如抗振动、耐冲击)；③能长期稳定、可靠工作，寿命达数年；④能响应很宽能量范围的粒子；⑤对多种粒子灵敏。空间辐射剂量计分无源探测器和有源探测器两类。

1. 无源探测器

这类探测器无需电源、体积小、重量轻、安全、使用方便，无源剂量测量即被动测量方法。无源探测器主要有两类：热释光探测器(TLD)和固体径迹探测器(STD)。TLD 具有体积小、重量轻、灵敏度高、剂量响应宽、测量仪器简单等优点，用于空间探测的 TLD 很多，有 LiF、$CaSO_4$、CaF_2、$Li_2B_4O_7$、BeO 和 Al_2O_3 等，但因 $CaSO_4$ 和 CaF_2 能量响应较差、$Li_2B_4O_7$ 和 BeO 灵敏度较低、Al_2O_3 光敏性较强、退火温度高、时间长等缺点，经前苏联和美国多次空间测量比较逐渐淘汰了 LiF 以外的其他探测器。而 LiF 探测器灵敏度适中(LiF 探测器的最小可测剂量为 5×10^{-5}Gy)、组织等效性好和能量响应好等，已成为测量航天器舱内剂量和航天员累积剂量的常用探测器。LiF 剂量计的剂量测量范围是 10^{-6}～10^3Gy，但不能提供 LET 信息和剂量当量信息。此外对 LET≥10keV/μm 的辐射，TLD 探测效率小于 100%，这样会导致系统地低估总剂量。定义 TLD 对质子相对探测效率(相对于 ^{60}Co 的 γ 射线)为

$$\eta(E)=\frac{M(E)_{\mathrm{p}}}{D_{\mathrm{p}}}\bigg/\frac{M_{\gamma}}{D_{\gamma}} \tag{13.5}$$

式中 $M(E)_p$、M_γ 分别是探测器吸收质子剂量 D_p 和吸收 γ 射线剂量 D_γ 后的热释光发光量。探测器对 γ 射线的热释光效率 M_γ/D_γ 为常数，而探测器对质子的热释光效率 $M(E)_p/D_p$ 随质子能量变化。实验结果表明：随着质子能量的降低，探测器的相对 TL 效率开始逐渐下降。这可从质子传能线密度(LET)来分析，1972 年 Jahnert 关于 LiF 探测器相对 TL 效率与质子 LET 的关系的理论数据如图 13-15 所示。

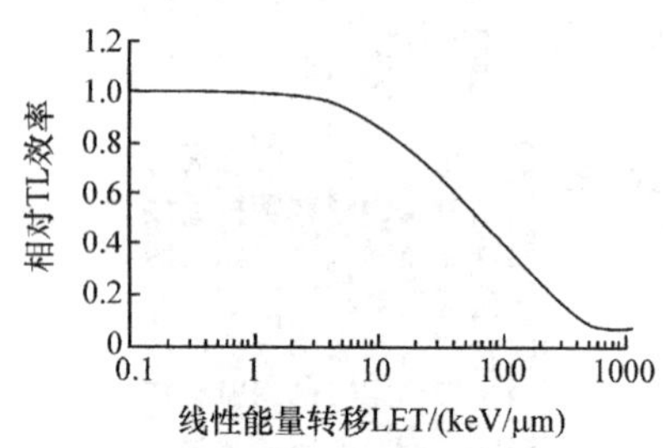

图 13-15　LiF 探测器相对 TL 效率与质子 LET 的关系

从图 13-15 可知：当质子 LET>10keV/μm 时，LiF 探测器的相对 TL 效率开始随 LET 增加而降低。查表得知在 LiF 中质子 LET=10keV/μm 时对应的质子能量为 9.5MeV，这表明当质子能量 E<9.5MeV 时，LiF 探测器的相对 TL 效率下降。这是因为当 LET 增加时单位路径上辐射能的沉积率增大，使得探测器陷阱的俘获效率降低。当质子的 LET<10keV/μm 时，探测器相对 TL 效率是平坦的。因此当质子能量 E>9.5MeV 时，LiF 探测器对质子的相对 TL 效率为 1.0。被动测量方法中，胶片剂量计(FD)应用也比较普遍。FD 与 TLD 同属累积剂量测量，FD 不仅重量轻、体积小、剂量响应范围宽，还能提供辐射粒子的 LET 信息。

2. 有源探测器

这类探测器能实时采集数据，是主动测量剂量计。有源探测器主要包括常用的 G-M 计数管、气体积分电离室以及面垒型探测器、PIN 型探测器等，这些都已成功应用于航天飞机、空

间站、深空宇宙探测器，其中以固体半导体测量装置最为突出。目前在各种卫星、空间探测器上使用的辐射测量装置中半导体探测器占主导地位。半导体探测器具有能量分辨率高、线性响应好、工作可靠等优点，具有很好的应用前景。面垒型探测器、PIN 型探测器获取的原始信号是辐射在灵敏区产生的电荷，为了对电荷进行有效收集，要求加以很高的电压。另外这种探测器有效面积的直径在厘米量级，能够测量强度很弱的本底辐射，但是容易受辐射损伤影响；但受后续电子学线路分辨率的影响容易形成堆积，不适合于强辐射场监测。随着航天活动的普遍开展及空间辐射环境研究的深入，辐射剂量测量装置逐渐由简单辐射剂量计发展到多单元组合测量装置。有些航天任务中采用大型实验装置来工作，通常就是复杂的辐射粒子探测谱仪。

13.4.2　空间辐射剂量评估

初级粒子通过飞船时主要是以电离激发的形式损失能量。除此之外，这些粒子大多能量足够高，与飞船结构材料发生相互作用而产生次级粒子，它们之间的相互作用主要有直接反应、复合核过程、靶核碎裂和弹核碎裂等过程。靶核和弹核碎裂产生的次级粒子继续穿越飞船舱，本身可能再次发生核反应，尤其是对高能中子。此外，在这些核反应中产生的 γ 射线和中性 π 介子可能产生电磁级联，次级中子的产生直接与飞船屏蔽效应有关。

空间辐射剂量学关键是精确测量中子注量及其对剂量当量的贡献。目前飞船中这类测量还很少，中子对宇航员总剂量贡献的份额也未知。对 ISS 类轨道，中子对宇航员总的剂量当量贡献为 30%～60%，这些中子的品质因数是轻带电粒子的 4～5 倍。低地轨道(LEO)宇航员的中子剂量当量主要来源于次级中子，少部分来自大气层反照中子，在飞船的某些地方中子能谱与屏蔽的分布有关，也与周围物质的质量和元素成分有关。飞船内的中子能谱可看成几个分立能区：①能量在 1～20MeV 的蒸发中子；②20～200MeV 之间的内核级联中子；③500MeV～5GeV 的高能 GCR 碎裂产生的中子；④能量低于 1MeV 的慢化中子。前三个能区对剂量当量的贡献大约相等。

13.4.3　舱内辐射剂量及限值

舱内辐射场的强度随飞行轨道、飞行空域及太阳活动情况作动态变化：飞行轨道越高，辐射强度越大。飞行在地球高纬度区上空的辐射强度比赤道附近大；辐射最强的空域为巴西和南非之间的上空(约西经 100°至东经 20°，南纬 60°至北纬 10°)的南大西洋异常区(SAA 区)。SAA 区地磁异常，致使地磁捕获辐射带下边界下降至 200～300km，航天器穿越该区时舱内辐射水平有较大增加；此外由于太阳活动减弱了近地空间银河宇宙辐射，飞行在太阳活动峰年期舱内辐射比谷年期低。载人航天 30 多年来的测量数据表明，航天员作短期近地轨道飞行时辐射对健康的影响很小。轨道高度是影响舱内剂量水平的主要因素：在 400km 以上的轨道，舱内剂量水平比 300km 左右的轨道处高 5 倍以上。

空间 HZE 粒子数量虽然很少，但因 LET 很高、局部生物效应很大，对航天员有所影响。例如，航天员在飞行中视觉出现闪光现象就是 HZE 粒子打到眼睛视网膜上所致。目前，利用航天器的搭载条件和地面重离子加速器辐照条件进行的 HZE 粒子生物医学效应研究正成为国际关注的热点。与近地轨道相比，极地轨道(高度 1000km 以上，倾角 90°)或地球同步轨道(高度 37000km 左右)的辐射剂量要大得多，如果作行星际飞行甚至飞出太阳系，辐射环境有可能更为恶劣。此外即使在近地轨道，长时间飞行和出舱活动都会使航天员接受更多辐照剂量，从而影响他们的身体健康。NASA 用致癌率表示空间辐射对宇航员的影响，如表 13-2 所示。

表 13-2 太阳极小年，不同深空探测任务的致癌危险性估计

深空探测任务	屏蔽物厚度 /(g/cm^2 Al)	吸收剂量 /Gy	有效剂量 /Sv	辐射致死概率 /%	95%可信限率
太阳极小年，90 天月球探测	5	0.03	0.084	0.34	0.10~1.2
	20	0.03	0.071	0.28	0.09~0.95
1000 天火星探测，600 天火星表面	5	0.42	1.07	4.2	1.3~13.6
	20	0.41	0.96	3.4	1.1~10.8

为对宇航员进行有效防护，首先应给出宇航员辐射限值。美国国家辐射防护委员会(NCRP)提出的低地轨道航天员器官(针对造血器官、皮肤和眼晶状体)剂量当量限值和 10 年职业照射有效剂量限值如表 13-3、表 13-4 所示。

表 13-3 低地轨道航天员器官剂量当量限值

	造血器官/Gy	皮肤/Gy	眼睛晶状体/Gy
职业照射	1~4	6	4
1 年	0.5	3	2
30 天	0.25	1.5	1

表 13-4 低地轨道航天员 10 年职业照射有效剂量限值

暴露年龄	25	35	45	55
女/Sv	0.4	0.6	0.9	1.7
男/Sv	0.7	1.0	1.5	3.0

不同年龄、性别的航天员职业照射有效剂量限值不同，年轻人有效剂量限值低，女性比男性的限值低。

复习思考题(十三)

【1】 银河宇宙射线主要成分是什么？其中各元素的丰度如何？

【2】 试解释太阳风、太阳宇宙射线、太阳活动极大(小)年。

【3】 SAA 代表什么意思？在哪个方位？离地面的高度大致在什么范围？

【4】 空间辐射生物效应包括哪些？危害程度如何？

【5】 深空环境下，在太阳活动极小年质子注量为 $4cm^{-2}·s^{-1}$，α 粒子注量为 $0.4cm^{-2}·s^{-1}$，重离子注量为 $0.04cm^{-2}·s^{-1}$，如果人体细胞直径为 10μm，计算一个人体细胞分别受质子、α 粒子和重离子击中平均需要多长时间。

第 14 章　环境辐射剂量学

环境辐射(environmental radiation)定义为人类在生存环境中遇到的各种电离辐射，主要包括空间宇宙射线、地球上的天然放射性核素、人造辐射源三部分。本章所述环境辐射主要包括两类：①天然放射性物质(^{238}U、^{222}Th、^{226}Ra)及其子体带来的**原初辐射(primordial radiation)**；②宇宙射线在地面环境中产生的放射性核素(如 ^{14}C、T、^{40}K 和 ^{7}Be 等)带来的辐射。放射性核素通过水、食物和空气被摄入人体，其中未排出的部分就沉积在人体中形成内照射，带来十分严重的危害。

14.1　氡及其同位素

14.1.1　氡及其子体的衰变

1899 年，加拿大物理学家 R. B. Owens 研究钍放射性时发现了 ^{220}Rn，1900 年，德国物理学家 F. E. Dorn 发现 ^{222}Rn。氡气无色无味、比重 9.73g/L、熔点−71℃、沸点−62℃，氡可溶于煤油、甲苯、血、水、CS_2；易被脂肪、橡胶、硅胶、活性炭吸附。常温下氡及子体在空气中能形成放射性气溶胶而污染空气。由于氡位于元素周期表第 VI 周期零族，是惰性气体元素，化学性质不活泼。目前已发现的氡的同位素共有 27 种，即 ^{200}R～^{226}Rn。其中 ^{225}Rn 需要进一步确认，这些氡的同位素都具有放射性。天然存在的氡同位素有 ^{218}Rn、^{219}Rn、^{220}Rn 和 ^{222}Rn，其中 ^{219}Rn、^{220}Rn、^{222}Rn 分别是 ^{235}U、^{232}Th、^{238}U 衰变的中间产物。表 14-1 和表 14-2 分别列出了天然放射系中氡的同位素及其子体的主要辐射特性。

表 14-1　天然放射系中氡(Rn)同位素的主要辐射特性

质量数	放射系	习用名称	衰变方式	半衰期	粒子能量/MeV
219	$4n+3$	锕射气(An)	α	3.96s	6.819
220	$4n$	钍射气(Th)	α	55.6s	6.288
222	$4n+2$	镭射气(Rn)	α	3.824d	5.489

表 14-2　天然放射系中氡及其子体的主要辐射特性

^{238}U 衰变链			^{232}Th 衰变链			^{235}U 衰变链		
核素	半衰期	α能量	核素	半衰期	α能量	核素	半衰期	α能量
^{222}Rn	3.824d	5.49	^{220}Rn	55.6s	6.29	^{219}Rn	3.96s	6.12
^{218}Po	3.04min	6.00	^{216}Po	0.15s	6.78	^{215}Po	1.78ms	8.35
^{214}Pb	26.8min	β、γ	^{212}Pb	10.64h	β、γ			
^{214}Bi	19.7min	β、γ	^{212}Bi	60.6min	6.05			
^{214}Po	164μs	7.69			6.09	^{211}Po	0.516s	6.22
^{210}Po	138.8d	5.30	^{212}Po	0.30μs	8.78			

自然界中的氡由镭衰变产生，是人类所接触到的唯一天然存在的气体放射性元素。^{222}Rn的半衰期仅3.823天,氡形成后很快便衰变并产生一系列放射性产物,最终成为稳定元素^{210}Pb。最重要的三个天然放射系中镭子体是^{222}Rn(氡)、^{220}Rn(钍射气)、^{219}Rn(锕射气)，其中^{222}Rn半衰期为3.82d，^{220}Rn半衰期为55s，而^{219}Rn半衰期不到4s，对人体辐射影响很小。通常所说的氡主要是指^{222}Rn，讨论室内氡时以^{222}Rn为主，^{220}Rn次之。

14.1.2 氡的来源及分布

氡(^{222}Rn)的半衰期比其他同位素长，因此在地表和建筑材料中形成的^{222}Rn有较长时间转移和扩散，另外^{222}Rn由^{238}U衰变而来，地表中^{238}U的含量比较高，因此空气氡含量中^{222}Rn的浓度最高。自来水中氡浓度可达37Bq/kg，且水中氡释放量与水的预处理过程有关，一般生活用水会使市内氡浓度增加3.7Bq/m^3。居民使用的天然气中也含有一定浓度的氡，但到达居民家中时浓度会降到和水施放的浓度差不多的水平。人们生活和工作环境中就存在氡及其子体，根据**联合国原子辐射效应科学委员会(United Nations Scientific Committee on the Effects of Atomic Radiation，UNSCEAR)**估计，天然辐射对公众的年有效剂量为2.4mSv，其中氡及其子体的贡献占54%。氡是铀钍镭衰变链中的气态衰变子体，是自然界唯一的天然放射性气体。根据存在环境可分为室内氡和室外氡，室内氡的来源及其控制参见本书14.4.3节，室外氡主要来源于地下水或地热水。氡和镭均能溶于水，地下水或地热水中也含有高浓度氡气，可从日常用水中释放出来对人体造成危害，释放量与水的预处理有关。氡普遍存在，但各处浓度的高低相差悬殊。氡随空气和水沿缝隙渗流到地面并向大气中对流扩散，使发源于地表的氡在大气中的浓度随高度增加而降低。地表空气中的氡浓度与地面氡的析出率以及大气稳定性情况有关。在清晨，气温随高度增加而上升，地面空气中氡浓度较高。

14.2 氡的析出

14.2.1 介质中氡的析出

氡是单原子分子惰性气体，化学性质不活泼。由于氡半衰期很短，只有离固体材料表面较近的地方放射性衰变产生的氡才能逸出。氡是由放射性衰变产生的气体，其母体是固体铀和钍。放射性气体生成后会从固体介质中溢出到空气中，另外水中的氡气也会从液体中逸出到空气中，称为氡的**析出(exhalation)**。氡的析出与介质性质、材料结构密切相关，对空气中氡的浓度及其分布有很大影响。当固体材料中存在大量空隙时，析出相应增大。固体由大量颗粒组成，颗粒之间存在空隙。若在介质体积元$\mathrm{d}V_{\mathrm{m}}$中空隙体积元为$\mathrm{d}V_{\mathrm{g}}$，则空隙占总体积的分数定义为介质的**空隙度(porosity)**，用ε表示

$$\varepsilon=\frac{\mathrm{d}V_{\mathrm{g}}}{\mathrm{d}V_{\mathrm{m}}} \tag{14.1}$$

空隙度是反映介质中空隙的大小与密集程度的无量纲量，与物质结构相关，也是位置的函数。氡的母体衰变放射α粒子，同时引起子氡核反冲，不同介质中反冲距离的大小不同，一般在20～70nm。设介质中体积元$\mathrm{d}V_{\mathrm{m}}$中单位时间内产生的氡放射性活度为$\mathrm{d}A_{\mathrm{m}}$，产生的氡进入介质空隙的速率为$\mathrm{d}A_{\mathrm{g}}$，则单位时间内产生的氡中进入空隙的份额就定义为介质内某点

的**射气系数(emanation coefficient)**，用 β 表示

$$\beta = \frac{\mathrm{d}A_{\mathrm{g}}}{\mathrm{d}A_{\mathrm{m}}} \tag{14.2}$$

射气系数 β 表征氡气进入介质空隙的能力，单位为 cm^3/Bq。β 随时间变化，与介质结构、位置均有关。介质空隙中的氡会不停地衰变，同时也与周围气体不停地进行氡气交换，此外还有介质中氡的析出，介质气体中的氡浓度是这三种贡献共同作用的结果。若介质中空隙体积元 $\mathrm{d}V_{\mathrm{g}}$ 内氡的放射性活度为 $\mathrm{d}\alpha_{\mathrm{g}}$，则两者的商就定义为**介质中氡浓度(radon concentration in medium)**，用 C 表示

$$C = \frac{\mathrm{d}\alpha_{\mathrm{g}}}{\mathrm{d}V_{\mathrm{g}}} \tag{14.3}$$

式中 C 的单位为 Bq/cm^3，反映了介质中局部空隙的氡浓度。此外还有介质中某点的**氡气体浓度(bulk radon concentration)**，定义为

$$C_{\mathrm{b}} = \frac{\mathrm{d}\alpha_{\mathrm{g}}}{\mathrm{d}V_{\mathrm{m}}} = \frac{\mathrm{d}V_{\mathrm{g}}}{\mathrm{d}V_{\mathrm{m}}} \cdot \frac{\mathrm{d}\alpha_{\mathrm{g}}}{\mathrm{d}V_{\mathrm{g}}} = \varepsilon C \tag{14.4}$$

式中 C_{b} 的单位为 Bq/cm^3，可见氡气体浓度与空隙度以及介质中氡浓度均有关。

14.2.2 氡的迁移

1. 氡的扩散

当氡浓度存在梯度时就会扩散，根据费克(Fick)第一扩散定理，氡扩散迁移的**通量密度** J_{b} 定义为

$$J_{\mathrm{b}} = -D_{\mathrm{b}} \frac{\partial C}{\partial z} \tag{14.5}$$

式中 D_{b} 为氡的**体扩散系数(bulk diffusion coefficient)**，单位为 m^2/s，负号表示由高浓度向低浓度扩散。氡扩散的大小与氡气浓度梯度、扩散系数均有关。氡在多孔介质中扩散，定义氡扩散迁移的**有效通量密度(effective flux density)**J_{e}

$$J_{\mathrm{e}} = -D_{\mathrm{e}} \frac{\partial C}{\partial z} \tag{14.6}$$

式中 D_{e} 称为**有效扩散系数(effective diffusion coefficient)**，D_{b} 与 D_{e} 的关系为

$$D_{\mathrm{b}} = \varepsilon D_{\mathrm{e}} \tag{14.7}$$

氡气体扩散对应于几何尺寸下的扩散流，而有效扩散对应于空隙尺度下的扩散流；低潮湿度土壤中的 D_{e} 约 $10^{-6} m^2/s$ 量级，空气中的 $D_{\mathrm{e}}=1.2\times10^{-5} m^2/s$。

2. 氡的渗流

空间压力的不平衡会导致氡**渗流(seepage)**，定义

$$q = -\frac{k}{\mu} \nabla P \tag{14.8}$$

式中 P 为介质内压强，单位 N/m^2；q 为渗流速度，单位 m/s，与压力梯度成正比；k 是介质材

料**渗透率(permeability)**，单位 m^2；μ 为介质中气体**黏滞系数(viscous coefficient)**，单位 N·s/m^2。由渗流引起的通量密度 J_q(单位 Bq/(m^2·s))为

$$J_q = qC = -\frac{kC}{\mu}\nabla P \tag{14.9}$$

3. 氡的射气

由于介质和空气交界面上的氡浓度和通量密度应该连续，该通量密度称为**射气率(emanation rate)**或**析出率(exhalation rate)**，它表示在介质和空气的交界面上，单位时间内由介质向空气释放氡的活度。给定介质中氡的射气率与介质中镭浓度成正比，定义氡的**相对射气率**或**相对析出率**(单位 kg/(m^2 · s))为

$$R = \frac{J}{C_{\text{Ra}}} \tag{14.10}$$

式中 C_{Ra} 为介质中镭浓度，单位 Bq/kg。表 14-3 列出了几种常见材料中氡的相对射气率。

表 14-3 几种常见材料中氡的相对射气率

材料	厚度/cm	相对射气率/(g/(m² · s))	材料	厚度/cm	相对射气率/(g/(m² · s))
混凝土	10	0.005	磷石膏	7.8	0.01
轻混凝土	20	0.02	铀矿尾矿	10	0.2
重混凝土	8	0.01	铀矿尾矿	∞	1.6
磷石膏	1.3	0.001	土壤	∞	0.5

相对射气率 R 反映了介质释放氡的能力，取决于氡的析出能力与产生速度。当氡的产生量大且逸出能力强时，相对射气率就高。氡的射气率与介质材料性能、气压和湿度都有很大关系。从材料上看，土壤中氡的射气率很大，而混凝土中氡的射气率较小。当气压降低时氡析出变得容易：气压降低 2%就可使氡的射气率增加数倍。当湿度降低时氡的射气率也增加：湿度增加百分之几，就可使氡的析出率增加 4～5 倍。湿度很大时氡的射气率反而减小。

4. 氡的输运

考虑射气、衰变、扩散和渗流等因素后，介质材料中氡浓度满足如下输运方程：

$$\frac{\partial C\varepsilon}{\partial t} = \nabla(D_{\text{e}}\nabla C) - \nabla(qC) + \varepsilon(S - \lambda C) \tag{14.11}$$

式中 S 为氡的射气率，单位 Bq/(m^3·s)；λ 为氡衰变常数。当氡析出过程达稳态时氡浓度不随时间变化，式(14.11)左边为零。必须指出，稳定态是不随时间变化的状态，并非平衡态。介质内氡的总通量密度 J 为

$$J = J_{\text{e}} + J_q = -D_{\text{e}}\frac{\partial C}{\partial x} - \frac{kC}{\mu}\nabla P \tag{14.12}$$

总通量密度是密度梯度与压力梯度引起的扩散贡献之和，在空气环境下压力均匀时式(14.12)就过渡到式(14.6)。

14.3 氡的子体

14.3.1 有剂量学意义的氡子体

氡是放射性衰变链上的气体元素，但发射氡母体和子体原子核形成的物质均为固态。如果氡没有逸出而存在于固体材料中，则衰变形成的子体也在固体介质中，因此只考虑逸出至空气中的氡。空气中的氡子体都来源于空气中的氡衰变，是一系列放射性核。氡子体中的 ^{210}Pb 的半衰期很长(22.2 年)，它以及之后的放射性核衰变很缓慢，在空气中很难达到可观测的放射性活度。空气中有剂量学意义的氡子体是一系列短寿命的放射性氡子体，一旦出现寿命很长的子体，其后的短寿命子体也就没有剂量学意义了。

^{222}Rn 衰变产生的 ^{218}Po 具有反冲动能，可以使其部分外层电子剥离而带电。子体 ^{218}Po 慢化后形成两种产物：一种是 ^{218}Po 与小分子结合形成微小分子团(0.5～3nm)。这种微小结团可以带电，也可呈电中性。这种微小离子态或分子团态的氡子体就是自由态的衰变产物，也称为**未吸附态(unattached state)**，它具有较高的扩散系数(D_f≈0.06cm^2/s)。氡子体的另外一种产物是氡子体离子或小分子团在迁移过程中与空气中的悬浮颗粒结合形成大颗粒，称为氡子体的**附着态(attached state)**或**结合态**。结合态粒径比较大(达 10nm～1μm)，在空气中迁移很慢(D_f≈4.5×10^{-6}cm^2/s)。

14.3.2 氡的附壁性质

自由态和附着态的氡子体在遇到室壁或其他物体表面时可能被吸附而从空气中消失，称为氡子体的**附壁作用(episporium)**。附壁作用将导致在接近固体表面或室壁的区域内氡浓度有所下降，形成一个氡浓度由室内氡浓度平均值 $\bar{N}$ 逐渐下降至室壁表面氡浓度为零的过渡区域，在过渡区域内氡浓度不均匀，存在氡浓度梯度 d$N(z)$/dz，其中 $N(z)$为室壁表面附近离室壁为 z 处的氡浓度。导致氡在室壁的沉积主要有两个因素：空气流动的速度和氡浓度梯度。在室壁附近前者为 0，因此氡浓度梯度是导致氡在室壁沉积的主要原因。记室壁表面附近距离室壁 z 处的通量密度为 $J(z)$，则氡浓度梯度所导致的氡迁移通量密度就为

$$J(z) = -D_{\text{air}} \frac{\mathrm{d}N(z)}{\mathrm{d}z} \tag{14.13}$$

式中 D_{air} 为氡在空气中的扩散系数，$J(0)$称为在室壁表面氡的沉积率，即单位时间内在单位面积上沉积氡的数目。设室壁附近氡浓度不均匀区域的厚度为 z_d，则室壁表面氡的沉积率就可以近似表示为

$$J(0) = -D_{\text{air}} \bar{N} / z_{\text{d}} \tag{14.14}$$

负号表示氡沉积过程中通量密度方向指向室壁表面。充有氡气的空腔内部与室壁之间形成浓度梯度，室内的氡不断沉积在室壁上，同时室壁上的氡又不停地衰变，两者形成动态平衡。其中 D_{air}/z_d 反映室内氡向室壁上沉积的快慢，定义为氡在室壁的**沉积速度(deposition velocity)**v_d

$$v_{\text{d}} = \frac{D_{\text{air}}}{z_{\text{d}}} = \frac{J(0)}{\bar{N}} \tag{14.15}$$

可见，扩散系数越大，沉积速度越大。自由态氡的扩散系数比较大，对沉积有较大贡献；结合态氡的扩散系数比较小，沉积速度慢。当室内空气的流动速度增大时，氡密度不均匀层的厚度变小，沉积速度变大。因此在通风良好的房间里，不仅通风带走了大量的氡，而且氡沉积速度也很快，这两方面的原因致使通风房间的氡浓度很低。因此不但新装修的房子应该在入住前开门通风数月，人们日常生活中也应该保持房间内通风良好。氡的附壁导致离墙壁很近处氡浓度很低；随着离墙壁距离增大，氡浓度上升；当离墙壁很远时，氡的浓度随离墙壁距离的增加又出现缓慢下降。图 14-1 是室内氡、钍浓度随离开室壁的距离的变化情况。

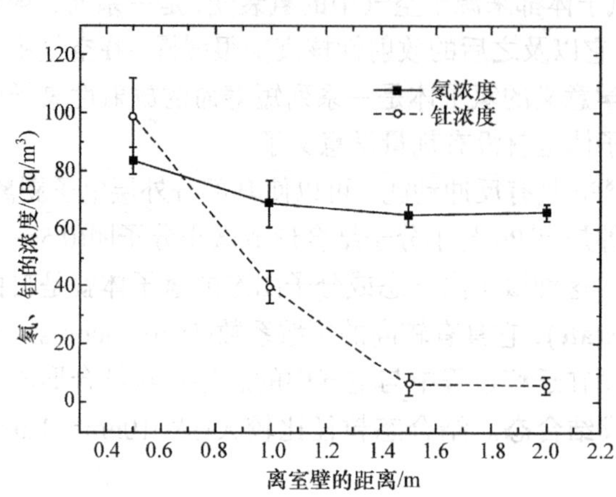

图 14-1 室内离墙壁距离增加氡、钍的浓度变化

14.3.3 氡子体的平衡

空气中的氡会衰变成各种子体，同时氡及子体在气体中也会有产生、吸附、附壁、过滤、排出和衰变等过程，最终形成动态平衡分布。氡子体大都有放射性，衰变链如图 14-2 所示。

$^{238}_{92}\mathrm{U} \xrightarrow{\alpha} {}^{234}_{90}\mathrm{Th} \xrightarrow{\beta} {}^{234}_{91}\mathrm{Pu} \xrightarrow{\beta} {}^{234}_{92}\mathrm{U} \xrightarrow{\alpha}$

$^{234}_{90}\mathrm{Th} \xrightarrow{\alpha} {}^{226}_{88}\mathrm{Ra} \xrightarrow{\alpha} {}^{222}_{86}\mathrm{Rn} \xrightarrow{\alpha} {}^{218}_{84}\mathrm{Po} \xrightarrow{\alpha}$

$^{214}_{82}\mathrm{Pb} \xrightarrow{\beta} {}^{214}_{83}\mathrm{Bi} \xrightarrow{\beta} {}^{214}_{84}\mathrm{Po} \xrightarrow{\alpha} {}^{210}_{82}\mathrm{Pb}$

图 14-2 氡子体衰变链

进入人体后的 ^{222}Rn 经图 14-2 中一系列衰变，最后成为铅的稳定同位素 ^{210}Pb。氡及其子体的衰变过程中 α 粒子品质因素很大(Q=25)，其损伤效应非常重要，其他基本可以忽略。氡及子体衰变过程中所释放的所有 α 粒子的能量之和定义为 α **潜能(potential energy)**。设放射性核素的衰变常数为 λ，核素数目为 N，则放射性活度为 λN，1Bq 活度对应的原子核数目为 $1/\lambda$。设氡的每个衰变链对应的 α 潜能为 ε_{ip}，则 1Bq 活度对应的 α 潜能为 ε_{ip}/λ。如果空气中某种氡放射性浓度为 c_i(Bq/m^3)，则单位体积空气中的 α 潜能就为

$$\varepsilon_{\mathrm{p}} = \sum_i c_i \varepsilon_{i\mathrm{p}} / \lambda_i \tag{14.16}$$

式中 ε_{ip} 为第 i 种氡的 α 潜能，λ_i 为第 i 种氡的放射性衰变半衰期，ε_{p} 的单位是 J/m^3，也称空气中的 α **潜能浓度(potential concentration)**，常用单位为 MeV/L。α 潜能浓度对时间的积分称为 **α 潜能暴露量(α potential exposure)**，用 E_{p} 表示

$$E_p=\int_0^t \varepsilon_p \mathrm{d}\tau \tag{14.17}$$

氡的辐射剂量以**工作水平月(working level month，WLM)**来衡量。当 $\varepsilon_p=1.3\times10^5$MeV/L 时氡的照射水平定义为 1 个**工作水平(working level，WL)**；对 ^{222}Rn 和 ^{220}Rn 而言，当浓度分别达 3700Bq/m^3 和 275Bq/m^3 时的 α 潜能称为 1WL。E_p 单位为**工作水平小时(working level hour，WLH)**或**工作水平月(working level month，WLM)**。放射性职业人员最大允许的暴露为 0.4WL，在 0.4WL 下连续工作达 5WLM 的剂量对应于每周工作 40h(50mSv/y 的全身剂量)。矿工要求剂量控制在 1WLM/y(10mSv/y)以下。

空气中的氡浓度一般与其子体浓度不同，如果某体系氡浓度为 C_0，与其子体浓度 C_1、C_2、C_3 等均相等，即 $C_0=C_1=C_2=C_3$，则称此体系处于**放射平衡状态(radioequilibrium state)**，否则称之为非平衡状态。设想有两个体系，A 处于放射平衡状态，则氡及其子体的浓度满足 $C_0=C_1=C_2$；体系 B 为非平衡态，当 A、B 两体系的 α 潜能浓度 ε_p 相同时，平衡体系 A 的浓度称为非平衡体系 B 的**平衡当量浓度(equilibrium equivalent concentration，EEC)**。

14.3.4　氡子体剂量当量

氡的危害主要是进入人体内产生内照射，最重要的是通过呼吸道吸入，获得进入人体的氡剂量需通过肺中的剂量估算来实现。氡是惰性气体，一般不与人体组织发生化学反应。当组织中的氡与环境中的氡浓度达平衡时，组织中氡的比活度 A_T(单位 Bq/kg)定义为

$$A_T=L_T\cdot\frac{C_0}{\rho_T} \tag{14.18}$$

式中 C_0 为空气中的氡浓度，单位 Bq/m^3；ρ_T 为组织 T 的密度；L_T 为奥氏溶解度因数，即达到饱和时组织 T 中的氡浓度与空气中氡浓度的比值。取 $L_T\approx0.4$，组织 T 的密度用水的密度值代入，则 $A_T\approx0.4\times10^{-3}C_0$。设肺质量为 1kg，其内部容纳气体的总体积为 3.2×10^{-3}m^3，肺内氡的比活度由溶解的氡和肺内充气空间的氡组成，代入数据后可得肺内氡的比活度 $A_L\approx3.6\times10^{-3}C_0$。^{222}Rn 在人体组织和肺内产生的剂量当量率(单位 Sv/h)分别为 $\dot{H}_T=1.1\times10^{-10}C_0$，$\dot{H}_L=1.0\times10^{-9}C_0$。对 α 粒子可取品质因子 $Q=25$，^{222}Rn 的有效剂量当量率为 $\dot{H}_E=2.08\times10^{-10}C_0$，对 ^{220}Rn 来说 $\dot{H}_E=1.4\times10^{-10}C_0$。氡本底剂量 1mSv/y 含义：室内氡的比活度为 40Bq/m^3、室外为 6Bq/m^3，并且假定 80%的时间在室内度过时所受到的辐射剂量。

14.4　氡的危害及评价

14.4.1　特点与表现

氡是威胁人类健康、污染生态环境的隐形杀手，其危害胜过其他任何环境污染，每年因吸入氡得肺癌并致死的人占其他死因之首，已引起了科学界的广泛重视。氡的危害具有隐蔽性、随机性和长期性的特点。①**氡气难以察觉**。氡无色、无味、数量极微，环境中氡的浓度大小及氡进入人体的方式均难以感知。②**氡的危害难以感知**。氡的危害主要是核辐射生物效应，其直接作用无相关自我感觉，不可能被觉察，但它仍可能引发肺癌。③**氡致肺癌是随机的**。

氡导致肺癌对个人而言发生与否是不确定的，只有针对大量人群才能体现出确定发病率。正如吸烟可能导致肺癌一样：对大量人群统计表明，吸烟者的肺癌发病率明显高于不吸烟者；但就个人而言，吸烟者不一定得肺癌，也不能因某个人长期吸烟后却活到了 80 岁且未得肺癌就证明吸烟无害。④**氡危害的长期性**。氡的危害是低辐射剂量的长期作用结果，是缓慢施加影响的过程。环境中氡的比放射性并不高，不会有紧急辐射效应。然而环境中的氡无法去除，时时刻刻都影响着我们。此外，氡辐射总是以复合方式存在。

氡对人体的组织反应(之前称确定性效应)目前还未出现；当动物暴露于高浓度氡环境下时有可能出现组织反应——机体血细胞发生变化：如外周血液中红细胞增加、中性白细胞减少、淋巴细胞增多、血管扩张、血压下降，并可见到血凝增加和高血糖。氡对人体脂肪有很高的亲和力，特别是神经系统与氡结合将产生痛觉缺失。一般情况下氡带来的是随机效应，主要表现为产生肿瘤。

14.4.2　氡与癌症

当人们吸入放射性气体氡后，氡衰变过程产生的 α 粒子可在人的呼吸系统造成辐射损伤，从而诱发肺癌。流行病学研究表明：氡及其衰变子体的吸入是矿工肺癌发病的重要原因。美国每年有 7000～10000 例肺癌是由于室内氡所引起的，是除吸烟以外引起肺癌的第二大因素。荷兰认为由氡引肺癌数目占交通事故数的 2/3。在瑞典，氡在所有癌症诱因中排第五位。据 ICRP 第 50 号出版物估计，公众肺癌中 10%可归因于氡及其子体照射；世界卫生组织公布氡及其子体是 19 种致癌物质之一。1987 年氡被国际癌症研究机构列为室内重要致癌物质。目前我国有几千万贫穷人口长期受到高活度和高浓度氡照射，26 个城市的室内氡活度浓度水平呈现明显上升趋势，与 20 世纪 80 年代末相比总体上约增高了 80%。

环境中的电离辐射对人类会产生影响，最主要、最常见的方式就是小剂量的长期照射。这些对人体的损害主要是发生频率随剂量变化而改变、严重程度与剂量无关的随机性效应。这些效应主要体现在恶性肿瘤和遗传性疾患方面。由于这些效应都有观察周期长的特点：亲代受照要通过子代或许多世代才能表现出遗传性损害。恶性肿瘤潜伏期很长，从开始受照到因肿瘤死亡约 25 年，白血病较短平均也得 10 年。这些都增加了随机性损害观察和研究的困难。此外这些损害效应还受到很多随机因素的干扰，比如来自环境的各种诱发物、来自生活习惯以及受照者本人种族、性别年龄和机体健康状况等因素。尽管如此，电离辐射可以使多种器官和组织发生恶性肿瘤已经是不争的事实。除此之外，电离辐射可以引起生殖细胞的基因突变和染色体畸变，从而使后代发生遗传性损害。特别是胚胎和胎儿对电离辐射更加敏感。随着人们生活质量的提高、人类平均寿命的增长，氡及其子体健康危害表现将越来越引起关注。

14.4.3　室内氡及其防护

1. 室内氡的来源

室内氡的主要来源有：①从房基土壤中析出。在地层深处含有铀、镭、钍的土壤、岩石中存在高浓度的氡，可通过地层断裂带进入土壤和大气层。建筑物建在地面，氡就会沿着地的裂缝扩散到室内。从北京地区的地址断裂带上检测表明，三层以下住房室内氡含量较高。② 从建筑材料中析出。1982 年，联合国原子辐射效应科学委员会报告中指出，建筑材料是室内氡的最主要来源。如花岗岩、砖砂、水泥及石膏之类，特别是含有放射性元素的天然石材，易释放出氡。近期室内环境检测中心的检测结果也表明此类问题不可忽视。③从户外空气中进入室内。在室外空气中，氡被稀释到很低的浓度，几乎对人体不构成威胁。可是一旦进入室内，就会在室内大量积聚。室内氡还具有明显的季节变化：通过实验可得，冬季最高，夏季最低。可见，室内通风状况直接决定了室内氡气对人体危害性的大小。④自来水和天然气释放。由14.1.2 节可知，市政自来水中含有一定量的氡。天然气从地下开发出来就含有氡，但是经输送储存后氡浓度降至 10～3×10^4Bq/m^3；用于取暖、做饭和生活中使用的天然气，对室内氡浓度贡献与自来水相当。这方面的氡一般不构成危害。

2. 室内氡的分布

氡来源于天然放射性，分布很广，每天都存在于人们周围，存在于家家户户的房间里。据检测，美国几乎有 1/15 的家庭氡含量偏高。我国存在严重的氡污染：1994 年以来我国调查了 14 座城市的 1524 个写字楼和居室，氡含量超过国家标准的占 6.8%，氡含量最高的达 596Bq/m^3，是国家标准的 6 倍！北京地区公共场所的调查显示，室内氡含量最高值是室外的 3.5 倍。了解高浓度室内氡的来源，是人们认识和防治氡的基础。中国室内装饰协会室内环境检测中心在调查中发现，北京地区的一些家庭住在一楼并在地面铺满了花岗岩，室内氡含量较高，有的已经对家人造成了伤害。表 14-4 是常见建筑装饰材料氡析出所致的室内氡浓度和内照射剂量。

表 14-4　建筑装饰材料氡析出所致的室内氡浓度和内照射剂量

地面装饰材料	砖混		煤渣砖	
	氡浓度/(Bq/m^3)	年有效剂量/mSv	氡浓度/(Bq/m^3)	年有效剂量/mSv
水泥	11.4	0.36	20.9	0.52
木板	9.7	0.24	16.2	0.40
大理石	11.6	0.29	18.9	0.45
花岗岩	21.3	0.53	27.8	0.69

3. 室内氡控制标准

为了保证人类身体健康与安全，防止室内氡的危害已成为国际关注的焦点，ICRP 的 140 号出版物推荐居室与工作场所的氡参考水平上限(活度浓度)分别为 600Bq/m^3 和 1500Bq/m^3。到目前为止，世界上已有二十多个国家和地区在此框架下制定了室内氡浓度控制标准。瑞典是一个室内氡浓度较高的国家，早在 1979 年瑞典就成立了国家氡委员会，经过二十多年的努力，对所有建筑进行了监测并对每所房屋建立了氡的档案。1987 年氡被国际癌症研究机构列入室内重要致癌物质。1990 年美国开始举办国家氡行动周，以便让更多的人了解氡的危害，使更多的家庭接受氡的测试，对发现高氡建筑物采取防护措施。美国辐射委员会规定，任何一年内的摄入量超过年摄入量限值 10%的人员必须通过体内照射来监测。为确保不超过调整极限，在处理超过一定数量的放射性非密封源时，需要采用尿样或其他生物鉴定方法来监测个体的 β 或 γ 摄入量，而且可能需要随机生物鉴定来单独处理放射源以确保不超过职业限值。在英国，室内氡浓度平均值为 20Bq/m^3，室外氡浓度平均值为 4Bq/m^3，最高为 17000Bq/m^3，如图 14-3 所示。1996 年，中国技术监督局和卫生部就颁布了《住房内氡浓度控制标准》，规定不同房屋氡的水平(平衡当量氡浓度，EEC)有所不同：新建的建筑物中氡浓度的上限值为 100Bq/m^3，已使用的旧建筑物中氡浓度上限值为 200Bq/m^3。随后又颁布了《地下建筑氡及其子体控制标准》和《地热水应用中的放射性防护标准》，提出了严格的控制标准。卫生部、国土资源部等部门也成立了氡检测和防治领导小组。

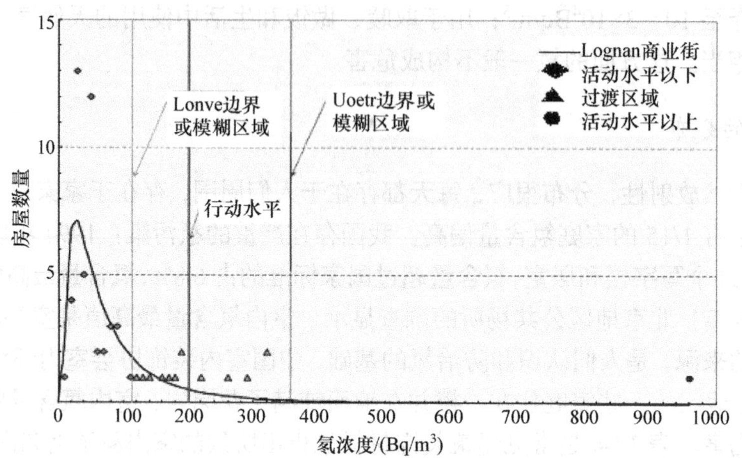

图 14-3　英国新房屋的氡水平分布，纵坐标为房屋数量

4. 室内氡污染及防治

人们在室内停留的时间比室外长，氡对人体的辐照主要来源于室内，室内氡是天然核辐射源中年有效剂量当量的最大贡献者，占比约 80%。氡(^{222}Rn)为短寿命子体，放射性半衰期为 3.823 天，一旦沉积在呼吸道内，长时间累积下来就会使人感到不舒服，严重者会导致肺癌。当氡及其衍生物通过呼吸道进入人体后，往往长期滞留在人体的整个呼吸道内，是导致人体呼吸系统疾病的重要原因之一。氡对人体健康的危害主要表现为：在高浓度氡的暴露下，机体出现血细胞的变化。氡对人体脂肪有很高的亲和力，特别是氡与神经系统结合后，危害更大。另一种表现为肿瘤的发生，由于氡是放射性气体，当人们吸入体内后，可诱发肺癌。

室内的氡含量无论高低都会对人体造成危害，降低室内氡含量可以减少这种危害。国内外积累了一些降低室内氡的经验：①在建房前地基选择时，有条件的可先请有关部门做氡的测试，然后采取降氡措施。个人购买住房时，也应考虑这个因素。②建筑材料的选择。在建筑施工和居室装饰装修时，尽量按照国家标准选用低放射性的建筑和装饰材料。③在写字楼和家庭室内装饰中，要注意天花板、密封地板和墙上的所有裂缝，尤其是地下室和一楼。④做好室内的通风换气，对新建或新装修住房，在入住前应经检测合格并注意通风一段时间，这是降低室内氡浓度的最有效方法。实验表明，氡浓度在 151Bq/m^3 的房间开窗通风 1h 后，室内氡浓度就降为 48Bq/m^3。有条件的可配备有效的室内空气净化器。

14.5　环境中的 ^{14}C

14.5.1　来源

碳是自然界分布最广的元素之一，又是构成某些无机化合物及一切有机化合物不可缺少的成分。自然界中，碳有 ^{9}C～^{19}C 共 11 种同位素，除 ^{12}C、^{13}C 稳定外其余均为放射性同位素。自然界中的碳绝大部分是 ^{12}C(占 99%)，^{13}C 次之(占 1%)，^{14}C 丰度极低(仅占 10^{-12})。^{14}C 的物理半衰期为 5730 年，是纯 β 辐射源。^{14}C 衰变后放出 β 射线、^{14}N 和反中微子，其中 β 射线能量为 156.48keV(100%)。

环境中的 ^{14}C 主要来源有两个，第一个是天然生成。^{14}C 是上层大气与宇宙射线相互作用产生的中子被捕获而形成的，整个地球表面的入射中子通量也可以产生 ^{14}C 原子。表 14-5 列出了宇宙射线产生的放射性核素及其活度。除表 14-5 中所列的核素之外，宇宙产生的其他放射性核素还有 ^{10}Be、^{26}Al、^{36}Cl、^{80}Kr、^{14}C、^{32}Si、^{39}Ar、^{22}Na、^{35}S、^{37}Ar、^{33}P、^{38}Mg、^{24}Na、^{38}S、^{31}Si、^{18}F、^{39}Cl、^{34m}Cl。地球上方大气层中不同高度处 ^{14}C 的产生率也不同：在 9～12km 高空 ^{14}C 产生率最大；地表的 ^{14}C 产率是(2.5±0.5)个原子/(cm^{2}·min)，按质量计是 22.5g/d，按活度计是 4×10^{2}Bq/d。生物圈内的 ^{14}C 处于平衡状态时，其含量是 1.295×10^{19}Bq。

表 14-5　宇宙射线产生的放射性核素及其活度

放射性核素	半衰期	来源	特定活度
^{14}C	5370 年	宇宙射线相互作用 $^{14}N(n, p)^{14}C$	~ 15Bq/kg
^{3}H	12.3 年	宇宙射线跟 N,O 的相互作用；宇宙射线裂变 $^{6}Li(n,\alpha)^{3}H$	1.2×10^{-3}Bq/kg
^{7}Be	53.28d	宇宙射线跟 N，O 的相互作用	0.01Bq/kg

环境中的 ^{14}C 的第二个主要来源是人为因素，主要有以下几个方面：①生产和使用(包括医用)单位发生事故时造成的 ^{14}C 对局部环境的污染。②核燃料循环。核反应堆和核原料后处理厂向环境中以 $^{14}CO_2$ 形式排放 ^{14}C，重水堆的 ^{14}C 主要来源于燃料和重水中的 O 以及环隙气体中的 C、N 等成分的活化，其中以慢化剂系统和热传输系统重水中的 O(n,α)C 反应为主。③大气层核试验产物。其中核聚变反应产生的 ^{14}C 量是核裂变反应产生的 ^{14}C 量的 13 倍。核爆炸时每 100 万吨氢弹可产生 3.2×10^{26} 个 ^{14}C，质量约为 7.5kg。环境中 ^{14}C 和稳定碳共存于人们赖以生存的大气中，其中最主要的存在形式是化合物 $^{14}CO_2$。

14.5.2　对环境的污染

^{14}C 对环境的污染主要来自于各种核设施(如核电站、核反应堆等)。核电站的运行会引起环境中 ^{14}C 增加，尽管 ^{14}C 只在核电站周围排放，由于进入环境的 ^{14}C 主要以 $^{14}CO_2$ 形式存在，其中的一部分仍可通过沉降、呼吸等途径被生物体吸收而进入食物链。^{14}C 一旦参与了碳循环，就会形成全球弥散，从而对公众构成潜在危害。因此 ^{14}C 已成为核电站环境评价中最受关注的核素(如 ^{3}H、^{14}C、^{85}Kr 和 ^{131}I)之一。除核电站外，反应堆和核燃料也会导致环境中 ^{14}C 本底升高。重水堆 ^{14}C 主要来源于慢化剂重水中的 $^{17}O(n,\alpha)^{14}C$ 反应，主要通过慢化剂覆盖气体的泄漏或扫气释放，而且异常释放起决定性作用。因重水堆内大量重水处在活性区暴露于中子照射之下，且生产重水的工艺过程导致重水中 ^{17}O 浓集，其浓度要比轻水高 55%。降低正常释放水平的方法通常有两种：①改造重水升级塔，使其具有除氧能力；②从覆盖气体中清洗 ^{14}C。前者在短期内尚无可应用成果，后者虽然已有使用经验，但涉及系统改造。核燃料产生的 ^{14}C 主要是氢弹，据统计，每百万吨氢弹可以产生 3.2×10^{26} 个 ^{14}C 原子，质量达 7.5kg；若为空爆，则产额是地爆的两倍。

14.5.3 对人体的危害

环境中的 ^{14}C 进入人体后就会对人体造成辐射剂量。成年人(70kg)体内的 ^{14}C 放射性活度为 3.2×10^3Bq。^{14}C 的 β 射线在空气中射程为 21.84cm，在组织中射程为 300μm，生物半衰期为 40d，其有效待积剂量当量为 21.5Sv/Ci。

1. 环境中的 ^{14}C 向人体内转移

^{14}C 与人们生活关系非常密切：碳是食物和人体中的主要元素之一，在整个食物链转移过程中数量大、涉及面广；在自然界中，^{14}C 随稳定碳一起转移。^{14}C 进入人体的方式主要有以下三种：①直接吸入；②通过蔬菜和谷物由口食入；③动物食入后，再经动物产品进入人体。进入人体的 ^{14}C 主要来自谷物(40%)、肉类(25%)、奶制品(20%)，其余来自蔬菜。^{14}C 在大气中的行为与稳定碳相同，即通过植物光合作用转移并最终固定到陆生植物组织中；当人们食入陆生动植物食品时，光合作用形成的 ^{14}C 有机分子便随稳定碳一起经食物链转移进入人体中，造成 ^{14}C 对公众个人的辐射剂量；而且由于 ^{14}C 具有 β 放射性，释放出 49keV 的 β 射线半衰期达 5730 年，因此它从核设施释放至环境中，再进入人体的全部转移过程中的衰减几乎可以忽略。

2. ^{14}C 在人体内的吸收和分布

ICRP 第 30 号出版物指出，吸入的放射性 CO 中有 40%进入血液并立即与血红蛋白相结合，剩下的 60%被呼出。吸入的 CO_2(包括 $^{14}CO_2$)全部进入血液。食物中的碳，不论是放射性的还是稳定的，在胃肠道的吸收率通常超过 90%。放射性碳标记的有机物在胃肠道的吸收率为 100%。人体约 18.25%的体重中含有碳元素，其中 ^{14}C 在人体内的比活度约 46Bq/kg，每天随稳定性碳进入人体内的 ^{14}C 为 100Bq。因此人体内的 ^{14}C 总活度约为 3kBq，相当于 ^{40}K 的 50%，居第二位。在 1964~1965 年期间所做的尸检资料分析表明：人体中 ^{14}C 浓度要比天然本底高 50%。虽然通过呼吸进入人体并在体内沉积的 ^{14}C 很少，但食入的 ^{14}C 在体内滞留量很大。^{14}C 在人体内的分布及主要滞留器官的年吸收剂量如表 14-6 所示。

表 14-6 ^{14}C 在人体内的分布及主要滞留器官的年吸收剂量

组织器官	质量/g	^{14}C 活度/Bq	浓度/(Bq/g)	年吸收剂量/μGy
脂肪	10000	1780	0.178	50
骨骼	7000	469	0.067	20
肌肉	30000	900	0.3	8
红骨髓	1500	39	0.026	7
黄骨髓	1500	250.5	0.167	50
睾丸	40	0.92	0.023	7
全身	70000	2940	0.042	10

14.5.4 计算、监测与用途

1. ^{14}C 的计算

环境中的 ^{14}C 是全球剂量的主要贡献者，^{14}C 辐射也是人类健康的隐形杀手之一！因此环

境辐射监测中的 ^{14}C 元素测定越来越受到相关部门的关注与重视。因 ^{14}C 对公众辐照过程中的特殊性，其辐射剂量常采用特定模式和参数计算。因在核设施环境影响评价中各个核设施能够获得的环境数据及计算参数各异，为此总结出了两种计算 ^{14}C 造成环境辐射剂量的公式。结算结果表明：当时我国拟建的两座核电厂正常运行下，虽然因为各核电厂源项和厂址条件等，不一定每个核电厂释放的 ^{14}C 都是剂量贡献较大的重要核素，但在核电厂的环境影响评价中 ^{14}C 确实是值得重视的放射性核素之一。另外，决定 ^{14}C 能否成为环境辐射剂量贡献的重要核素或关键核素的因素很多，其中主要包括核设施释放的各种放射性核素组成及其释放率，以及厂址的大气弥散条件和公众的食物链组成及食入量等。

2. ^{14}C 的监测

^{14}C 的监测主要通过 ^{14}C 放射性浓度的测量来实现。由于 CO_2 在空气中的体积含量仅为 0.03%，CO 和 CH_4 含量则更少！因此测量 ^{14}C 放射性浓度必须大体积取样。下面列举三种分析方法。①空气中 ^{14}C 的分析。空气中 ^{14}C 以多种化学形态存在，其中最主要的是 CO_2。CO_2 的采集主要有碱液吸收法和吸附剂吸收法，最后被捕集吸收的 CO_2 以 $CaCO_3$ 沉淀析出，用乳化闪烁液的固体悬浮物测量技术在闪液计数器上直接测量出 $CaCO_3$ 中的 ^{14}C 放射性。具体分析步骤可参阅《电离辐射环境监测与评价》《空气中 C 的取样与测定方法》(EJ/T1008—1997)。核设施排出的 ^{14}C 除 CO_2 形式外，也有少量的 CO 或 CH_4 形式，可通过旁路系统加催化剂将 ^{14}CO 和/或 $^{14}CH_4$ 气体转变为 $^{14}CO_2$ 气体收集后进行测量。②水样中 ^{14}C(无机碳 $H^{14}CO_3^-$)的分析。采样时要回收 1g 碳，一般至少需要采集 100L 以上的水样；为分析和保存，一个地表水样至少需采集 200～300L。同时注意样品应密闭保存在不易混入空气中 $^{14}CO_2$ 的容器中(如聚乙烯塑料瓶)并尽可能减少样品的蒸发，采样时不可加酸。采集到的样品用硫酸酸化，通入高纯氮驱赶出水中的 $^{14}CO_2$ 并收集于 NaOH 溶液中。再加 $CaCl_2$ 生成碳酸钙沉淀，将沉淀过滤并烘干称重后待测量。测量方法同上述空气中 C 的分析。③生物与土壤中 ^{14}C 的分析。为分析生物与土壤的 ^{14}C 活度浓度，首先需将样品脱水干燥，而后将样品在氧气流中加热燃烧，使有机物分解成 CO_2 和 H_2O。分解产生的 CO_2 气体捕集于碱溶液中，加 $CaCl_2$ 得到 $CaCO_3$ 沉淀。$CaCO_3$ 粉末均匀悬浮于闪烁液中，测量计数率，计算得出样品的 ^{14}C 活度浓度。其分析步骤详见《电离辐射环境监测与评价》。用低本底液体闪烁计数仪测量生物样品的 ^{14}C 活度浓度，为使 CO_2 吸收法满足最低探测限要求，每次分析至少需要含 1g 碳的 $CaCO_3$，至少得处理 5～10g 生物干样，或 50～100g 鲜样。

3. ^{14}C 的用途

尽管 ^{14}C 污染环境、危害人类健康，但它并非一无是处，可适当利用它为人类造福。①用于标记化合物示踪。利用 ^{14}C 作为示踪剂，在农业、化学、医学、生物学等领域中应用十分广泛。^{14}C 的标记化合物可用于研究农作物的光合作用、含碳农药在土壤和农作物中的残留情况等；可用于识别化学反应的中间产物、研究反应动力学和反应途径、研究化学键的形成过程、确定化学键的断裂位置、研究催化剂中毒的原因等；用于诊断疾病(如 C-黄嘌呤可用于检查肝功能)和制成低能 β 放射源；观察标记的蛋白质、脂肪、氨基酸等在体内的代谢过程；观察标记的药物在体内的代谢行径及由体内的排除情况。②利用 ^{14}C 测定年代。假定近十万年来宇宙射线的成分没有多大变化，那么处于交换状态的碳中的 ^{14}C 含量应该为恒定值。在试验方法上，只要测出处于交换状态中的现代碳里 ^{14}C 的比活度 S_0 和标本中停止了交换的古老碳里 ^{14}C 的比活度 S_A，即可计算出标本的绝对年代。该法在考古学研究中可推算出数百年至数万年前的木科、骨骼、毛发和纤维制品等古生物样品的年代，还可广泛用于地质学、地理学、海洋学和气象学等领域中的年代研究。

14.6 环境中的 ^{40}K

14.6.1 ^{40}K 对环境的污染

1. ^{40}K 的放射衰变特性

^{40}K 是天然存在的放射性核素，成年人体内的 ^{40}K 放射性活度达 6.85×10^3Bq，是人体受天然核辐射的主要来源之一，非常值得关注。钾是金属元素，它的三种天然同位素(^{39}K、^{40}K 和 ^{41}K)中只有 ^{40}K 是放射性同位素，半衰期为 1.25×10^9 年。^{40}K 可发生如下两种衰变：

$$^{40}_{19}K \longrightarrow {}^{40}_{20}K + {}^{0}_{-1}e + \nu \tag{14.19}$$

$$^{40}_{19}K + {}^{0}_{-1}e \longrightarrow {}^{40}_{18}Ar + \gamma \tag{14.20}$$

可见 ^{40}K 能发射 β 射线和 γ 射线，其中 β 射线的最大能量为 1.31MeV，γ 射线有 1460.8keV 和 2.958keV 两种，^{40}K 对人类既有外照射又有内照射。该反应是地质学上钾氩测年法的依据，具有广泛的用途。地球上的氩气也有很多来自它的衰变。在地壳岩石中 K 元素的重量百分比为 2.09%、^{40}K 的丰度为 0.0118%，岩石中 ^{40}K 放射性比活度为 630Bq/kg。^{40}K 的放射衰变特性如表 14-7 所示。

表 14-7 ^{40}K 的放射衰变特性

衰变方式	能量/keV	分支比	水中射程/μm	衰变方式	能量/keV	分支比	水中射程/μm
β	562	89%	3200	L2,L3 双俄歇电子	0.14	1.5%	0.006
γ	1461	11%			0.025	1.5%	0.0011
K X 射线	2.98	1.0%		Coster-Kronig 电子	0.045	4.4%	0.0025
K 俄歇电子	2.7	7.4%	0.32		0.029	1.1%	0.0015
L2,L3 俄歇电子	0.2	16.0%	0.008				

2. 环境中 ^{40}K 的存在方式

环境中的 ^{40}K 主要存在于岩石中，其中 ^{40}K 含量最高的称为富钾岩石，如霞石正长岩等碱性岩石；最低的称为大理岩。花岗岩除基性、超基性岩外，^{40}K 的含量一般大于 10^3Bq/kg，有些地方(如广州市)花岗岩中 ^{40}K 浓度甚至超过该值。此外，石材和建筑装修装饰材料中含有天然钾(^{40}K)、铀(^{238}U)、钍(^{232}Th)和镭(^{226}Ra)等长寿命放射性核素，室内放射性污染主要也是来自这些天然放射性核素。

3. 建筑材料中的 ^{40}K 及其评价

建筑材料是人体接受天然辐射的主要来源之一，而 ^{40}K 又是建筑材料中主要的 γ 辐射源之一，由建材产生的室内辐射剂量与其放射性比活度成正比。目前我国室内装修十分盛行，多种品牌的地板砖已走进千家万户，这些新型建材产品分别由黏土烧结和花岗岩直接加工而成。因而研究地板砖中的放射性对于控制辐射和防止潜在环境辐射污染有重要意义。

1) 地板砖中的 ^{40}K

地板砖中 ^{40}K 的含量远大于常规建材产品(如水泥等)，不同品种的地板砖中 ^{40}K 的比活度差别很大，尤其是大理石制品中含量更大。地板砖中 ^{40}K 评价需要结合 Ra、Th、K 的放射性比活度。我国就建材产品中天然放射性核素比活度制定了《建材放射卫生防护标准》。其中要求

$$\frac{C_{Ra}}{350}+\frac{C_{Th}}{260}+\frac{C_K}{4000}\leqslant 1\text{，}\quad C_{Ra}\leqslant 200 \tag{14.21}$$

式中 C_{Ra}、C_{Th}、C_K 分别为 ^{226}Ra、^{232}Th 和 ^{40}K 的放射性比活度，单位 Bq/kg，分母中的常数是从外照射角度考虑所给的限制。将室内平衡当量氡浓度限制在 100Bq/m^3 以内，则 $C_{Ra}\leqslant$ 200Bq/kg。Ra 的当量浓度 $C_{Ra}^*=C_{Ra}+1.35C_{Th}+0.088C_K\leqslant 350$。采样广东、福建和河南等地生产的几种地板砖以及普通砖、水泥、沙和黏土样品，经统一处理后样品 C_{Ra}^*值如表 14-8 所示。

表 14-8　样品的放射性比活度　　(单位：Bq/kg)

编号	地板砖产地	C_U	C_{Th}	C_{Ra}	C_K	C_{Ra}^*
1	广东台山	51.3±4.4	46.2±3.7	60.8±4.9	630.2±18.9	178.6
2	广东佛山	72.5±3.7	1.7±8.7	78.4±4.9	478.5±22.5	288.9
3	广东佛山	51.9±2.1	75.0±5.0	42.6±2.0	434.7±18.9	182.1
4	广东廉江*	102.4±6.0	158.9±10.4	108.9±7.1	801.6±21.6	393.9
5	福建*	98.5±7.2	125.1±9.4	88.5±4.9	789.4±36.6	326.9
6	福建	74.2±4.7	107.5±9.4	782±58	474.4±32.6	265.1
7	河南镇平*	126.2±9.6	152.6±10.3	85.9±8.0	714.4±17.2	354.7
8	河南焦作	60.0±2.5	552.5±1.6	40.4±3.5	625.4±22.1	166.3
9	郑州(水泥)	40.5±2.5	43.6±3.5	49.6±3.7	275.4±14.1	132.7
10	郑州(黏土)	46.3±4.1	38.9±2.4	35.4±2.0	506.1±39.2	132.5
11	郑州(砖块)	58.7±3.7	42.1±5.7	40.5±4.9	594.3±38.7	149.6
12	郑州(沙粒)	31.2±1.6	29.7±2.1	21.5±1.9	6290±49.3	115.4

*为大理石制品。

由此可知：用花岗石作原料的大理石地板砖由于存在放射性超标应限制使用。对于由黏土烧结制成的地板砖虽然大部分符合国家有关放射性卫生防护标准，但由于镭当量浓度起伏较大，应当选择低当量浓度的地板砖使用。尽量减少建筑材料所带来的放射性危害，特别是潜在氡污染。

2) 其他建筑材料中的 ^{40}K

一般建筑材料中 ^{40}K 天然放射性比活度范围是 132～1196Bq/kg，含量平均值 982.0Bq/kg，高于我国混合建材和世界建材的平均水平。此外，大多数样品中 ^{232}Th 的放射性比活度明显高于我国混合建材的典型值(最高值为典型值的 4 倍多！)，其主要原因可能是生产厂家为了增加产品的光洁度，制釉时添加了一定比例钍的氧化物。

14.6.2 ^{40}K 对人体的危害

1. 人体内的 ^{40}K

^{40}K 存在于人体中，其含量可用体模来测定。成年男子体重中约 0.2%是钾，而放射性的 ^{40}K 占体重的 2.36×10^{-7}。成年人体内的 ^{40}K 放射性活度为 6.85×10^{3}Bq，相当于低水平 ^{40}K 放射源。正常人体内的钾含量与人种、年龄、性别、身高和体重均有关。表 14-9 列出了孟加拉国成年人全身的 ^{40}K 平均放射性比活度和有效剂量。

表 14-9　孟加拉国成年人全身的 ^{40}K 平均放射性比活度和有效剂量

年龄	性别	^{40}K 的比活度/(Bq/g)	有效剂量/(μSv/y)
20～30	男	1.99±0.47	96±25
30～40	男	2.04±0.29	98±20
>40	男	1.87±0.52	105±42
20～30	女	1.77±0.31	107±19
30～50	女	1.56±0.42	85±22
混合年龄	男	2.00±0.40	100±26
	女	1.70±0.30	100±20
	男、女	1.90±0.40	100±25
非职业工作者		1.93±0.50	100±23
职业工作者		1.87±0.40	93±25
成年人	男、女		165

^{40}K 是由食入途径进入体内形成内照射的主要贡献者(占 50%以上)，不同的食物中 ^{40}K 的放射性活度不同。表 14-10 列出了 1lb(1lb=0.453592kg)食物中 ^{40}K 的天然放射性。

表 14-10　1lb 食物中 ^{40}K 的天然放射性

食物	衰变次数/(Bq/min)	β粒子/min^{-1}	食物	衰变次数/(Bq/min)	β粒子/min^{-1}
红肉	50	2682	香蕉	59	3147
胡萝卜	57	3040	青豆	78	4148
白土豆	57	3040	巴西螺	94	5007

2. ^{40}K 对人体的危害

人的一生中有 80%～90%的时间在室内度过，人们在室内活动时就会受到建筑材料和装修材料中天然放射性核素产生的内外照射。室内辐射主要来源于建筑材料，^{40}K 也是建筑材料中对人体造成伤害的关键核素之一，且为长寿命放射性核素。放射性对人体的危害主要来自两方面，即体外照射和放射性核素吸入人体内所导致的内照射。从现行剂量效应关系无阈理论考虑，任何辐射剂量的增加都将带来潜在健康危害。放射理论计算和国内外大量实际测试研究结果表明：要控制放射性核素对室内环境带来的内、外照射危害，就必须控制 ^{232}Th、^{226}R

和 ^{40}K 等核素在建筑材料中的比活度。

14.6.3　钾氩法测年

尽管 ^{40}K 污染环境、对人类健康构成危害，它也可作为地质年代测量法之一，称为钾氩法测年。这种方法通过测定岩石中天然 ^{40}K 向稳定的 ^{40}Ar 衰变过程中 ^{40}Ar 与 ^{40}K 的比值得到岩石的地质年代。钾是云母、长石、黏土矿物等多种重要造岩矿物的主要成分，天然钾中 ^{40}K 是长寿命同位素，半衰期为 1.28×10^5 年。^{40}K 通过 β 衰变和 K 层电子俘获成为 ^{40}Ca 和 ^{40}Ar，利用质谱计等仪器可测定岩石中 ^{40}Ar 和剩余的 ^{40}K 的比例，按此比例可计算出矿物晶体或含钾岩石的起始年龄，计算公式如下：

$$t=4363\left[\log\left(\frac{^{40}Ar}{^{40}K}+0.1056\right)+0.9765\right]\times10^{6}(年)\tag{14.22}$$

式中 t 为标本年龄，λ_K 为 ^{40}K 向 ^{40}Ar 衰变的常数，且 $\lambda_K=5.57\times10^{-11}$ 年$^{-1}$；$\lambda_{\beta-}$为 ^{40}K 向 ^{40}Ca 衰变的常数，且 $\lambda_{\beta-}=5.57\times10^{-11}$ 年$^{-1}$；^{40}Ar、^{40}K 分别为样品中 ^{40}Ar 和 ^{40}K 的含量，且 $(^{40}K/^{39}K)+^{41}K=0.0122\%$(重量)。式(14.22)测量的时间范围为 $1\times10^5\sim39\times10^8$ 年，应用范围较广。适用的标本主要有：钾长石、透长石、斜长石、黑云母、白云母、普通角闪石，以及未经变质作用的沉积岩中的海绿石。测量时要求样品中 ^{40}Ar 在矿物形成后就成为封闭体系，没有逸出过。同时，矿物形成后对钾也是封闭的，矿物中钾同位素组成正常。钾氩法测年主要用于测定早更新世火山活动区的地质事件年代。此外，从年轻火山岩中导出的钾氩年龄已被用于编制地磁极性倒转年表；火山岩和变质岩中的黑云母、白云母的钾氩年龄在编制加拿大地盾区的前寒武纪年表中曾起到重要作用；钾氩法测年经改进后还可提供中、晚更新世的年代数据。

14.7　其他环境辐射

14.7.1　环境中的放射性核素

1. 室内环境辐射

自然界中任何天然的岩石、沙子、土壤以及各种矿石都含有天然放射性核素。除 ^{40}K 外，建筑装饰材料、周围环境、土壤中的 ^{226}Ra、^{232}Th 等天然放射性核素产生的 γ 外照射，吸入 ^{226}Ra 的衰变产物氡(^{222}Rn)及其子体后产生的内照射也可以形成室内环境辐射剂量。近年来，人们越来越关注建筑装饰材料所产生的 γ 剂量率和室内氡浓度。表 14-11 列出了几种常见建筑材料中天然放射性核素比活度及所致室内空气 γ 外照射剂量。

表 14-11　建筑材料中天然放射性核素比活度(Bq/kg)及所致室内空气 γ 外照射剂量

建筑材料	^{226}Ra	^{232}Th	^{40}K	空气吸收剂量率 D /($\times10^{-8}$Gy/h)	年有效剂量 E /mSv
矿渣水泥	92.4	50.3	184.0	1.12	0.05
红砖	50.8	63.6 5	86.1	1.22	0.05
煤渣砖	127.5	106.2	340.5	1.93	0.09
花岗岩	68.5	94.6	728.6	1.69	0.08

2. 室外环境辐射

室外天然存在或其他材料产生的放射性核素，是室外环境辐射的重要来源。表 14-12 列出了一些天然或其他材料中 ^{238}U 的 α 衰变活度和 ^{234}Th 活度。

表 14-12 一些天然或其他材料中 ^{238}U 的 α 衰变活度和 ^{234}Th 活度

天然或其他材料	活度/Bq	天然或其他材料	活度/Bq
1 个成年人(100Bq/kg)	7×10^3	1kg 咖啡	1×10^3
1kg 过磷酸盐肥料	5×10^3	1 发光标志出口(20 世纪 70 年代)	1×10^{12}
1 个 100m² 澳大利亚家庭中的空气(氡)	3×10^3	1kg 铀	2.5×10^7
多个 100m² 欧洲家庭中空气(氡)	3×10^4	1kg 铀矿(加拿大，15%)	2.5×10^7
1 个家用烟尘探测器(镅)	3×10^4	1kg 铀矿(澳大利亚，0.3%)	5×10^5
医学诊断用放射性同位素	7×10^7	1kg 低水平放射性废物	1×10^6
医学治疗用放射性同位素	1×10^{14}	1kg 煤灰	2×10^3
放置 50 年之久的 1kg 玻璃状高水平核工业废料	1×10^{13}	1kg 花岗岩	1×10^3

3. 不同地区的天然放射源

通常条件下，空气中的氡、钍射气浓度分别约为 5×10^{-13}Ci/L 和 2×10^{-14}Ci/L，而空气中氡气浓度每昼夜可以变化 40 倍。其次在土壤、水、岩石和建筑材料中通常都含有 U、Th、Ra 和 ^{40}K，而且随其种类和地区有很大变化，因而由这些核素产生的 γ 射线引起人体照射也随地区的变化有很大差异。比如我国广东省阳江市的居民健康状况调查证实了该地是我国辐射本底较高的地区：U、Th、Ra 含量大约是对照地区的 5 倍，室内外的照射量大约是对照地区的 3 倍。全世界人口受天然放射性物质的年平均剂量约为 0.32mSv，但其分布很不均匀：印度、巴西都存在年平均剂量超过 0.01Sv/年的地方；日本的关西(多花岗岩)也比关东(由亚黏土构成)高。图 14-4 列出了世界一些国家天然放射源的平均年剂量，其中数字 1～18 依次代表奥地利、比利时、丹麦、芬兰、法国、德国、希腊、爱尔兰、意大利、卢森堡、荷兰、挪威、葡萄牙、西班牙、瑞典、瑞士、英国、澳大利亚。

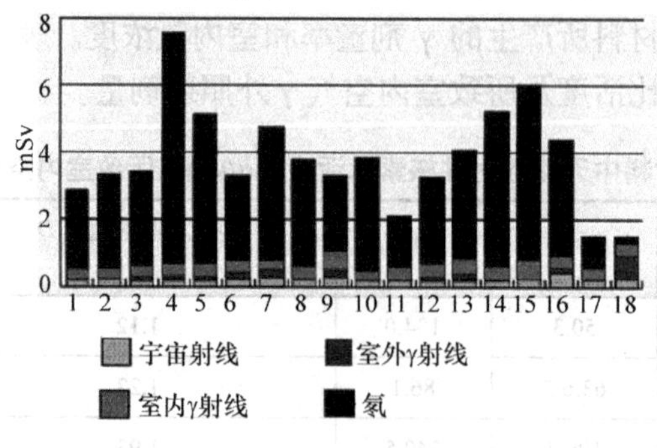

图 14-4 一些国家天然放射源的平均年剂量

表 14-13 给出了不同的放射性核素的年剂量限制。

表 14-13　不同的放射性核素的年剂量限制

放射性核	年摄入量限值/mCi	放射性核	年摄入量限值/mCi	放射性核	年摄入量限值/mCi
^{3}H	80.0	^{35}S	10.0	^{63}Ni	9.0
^{14}C	2.0	^{45}Ca	2.0	^{125}I	0.1
^{22}Na	0.4	^{51}Cr	40.0	^{137}Cs	0.1
^{32}P	0.6	^{54}Mg	2.0		
^{33}P	6.0	^{59}Fe	0.9		

4. 环境中的辐射剂量

环境中的原初辐射剂量与人类活动关系密切，如表 14-14 所示；而人工辐射剂量约 2.94mSv/年，其中主要是氡(2.0mSv/年)，还包括宇宙射线(0.27mSv/年)、环境外照射(0.28mSv/年)、内照射(0.39mSv/年)。

表 14-14　环境中的天然辐射剂量　(单位：mSv)

人工辐射剂量(每年)	0.69	他人人体放射性	0.01
X 射线诊断	0.39	核武器落下灰	<0.01
核医学	0.14	核工业	<0.01
消费品	0.10	在 8km 高空飞行 1h	0.001
高空长距离飞行	0.02	一年内每天看电视 1h	0.01
彩色电视	0.01	胸肺 X 射线透视一次	0.1
一年的天然本底辐射	~0.25	在核电站周围生活一年(80km 内)	0.01

14.7.2　烟草中的放射性物质

除了前面介绍的氡气外，吸烟也是通过呼吸方式进入人体造成辐射剂量贡献的方式。以往的研究较多地关注烟草内有害化学物质，而对吸烟导致的辐射剂量增大关注很少。实际上，烟草不仅含有对健康有害的化学物质，而且烟草中含有的放射性物质也很突出，近年的研究结果很令人吃惊。希腊亚里士多德大学原子与核物理研究室的科学家在研究中发现，烟草中所含放射性核素非常大。希腊科学家帕帕斯特佛对烟草中所含放射性核素(包括 ^{226}Ra、^{228}Ra 以及 ^{210}Po)与切尔诺贝利核泄漏事故中被污染树叶所含 ^{137}Cs 的辐射剂量进行了对比测量，也对希腊境内 15 地平均每天吸 30 支烟的人群所接受的辐射剂量进行了计算。结果发现这些吸烟者年平均剂量是 251mSv，而切尔诺贝利核泄漏事故污染树叶的年平均剂量仅为 0.199mSv，两者竟然相差 1000 多倍！帕帕斯特佛还表示，虽然来自吸烟的辐射剂量仅相当于个人从自然环境中吸收的总辐射剂量的 1/10，但这部分剂量足以提高吸烟者患病的风险。因此不少科学家认为，那些死于癌症的吸烟者可能主要是受到烟草中辐射物质的危害而不是尼古丁和焦油。烟草中的放射性核素中 ^{210}Po(半衰期 138.38d)最具危险性，它的毒副作用只有被人体吸入或摄取后才能察觉到。地球上存在天然的 ^{210}Po，人们都通过水、食物和空气吸收小量但仍能检测到的 ^{210}Po。但烟草中所含 ^{210}Po 已达一定数量，这使得吸烟者体内很可能也含有较高水平的

^{210}Po。各国的香烟中所含的放射性物质存在很大差别，如表 14-15 所示。

表 14-15 各国香烟 ^{210}Po 含量比较

国家	mBg/支	mBg/g	国家	mBg/支	mBg/g
美国	15.9	14.8	苏联	14.8	15.9
印度		3.33	中国	26.5	33.7
日本		25.9	芬兰	11.1	12.2
英国	17.4	17.0			

14.7.3 人体内的放射性核素

环境中的放射性核素会通过多种方式进入人体，继而在人体内积聚。环境中的放射性核素有天然存在的，也有人类活动带来的。某些突然出现的核事故不仅破坏环境，还会通过环境在附近群众的体内造成辐射危害。

1. 放射性核素在人体内的转移

放射性 ^{226}Ra 是 ^{238}U 的衰变子体，它经 α 衰变成为 ^{222}Rn，而 ^{222}Rn(半衰期 91.75h)是气体，可从建材中逸出进入空气，通过人的呼吸道进入体内。^{222}Rn 在衰变过程中放射出 α 射线、β 射线及较强的 γ 射线，对人体的内部尤其是支气管和上皮组织造成辐射。同样 ^{232}Th 的子体 ^{220}Rn 气体(半衰期 55.6min)也是内外照射的来源之一。我国卫生与环保部门近年来对室内氡的研究表明：室内氡主要来源于地基土壤和建筑材料(占 70%以上)，因此在动工之前需要分析建筑材料中放射性物质的含量。

2. 人体内放射性核素的来源

(1) 天然本底辐射。表 14-16 列出了天然本底辐射引起的人体部分组织的年剂量。

表 14-16 天然本底辐射引起的人体部分组织的年剂量 (单位：mrad,0.01mSv)

		性腺	全身	骨表面	红骨髓
外照射	宇宙射线	28(28)	28	28(28)	28(28)
	地表、大气中的辐射	32(44)	32	32(44)	32(44)
内照射	^{40}K	15(19)	17	15(15)	27(15)
	^{222}Rn 及其子体	0.2(0.07)	30	0.3(0.08)	0.3(0.08)
	其他核素	2(1.4)	5.5	9.1(4.3)	4(1.9)
合计		79(93)	110	84(92)	92(89)
α粒子或中子引起吸收剂量的百分比\%		1.2(1.3)	31	8.5(4.1)	2.1(1.2)

注：[UNSCEAR]1977 年报告，括号内值为 1972 年报告值。

(2) 经口食入的放射性物质。放射性物质进入人体后一方面按物理半衰期衰变，另一方面通过生物代谢过程排出体外，使得人体中的放射性物质形成动态平衡。表 14-17 列出了成年人体内的各种主要放射性核素。

表 14-17　体重 70kg 的成年人体内的放射性核素

核素	总质量	摄入/d^{-1}	衰变/d^{-1}	活度/Bq	核素	总质量	摄入/d^{-1}	衰变/d^{-1}	活度/Bq
U	90μg	1.9μg	95×10^3	1.1	^{14}C	12.6ng	1.8ng	2.59×10^8	3000
Th	30μg	3μg	9.5×10^3	0.11	T	0.06pg	0.003pg	2×10^6	23
^{40}K	17mg	0.39mg	3.8×10^5	4400	Po	0.2pg	0.6fg	3.2×10^6	37
Ra	31pg	2.3pg	9.5×10^4	1.1					

(3) 生活中的放射性照射。表 14-18 列出了人们在日常生活中接受到的照射剂量当量。

表 14-18　日常生活中的照射剂量当量

日常生活	估计剂量当量	日常生活	估计剂量当量
和配偶一起生活	5μSv	三里岛事件场地外的最大可能值	0.46mSv
看电视一年	10μSv	医学放射源的平均年剂量	0.4~1mSv
戴发光度盘手表一年	10μSv	做一个性能鉴定试验扫描	7mSv
在美国核燃料和发电站居住一年	10μSv	做一个胸部 CT(CAT)扫描	8mSv
一天的本地辐射 (平均值，因地区而异)	10μSv	切尔诺贝利核电站事件场地外剂量 (估计变化相当大)	50mSv
做一次 X 射线胸透	20μSv	放射治疗癌区域的典型单一剂量	2Sv
从墨尔本经新加坡飞行到伦敦	65μSv	切尔诺贝利核电站事故中和 事故末的全体人员	0.7~13Sv
体内 ^{40}K 的年剂量	0.3mSv	放射治疗癌区域的典型总剂量	65Sv

(4) 核设施和核事故。著名的切尔诺贝利核电站事故后，欧洲的环境受到放射性污染。波兰原子能研究院测得人体中 ^{137}Cs 的含量如图 14-5 所示。切尔诺贝利事件后，成年男性接受 ^{137}Cs 后暂时的身体变化与因核武器爆炸测试带来的累积剂量比较如图 14-6 所示。

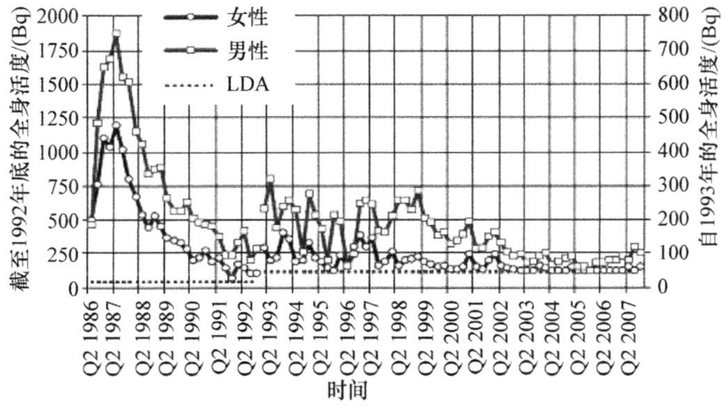

图 14-5　经历切尔诺贝利事件人体内的 ^{137}Cs 活度(人均)

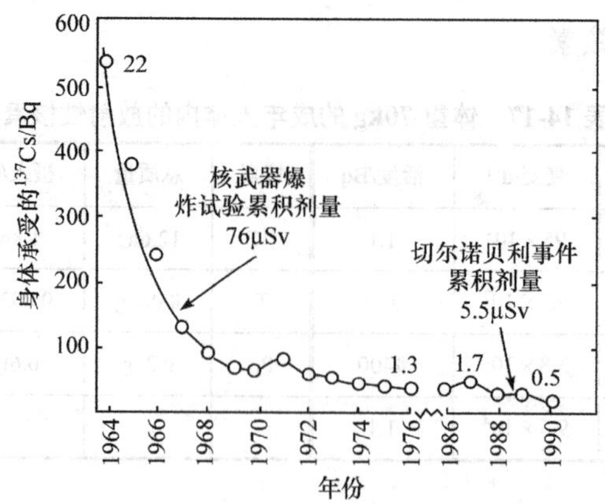

图 14-6　波兰国家放射科学学院用全身计数器测得的不同年份人体中含的铯

除了上面介绍的几种情况外，在核设施、核辐射相关的生产活动中，正常的实践活动及异常情况都可能使环境中以至人体内的放射性核素含量增大，此外核辐射环境变化也将导致人体内的辐射剂量增大。

复习思考题(十四)

【1】　简述氡的子体及其衰变规律。

【2】　室内氡的来源有哪些？怎样降低室内氡的浓度？

【3】　核电站正常运行中，可能会给周围环境增加哪几种放射性？

【4】　为什么新装修的房子室内氡浓度偏高？

【5】　简述碳的同位素以及 ^{14}C 的来源。

【6】　^{14}C 对人体的危害具体有哪些方面？

【7】　环境中的 ^{40}K 存在于哪些地方？并简述建筑材料中的 ^{40}K 分布。

【8】　人体本身就是一个放射源？为什么？

【9】　谈谈你对“吸烟有害健康”的理解。

第 15 章　非电离辐射剂量学

15.1　非电离辐射电磁波

15.1.1　非电离辐射概述

辐射分为**电离辐射(ionizing radiation)**和**非电离辐射(non-ionizing radiation)**两大类，其中辐射剂量学主要关注电离辐射。非电离辐射包括电磁波和机械波，因暴露在电磁辐射下的公众远多于暴露于机械波的，非电离辐射剂量学主要研究可见光、红外辐射、无线电波等电磁波和声波的辐射及其带来的危害和相应的防护。

过去的研究主要针对电离辐射，已经形成了独立的学科分支；但对非电离辐射研究不多。非电离辐射存在时间长且在我们生活环境中分布广，但因其引起的效应缓慢、微弱而很难察觉，非电离辐射的危害长期以来并未受到重视。近年来，激光、红外线、射频辐射和超声研究进展迅速，已在国防、生产和生活领域里发挥重要作用，对非电离辐射危害的关注也随之加深，非电离辐射剂量学的研究已有较快进展。国际上开展非电离辐射已有较长一段时间，有许多国际组织正在发挥作用，如**国际非电离辐射防护委员会(the International Commission on Non-Ionizing Radiation Protection，ICNIRP)**。

15.1.2　电磁波简介

电磁学认为，电场强度矢量(电矢量)与磁场强度矢量(磁矢量)随时间和空间作周期性变化，称为**电磁振荡(electromagnetic oscillation)**。类似于机械波的定义(机械振动在介质中的传播)，电磁振荡在空间由近及远的传播就形成了**电磁波(electromagnetic wave)**。与机械波所不同的是，电磁波的传播可以不需要介质，而机械波的传播离不开介质。电磁波的波长(能量)范围跨越 20 多个数量级，从波长达 10^8m(能量约 10^{-14}eV)的传输电至波长短至 10^{-14}m(能量达 10^{10}eV)的银河宇宙射线均属于电磁波范畴，按照波长或频率的顺序把这些电磁波排列起来，就称为**电磁波谱(electromagnetic spectrum)**。电磁波在空间形成的辐射称为**电磁辐射(electromagnetic radiation)**，其中能量 E>10eV(λ<124nm)的电磁波会引起电离，属于电离辐射；而 E<10eV(λ>124nm)的电磁波归于非电离辐射，包括紫外线、可见光、红外线、微波、射频辐射和低频振荡等。不过近年研究发现，射线能量达 3eV 时就有电离现象发生。电离辐射能量阈值与材料性质相关，也和射线与物质相互作用的过程相关，普遍的电离辐射能量阈值不存在，但 10eV 能量阈已被广泛接受。

量子理论中的波粒二象性认为，电磁波同时也是高速微观粒子，粒子能量 E 和电磁波波长 λ 之间满足的关系为

$$E = \frac{hc}{\lambda} \tag{15.1}$$

式中 h 是普朗克常量，c 是真空中的光速，将常数值代入上式可得

$$\lambda = \frac{1239.810}{E} \tag{15.2}$$

式中光子能量 E 的单位为 eV，电磁波波长 λ 的单位为 nm。电磁波本质就是光子，当光子能量比较高时电磁波属于电离辐射，这时名称改为 X 射线、γ 射线等；当光子能量较低时电磁波属于非电离辐射范畴。通常若无特别说明，电磁波或电磁辐射仅指非电离辐射所含的那部分电磁波(电磁辐射)。图 15-1 给出了电磁波谱图。

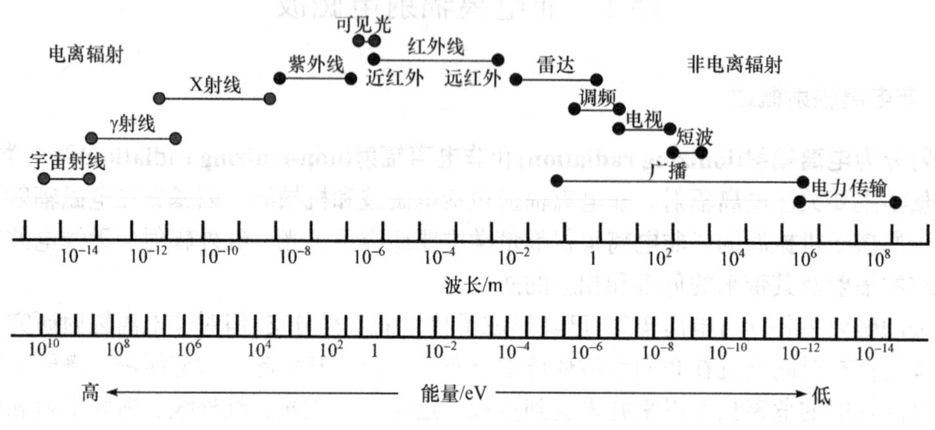

图 15-1 电磁波谱图

根据式(15.2)及图 15-1 可知：波长 λ<124nm 的电磁波(能量 E>10eV、频率 f>2.42×10^{15}Hz)才是电离辐射，由于一般物质原子体系的价电子束缚能量为 4～25eV，引起电离的电磁波能量应该和物质结构有关，因此紫外线就可能引起电离过程。

15.1.3 电磁波谱

1. γ 射线

波长 10^{-14}m<λ<10^{-10}m(10^4eV<E<10^8eV)的电磁波就是 **γ 射线**或 **γ 光子**，宇宙射线中的 γ 射线能量可达 GeV 量级甚至更高。γ 射线从原子核内发出，放射性物质或原子核反应中常伴随这种辐射。γ 射线穿透力很强，对生物的破坏力很大。尽管 γ 射线本质仍属电磁辐射，但在讨论电磁辐射时一般不包含 γ 射线或 γ 光子。

2. X 射线

波长 10^{-12}m<λ<10^{-8}m(10^3eV<E<10^6eV)的电磁波称为 **X 射线**。X 射线是原子中的电子在能级跃迁时产生的粒子流，由德国物理学家 W. Röntgen 于 1895 年发现，又称伦琴射线。X 射线具有很高的穿透本领，能透过墨纸、木料等许多不透光物质。X 射线肉眼看不见，但可使很多固体材料发出可见的荧光，使照相底片感光，以及产生空气电离等效应。X 射线分为三类：波长 λ<10^{-11}m 的**超硬 X 射线(ultra hard X ray)**、波长 10^{-11}m<λ<10^{-10}m 的**硬 X 射线(hard X ray)**、10^{-10}m<λ<10^{-8}m 的**软 X 射线(soft X ray)**。与 γ 射线类似，X 射线本质上也属于电磁辐射，但一般不在电磁辐射讨论范畴，归于电离辐射范畴。

3. 紫外线

波长 λ=(400～10)×10^{-9}m 的电磁波称为**紫外线(ultra-violet)**。紫外线分为三个区段：UV-

A(400～315nm)，UV-B(315～280nm)，UV-C(280～100nm)，其中 λ<180nm 的紫外线在空气中衰减很快，只适合于真空中传播，称为**真空紫外(vacuum ultra-violet)**；波长 λ=120～10nm 的区域称为**极紫外区(extreme ultra-violet，EUV)**，主要由太阳日冕及等离子体人工产生，EUV 在光电技术、太阳成像及光刻等领域有重要应用。紫外线有显著的化学效应和荧光效应，其中化学效应最强。红外线和紫外线肉眼均不可见，只能用特殊仪器探测。

4. 可见光

可见光(visible light)是人类能感知的极狭窄光波段，波长在 400～760nm，红光波长最长，紫光波长最短。可见光与人们生产和生活关系密切，非电离辐射剂量学主要关注的是激光等特殊照射，而不是可见光照射(详见物理光学相关教程)。

5. 红外线

红外线(infrared ray)是 λ=700～1000nm 的电磁波，若考虑远红外 λ=700～10000nm，其热效应特别显著。红外线分为三个区段：**IR-A**(760nm～1.4μm)，**IR-B**(1.4～3.0μm)和 **IR-C**(3.0～1.0mm)。IR-A 和 IR-B 两区段都属**近红外**(760nm～3.0μm)，IR-C 可细分为**中红外**(3.0～6.0μm)、**远红外**(6.0～16.0μm)和**超远红外**(16.0μm～1.0mm)。波长在 100nm～1mm 的电磁辐射包含了可见光(400～760nm)及紫外线(100～400nm)和红外线(700～1000nm)，这个区域为**光辐射(optical radiation)**区域，习惯上称为**光波(optical wave)**。

6. T 射线

频率在 10^{12}Hz 及以上的电磁波称为**太赫兹电磁波(terahertz electromagnetic wave)**或 **T 射线**，包含超远红外线及比超远红外线波长更长的电磁波。T 射线波长大致在 1～1000μm 的范围内，最近几年对 T 射线研究较多，结果表明 T 射线具有很好的应用前景，激起了许多科学家的兴趣。由于 T 射线在医学成像方面的特点十分显著，成像过程中的剂量也开始被关注。

7. 电磁波

电磁波的波段划分见表 15-1(a)与表 15-1(b)，不同应用领域、不同国家略有区别。

表 15-1(a)　电磁波按波长分类

<table>
<tr><th></th><th colspan="2">名称</th><th>波长 λ/m</th><th>频率 f/Hz</th></tr>
<tr><td colspan="3">电磁波(electromagnetic wave)</td><td>>10^{-3}</td><td><10^{11}</td></tr>
<tr><td rowspan="9">按波长命名</td><td rowspan="2">射频辐射</td><td>微波(microwave)</td><td>10^{-3}~10</td><td>3×10^{7}~3×10^{11}</td></tr>
<tr><td>短波(short wave)</td><td>10~10^{4}</td><td>10^{4}~3×10^{7}</td></tr>
<tr><td colspan="2">电磁振荡(electromagnetic oscillation)</td><td>>10^{4}</td><td><3×10^{7}</td></tr>
<tr><td colspan="2">超短波(ultra short wave)</td><td>1~10</td><td>3×10^{7}~3×10^{8}</td></tr>
<tr><td colspan="2">短波(short wave)</td><td>10~100</td><td>3×10^{6}~3×10^{7}</td></tr>
<tr><td colspan="2">中波(medium wave)</td><td>100~1000</td><td>3×10^{5}~3×10^{6}
(我国 535~1605kHz)</td></tr>
<tr><td colspan="2">长波(long wave)</td><td>>10^{3}</td><td><3×10^{5}</td></tr>
<tr><td colspan="2">超长波(ultra long wave)</td><td>>10^{4}</td><td><3×10^{4}</td></tr>
</table>

表 15-1(b) 电磁波按频率分类

<table>
<tr><th colspan="2" rowspan="2">名称</th><th colspan="2">频率 f/Hz</th></tr>
<tr><th>我国标准</th><th>世界标准</th></tr>
<tr><td rowspan="12">按频率命名</td><td rowspan="3">极低频(extremely low frequency，ELF)</td><td>极低频 3~30</td><td rowspan="3">0~3×10³</td></tr>
<tr><td>超低频 30~300</td></tr>
<tr><td>特低频 300~3000</td></tr>
<tr><td>甚低频(very low frequency，VLF)</td><td rowspan="8">同世界标准</td><td>3×10³~3×10⁴</td></tr>
<tr><td>低频(low frequency，LF)</td><td>3×10⁴~3×10⁵</td></tr>
<tr><td>中频(medium frequency，MF)</td><td>3×10⁵~3×10⁶</td></tr>
<tr><td>高频(high frequency，HF)</td><td>3×10⁶~3×10⁷</td></tr>
<tr><td>甚高频(very high frequency，VHF)</td><td>3×10⁷~3×10⁸</td></tr>
<tr><td>超高频(ultra high frequency，UHF)</td><td>3×10⁸~3×10⁹</td></tr>
<tr><td>过高频(super high frequency，SHF)</td><td>3×10⁹~3×10¹⁰</td></tr>
<tr><td>极高频(extremely high frequency，EHF)</td><td>3×10¹⁰~3×10¹¹</td></tr>
<tr><td>至高频(highest frequency)</td><td>3×10¹¹~3×10¹²</td><td></td></tr>
</table>

20 世纪科学家和工程师已经掌握了频率从低到高的电磁波应用，从直流至 100GHz 的发生、变换、检测方法比较成熟，但对于 100GHz 以上的频段了解相对较少。另外，光波的应用，从可见光开始，低端向红外线扩展，达到远红外。此外，还向紫外线高端方向扩展，达到 X 射线甚至 γ 射线。高端微波 0.1THz(100GHz)与最低远红外线 30mm(10THz)之间存在一个空白的太赫兹 THz 频段(或波段)，对该区段内无论电磁波或光波都鞭长莫及，知之甚少，被视为未开垦的 THz 频段或 THz 间隙。这种情况到了 1995 年才开始突破，许多研发成果不断出现，某些应用显示 THz(或称 T 射线)可为人类提供丰富的频率资源。THz 频段(0.1～10THz)跨越无线电波的高端与光波的低端，不仅充分证明了 Maxwell 理论的正确性，而且 THz 频段将在 21 世纪为人类开拓新的应用。

15.2 非电离辐射剂量学量

非电离辐射效应与电离辐射效应有很大差异，因而其剂量的量度、引起效应的评价与电离辐射也有很大不同。不过非电离辐射与电离辐射在能量沉积方面相类似，其辐射剂量量度、辐射剂量效应、剂量效应关系、辐射剂量测量方法，都是非电离辐射剂量学关注的主要内容。

15.2.1 电磁辐射的计量

1. 辐射能

辐射能(radiation energy)就是以辐射的方式发射、传输和接收的能量，用 Q 表示，单位为焦耳(J)，其载体主要是电磁波。

2. 辐射通量/辐射功率

辐射通量(radiant flux)/辐射功率(radiant power)是指单位时间内发射、传输或接收的辐射能，用ϕ表示，单位为 W

$$\phi = \frac{\mathrm{d}Q}{\mathrm{d}t} \tag{15.3}$$

3. 辐射强度

辐射强度(radiant intensity)是在给定方向上单位立体角内的辐射功率，用 I 表示，单位为 W/sr

$$I = \frac{\mathrm{d}\phi}{\mathrm{d}\Omega} \tag{15.4}$$

4. 辐射亮度

辐射亮度(radiant brightness)是在给定方向上，发射源、传输路径和接收体上某点单位面积上的辐射强度，用 L 表示，单位为 W/(sr · m^2)

$$L = \frac{\mathrm{d}^2\phi}{\mathrm{d}\Omega \mathrm{d}A\cos\theta} = \frac{\mathrm{d}I}{\mathrm{d}A\cos\theta} \tag{15.5}$$

式中 dA 是在发射源、传输路径和接收体上某点处的面积元，θ 为 dA 的法线与辐射传输方向之间的夹角，在垂直于给定方向上单位面积内的投影为 dAcosθ。

5. 辐照度

辐照度(irradiance)定义为空间某点处单位面积上的辐射通量，用 E 表示

$$E = \frac{\mathrm{d}\phi}{\mathrm{d}A} \tag{15.6}$$

对辐射强度为 I 的点光源而言，距点源为 d 处、面积元 dA 对点源所张立体角为 dΩ，设 dA 法线和立体角 dΩ 的轴线之间的夹角为 θ，则辐照度 E 和辐射强度 I 的关系为

$$E = I\frac{\mathrm{d}\Omega}{\mathrm{d}A} = I\frac{\cos^3\theta}{a^2} \tag{15.7}$$

可见，辐照度 E 具有余弦立方变化规律，称为余弦立方率。

6. 曝光量

曝光量(radiant exposure)定义为空间某点处单位面积上的辐射能，用 H 表示

$$H = \int E(t)\mathrm{d}t = \frac{\mathrm{d}Q}{\mathrm{d}A} \tag{15.8}$$

7. 比吸收能与比吸收率

比吸收能(specific absorption energy，SA)定义为单位质量介质吸收的辐射能

$$\mathrm{SA} = \frac{\mathrm{d}Q}{\mathrm{d}m} \tag{15.9}$$

比吸收率(specific absorption rate，SAR)定义为单位时间内的比吸收能

$$SAR = \frac{d(SA)}{dt} = \frac{d^2Q}{dtdm} \tag{15.10}$$

以上辐射量具有普适性，对电磁辐射还有以下几个。

8. 功率密度

功率密度(power density)也叫**能量通量密度(energy flux density)**，定义为入射到一个小球的辐射通量和小球截面面积的比值，用 P 表示

$$P = \frac{d\phi}{da} \tag{15.11}$$

此外还有一些非电离辐射量，如有效电场强度(E_{eff})、有效磁场强度(H_{eff})等。电磁辐射的辐射场分布可以以谱分布的形式表示出来，如功率密度谱分布

$$S = \frac{dP}{d\lambda} = \frac{d^2\phi}{d\lambda da} \tag{15.12}$$

功率密度谱分布表示某一波长(或频率)入射到一个小球上单位截面的辐射通量。

15.2.2　声波的计量

声波属于机械波，人类耳朵能听到的频率范围(闻阈)为 20～2×10^4Hz，低于 20Hz 的声波(10^{-3}～20Hz 为弹性波)称为**次声波(infrasound)**，高于 2×10^4Hz 的声波称为**超声波(ultrasonic)**。声波的频谱如图 15-2 所示，各类声波现已应用于国防、生产和生活等各个领域中。

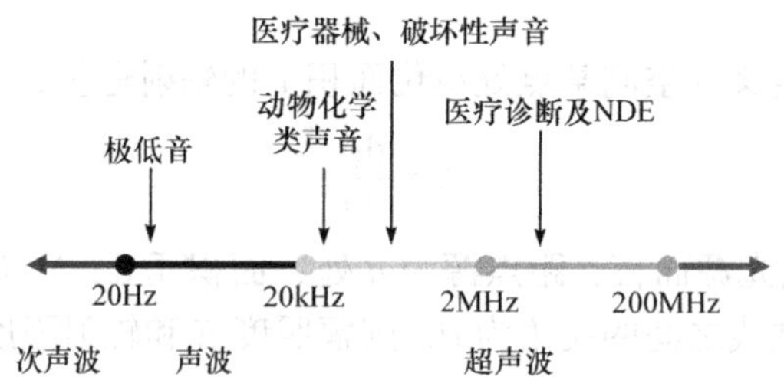

图 15-2　声波的频谱

声波由机械振动产生，能通过各种弹性介质、空气、液体、固体的分子以纵波的形式在空间传播，且在同种介质中传播时频率保持不变。声音在介质中的传播速度称为**声速或音速(sound speed)**，介质密度越大其中的音速越大。空气湿度、温度、密度不同时，声速也会有所不同。如 0℃海平面音速约为 331.5m/s；一万米高空音速约为 295m/s；另外每升高 1℃音速就增加 0.607m/s，温度越高，音速越大。水中声速受温度及水和其他物质含量的影响。海水盐的浓度也对声速有影响，但温度对声速影响最大：水温每升高 1℃，其中的声速大约增大 4.6m/s。一般认为海水中的声速是 1500m/s，约为大气中声速的 4.5 倍。固体中的声速既与传播介质有关，还与波动方式(横波或者纵波)有关。当声波在固体中以纵波和横波两种形式传播时波速也不相同：如不锈钢中纵波速度是 5790m/s，横波速度是 3100m/s；把不锈钢做成棒状，棒内的纵波速度变为 5000m/s。金属铍是传声能手，在用铍制成的棒内声波速度可达 12890m/s，是大气中声速的 38 倍。聚乙烯塑料(PE)传声本领较差，PE 棒中声速只有 920m/s，

还不及水中的声速。软橡胶富有弹性，其内部声速只有 30～50m/s。

1. 声波功率和声强

声波功率(sound power or acoustic power)P_{ac}定义为单位时间内的声能，其单位为 W。单位面积的声波功率定义为**声强(sound intensity)**I，单位为 W/m^2

$$I=\frac{P_{ac}}{A} \tag{15.13}$$

2. 声能密度

声能密度(sound energy density)E 也称为**声密度(sound density)**，定义为

$$E=\frac{I}{c}=\frac{P_{ac}}{cA} \tag{15.14}$$

式中 I 为声强(W/m^2)；c 为声速(m/s)；声能密度 E 的单位为 J/m^3，也可以表示为 N/m^2(pascal)，这与声压单位相同。可见声强 I 就是声能密度 E 与声速 c 的乘积。

3. 声功率级

声功率级(sound power level，SWL)L_w 定义为

$$L_w=10\log_{10}\frac{P_{ac}}{P_{ref}} \tag{15.15}$$

式中 P_{ac}是声波功率，单位为分贝(decibels，dB)；P_{ref}是声波功率参考水平，空气中声波功率 $P_{ac}=10^{-12}W$，P_{ref}对应于 0dB 时的 SWL 值，当 P_{ref}=1W 时的 SWL 称为**分贝瓦(decibel watt，dBW)**

$$\text{dBW}=10\log_{10}P_{ac} \tag{15.16}$$

比分贝瓦 dBW 小的单位还有分贝毫瓦 dBmW，即 P_{ref}=1mW 时的声功率级。

4. 声压级

声波辐射用**声压级(sound pressure level，SPL)**L_p 进行定量计量

$$L_p(\text{dB})=20\log_{10}\left(\frac{p}{p_r}\right) \tag{15.17}$$

式中 p 为声压的均方根；p_r为参考声压，即人的听力敏感频率下(约 1kHz)可能听到的最小声压，大约相当于 3m 外一只蚊子扇动翅膀的声音，通常取空气中 p_r=20μPa。由于声强和声压平方成正比，与参考声压对应的等效声强 $I_{ref}=10^{-12}W/m^2$，声压级也可表示为

$$L_p(\text{dB})=10\log_{10}\left(\frac{I}{I_{ref}}\right) \tag{15.18}$$

对空气中声源，距离声源 r 处的声压级 L_p 和声功率级 L_w 的关系为

$$L_w=L_p+10\log_{10}\left(\frac{4\pi r^2}{S_0}\right) \tag{15.19}$$

式中 $S_0=1m^2$。

15.3　电磁辐射生物效应

15.3.1　概念及分类

人类的日常生存环境中就存在**电磁辐射生物效应(biological effects of electromagnetic radiation)**，可分为热效应、非热效应和累积效应三类。

1. 热效应

人体中水(超 70%)分子受到电磁波辐射后相互摩擦引起机体升温，从而影响体内器官正常工作。生物电磁学的研究表明，人的眼睛和睾丸是最容易受到热效应危害的组织，这些器官相对缺少有效血液循环，很容易积热过多。

2. 非热效应

生物组织受电磁辐射后,通过非产热过程引起非热效应损伤组织,且具有两种窗口效应：**频率窗(frequency window)**效应，特定频率范围内电磁辐射引起的生物效应；**功率窗(power window)**效应，在某些离散功率密度区间产生的明显生物效应。人体器官和组织都存在稳定有序的微弱电磁场，一旦受到外界电磁场干扰，处于平衡状态的微弱电磁场就会遭到破坏，同时人体也会遭受损伤。

3. 累积效应

热效应和非热效应作用于人体后，如果在对人体造成的伤害尚未来得及自我修复之前(通常所说的人体承受力——内抗力)再次受到电磁波辐射后，其伤害程度就会发生累积，久而久之就会成为永久性病态，甚至危及生命。对于长期接触电磁波辐射的群体，即使功率很小、频率很低，也可能会诱发意想不到的病变，应该引起重视。

15.3.2　紫外线生物效应

在海平面太阳辐射能为 130mW/cm^2，来源于紫外线(9%)、可见光(40%)、红外线辐射(50%)，如图 15-3 所示，图中虚线为 6000K 温度下的黑体辐射光谱，实线分别为大气层外和海平面的光谱，阴影区为吸收窗。

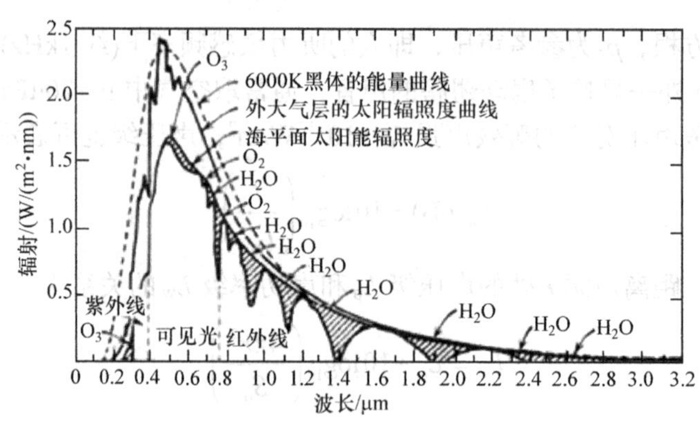

图 15-3　地面太阳光的强度谱

紫外线在太阳辐射光谱中波长范围为 100～400nm，占太阳辐射总能量的 9%。根据所引起的生物效应可将紫外线分为三部分：①**紫外线 A 段(UV-A)**，也叫**近紫外线**，λ=320～400nm，约占太阳辐射总量的 6%。这部分紫外线生物作用较弱，主要是色素沉着作用。②**紫外线 B 段(UV-B)**，也叫**中紫外线**，λ=290～320nm，约占太阳辐射总量的 1.5%。这种紫外线对人体影响较大，主要作用是抗佝偻病和红斑作用，是引起皮肤癌、白内障、免疫系统能力下降的主要原因之一。③**紫外线 C 段(UV-C)**，也叫**远紫外线**，λ=100～290nm，约占太阳辐射总量的 0.5%。该波段紫外线具有最大杀菌力，可惜几乎完全被臭氧层吸收而不能到达地面。

紫外辐射引起的生物效应分为红斑和远期皮肤效应两种。远期皮肤效应主要是长期紫外线照射下人体皮肤会出现粗糙、皮肤松弛、干燥多皱、黑色素沉积等缓慢效应，严重时可导致皮肤癌。紫外线对人体皮肤引起的效应主要是红斑，根据严重程度可分为四类：①**一级红斑(E1)**。用裸眼可以直接观察到红斑，可在 24h 后自然减退。E1 对应的照射剂量为**最小红斑剂量(minimal erythema dose)**，也称为一个红斑剂量(或红斑单位)，其辐照度范围为 6～30mJ/cm^2。②**二级红斑(E2)**。和中等晒斑类似，3～4 天后可减退并留下暗色晒斑痕迹。③**三级红斑(E3)**。出现严重红斑反应，并伴有水肿和疼痛，持续时间长达几天，黑色素沉积明显，有鳞片状脱皮，红斑处皮肤会分层脱落。④**四级红斑(E4)**。形态上类似三级红斑，会形成水肿、水泡。不同波长紫外线的红斑剂量不同，现在统一以功率为 1W、λ=297nm 紫外线灯的红斑辐射强度为一个红斑剂量，红斑作用最强的紫外线波长为 294nm，最弱波长是 320nm，λ>320nm 时红斑作用为零，相对作用最强波段在 290～310nm，见表 15-2。

表 15-2　红斑作用强度表

波长/nm	红斑作用强度/%	波长/nm	红斑作用强度/%
275	22	300	85
279	20	305	60
285	25	310	40
290	45	315	20
294	100	320	0

到达地面的紫外线中，波长 300～435nm 的紫外线具有色素沉着作用，最大色素沉着强度位于 355nm，为 100%个色素沉着强度相对单位；λ<300nm 或>435nm 时紫外线色素沉着作用为零，如表 15-3 所示。

表 15-3　色素沉着强度表

波长/nm	色素沉着强度/%	波长/nm	色素沉着强度/%	波长/nm	色素沉着强度/%
300	0	355	100	400	45
310	30	360	95	410	35
320	50	370	90	420	21
330	70	380	80	435	0
340	90	390	65		

紫外线辐射对眼晶体、角膜和视网膜都会造成损伤。眼晶体含有较多水分，周围缺乏血管组织，热量散失效果不好，眼晶体吸收电磁辐射后会使温度升高，蛋白质变性、凝固，从

而使得眼晶体透明度降低。眼晶体损伤会导致白内障，辐射剂量较低时(0.15～12.6J/cm^2)会出现暂时性白内障，当辐射剂量增大时会导致永久性白内障。另外，紫外线照射还会引起角膜炎，不同波长紫外线对角膜损伤的敏感程度不同，敏感度峰值波长为270nm，其他波长的紫外线的灵敏度以270nm的灵敏度为基准给出。对波长在220～310nm范围内的紫外线，引起角膜炎症的照射量为4～14mJ/cm^2。角膜炎一般在照射后6～24h内发生，照射剂量大时，潜伏时间短，发生角膜炎早。

由于产生红斑作用的这一波段紫外线也具有杀菌和抗佝偻病作用，而其作用曲线的峰值与抗佝偻病曲线的峰值相近，故可用红斑剂量来代表紫外线的生物剂量。因测定方法比较简便，常用红斑剂量来表示人体每天所必需的紫外线照射剂量。在到达地面的紫外线中，波长满足 275nm<λ<310nm 的紫外线具有抗佝偻病作用；λ>308nm 时抗佝偻病作用为零，最大抗佝偻病强度位于282nm，为100%强度单位。紫外线杀菌作用与其波长、辐射强度、微生物对紫外线照射的抵抗力都有关。在相同能量和照射时间下，不同波长紫外线杀菌效果并不同，如表15-4所示。

表 15-4 紫外线杀菌作用强度表

波长/nm	杀菌作用强度/%	波长/nm	杀菌作用强度/%
275	55	290	18
280	40	295	10
285	25	300	0

波长 λ=253nm 的紫外线杀菌作用最强，比 λ=395nm 紫外线的效果大1500倍。不同细菌对不同波长紫外线敏感性不同。金黄色葡萄球菌、绿脓杆菌对265nm紫外线最敏感，而大肠杆菌则对234nm紫外线最敏感。在空气中白色葡萄球菌对紫外线最敏感，黄色八叠球菌耐受力最强。只有细菌位于浅表部位且在紫外线直接照射下，紫外线杀菌作用才有效，这就是气溶胶中细菌不易被紫外线杀死的原因。增加紫外线剂量与照射强度可增强其杀菌能力，但两者不呈线性关系。长波紫外线辐射能增强机体免疫力：机体经长波紫外线照射后可刺激血液中凝集素的凝集，增强了机体对感染的抵抗力。紫外线照射增强机体免疫力的效果还决定于照射剂量、照射时间以及机体的机能。人体不能缺少紫外线照射，每人每天需要的照射剂量一般为1/8～1/4红斑剂量。

人类暴露的紫外线主要来自阳光，其中UV-A是到达地球表面最多的紫外线，UV-A对皮肤极少有效应，但其可诱发光的毒害，或对某些药物治疗有光的药物过敏反应，或狼疮(lupus)疾病。UV-B只占到达地球表面紫外线的10%，但其对日晒及相关皮肤的伤害却是UV-A的1000倍，且会增加皮肤癌症风险！地面上几乎没有来自太阳的UV-C，生活中UV-C主要来源于杀菌灯等，因其对皮肤的低穿透力所以几乎不会有伤害。臭氧能吸收波长在220～330nm范围内的紫外线，能吸收90%紫外线，从而防止这种高能紫外线对地球上生物的伤害。臭氧在地面附近的大气层中含量极少(仅占0.001ppm)，主要分布在距地面20～25km的大气层中。由于空气中的臭氧层会吸收大量紫外线，夏季太阳开始直射，阳光所要通过的大气层相对冬季来说薄得多，所以夏季阳光中紫外线含量会大幅增加，如图15-4所示，尤其是烈日当空的中午。而对于全球来说，低纬度地区的紫外线含量会比高纬度地区高一些；相同纬度下，海拔高的地区会比海拔低的地区高一些。

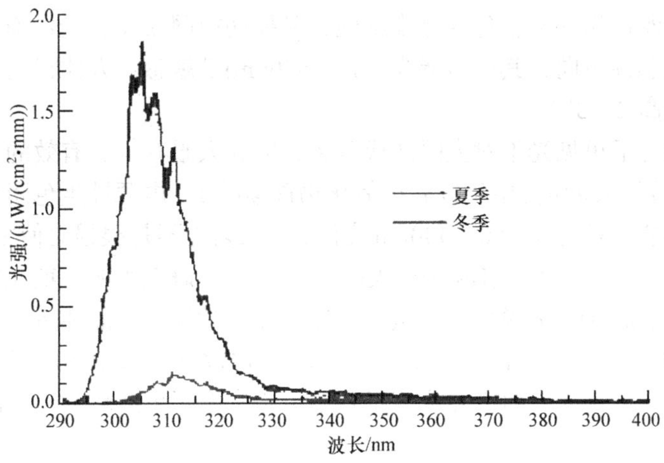

图 15-4　地面紫外线的强度谱

一天中不同时段的紫外线也不同，大气层，尤其是**臭氧层(ozone layer)**，在清晨及下午过滤紫外线最有效，从 10 时至 16 时紫外线穿透量最大，每升高 1000ft(1ft=3.048×10^{-1}m)高度 UV-B 的强度增加约 3%。各种物体表面反射紫外线的能力不同，沙能反射约 1/3 的 UV-B，雪、冰及水可达 100%的反射，水蒸气不但不会吸附也不会反射很多 UV-B，所以即使多云的天气也不会对 UV-B 提供任何防护。织物对紫外线的防护用**紫外防护因子(ultraviolet protection factor，UPF)**来表征，紫外防护因子也叫**抗紫外线指数**，定义为皮肤无防护时紫外线辐射的平均效应与有织物时辐射平均效应的比值，一般衣服可提供的防护因子约 15，其可降低暴露为未防护皮肤的 7%左右。

15.3.3　可见光、红外线辐射

可见光可对人眼造成损伤，导致视力下降；急性或积累性阳光刺激眼部还会引起角膜损伤。光波的**穿透深度(penetration depth)**定义为光波强度衰减为入射到皮肤表面强度的 1/e 时对应的深度，不同波长的光波在白种人人体皮肤表皮(0.1mm)、真皮(1mm)及皮下组织(subcutis)的穿透深度如图 15-5 所示，图中的圆点和星分布表示不同的数据来源。

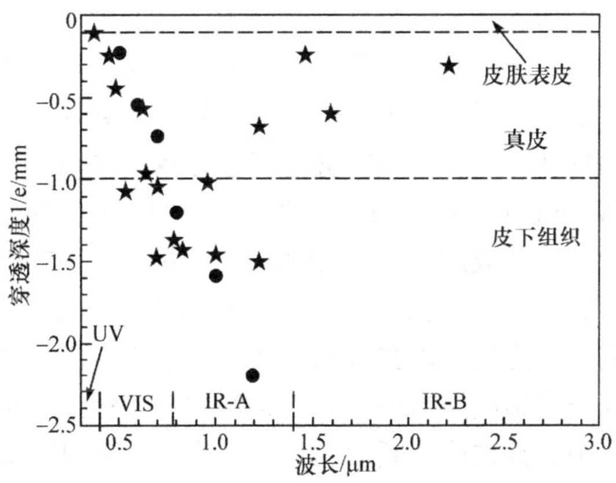

图 15-5　光波在皮肤中的穿透行为

不同波长的光波导致的光损伤不完全相同。波长较长的近红外线主要损伤视网膜色素上

皮细胞，近紫外线既损伤视网膜色素上皮细胞，又损伤视网膜光感受器细胞层。人体视网膜对不同波长的光敏感性不同，其中对蓝光(400～520nm)最敏感：人体视网膜在蓝光照射下会升温，温度可以提高 2～3℃。

然而，通常情况下可见光不对人眼造成危害，因为人眼有一套有效的抗氧化系统及发色团可吸收可见光，分散其能量。中年以后抗氧化物逐渐减少，内源性生色团堆积导致光毒性。如晶状体的一个功能就是滤除 300～400nm 光波，当入射光不是很强时使之不能到达视网膜。年轻时晶状体内有羟基犬尿氨酸(HKG)可吸收 365nm 光。研究表明短期光照不会对晶体有损害，但长期光照可引起 HKG 脱离晶体蛋白，导致光化学损伤。晶体蛋白变黄导致晶体吸收的光子数目明显增加，再加上年龄增加引起抗氧化物如谷胱甘肽(GSH)减少，一同引起光氧化效应。由此得知，可见光在白内障形成过程中也是一个不可忽略的致病因素，但这个过程是缓慢的累积过程。

以往红外线对视网膜的损伤多因观看日蚀，故又称为日蚀性视网膜炎、日蚀盲、日蚀性中央盲点。随着科技的发展及工业化进程的深入，人造红外线光源的使用逐渐增多，致伤的危险性在增加，尤其是在意外事故发生时或未遵守操作规程、不戴防护眼镜或防护面罩时。红外线生物效应主要是热效应，因红外线被组织吸收而使分子运动增加所致。长波红外线主要造成晶状体损伤而发生白内障，主要原因是晶状体及周围组织吸收红外线辐射后散热不畅使其温度升高变性。表现为先由后皮质外层混浊，而后为点状、板状混浊。短波红外线大剂量照射可透过屈光间质聚焦于后极部视网膜，产生闪光灼伤。这主要是因为屈光间质内无血管，热量不易散失，加之葡萄膜能大量吸收放射线，而眼屈光组织又为高度透明，放射线易传入，故眼部组织易被灼伤。根据照射的程度眼底表现会有所不同，早期轻度情况下表现为后极视网膜或黄斑发暗、水肿，有小出血点，重度情况可导致黄斑裂孔及视网膜脱离。照射方式不同，引起的后果也有差别，研究显示正视眼较非正视眼易于灼伤。故对于接触红外线的特殊职业工作人员应戴含氧化铁的特制防护眼镜。

15.3.4 微波辐射

微波辐射是电磁辐射中的一类重要辐射。微波辐射对人体的影响突出表现为高功率微波和近距离微波辐射。高功率微波具有很强的军事应用价值，微波功率不同时产生的效应、带来的损伤有很大不同。当使用能量密度为 0.01～1μW/cm^2 的微波波束照射目标时，就会干扰雷达、通信设备和导航系统的正常工作，低能量密度微波会导致人体出现生理功能紊乱，主要表现为烦躁、头痛、记忆力减退、神经错乱以及心脏功能衰竭等。随能量密度的增加，微波照射引起的皮肤灼热、眼白内障危险增加，甚至于会导致皮肤内部组织严重烧伤和致死等。当能量密度达到 0.01～1W/cm^2 时，可导致探测系统、控制、通信和信息情报系统中的电子元器件及小型计算机系统的芯片失效或烧毁。当微波功率密度为 0.5W/cm^2、单个脉冲释放的能量达 20J/cm^2 时，会造成人体皮肤轻度烧伤。当使用能量密度为 10～100W/cm^2 的强微波波束照射目标时，其辐射形成的电磁场可以在金属表面产生感应电流，通过天线、导线、电缆和各种开口或缝隙耦合到电子设施电路当中，破坏各种敏感元件。如传感器和电子元器件使电路功能紊乱、产生误码、中断数据或中断信息传输，丢失计算机存储的信息。如果感应电流很大，则装备外壳开口与缝隙处可以被电离，从而变成良导体，烧毁电路中的元器件，使电子装备功能失效，整个通信网络失控。当功率密度为 20W/cm^2 时照射 2s 可造成Ⅲ度烧伤；当功率密度为 80W/cm^{2}时，仅 1s 即可致命。当能量密度达到 1～10kW/cm^{2}时，会在很短的时间内使目标受高热而破坏，甚至可能引起爆炸。

电磁辐射在人体组织中的穿透行为与其频率有关：频率越低穿透越深。各种波长的电磁辐射在人体中不同深度的吸收有所不同，当生物体尺寸和电磁辐射波长的比值在 0.4～0.36 范围内时，吸收能量会达到极大，此时生物体处于共振吸收状态。低于 30MHz 的电磁辐射以人体表面吸收为主，是亚共振频率，表面吸收随频率降低而迅速减弱。成年人的共振吸收大致在 70MHz，人体全身共振吸收频率在 30～400MHz，有共振吸收峰出现。400～3000MHz 是局部热斑吸收的频率范围，高于 3000MHz 的电磁波穿透浅，主要是人体表面吸收。

手机辐射是典型近距离辐射。手机已进入人们的生活，手机的广泛使用提升了人们生活质量的同时也引起了人们对手机辐射的担忧。鉴于微波辐射可使人体产生较严重的神经衰弱症候群，造成自主神经机能紊乱和心血管系统疾病等影响。此外，由于手机工作频率为微波频段，人们常将手机消费者归入“微波综合作用症”。手机电磁辐射从距离上可分为两种：近场辐射和远场辐射。从辐射频率看，手机辐射的量子能量比可见光低 5～6 个数量级，比 X 射线能量低近 10 个数量级，而且手机功率很小(0.3～1.0W)，有些手机峰值功率可达到 2W，这也比一般家用电器小得多。但手机与人体之间的距离是所有辐射产品中最近的，特别是贴近大脑使用时。而人与一般家用电器的距离大多在一米以外，有些人每天使用手机的时间已超过受到所有其他家用电器辐射的时间，所以手机辐射对人体的危害可能会远大于地面机站、电视塔、计算机、电视机、微波炉等辐射。

从电磁微波辐射影响生物体细胞的活性来说，手机辐射超过其他辐射 3～4 个数量级。把手机放到耳边打电话，微波就会进入大脑。大脑不同部位对微波辐射反应不同，眼球最易吸收辐射，其散热功能差，一旦聚热过多，极易引起白内障等症。手机辐射会导致免疫力下降，长期使用手机者可出现头晕头疼、记忆力减退、反应迟钝、失眠、视力下降、耳部肿胀、脸部出现红斑等症状，并有可能致癌。儿童大脑正处于发育中，儿童的外耳尺寸小，对辐射敏感，使用手机时手机离脑部距离更近，因而手机辐射对儿童的影响更严峻。芬兰和瑞典科学家对使用手机超过 10 年的部分人群进行调查研究后发现，长期使用手机患耳部肿瘤的危险增加了 4 倍。另外动物实验也表明手机辐射会给大脑、免疫系统带来损伤，但对人体直接的测试这些效应还未获得可靠证据。也有一些国家的科学家提供的研究报告否认手机辐射给人体显著的健康危害。英国于 20 世纪 90 年代末开展手机辐射危害研究，2000 年和 2005 年分别提供的 Stewart 报告称没有证据表明手机辐射对人体产生危害，但同时提醒接听手机尽量时间短，对儿童应避免或少用手机。尽管国内外有一些案例和实验结果表明，手机辐射可对人体产生有害影响，但也有一些实验结果表明，手机辐射对人体并无有害影响或影响很小，甚至于有的实验支持手机辐射可对人产生有利影响。手机电磁辐射的非热效应需要大量的长期实验观察。

我国已有的《环境电磁波卫生标准》不是专门针对手机辐射制定的。由于手机使用的特殊性，即发射体天线与人体头部距离过近，人处于近场区场之中，辐射与耦合、直接波与反射波、吸收与折射等作用极其复杂。又考虑到手机天线辐射直接作用于人脑，是人体敏感部位，不同于其他微波辐射较远距离地作用于人的整个身体，应单独制定手机电磁辐射安全卫生标准。我国至今仍未制定手机专用的安全卫生国家标准，只有一般性的电磁辐射标准。手机辐射尽管引起了广泛关注，另外研究工作也在不断深入，但目前还不能提供教科书层次的手机辐射剂量水平及手机辐射效应的普遍认可的详细知识。

复习思考题(十五)

【1】 简述电磁波谱的各波段，并说明各类电磁波的应用领域。

【2】 什么是 SAR？其单位是什么？

【3】 非电离辐射主要包括哪些？常用于描述非电离辐射的量有哪些？联系如何？

【4】 紫外线的光子能量为多少？紫外线是电离辐射吗？

【5】 声波是电磁波吗？为什么？

【6】 简述超声波与次声波的区别及其应用领域。

【7】 光辐射的辐射生物效应有哪些？

主要参考文献

蔡哲, 张岚, 舒峻. 2005. 空间环境因素对细胞生物学特性的影响[J]. 中国康复理论与实践, 11(1): 42-44

陈国云, 唐强, 张纯祥, 等. 2006. Dy 或 Tb 掺杂的 MgB_4O_7 磷光体的热释光特性[J]. 发光学报, 27(3): 313-319

陈国云, 辛勇, 黄福成, 等. 2012. 用于反应堆 n/γ 混合场测量的涂硼电离室性能[J]. 物理学报, 61(3): 082901-1-082901-8

陈丽姝, 闻友勤, 吴巨星, 等. 1995. 超薄型丙氨酸 ESR 剂量计特性的研究[J]. 核科学与工程, 15(3): 250-258

陈湄, 祁章年, 李向高, 等. 1999. 热释光测量法在空间辐射剂量学中的应用[J]. 核电子学与探测技术, 19(2): 94-99

陈明俊. 1998. 外照射辐射防护中的实用量与防护量[J]. 辐射防护通讯, 18(2): 1-13

陈文琇, 刘爱国. 1997. 某些添加剂对 PVG 膜剂量计的效应[J]. 辐射研究与辐射工艺学报, 15(1): 15-19

陈云东, 张桂芹, 叶宏生, 等. 1993. 硫酸亚铁剂量计[J]. 原子能科学技术, 27(2): 138-144

崔智, 林晔, 汤重天. 1999. 基于胶片分析的质子剂量场质量控制方法研究[J]. 广西工学院学报, 10(2): 16-20

封江彬, 陆雪, 陈德清, 等. 2004. 巢式 PCR 分析电离辐射诱导人外周血线粒体 DNA4 977bp 缺失[J]. 中华放射医学与防护杂志, 26(6): 533-536

郭勇, 张建. 1994. 手表红宝石事故剂量计在电离辐射事故剂量测量中的应用[J]. 军事医学科学院院刊, 18(3): 225-237

郭勇, 朱云平. 1998. 放射事故外照射人体剂量表达及其剂量学[J]. 中华放射医学与防护杂志, 18(5): 346-350

郭勇. 1973. 国外热释光剂量元件的现状同外医学军事医学资料(第二分册), (6): 41

郎淑玉, 张仲伦. 1986. 晶溶发光剂量测量装置[J]. 核电子学与探测技术, 6: 360-363

郎淑玉, 张仲纶. 1986. 适用于辐射加工的谷氨酸胺晶溶发光剂量计及其型测量装置[J]. 辐射研究与辐射工艺学报, 4(1): 35-41

李景云. 1997. 径迹蚀刻探测器(TED)中子个人剂量计[J]. 辐射防护通讯, 17(5): 1-6

李义国, 史永谦, 夏普, 等. 2002. CR-39 测量中子能谱响应函数的计算[J]. 核技术, 25(7): 517-519

李忠英, 彭寿勇, 陈云东, 等. 1994. FWT-60 辐射显色薄膜剂量计对 ^{60}Co γ 射线的剂量响应[J]. 原子能科学技术, 28(3): 246-250

祁章年. 2003. 载人航天的辐射防护与监测[M]. 北京: 国防工业出版社

史纪兰, 商希梅, 李志荣, 等. 1993. 低剂量 X 射线诱发人体细胞 HPRT 基因位点突变的剂量效应关系研究[J]. 中国辐射卫生, 2(4): 181, 182

谭震宇, 何延才. 2000. keV 低能束作用下固体 BSEs 角分布[J]. 山东工业大学学报, 30(1): 25-32

唐强. 2004. 掺稀土 Eu、Tm、Dy 和 Mn、P 的碱土硫酸盐磷光体的热释光和光释光[D]. 广州: 中山大学学报

田志恒. 1992. 辐射剂量学[M]. 北京: 原子能出版社

王根良, 祁章年, 陈湄, 等. 2000. 对两种厚度氟化锂探测器质子响应特性的测量[J]. 航天医学与医学工程, 13(2): 136-139

王国权, 沈永平, 王尚武, 等. 1999. 空间辐射环境中的辐射效应[J]. 国防科技大学学报, 21(4): 36-39

王海彦, 李君利, 程建平, 等. 2006. 基于中国参考人人体数学模型的内照射剂量计算[J]. 核电子学与探测技, 26(6): 915-918

韦会祥, 李鲁生, 刘汉刚. 1991. 单棒式自补偿 γ 量热计及其应用[J]. 核动力工程, 12(4): 81-87

卫增泉. 2003. 重离子束生物工程中的一些基本物理问题[J]. 激光生物学报, 12(5): 321-325

魏志勇. 2005. 医用核辐射物理学[M]. 苏州: 苏州大学出版社

毋涛. 1999. 光致荧光及其在电离辐射剂量测量中的应用[J]. 核电子学与探测技术, 19(2): 150-154

吴国荣, 张正选, 罗尹虹, 等. 2000. ^{90}Sr-^{90}Y 源半导体器件辐照效应在线测量系统[J]. 核电子学与探测技术, 20(3): 180-182

夏廉博. 1986. 人类生物气象学[M]. 北京: 气象出版社

肖乃鸿, 孙呈志, 徐火根. 1998. ^{14}C 造成的环境辐射剂量计算模式及参数[J]. 辐射防护, 18(3): 219-224

姚波, 蒋本荣, 艾辉胜. 2007. 辐射生物剂量计的临床应用与研究现状[J]. 军事医学科学院院刊, 31: 294-297
叶宏生, 陈云东, 张桂芹, 等. 1994. 重铬酸钾(银)剂量计[J]. 原子能科学技术, 28(3): 284-288
叶宗海, 陈贵福, 朱光武, 等. 1999. 在"风云一号(B)"卫星上空间粒子环境的探测结果[J]. 中国科学(A), (5): 538-544
张汝果. 1991. 航天医学工程基础[M]. 北京: 国防工业出版社
张书余. 1999. 医疗气象预报基础[M]. 北京: 气象出版社
赵士安, 欧向明. 2004. RD-98 半导体探测器的剂量学特性研究[J]. 中国辐射卫生, 13(1): 71,72
中华人民共和国国家标准. 1989. 掺工业废渣建筑材料产品放射性物质控制标准(GB9196—88)[S]. 北京: 中国标准出版社
周永增, 王嘉栋, 贾晓梅, 等. 1999. 人牙釉质中自由基含量与照射剂量的关系[J]. 辐射防护, 19(2): 102-108
朱光武, 李保权, 王世金, 等. 2002. 太阳质子事件对太阳同步轨道空间辐射环境影响分析[J]. 空间科学学报, 22(1): 58-65
《人造地球卫星环境手册》编写组. 1971. 人造地球卫星环境手册[M]. 北京: 国防工业出版社
Akiyama M, Kyoizumi S, Hirai Y, et al. 1995. Mutation frequency in human blood cells increases with age [J]. Original Research Article Mutation Research/DNAging, 338(1-6): 141-149
Akselrod M S. 1990. Highly sensitive thermoluminescent anion-defective α- Al_2O_3: C single crystal detectors[J]. Radiation Protection Dosimetry, 32(1): 15-20
Alpen E L, Powers R P, Curtis S B, et al. 1994. Fluence-based relative biological effectiveness for charged particle carcinogenesis in mouse Harderian gland[J]. Advances in Space Research, 14(10): 573-581
Annual Dose to Member of the U.S. Population[R]. NCRP(National Council on Radiation Protection and Measurements) Report No. 93, 1987
Attix F H, Roesch W C, Tochilin E. 1968. Radiation Dosimetry Vol. 1[M]. New York:Academic Press
Badhwar G D, Keith J E, Cleghorn T F. 2001. Neutron measurements on board the space Shuttle[J]. Radiation Measurement, 33(3): 235-241
Badhwar G D. 1997. The radiation environment in low-earth orbit[J]. Radiation Research, 148(5): S3-S10
Barnes J A, Cogswell F N. 1989. Thermoplastics for space[J]. S.A.M.P.E. Quarterly, 20(3): 22-27
Becker K. 1985. 固体剂量学[M]. 曾庆祥, 刘孟彝译. 北京: 原子能出版社
Benton E R, Frank A L, Benton E V. 2000. TLD efficiency of ^7LiF for doses deposited by high-LET particles[J]. Radiation Measurement, 32(3): 211-214
Biological Dosimetry: Chromosome aberration analysis for dose assessment[R]. International Atomic Energy Agency(IAEA) technical reports. Series No. 260. Vienna: IAEA, 1986
Cazaubon B, Paillous A, Siffre J. 1998, Mass spectrometric analysis of reaction products of fast oxygen atoms material interactions[J]. Journal of Spacecraft and Rockets, 35(6): 797-804
Chamberlain J W. 1978. Theory of Planetary Atmospheres[M]. New York: Academic Press
Chaoui Z, Ding Z J, Goto K. 2009. Energy spectra of electron yields from silicon: Theory and experiment[J]. Physics Letters A, 373: 1679-1682
Clarke R. 1999. Control of low-level radiation exposure time for a change[J]. Journal of Radiological Protection, 19(2): 107-115
Colautti P, Cutaia M, Makarewicz M, et al. 1985. Neutron Microdosimetry in simulated volumes less than 1μm in diameter[J]. Radiation Protection Dosimetry, 13(1-4): 117-121
Cucinoutta F A. 1998. Proceedings of Workshop.Predications and Measurements of Secondary Neutrons in Space. Houston
Edwards A A. 1997. The use of chromosomal aberrations in human lymphocytes for biological dosimetry[J]. Radiation Research, 148(5): S39-S44
Fleetwood D M, Winokur P S, Dodd P E. 2000. An overview of radiation effects on electronics in the space telecommunications environment[J]. Microelectronics Reliability, 40(1): 17-26

Frangois D, Wamied A R, Podgorsakt E B. 2000. Dose measurement in heterogeneous phantoms with an extrapolation chamber[C]. Proceedings of the 22nd Annual EMBS International Conference, Chicago IL

Guidance on Radiation Received in Space Activities[R]. NCRP(National Council on Radiation Protection and Measurements) Report No.98, 1988

Gupta B L, Kini U R, Bhat R M. 1976. Sensitivity of ferrous sulphate-benzoic acid-xylenol orange dosimeter(FBX systim)to $^{10}B(n, \alpha)^{7}Li$ recoils[J]. The International journal of Appiled Radiation and Isotopes, 27(1): 31-34

Gussenhoveb M S, Mullon E G. 1993. Space radiation effects program: An overview[J]. IEEE Transactions on Nuclear Science, 40(2): 221-227

Horneck G, Bucker H, Cox A, et al. 1994. Life sciences and space research XXV(2): Radiation biology[J]. Advances in Space Research, 14

Hurley C, Venning A, Baldock C. 2005. A study of a normoxic polymer gel dosimeter comprising methacrylic acid, gelatin and tetrakis (hydroxymethyl) phosphonium chloride(MAGAT)[J]. Applied Radiation and Isotopes, 63(4): 443-456

ICNIRP statement on far infrared radiation exposure. 2006. The International Commission on Non-Ionizing Radiation Protection[R]. Health Physic, 91(6): 630-645

ICRP Publication No. 60.1991. 1990. Recommendations of the International Commission on Radiological Protection[M]. Oxford: Pregamon Press

Kellerer A M, Hahn K. 1988. Considerations on a revision of the quality factor[J]. Radiation. Research, 114(3): 480-488

Kleck J H, Smathers J B, Holly F E, et al. 1990. Anthropomorphic radiation therapy phantoms: A quantitative assessment of tissue substitute[J]. Medical Physics, 17(5): 800-806

Langlois R G, Bigbee W L, Kyoizumi S, et al. 1987. Evidence for increased somatic cell mutations at the glycophorin a locus in atomic bomb survivors[J]. Science, 236(4800): 445-448

Lucas J N, Tenjin T, Straume T, et al. 1989. Rapid human chromosome aberration analysis using fluorescence in situ hybridization[J]. International Journal of Radiation Biology, 56(1): 35-44

Mayneord W V. 1937. The significance of the Roentgen[J]. ACTA of the International Union Against Cancer, 2(2): 271-283

Nymmik R A, Panasyuk M I, Pervaya T I, et al. 1992. A model of galactic cosmic ray fluxes[J]. International Journal of Radiation Applications and Instrumentation. Part D. Nuclear Tracks and Radiation Measurements, 20(3): 427-429

Nymmik R A, Panasyuk M I. 1991. Model of Galactic Cosmic Ray Fluxes in Galactic Cosmic Radiation Constraints on Space Exploration. NRL Publication 209-154: 77-881

Pantelias G E, Maillie H D. 1984. The use of peripheral blood mononuclear cell prematurely condensed chromosomes for biological dosimetry[J]. Radiation Research, 99(1): 140-150

Petersen E L. 1997. Prediction and observations of SEU rates in space[J]. IEEE Transactions on Nuclear. Science, 44(6): 2174-2187

Poolton N R J, Botter-Jensen L, Jungner H. 1995. An optically stimulated luminescence study of porcelain related to radiation dosimetry[J]. Radiation Measurements, 24(4): 543-549

Robbins D E, Yang T C. 1994. Radiation and Radiology[A]//Nicogossian A E, Huntoon C L, Pool S L. Space Physiology and Medicine[C]. Philadelphia, PA: Lea and Febiger: 761-771

Rossi H H, Zaider M. 1996. Microdosimetry and its Applications[M]. Berlin Heidelberg: Springer-Verlag

Schiwietz G, Czerski K, Roth M ,et al. 2004. Femtosecond dynamics—Snapshots of the early ion-track evolution Erratum[J]. Nuclear Instruments and Methods in Physics Research Sesearch Section B:Beam Interactions with Materials and Atoms, 226(4):683-704

Semelova M, Čuba V, Johna J, et al. 2008. Radiolysis of oxalic and citric acids using gamma rays and accelerated electrons[J]. Radiation Physics and Chemistry, 77(7): 884-888

Setlow R B. 1999. The U. S. National Research Council's views of the radiation hazards in space[J]. Mutation Research/Fundamental and Molecular Mechanisms of Mutagenesis, 430(2): 169-175

Sharpe P H G, Barrett J H, Berkley A M. 1985. Acidic aqueous dichromate solutions as reference dosimeters in the 10–40 kGy range[J]. The International Journal of Applied Radiation and Isotopes, 36(8): 647-652

Simpson J A, Shapiro M M. 1983. Composition and Origin of Rays[A]//NATOASI Series C: Mathematical and Physical Sciences[C]. Reidel: Dordrecht: 107

Snyder W S, Ford M R, Warmer G G, et al. 1969. Estimates of absorbed fractions for monoenergetic photon source uniformly distributed in various organs of a heterogeneous phantom[J]. Medical Internal Radiation Dose Committee (MIRD) Pamphlet, 5: 126

Straume T, Bende M A. 1997. Issues in cytogenetic biological dosimetry: Emphasis on radiation environments in space[J]. Radiation Research, 148(5): S60-S70

Tsuboi K, Yang T C, Chen D J. 1992. Charged-particle mutagenesis: Ⅰ. Cytotoxic and mutagenic effects of high-LET charged iron particles on human skin fibroblasts[J]. Radiation Research, 129(2): 171-176

White D R. 1978. Tissue substitutes in experimental radiation physics[J]. Medical Physics, 5(6): 467-479

Yamauchi T, Mineyama D, Nakai H, et al. 2003. Track core size estimation in CR-39 track detector using atomic force microscope and UV–visible spectrophotometer, Nuclear Instruments and Methods in Physics Research Section B:Beam Interactions with Materials and Atoms[J]. 208: 149-154